戦うコンピュータ（V）3
ブイスリー

軍隊を変えた情報・
通信テクノロジーの進化

Koji Inoue　井上孝司

潮書房光人社

"まえがき"に代えて

三代目で完成する

　過去にマイクロソフトの禄をはんでいた人間が、この話をネタにするのはどうかと思うが、「マイクロソフトの製品はバージョン3で完成する」なんていうことがいわれていた。

　確かに、最初のWindows 1.0は「とりあえず複数のウィンドウが開きます」というだけの代物だったし（ひどい）、Windows 2.0は利用可能なメモリや画面サイズの制約が厳しい時代だったから、これもどこまで実用的だったかというと自信がない。実のところ、Excelを動かすため「だけ」のプラットフォームであったかも知れない。普及に弾みがついたのはWindows 3.0以降の話である。

　ちょうど今年（2016年）、9月23日に日本向けF-35Aのロールアウトという大イベントがあったが、そのF-35もひととおり完成して開発完了となるのはブロック3、つまりバージョン3みたいなものである。

　さて。思い起こせば、本書の先祖筋にあたる『戦うコンピュータ』を毎日コミュニケーションズ（現・マイナビ）から刊行させていただいたのは2005年9月1日で、すでに10年以上も前の話になる。その後、版元を潮書房光人社に改めて『戦うコンピュータ2011』を2010年10月21日に刊行させていただいた。それを改訂したのが本書だから、いわば『戦うコンピュータ・バージョン3』である。

　当初は「軍事とコンピュータの関わり」という大テーマを形にするだけで精一杯だった。それが第二弾で「C4ISR（指揮・統制・通信・コンピュータ・情報・監視・偵察）の教科書」というコンセプトを導入するとともに、さまざまな資料をあたって得た情報を遠慮なくつぎ込むことができた。その一方で、話がミクロに入り込みすぎたとか、話の流れがスッキリしないとかいった問題も出てきた。実際、「難しすぎてよく分からぬ」との指摘を頂戴したこともある。

　そこで今回の「バージョン3」では、話の流れ、見通しを良くしようと考えた。具体的には、構成を全面的に組み替えて「軍事作戦を構成するさまざまな場面において、コンピュータ化や情報通信技術の活用が、どう効いたか」とい

う話の流れにしてみた。

　しかし、それだけですべての話題をカバーできるものではないので、コンピュータや通信に関わる基本的な話、あるいは詳細な話については、後の方にそれぞれ章を立てた。もちろん、進化が激しい世界のことだから、情報はできる限り最新のものを反映させるよう心掛けた。

　なにしろ、コンピュータが機能しないと飛行機のエンジンをかけることもままならないという御時世だ。本書を通じて、軍事という分野において情報通信技術がどういう関わり方をして、どういう変化やメリット・デメリットをもたらしてきたのか、その一端を伺い知っていただければ幸いだ。

画面の内容は見られちゃ困る

　さて。筆者は2015年10月19日に、新たに配備された米海軍のイージス駆逐艦「ベンフォールド」を取材するため、米海軍横須賀基地を訪れた。

　入港の模様を撮影した後は、おきまりの「隊司令ならびに艦長の記者会見と質疑応答」、それに続いて艦内の取材という流れ。上甲板から始まって艦内に案内され、下士官兵の食堂を通り、戦闘情報センター（CIC）に行き着いた。最初は「撮影NG」といわれたが、広報担当者が艦側にかけ合った結果、「コンソールの画面が消えた状態なら撮影OK」ということになった。

　「ベンフォールド」は1996年3月に就役した艦だから、取材の時点ですでに9年半が経過している。米海軍は、海上自衛隊ほどこまめに掃除したりペンキを塗り直したりしないのか、見た目は古びた部分が少なからずある。しかし、イージス戦闘システムは来日前のドック入りで最新版のベースライン9.C1に更新、併せてイージスBMD5.0CUも導入した。だから戦闘システムは最新鋭だ。

　実際、CICではこれまで見慣れたAN/UYQ-21コンソールが消えて、AN/UYQ-70コンソールもほとんど姿を消していた。代わって導入したのが最新鋭の共通ディスプレイ装置（CDS）である。撮影許可の条件として消灯しているから、3面の大きな液晶画面とキーボード、トラックボール、といったあたりの存在しか分からないが、「対空」「対水上」「対潜」のいずれのエリアにも、同じCDSが並んでいる。

　つまり、コンピュータやコンソールのハードウェアは同じで、用途に応じてソフトウェアを使い分けているのだ。そして、画面の消灯が撮影の条件になったことから、大事なのは「画面に何が映っていて、どんな機能を受け持っているか」なのだと分かる。これより半年ほど前に、ある海上自衛隊のフネに取材でお邪魔したときにも、画面に何が映っているかを表沙汰にしないでもらいたい、といわれた。

機内公開から伺えるあれこれ

「ベンフォールド」の取材より1ヵ月ほど前、横田基地の一般公開があった。見たところ、いちばん多くの見物客を集めていたのはいうまでもなく、米海兵隊が持ち込んだMV-22Bオスプレイの機内公開である。

しかし筆者は、そのオスプレイは外から見ただけで（行列の長さにおそれをなしたというのもあるが）、その近くで機内を公開していたE-3セントリーに突撃した。例によってコンソールの画面はすべて消灯していたが、機内の撮影に特段の制限はなかった。否、正確にいえば「制限しなくてもよいと判断した部分だから公開の対象になる」のだ。軍事施設一般公開の基本法則である。

2015年の横田基地一般公開で機内を見せていたE-3セントリー。「もう古いモデルだから、見せても大丈夫」!?

ディスプレイを消灯して、代わりに紙を貼り付けてあったHH-60Gの計器盤。「写真はイメージです」というやつだ

E-3は、すでに登場してから長い時間が経過した機体だ。だから、コンピュータを初めとするミッション機材をごっそり更新する最新モデル・E-3Gへの改修が進んでいる。外見はE-3B/Cと大して変わらないが、中身は別物になる。E-3Gの登場でE-3B/Cは「旧型」の烙印を押されることになったからこそ、機内を公開しても差し支えないという判断になったのだろう。

E-3B/Cのコンソールなら、物理的なスイッチがたくさん並んでいるから、スイッチの表記を見れば、どんな機能に対応するものなのか、見当はつく（こともある）。機械式計器が並んだ戦闘機のコックピットも事情は同じだ。そのせいなのか、自衛隊では長いこと、戦闘機のコックピットは撮影禁止だった。同じF-15でも米軍では撮影が可能だったのだから、なんだかチグハグな感は否めないが。

同じ横田基地の一般公開では、米空軍のHH-60Gペイブホーク救難ヘリも機内を公開していた。それを期待して広角ズームレンズと外付けフラッシュを持ち込んでいたので、コックピットの計器盤すべてを撮影して帰ってきた。正面だけでなく、センターコンソールも頭上も後方も。そこで思わずニヤリとさせられたのは、正面の計器盤にある多機能ディスプレイ。消灯した代わりに、ダミーの表示を描いた紙を貼り付けてあったのはお茶目だ。

ソフトウェアが主役の時代

最近の流行りになりつつあるタッチスクリーン式ディスプレイになると、画面を消灯してしまえば、どんな画が出て、どんな操作が可能なのかはまるで分からない。イージス艦のCDSに限らず、戦闘機のコックピットも同じだ。ソフトウェアを更新したときに、機能・能力だけでなく画面の内容も変わる可能性はあるだろうし、操作性改善のために画面デザインに手を入れる場面もあるだろう。

これらのエピソードが何を示しているか。それは、ウェポン・システムを構成するコンピュータと、そこで動作するソフトウェアこそが死命を制する重要な存在であり、秘匿度が高いということだ。もちろん、コンピュータが新しい高性能のものに置き換わることも重要である。ソフトウェアが大規模化・高機能化すれば、それを支えられるハードウェアが必要になるのは当然だ。とはいえ、それはあくまで縁の下の力持ちであって、ソフトウェアが本来の主役なのだ。

メカニカルなものからコンピュータ制御になり、ハードウェア制御からソフトウェア制御に移り変わってきたことで、ウェポン・システムの性能の良し悪しを左右する要素だけでなく、情報保全の勘所まで変わってしまったのだ。我々はそういう時代の中を生きている。

その「いまどきのハイテク化されたウェポン・システム」に至るまでにどういう経緯をたどったのか、コンピュータがなければ何もできなくなったいまどきのウェポン・システムの裏側はどうなっているのか。そんな話についてまとめたのが本書である。

戦うコンピュータ(V)3
目次

"まえがき"に代えて 001
　三代目で完成する／画面の内容は見られちゃ困る／機内公開から伺えるあれこれ／ソフトウェアが主役の時代

第1章　軍用ICTにまつわるイントロ 013
1.1　軍事作戦における情報・通信の重要性 014
　1.1.1 通信は軍事作戦の神経線／1.1.2 過去にifは禁物だけれど……／1.1.3 情報の優越が不可欠な理由
1.2　現代兵器はドンガラよりもアンコ 017
　1.2.1 サイズや見た目と強さは比例しない／1.2.2 コンピュータとミッション・システム
1.3　System of Systemsという考え方 019
　1.3.1 システムと、システムの集合体／1.3.2 複数のプラットフォームが連携するシステム／1.3.3 ミサイル防衛システムの場合／1.3.4 プラットフォーム中心 vs ネットワーク中心
　〈コラム〉ネットワークを前提とした一例　023
1.4　情報化によって変わること・変わらないこと 024
　1.4.1 情報化に依存しすぎるのは危険／1.4.2 最後にケリをつけるのは人間
　〈コラム〉ググればなんでも分かるのか　025

第2章　場面ごとのICTの関与(1)情報収集・監視・偵察 ... 027
2.1　状況認識とC4ISR 028
　2.1.1 状況が見えていないとどうなるか／2.1.2 状況を知るための手段（ISR）／2.1.3 状況を利用するための手段（C4I）／2.1.4 探知手段いろいろ／2.1.5 C4ISR資産に対する攻撃と防禦／2.1.6 プラットフォームへの影響／2.1.7 電波は限りある資源
2.2　光学センサーとコンピュータ 035
　2.2.1 可視光線と電子光学センサー／2.2.2 暗闇でも使える赤外線センサー／2.2.3 赤外線センサーと光増式センサーの融合／2.2.4 ミサイルの接近を警告する／2.2.5 探知手段としてのレーザー／2.2.6 電子光学センサー・ターレット／2.2.7 ターゲティング・ポッドと航法ポッド／2.2.8 最近はターゲティング・ポッドだけ／2.2.9 ターゲティング・ポッドとデータリンクとNTISR／2.2.10 大量の動画データを処理するという課題／2.2.11 動画の自動分析システム
　〈コラム〉武器としてのレーザー　041／アルゴスとゴルゴン　051
2.3　レーダーとコンピュータ 052
　2.3.1 レーダーとシグナル処理技術／2.3.2 レーダーによる射撃管制とコンピュータ／2.3.3 機械走査式から電子走査式へ／2.3.4 アレイ・レーダーのバリエーション／2.3.5 合成開口レーダーと逆合成開口レーダー／2.3.6 地表貫通レーダー・森林貫通レーダーなど／2.3.7 レーダー電波の逆探知（ESM/RWR）／2.3.8 SAR/GMTIと戦場監視機

2.4 音響センサーとコンピュータ......065
　　2.4.1 潜水艦とソナー／2.4.2 ソナーにコンピュータがどう関わるか／2.4.3 音響誘導魚雷と有線誘導魚雷／2.4.4 機雷探知とソナー／2.4.5 陸上でも使われる音響センサー
　　〈コラム〉港湾警備とダイバー探知　071

第3章　場面ごとのICTの関与(2)作戦発起と兵站支援......075

3.1 コンピュータと訓練......076
　　3.1.1 各種シミュレータの活用／3.1.2 シミュレーションとモデリングの関係／3.1.3 シミュレータ同士の通信対戦／3.1.4 実弾代わりのMILESやバトラー／3.1.5 空戦訓練の機動図を描き出すACMI／3.1.6 パソコンを使ったCBT
　　〈コラム〉シミュレータと実物の一体化　079／シミュレータいろいろ　082

3.2 作戦計画の立案......083
　　3.2.1 図上演習からコンピュータに／3.2.2 ミッションコンピュータとMPS
　　〈コラム〉呼称の問題　086

3.3 戦務支援の合理化......087
　　3.3.1 軍隊は兵站なしでは動けない／3.3.2 兵站を効率化するには／3.3.3 RFIDによる、補給業務の可視化／3.3.4 RFIDの種類・規格と関連システム／3.3.5 RFIDを読み取って得たデータの活用／3.3.6 物資配送の速度・状況を把握する／3.3.7 イラク戦争における兵站効率化の実例／3.3.8 空中給油とRFIDの意外な関係／3.3.9 リアルタイム情報による兵站支援

3.4 航空機整備とコンピュータ......096
　　3.4.1 HUMSとPBL／3.4.2 不思議の国のALIS
　　〈コラム〉ALISをめぐる話題いろいろ　098

第4章　場面ごとのICTの関与(3)プラットフォーム......099

4.1 航空機とコンピュータ......100
　　4.1.1 飛行制御コンピュータとRSS／4.1.2 FBWにおける操縦装置の位置付け／4.1.3 コンピュータ制御の注意点／4.1.4 エンジンの電子制御化／4.1.5 機体・推力統合制御（推力偏向）／4.1.6 機体・推力統合制御（VTOL）

4.2 設計とコンピュータ......107
　　4.2.1 構造設計と3次元空間設計／4.2.2 ステルス設計

4.3 航法・誘導技術の進化......110
　　4.3.1 航法手段いろいろ／4.3.2 電波航法の登場／4.3.3 慣性航法システムの登場

4.4 衛星航法の登場......114
　　4.4.1 衛星航法システムNNSS／4.4.2 GPSの登場／4.4.3 精密誘導兵器とGPS／4.4.4 GPS誘導兵装の目標指示／4.4.5 GPSの妨害対策／4.4.6 慣性航法システムの復権？／4.4.7 他国の競合システム／4.4.8 測位システムとISR

4.5 プラットフォームの無人化......124
　　4.5.1 無人ヴィークルの定義／4.5.2 遠隔操作と自律行動

4.6 無人ヴィークルの用途......126
　　4.6.1 情報収集・監視・偵察／4.6.2 ISR用のセンサー機材／4.6.3 情報収集・監

視・偵察・目標指示（ISTAR）／4.6.4 偵察+目標指示+攻撃／4.6.5 SIGINT・COMINT・ELINT／4.6.6 機雷の捜索・処分／4.6.7 爆弾処理・危険物調査／4.6.8 港湾警備／4.6.9 通信中継／4.6.10 物資補給

4.7 無人ヴィークルの実現に必要な技術 …………………………………… 140
4.7.1 測位・航法技術／4.7.2 判断・指令・制御技術／4.7.3 通信技術／4.7.4 障害物の探知・回避技術／4.7.5 有人機との混在と衝突回避／4.7.6 USVの衝突回避／4.7.7 管制ステーションの標準化／4.7.8 データリンクの保護

第5章　場面ごとのICTの関与（4）兵装の照準と発射 …… 149

5.1 データのハンドリングと提示 ………………………………………… 150
5.1.1 情報を分かりやすく表示する／5.1.2 頭を下げずに情報を把握する／5.1.3 センサー融合とデータ融合
〈コラム〉E-3とE-8のデータ融合実験　155

5.2 射撃指揮とコンピュータ ………………………………………………… 156
5.2.1 砲熕兵器の射撃照準／5.2.2 艦砲射撃における測距と測的／5.2.3 機械の問題点とコンピュータの登場／5.2.4 砲兵の射撃統制と対砲兵射撃／5.2.5 戦闘機の空対空射撃／5.2.6 戦車砲の射撃統制／5.2.7 自由落下爆弾の照準／5.2.8 インターフェイスと信号線
〈コラム〉誘導砲弾　157

5.3 精密誘導兵器とコンピュータ …………………………………………… 167
5.3.1 精密誘導兵器の理想は撃ち放し／5.3.2 誘導のロジック／5.3.3 指令誘導／5.3.4 TVカメラ誘導／5.3.5 赤外線誘導／5.3.6 ビームライド誘導／5.3.7 レーダー誘導／5.3.8 レーザー誘導／5.3.9 精度の向上と低威力化の傾向／5.3.10 精密誘導兵器と敵味方識別
〈コラム〉IFFアンテナの設置場所　179

5.4 武器をめぐるパソコン的な話題 ………………………………………… 180
5.4.1 インターフェイスがないと兵装を投下できない／5.4.2 ソフトウェアが合わなくてミサイルを撃てない！／5.4.3 軍艦のプラグ＆プレイ化／5.4.4 GPS誘導兵装と1760データバス

第6章　場面ごとのICTの関与（5）電子戦 …………… 185

6.1 電子戦とコンピュータ …………………………………………………… 186
6.1.1 電子戦とは／6.1.2 電子戦の実現方法／6.1.3 妨害するには情報が要る／6.1.4 電子戦と脅威ライブラリ／6.1.5 レーダー電波の諸元／6.1.6 その他の電子戦機材いろいろ

6.2 自衛用電子戦装備と統合電子戦システム ………………………………… 193
6.2.1 ベトナム戦争の頃が始まり／6.2.2 統合電子戦システムへの進化／6.2.3 電子戦機の自動化

6.3 艦艇の電子戦装備 ………………………………………………………… 196
6.3.1 艦艇と航空機の違い／6.3.2 潜水艦にも電子戦装置
〈コラム〉電子戦における心理的要素　197

第7章 場面ごとのICTの関与(6)新たな戦闘空間の出現 …199

7.1 第四の戦闘空間と第五の戦闘空間 …200
7.1.1 サイバー空間と宇宙空間が重心に／7.1.2 クラウド化はネットワーク依存

7.2 宇宙空間で何が起きているか …203
7.2.1 宇宙戦争のようなもの……ではない／7.2.2 宇宙状況認識(SSA)／7.2.3 GPS妨害の問題

7.3 サイバー戦・サイバー攻撃の実際 …206
7.3.1 サイバー攻撃の幅は意外と広い／7.3.2 マルウェアいろいろ／7.3.3 マルウェアの感染ルートと脆弱性／7.3.4 インターネットと宣伝戦／7.3.5 デマゴーグと宣伝戦と心理戦

7.4 実際に仕掛けられたサイバー戦の事例 …212
7.4.1 エストニアのインフラ麻痺(2007年)／7.4.2 グルジア紛争(2008年)／7.4.3 情報漏洩事案・ウィルス感染事案／7.4.4 サイバー戦は貧者の最終兵器／7.4.5 サイバー攻撃だけでは(たぶん)勝てない

7.5 サイバー防衛体制の整備に向けた取り組み …216
7.5.1 民間の取り組みと政府の取り組み／7.5.2 軍レベルでの取り組み／7.5.3 戦場がサイバーなら演習もサイバーに／7.5.4 ペンタゴンを攻撃してみたまえ!

7.6 サイバー防衛の難しさ …221
7.6.1 IPv4とIPv6／7.6.2 IPアドレスは手がかりにならない／7.6.3 サイバー攻撃網の存在と否認の問題／7.6.4 サイバー戦と法的問題
〈コラム〉何でもIP化　226

第8章 ICTの活用が変えたウェポン・システム開発 …227

8.1 装備開発の基本的な流れ …228
8.1.1 完成品という考え方が消えた／8.1.2 米軍の装備開発(マイルストーンAまで)／8.1.3 米軍の装備開発(マイルストーンB～C)／8.1.4 米軍の装備開発(量産配備・IOC・FOC)／8.1.5 米軍の装備開発(段階的改良)／8.1.6 スパイラル開発が現在の基本

8.2 既存装備のアップグレード …234
8.2.1 戦闘機における延命の考え方／8.2.2 何でもアップグレードできるわけではない／8.2.3 アップグレードではないアンコの換装

8.3 開発には試験環境が必要 …237
8.3.1 テストしなければ完成しない／8.3.2 テストのために設備が要る例／8.3.3 開発できる≠実用化できる
〈コラム〉テレメトリー　239

第9章 コンピュータと関連技術 …241

9.1 ソフトウェア制御とはどういう意味か …242
9.1.1 機械式計算機と電子計算機／9.1.2 メカニカルな制御／9.1.3 ソフトウェア制御

9.2 ソースコードとインターフェイス ……………………………………………………… 245
　　9.2.1 コンピュータと高級言語とソースコード／9.2.2 ソースコードとバージョン
　　管理／9.2.3 ソースコードとアルゴリズム／9.2.4 ソースコードの開示が問題にな
　　る理由／9.2.5 ソフトウェアの実行環境／9.2.6 インターフェイスとプロトコル
　　〈コラム〉F-35のガイドライン　246
9.3 軍用コンピュータをめぐるあれこれ ………………………………………………… 253
　　9.3.1 ダウンサイジングと分散化／9.3.2 分散処理とデータバス／9.3.3 振動・衝
　　撃・EMPなどへの備え／9.3.4 相互運用性と相互接続性／9.3.5 相互接続性と相互
　　運用性の検証
9.4 軍用コンピュータとCOTS化 ………………………………………………………… 260
　　9.4.1 COTS化の背景事情／9.4.2 SMCS NGとCCSv3におけるCOTS化／9.4.3 イ
　　ージス戦闘システムにおけるCOTS化／9.4.4 その他のCOTS化事例／9.4.5 オペ
　　レーティング・システムのCOTS化／9.4.6 市販アプリケーション・ソフトの活用
　　／9.4.7 システムのオープン・アーキテクチャ化／9.4.8 スマートフォンの軍事転
　　用／9.4.9 マン・マシン・インターフェイスのCOTS化
　　〈コラム〉プログラム言語のCOTS化　269

第10章　軍事作戦と通信技術と通信インフラ　275

10.1 軍事通信の概史 ………………………………………………………………………… 276
　　10.1.1 狼煙・腕木・伝書鳩／10.1.2 電気通信技術の登場／10.1.3 軍用通信には
　　高い秘匿性が求められる／10.1.4 無線通信と情報収集／10.1.5 ○○INTいろいろ
10.2 **有線・無線通信の基本と電波の周波数** ……………………………………………… 281
　　10.2.1 波形変化と変調／10.2.2 アナログ通信とデジタル通信／10.2.3 ベースバ
　　ンド伝送とブロードバンド伝送／10.2.4 電波の周波数と波長／10.2.5 ○○バン
　　ド／10.2.6 周波数とレーダーの能力の関係／10.2.7 見通し線圏内通信・圏外通
　　信と電離層／10.2.8 レーダーやソナーとシグナル処理
　　〈コラム〉カウンター・ステルスとレーダーの周波数　287／衛星通信がなくて困っ
　　た事例　289／アレイ・レーダーの素子とモジュール　291
10.3 衛星通信をめぐるあれこれ …………………………………………………………… 292
　　10.3.1 人工衛星の種類と軌道／10.3.2 静止衛星と周回衛星／10.3.3 衛星通信に
　　使用する周波数帯／10.3.4 バスとペイロード
　　〈コラム〉衛星の引っ越し　296
10.4 軍用通信衛星いろいろ ………………………………………………………………… 297
　　10.4.1 主な米軍の通信衛星／10.4.2 米海軍の通信衛星／10.4.3 欧州諸国の通信
　　衛星／10.4.4 民間の衛星を借りる事例も多い
10.5 マルチバンド通信機とソフトウェア無線機 ………………………………………… 303
　　10.5.1 無線通信と変調と電気回路／10.5.2 マルチバンド通信機とは／10.5.3 ソ
　　フトウェア無線機とは
10.6 スペクトラム拡散通信 ………………………………………………………………… 307
　　10.6.1 直接拡散／10.6.2 周波数ホッピング
10.7 米陸軍に見る通信インフラの構築 …………………………………………………… 309
　　10.7.1 陸軍の通信網は対象が幅広い／10.7.2 基幹通信網を構築するWIN-T／
　　10.7.3 個人レベルの通信機／10.7.4 車両間通信とJTRSシリーズ／10.7.5 見通

　　　　し線圏外通信／10.7.6 他軍種とのやりとり

10.8 米海空軍にみる通信インフラの構築 ……………………… 315
　　　　10.8.1 艦隊用の通信手段いろいろ／10.8.2 艦内ネットワークを統合するCANES／10.8.3 ISR資産の活用からスタートした米空軍／10.8.4 GIGに直接アクセスする戦略爆撃機
　　　　〈コラム〉イントラネットはNMCIからNGENに　316

10.9 コンピュータと通信の保全 ……………………………… 321
　　　　10.9.1 暗号化の基本概念／10.9.2 共通鍵暗号と公開鍵暗号／10.9.3 デジタル署名の基本概念／10.9.4 デジタル署名とデジタル証明書
　　　　〈コラム〉忘れちゃいけない発電機　326

第11章　ネットワーク化と情報の共有 ……………………… 327

11.1 情報の優越と通信の関係 …………………………………… 328
　　　　11.1.1 情報の優越を得るために必要なもの／11.1.2 コンピュータ同士の直接対話

11.2 ネットワークの接続とやりとり …………………………… 330
　　　　11.2.1 ネットワークは階層構造で考える／11.2.2 軍用ネットワークのTCP/IP化／11.2.3 アドホック・ネットワーク

11.3 データリンクとは？ ………………………………………… 333
　　　　11.3.1 データリンクが必要になる理由／11.3.2 データリンクに求められる条件／11.3.3 データリンクと相互運用性／11.3.4 海賊対策に海保を出しづらい意外な理由

11.4 データリンクでできること ………………………………… 338
　　　　11.4.1 データリンクのメリット／11.4.2 LoRとEoR／11.4.3 CECとNIFC-CAとDWES／11.4.4 発射後の兵装に対する指示・誘導／11.4.5 攻撃ヘリとUAVの連携／11.4.6 対潜ヘリとデータリンク／11.4.7 バイスタティック探知とセルダ

11.5 草創期のデータリンク ……………………………………… 348
　　　　11.5.1 Link 11（TADIL-A/B）／11.5.2 Link 22／11.5.3 Link 14／11.5.4 Link 4（TADIL-C）／11.5.5 Link 10とSTDL

11.6 西側諸国の標準・Link 16 ………………………………… 352
　　　　11.6.1 Link 16とは機能の総称／11.6.2 JTIDSとMIDS／11.6.3 Link 16が通信を行なう仕組み／11.6.4 衛星を用いるS-TADIL-J／11.6.5 C2P・NGC2P・CMN-4

11.7 1990年代以降のデータリンク …………………………… 359
　　　　11.7.1 戦車大隊向けのIVIS／11.7.2 既存無線機を使うIDM／11.7.3 ISR用のCDLとTCDL／11.7.4 CAS用のデータリンク機材いろいろ／11.7.5 CAS機とJTACを結ぶROVER／11.7.6 F-22のIFDLとF-35のMADL／11.7.7 TTNT・FAST・RCDL／11.7.8 日本ではJDCS（F）
　　　　〈コラム〉似て非なるもの・SCDL　362／MiG-31の編隊内データリンク　366

11.8 異種ネットワークの相互接続 369
 11.8.1 相互接続にはゲートウェイ／11.8.2 米国各社のゲートウェイ機器／11.8.3 日本はどうするの？

第12章　ネットワークの構築と指揮統制システム 373

12.1 状況認識と指揮統制のIT化 374
 12.1.1 指揮管制と指揮統制／12.1.2 コンピュータと戦術指揮の関係／12.1.3 情報の共有とCOP

12.2 海上・空中における指揮管制・指揮統制 377
 12.2.1 情報と指揮の集中化とCIC／12.2.2 陸上の防空指揮管制／12.2.3 SAGEシステムの概要／12.2.4 戦術・戦域レベルの防空指揮管制／12.2.5 指揮所を空に上げる／12.2.6 AEW&CとAWACSの違い／12.2.7 飽和攻撃とイージス武器システム／12.2.8 イージス以外の防空指揮管制システム／12.2.9 対潜戦の指揮管制

12.3 陸上における指揮管制・指揮統制 391
 12.3.1 電撃戦の本質は情報と指揮統制の優越／12.3.2 陸戦のIT化は遅かった／12.3.3 部隊の規模と機器の規模／12.3.4 BFTによる友軍の位置把握／12.3.5 FBCB2と、その上のシステム／12.3.6 英仏などの陸軍用BMS／12.3.7 市販BMS製品もある／12.3.8 市街戦における個人レベルの位置把握／12.3.9 将来個人用戦闘装備と情報化の関係
 〈コラム〉陸自版AFATDS　396／米海兵隊のソフトウェア集約　401

12.4 作戦・戦略・国家レベルの指揮統制 403
 12.4.1 最終目標は全軍をカバーするシステム／12.4.2 ボトムアップ式のネットワーク化／12.4.3 内輪で済む往来は内輪だけで／12.4.4 情報の収集・分析・配信／12.4.5 GCCSとGCSS／12.4.6 GCCSのルーツはJOTS／12.4.7 米軍の全軍的情報基盤となるGIG／12.4.8 統合作戦と指揮統制システム／12.4.9 情報化によって変わる指揮所の姿／12.4.10 陸海自衛隊の主要システム

第13章　「戦うコンピュータ」がもたらす諸問題 415

13.1 情報の扱いに関する諸問題 416
 13.1.1 画面で見えるものがすべてか？／13.1.2 人間というセキュリティホール／13.1.3 ロシアの情報暴露事案と保全教育

13.2 ハードウェアに関する諸問題 419
 13.2.1 コスト上昇とスケジュール遅延の多発／13.2.2 SWaPの問題／13.2.3 個人の荷物増大と電源の問題

13.3 COTS化に関する諸問題 423
 13.3.1 COTS品は陳腐化が早い／13.3.2 COTS化と武器輸出管理

13.4 無人化に伴う諸問題 425
 13.4.1 無人ヴィークルに対する批判と法的問題／13.4.2 人間が得意なこと、コンピュータが得意なこと

参考資料 427

- MDS命名法　428
  - 航空機　428
  - ミサイル／ロケット／標的機/宇宙機など　430
  - 電子機器　431
  - 統合弾薬命名法　432
- データリンク機器の導入事例まとめ　433
- 頭文字略語集　435

註　452

＊本文中に掲載した画像のクレジットは、各キャプション末尾に記載。特に記載のないものは著者の提供。

第1章

軍用ICTに まつわるイントロ

　ひところ持て囃された「IT（Information Technology）革命」という言葉も、今ではすっかり耳にしなくなった。それはITが使われなくなったからではなく、当たり前になったからである。軍事の世界も同様で、以前は革命的とみなされていた概念や技術が日常になってきた。

　一般にはITということが多いが、情報通信技術（ICT：Information and Communication Technology）ということもある。そこでまずは、情報・通信と軍事の関わりに関する話から始めよう。

1.1 軍事作戦における情報・通信の重要性

1.1.1 通信は軍事作戦の神経線

軍隊と軍事作戦の根幹となるのは、「指揮・統制」である。最高司令官のレベルから現場のレベルまで指揮・統制が行き渡り、「○○へ向かえ」と指令を出したらその通りに動く、「撃ち方始め」で射撃を始めて、「撃ち方止め」で射撃を止める。それができなければ、意図した通りの作戦は実行できないし、ひいては国家の命運にも関わる。この指揮・統制の有無は、国家が抱える軍隊と、単なる武装集団を区別する重要な要素でもある。

軍事作戦を実施する上で基本となる情報を伝達する手段としても、通信は極めて重要な意味を持つ。せっかく重要な情報を掴んでも、それをタイムリーに、必要とされるところに伝えなければ、その情報は役に立たない。だから、指令や情報を正しい相手に正しく伝達するための通信手段は、軍隊が正しく機能するための神経線といえる。

1.1.2 過去にifは禁物だけれど…

戦史をひもといてみると、「どうして、ここでこういう風に動けなかったのかなあ」と歯痒い思いをすることが、よくある。それだからこそ、「あの場面でこうしていれば！」ということで、いわゆる「IFもの」の架空戦記が人気を集めるわけだ。

もっとも、それは後になってすべての事実関係が明るみに出ているからいえる話。当事者は、真偽のほどが定かでない断片的な情報がいろいろと入ってくる中で、信頼できそうな情報を選り分けて、それに基づいて判断を下している。ところが、正しいと思った情報が実は間違っていた、あるいは判断を下すところで間違った、そもそも情報が入ってこなかった、といった事情が、勝てると思っていた戦闘を負け戦にしてしまう。

こうした問題を「戦場の霧」と呼ぶ。五里霧中とはよくいったもので、敵や味方の状況に関する情報が、まさに霧に包まれたかのごとき状況になるわけだ。

図1.1：交戦しなければ敵を排除できないが、その際に通信は必要不可欠な神経線となる（DoD）

その「戦場の霧」が発生する原因を大きく分けると、情報の収集・情報の伝達・情報の分析/利用ということになる。

　こうした問題のことを、業界用語では状況認識（SA）という。自軍の周囲がどういう状況になっているかを正しく認識できなければ、正しい判断も、正しい行動もとれない。これは、個人・個別の航空機・個艦といったローカルなレベルでも、軍団・艦隊・戦域・国家といった大きなレベルでも同じことだ。

　適切な状況認識を実現するには、情報の収集と伝達が正しく、かつタイムリーに行なわれなければならない。それができないと戦場の霧が生じて、間違った判断をしたり、間違った命令を出したりする原因になる。それに、正しい情報が入ってきても、それを基にして判断を下す過程でミスが入り込む可能性もある。過去の戦史には、そんな事例がたくさんある。

1.1.3　情報の優越が不可欠な理由

　では、こうした問題を解決するには、どうすればよいのだろうか。情報の収集と伝達に問題があって「戦場の霧」が生じるのなら、その問題を解決すれば、程度の差はあれ「霧を晴らす」ことができる。つまり、情報の収集・伝達・分析・利用に用いる手段を改善する必要がある、ということになる。

　そして、敵に先んじて情報を得ることができれば、先回りして有利な行動を

とることができる。敵の弱点がどこかを正確に判断できれば、そこに指揮下の部隊を集中的に投入して局地的な戦力の優越を実現できる。そうやって突破口を開くことができれば、戦線の後方に自軍を送り込んで敵を攪乱して、総崩れにさせられるかもしれない。こうすることで敵の"重心"を精確に狙って潰すことで、迅速に戦闘の決着をつけることができる可能性につながる。

　また、自軍の戦力と比べて敵軍の戦力が少ないところで、不必要に多くの部隊を投入する事態を避けられれば、必要とするところに指揮下の部隊を集中できる。つまり、手持ち戦力の有効活用である。

　さらに、敵が行なう情報の収集・伝達を妨害して流れを遮断すれば、その分だけ敵が「戦場の霧」に覆われた状態になるので、相対的に自軍の優位を強化できる。こういう形でも、情報は有効な武器として機能する。

　第二次世界大戦のときに喧伝された電撃戦理論は、敵の弱点を見つけて突破口を開き、そこに機動性を備えた快速部隊を送り込むことで敵を総崩れにさせる、という考え方に立脚している。それを実現するには、敵の弱点を見つけられるという前提がある。つまり、電撃戦とは単に機械化によって機動力を持たせれば実現できるものではない。情報・通信の能力に依存する部分が少なくない。

　これが、かつてRMA（Revolution of Military Affairs）と呼ばれた概念の中で、迅速に戦争にケリを付ける際の基本となった考え方だ。そして、戦う相手が正規軍ではなくテロ組織などであっても、情報の重要性が低下することはない。一般市民の間に埋没して攻撃を仕掛けてくる敵が相手だけに、情報を入手して速やかに活用するのは難しく、しかもそれが不可欠の要素だ。

1.2 現代兵器はドンガラよりもアンコ

1.2.1 サイズや見た目と強さは比例しない

　かつては、戦車でも艦艇でも航空機でも、「強さ」が目に見える形で現われた。それは、プラットフォーム自体のサイズ、装備する武器のサイズや数、といった要素が、そのまま外見に反映されたからだ。だから、海軍軍縮条約といえば軍艦の排水量を単位にして制限を課していた。強力な武器を搭載して、優れた防御力を持たせた軍艦は、それだけ排水量も大きくなるからだ。

　では、現在はどうだろうか。陸・海・空を問わず、大きいモノほど強い、高価なモノほど強い、と単純に判断できない状況になっている。依然として戦車は陸戦における王者だが、ウカウカしていると、歩兵が物陰から撃ち込む対戦車ミサイルにやられる可能性がある。昔の戦艦よりも、対艦ミサイルを搭載した小型ミサイル艇の方が遠方から攻撃できるし、速力も速い。大型の戦闘機よりも小型の戦闘機の方が機敏で、しかも高性能のレーダーやミサイルを搭載している場合がある。

1.2.2 コンピュータとミッション・システム

　こうした下克上な状況が発生する場面が出てきた背景には、ミサイルを初めとする武器体系の多様化、レーダーを初めとする各種センサー技術の発達、それらの背景にあるエレクトロニクス技術やコンピュータ技術の発達がある。つまり、車両・船・飛行機といったドンガラの部分だけでなく、その中に装備するセンサー・情報処理システム・兵装といったアンコの方が、むしろ全体的な能力に大きく影響するようになったわけだ。

　筆者は甘党だからアンコという言葉を好んで使うが、業界では一般的にミッション・システムと呼ぶ。ミッションとは任務のことであり、その任務をこなすためのシステムだからミッション・システムだ。そして、ミッション・システムの優劣が勝負を決める。

　特に、ウェポン・システムの世界にコンピュータが持ち込まれたことで、ソ

フトウェアによって制御される部分が多くなった。すると、ハードウェアが同じでも、ソフトウェアの改良によって機能が増えたり能力が向上したり、といったことが起きる。そうした変化は外見には反映されないから、同じハードウェアを使用するウェポン・システムでも、使用するソフトウェアによって能力差が生じる場面が出てくる。こうなると、かつてのように数やサイズだけでウェポン・システムの能力を推し量ることも、制限することもできない。

図1.2：レーダーや電子光学センサーなどの探知手段、それとコンピュータや通信といった要素が、現代のウェポン・システムの優劣を左右する。写真は、自衛隊にしては珍しくレドームを開けていた、CH-47チヌークのレーダー。

ところがそれでも、軍事力を比較する指標というと「数」や「サイズ」が用いられることが多い。たとえば「防衛白書」で日本周辺諸国の軍事力を見ると、陸軍なら兵員の数、海軍なら排水量トンの合計が指標になっている。もっと細かいレベルでは、たとえば戦闘機だと最高速度・航続距離・推力重量比といった数字に偏重する傾向が強い。

なかなか、アンコの良し悪しについて議論する人はいないし、いてもせいぜいレーダーの探知可能距離が長いか短いか、という程度の話に留まっているのが現状だ。もっとも、アンコに関する情報は「秘」の度合が高く、なかなか表に出てこないので、こういう傾向になってしまうのも致し方ない部分はある。

1.3 System of Systemsという考え方

1.3.1 システムと、システムの集合体

　軍事分野のハイテク化と革命が進展してきた背景には、コンピュータや各種センサーを組み合わせて構成した各種システムの存在と、それらを結びつけて情報の流れを受け持つネットワークの存在がある。

　個々のシステムがそれぞれバラバラに動作するのではなく、互いにネットワークを介して情報をやりとりしながら、あたかも一体のシステムであるかのように動作する。システムの集合体によって構成する大規模なシステムということで、こうした考え方のことをSoS（System of Systems）と呼ぶ。

　個別のシステムがバラバラに動作している場合、その間を人間が取り持つ必要がある。たとえば、戦闘機の操縦士が敵の攻撃を探知・回避する場面について考えてみよう。

　戦闘機同士が空中戦を行なっているときに、敵の戦闘機が後方に食らいついてレーダーを作動させたとする。そのレーダー電波を浴びた戦闘機の側では、レーダー警報受信機（RWR）が作動して、どちらの向きからどの種類のレーダー電波を照射されたかを、コックピットのディスプレイに表示する。パイロットはそれを見て、どちらに回避行動をとるかを決める。ということは、ディスプレイの内容を見間違えたり、判断ミスをしたりすれば、撃ち落とされるリスクが増える。

　また、ミサイル接近警報装置（MWR）がミサイルの飛来を感知して警報を出した場合、妨害のためにチャフやフレアを散布したり、電子戦装置で妨害したりする。ところが、飛来するミサイルの種類を正しく判断しないと、妨害する手段を選択できない。赤外線誘導ミサイルが飛来しているのにチャフを撒いても意味がないし、レーダー誘導ミサイルが飛来しているのにフレアを撒いても意味がない。

　この例では、レーダー警報受信機やミサイル接近警報装置、チャフ/フレア・ディスペンサー、電子戦装置、といったものが、個別の「システム」にあたる。それぞれのシステムはパイロットに情報を提示したり、パイロットから

の指示を受けて作動したりするが、システムとシステムの間にパイロットの判断と操作が介在していることに変わりはない。

そこで、これらのシステムを互いにつないで、データを自動的に行き来させることを考えてみよう。レーダー警報受信機は、どんな種類のレーダーから照射されたかを教えてくれる。それが分かれば、どんな敵機がいるのか、そしてどんな兵装を積んでいる可能性があるのかを判断する材料が得られる。それに基づいて、対処方法を自動的に決めて実行する。こうすることで、人間が介在するよりも速く、確実な対処が可能になると期待できる。

その場合、「レーダー警報受信機 ＋ ミサイル接近警報装置 ＋ 電子戦装置 ＋ チャフ/フレア・ディスペンサー」が一体のものとして機能することになる。これが、System of Systemsという考え方の一例だ。BAEシステムズ社がF-15向けに開発している新型電子戦システム・EPAWSSが典型例で、電子戦に関わる機器を相互に連接・連携させる。これがF-22やF-35になると、ゼロベースでシステム一式を新規開発しているだけに、電子戦以外の機材も含めて、複数のシステムを連携動作させる。

1.3.2 複数のプラットフォームが連携するシステム

先に挙げた例は、ひとつの戦闘機の中で完結する話だった。だから、システム同士の通信も、同じ戦闘機の中で行なわれる。艦艇や装甲戦闘車両でも、道具立ては異なるものの、考え方は変わらない。

この考え方を発展させると、複数の戦闘機をネットワーク化して協調動作させる、という考え方につながる。たとえば、ある戦闘機がレーダーで敵を発見したときに、敵と味方の位置関係に関する情報を基にして、最適な位置にいる味方戦闘機がどれかを判断、その戦闘機に交戦の指示を出す、といった考えが成り立つ。また、複数の戦闘機が互いに目標に関する情報をやりとりして、分担を決めることで「二重撃ち」を防ぐこともできる。

実際、F-22AやF-35は、こ

図1.3：イージス駆逐艦「ベンフォールド」(DDG-65) のマスト。上の細いマストを取り巻くように付いている、頂部を切り取った円錐形みたいな物体がLink 16のアンテナ。その下のフラットに付いている白いドームはヘリコプター用のデータリンク、その周囲を取り巻いているのがIFF、その下に付いている平面アンテナがCEC用

うした機能を実現する、あるいは実現する計画になっている。同一編隊を構成する機体同士が"電子のささやき"を交わして情報を交換することで、状況認識の改善や効率的な戦闘行動を可能にする。

さらに話が大きくなると、異なる種類のプラットフォーム同士が連携する。その典型例が米海軍の共同交戦能力（CEC）だ。CECを使うと、Cバンドの見通し線データリンクを介した情報交換に基づく、E-2早期警戒機やイージス艦の連携動作が可能になる。すると、たとえば「E-2のレーダーが捕捉した脅威情報に基づいて、複数のイージス艦が連携しながら、無駄も漏れもないようにイージス武器システムによる要撃交戦を実施する」なんていうことが可能になる。この辺の話は、第11章で詳しく取り上げることにする。

さらに話を大きくすると、同一の戦域に展開しているさまざまな種類のプラットフォームを互いにネットワーク化して、戦域レベルで情報の共有と共同交戦を行なう、という話になる。

1.3.3 ミサイル防衛システムの場合

その極めつけが、弾道ミサイル防衛（BMD）ということになる。最近では弾道ミサイルだけでなく巡航ミサイルも相手にする想定になったため、ミサイル防衛（MD）と呼ぶ方が一般的になりつつあるようだ。

ミサイル防衛、特に弾道ミサイルが相手の場合には、発射点と弾着予想点が離れている。そこで、広い範囲にさまざまな種類のセンサーを展開する必要がある。2009年4月に北朝鮮がテポドン2の試射を実施した場合を例に取ると、こうなる。

・赤道上空の静止軌道上にいる、DSP衛星の赤外線センサー
・航空自衛隊の車力分屯基地と経ヶ岬分屯基地に設置している、米軍のAN/TPY-2レーダー（旧称FBX-T）
・米空軍が三沢基地に設置した、早期警戒データ受信機材・JTAGS
・航空自衛隊のJ/FPS-5レーダー（いわゆるガメラレーダー）
・BMD対応改修を実施した、海上自衛隊のイージス護衛艦×2隻

と、日本の近隣だけでこれだけの資産を展開させた。これらが互いにネットワークで結ばれて、リレー式に探知・追跡を行ないながら情報を伝達するすることで、テポドン2の軌跡を継続的に追うことができる。

さらに、そのデータを利用して、イージス艦、あるいはアラスカとカリフォルニアに配備されたGBIといった迎撃用資産（シューター）に指令を出すシステムが必要になる。それが、アメリカ・コロラド州のシュライバー空軍基地に設置してある指揮統制・交戦管制・通信システム（C2BMC）だ。これが、ネ

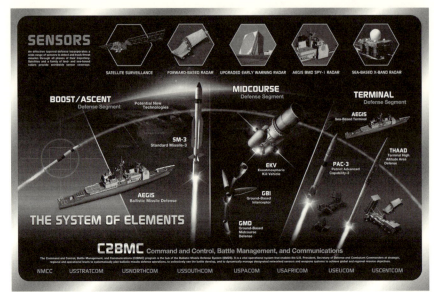

図1.4：ミサイル防衛では、探知・交戦・指揮管制を担当するさまざまな資産が、ネットワークで連接された状態で連係動作する（MDA）

ットワーク経由で各種センサーから流れ込んできたデータを基にして、最適な要撃手段を判断して指令を出す。こうしたシステム一式が、弾道ミサイル防衛システム（BMDS）を構成する。

このように、ミサイル防衛では広範囲に展開したセンサーとシューターを相互連携させることが、成功の鍵を握っている。まさに極めつけのSystem of Systemsといえるだろう。そして、その際の生命線となるのが、センサーとシューターと指揮管制システムを結ぶネットワークだ。

1.3.4　プラットフォーム中心 vs ネットワーク中心

ネットワークで結ばれた複数のシステムからなるSystem of Systemsが、あたかも一体の、ひとつの単位となって戦闘行動を取る。まさに、ネットワークを中核とする戦闘システム、あるいは戦い方ということで、こうした考え方のことをネットワーク中心戦（NCW）という。ちなみに、NCWは米軍の用語で、イギリス軍ではネットワーク化能力（NEC）という言葉を使う。しかし日本電気と紛らわしいので、本書では、より普遍的に使われているNCWを使う。

そのNCWの反対に位置する概念が、プラットフォーム中心戦（Platform Centric Warfare）だ。これは個別のプラットフォームを単位とする考え方で、個別のプラットフォームが持つ能力を用いて、目標の発見・追跡・交戦を行な

う形態だと考えればよい。

　プラットフォーム中心戦の場合、戦闘能力を高めるにはプラットフォーム自体の能力を向上させる必要がある。たとえば、F-4ファントムからF-15イーグルに代替わりしたことで、搭載するレーダーが強力になり、探知性能が向上した。また、加速力や機動性も向上した。後に、搭載するミサイルの性能も向上した。これらの能力向上はいずれも、戦闘機というひとつのプラットフォームの中で完結している。

　一方、NCWはどうかというと、複数のプラットフォームやシステムをネットワークで結んだ組み合わせが単位になっているから、必ずしも、必要な能力をすべて、個々のプラットフォームで抱え込むとは限らない。個別のシステムの能力向上が結果として、全体の能力向上につながる。

コラム

ネットワークを前提とした一例

　ボーイング社が米空軍のF-15Cを対象として「F-15 2040C」というアップグレード改修提案を実施している。ミサイル搭載数の倍増（8発→16発）ばかりが目につくが、データリンク機能の充実が本当のキモ。Link 16やIFDLを介してF-22、あるいはF-35からデータを受け取り、2040Cが搭載するミサイルを遠方から撃ち込むという考え方だ。

　後方から長い槍を放つことでステルス性の欠如という難点をいくらか緩和できるが、それを現実的なものにするには、ネットワークを介して情報を受け取ることが必要という理屈になる。ネットワークの活用が新たな可能性を拓く一例。

1.4 情報化によって変わること・変わらないこと

1.4.1 情報化に依存しすぎるのは危険

　ここまで説明してきたことを要約すると、以下のようになる。
「センサーで情報を得て、それをコンピュータで処理・分析・活用して、ネットワークを通じて共有することができるシステムの集合体を構築することで、"神の目から見たかのごとき状況"を実現して、作戦行動の迅速化や"戦場の霧"の軽減を期待できる」
　しかし、注意しなければならないのは、こうして実現した「神の目から見たかのごとき状況」は、決して「神の目から見た状況」と同一とは限らない点だ。なぜなら、情報を得て活用するには、それをセンサーが捉えている必要がある。センサーが捉えていない情報は知らないのと同じだ。また、センサーが捉えた情報がすべてだとは断言できない。なまじセンサーや情報技術が発達すると、それに依存し過ぎてしまい、センサーや情報システムから入ってきたものがすべてだと考えがちだ。そこに落とし穴がある。
　また、情報はあくまで軍事作戦を効率的に遂行するためのツールであり、情報を得れば敵が叩きのめされるわけではない。情報を活用して打撃力を投入することで初めて、敵が叩きのめされる。そして、最後には土地を占領して敵を制圧しなければ、戦争は終わらない。

1.4.2 最後にケリをつけるのは人間

　また、テクノロジーにばかり依存してしまい、人的要素を無視するようになると危険信号だ。特に低烈度紛争や不正規戦では、地元住民に対する民心掌握が鍵となる。そこではテクノロジーにはあまり出番がないし、むしろ最先端のハイテク製品を露骨に駆使することが足を引っ張る可能性もある。
　だからこそ、イラクで苦労した米軍はカリフォルニア州のフォート・アーウィンにある国家訓練センター（NTC）で、イラクの町並みを再現した訓練施設を作り、在米イラク人を傭って、イラクの地元住民を相手にする場面について

訓練するためのロールプレイを行なうようになった。

　テクノロジーは重要だが、最後に戦争の決着をつけるのは、あくまで人間である。

1.4 情報化によって変わること・変わらないこと

> **コラム**
>
> ### ググればなんでも分かるのか
>
> 　インターネット上の情報検索でも、実は同じことがいえる。あまりにも多様な情報がインターネット上で公開されていることから、「ググればなんでも分かる」「インターネット上にない情報はない」と勘違いする人がいるが、それは大間違いもいいところ。いわゆる「ダークウェブ Dark Web」みたいに、悪事を働く者を相手にしている情報は、意図的にサーチエンジンによる捜索を避けているから、普通の検索では出てこない。
>
> 　また、そもそもインターネット上に公開されていない種類の情報はいろいろある。筆者自身も「取材で仕入れたけれど、表沙汰にできない」類の話はいろいろと抱え込んでいる。

第2章

場面ごとの ICTの関与（1） 情報収集・監視・偵察

　続いて、実際に軍事において情報通信技術がどう役立っているかを例示するために、さまざまな作戦局面におけるITの関与について取り上げていくことにしよう。まず、作戦発起の前段階となる情報収集・計画立案の話から。

2.1 状況認識とC4ISR

2.1.1 状況が見えていないとどうなるか

　第1章でも取り上げた言葉だが、状況認識（SA）という業界用語がある。平たくいえば、クラウゼヴィッツがいうところの「戦場の霧」を解消しようということだ。

　それを実現するには、敵や味方の位置関係に関する最新の情報を、リアルタイムで把握し続けることが必要になる。また、得られた情報を分かりやすい形で提示することも必要だ。いくら重要な情報でも、見辛くて把握が難しいのでは困ってしまう。そこで、対象に適したセンサーと、センサーを結ぶネットワーク、センサーから入ってきた情報を処理して提示するためのコンピュータ、といった機材が不可欠になる。

　戦史をひもといてみると、いないと思っていた敵がいきなり襲ってきた、という事例がたくさん出てくる。分かりやすい例としては、ミッドウェイ海戦における日本海軍がある。「米海軍の艦隊は出てきていない模様」といっていたら、ミッドウェイ島とは別の方向に米海軍の機動部隊が潜んでいた。また、低空に舞い降りてきた雷撃機の迎撃に注力していたら、いきなり上空から急降下爆撃機が突っ込んできて惨劇になった。いずれも、状況が見えていなかったわけだ。

　1991年の湾岸戦争で、多国籍軍司令官のノーマン・シュワルツコフ大将が「第VII軍団の進撃が遅い！」と癇癪を起こしたのも、敵と味方の位置関係に関する情報の伝達が遅く、古い情報に頼っていたことに一因がある。もっとローカルな話では、戦闘機同士の空中戦で敵機が背後に忍び寄ってきていた、という話も状況認識の一例といえる。

　敵の所在に関する状況が見えていなければ、不意打ちを食らう危険性がある。逆に、味方の所在に関する状況が見えていなければ、適切なタイミングで適切な場所に適切な部隊を差し向けられない。どちらにしても、戦闘や戦争を勝利に導くのが難しい。

　ただし、逆に情報が多すぎても、大量の情報に埋もれた状態になってしまい、

せっかく集めたデータを有効活用できなくなる危険性がある。米空軍で情報収集・監視・偵察（ISR）を所管するAFISRAという組織が2010年5月に「センサー・ラリー」と題するISR関連イベントを開催したときに、ノートン・シュワルツ空軍参謀総長（当時）がこの問題に言及、「人力に拠らない解決手段や、データを分析するシステムの整備が必要」と発言していた。センサーやISR資産はどんどん増えているが、それを処理・分析する側の能力が追いついていない現状に危機感を示したものだ。[1]

2.1.2　状況を知るための手段（ISR）

そこで、情報収集・監視・偵察（ISR）が大事になる。これは、敵や味方の動向・位置関係などの状況を把握する行為の総称だ。昔であれば、人間が斥候に出たり、見張りを行なったり、偵察機を飛ばしたり、哨戒のために艦を送り込んだり、といった方法を用いたが、センサー技術の進化により、最近では手段が多様化している。

また、敵軍の動向だけでなく、味方の動向についても把握しておかなければならない。そうしないと、「いるはずだと思っていた味方がいなかった」とか、「味方の進撃が早過ぎたせいで、敵軍のつもりで攻撃しそうになった」とかいう事態につながる。すると「第34任務部隊はいずこにありや、全世界は知らん

図2.1：MQ-1プレデターが備える電子光学センサーとデータリンクの組み合わせが動画の実況中継を可能にしたことで、皆がその動画を見たがる「プレッド・ポルノ」なる現象が発生した。プレッドとはプレデターのことである（USAF）

と欲す」などと電報を打つ羽目になる。

　最近の傾向として、ISR資産の無人化が進んでいる。その典型例が、UAVを初めとする無人ヴィークルの活用だ。長時間の常続監視を実現するには、眠くなったりトイレに行きたくなったりしない無人システムの方が便利である。

　また、米陸軍が将来戦闘システム（FCS）という大風呂敷を広げたときには、自走しない固定設置型の探知手段として、戦術型地上無人センサー（T-UGS）と市街地向け地上無人センサー（U-UGS）をテクストロン社に開発させた。FCS計画が頓挫した後もT-UGSとU-UGSの開発は続いていたが、結局はいつのまにやら立ち消えになった。しかし、これはFCS計画が大風呂敷を広げすぎたのが問題なのであり、無人センサーという考えが完全に否定されたわけではない。

2.1.3　状況を利用するための手段（C4I）

　ISRとは、状況を把握するための手段だ。それは戦闘を行なうための前段階であって、把握した状況を味方に有利な形で活用して、戦闘を有利に運ぶことが目的となる。

　そこで問題になるのは、司令部で状況を把握した後、それを利用して指揮下の部隊を動かすことだ。いくら敵情を正しく把握して適切な作戦を立てても、その通りに指揮下の部隊を動かすことができなければ、作戦は台無しになる。

　そこで問題になるのが、いわゆる指揮・統制とそれに関連する諸事項ということになる。複数の用語があるので列挙すると、以下のようになる。

・C2（指揮・統制）
・C3（指揮・統制・通信）
・C4（指揮・統制・通信・コンピュータ）
・C4I（指揮・統制・通信・コンピュータおよび情報）

　現在では、情報通信技術がなければ軍事作戦は成り立たないので、C3Iに「コンピュータ」が加わったC4Iという言葉を用いることが多い。適切な情報を入手して、それに基づいてコンピュータや通信網を駆使しながら指揮下の部隊に対して指揮・統制を行ない、作戦を遂行する、という話の流れになる。さらにレイセオン社では5番目の「C」として「サイバー」をくっつけて、「C5I」という言葉を商標登録している。

　このC4Iと、前述のISRは不可分の関係にあるため、両者をくっつけたC4ISRという言葉も普遍的なものになった。では、そのC4ISRの分野において、コンピュータや情報通信技術がどういった形で関わってくるのか。

2.1.4　探知手段いろいろ

本書では頻繁にセンサーという言葉を用いているが、これは字義通り、何かを探知する手段を指す。探知の手段としては、可視光線・赤外線・電波・音波が挙げられる。

たとえば、最古のセンサー「Mk.Iアイボール」（つまり人間の眼）やTVカメラは、可視光線を使って探知する。しかし、暗闇になると可視光線が使えないので、投光器や照明弾で明るくする、光増管を介して強引に光を増幅する、あるいは赤外線や電波といった他の手段を用いる、という話になる。

よく知られているように、どの方式にも長所と短所があるので、どれかひとつで問題が解決するわけではない。さまざまな方法を適切に使い分けたり、複数の探知手段を併用したりする必要がある。複数の探知手段を併用するとデータ融合という問題が出てくるが、それは後で取り上げることとしたい。

といったところで余談をひとつ。米軍ではイラクやアフガニスタンで即製爆弾（IED）によって多数の死傷者を出したため、対策に乗り出した。その際に技術的対策だけでなく、真剣に第六感について研究していたのだという。

たとえば、街をパトロールしているときに「あのゴミの山の状態は、昨日パトロールしたときとはなんだか違うぞ？」と気付いたとする。単にゴミが増えただけかも知れないが、ひょっとするとゴミの中にIEDが仕掛けられたのかも知れない。そういった「カン」が当たれば、コンピュータや各種センサーでは足りない部分をフォローできる可能性がある。

同じことは、道路に路傍爆弾（roadside bomb）が埋められていた場面にもいえる。地面に穴を掘って爆弾を埋めれば、いかに器用に埋め戻したとしても、何らかの状態の変化が発生する可能性がある。それに感付けば、センサーが見つけられなかった路傍爆弾を発見・回避できるかも知れない。

この研究が実を結んだかどうかについては続報がないので判然としないが、笑い飛ばさずに研究してみようという姿勢には、学ぶべきものがある。コンピュータはロジックで動くもので、人間みたいにカンを働かせることはできないから。

2.1.5　C4ISR資産に対する攻撃と防禦

自軍がC4ISR資産を駆使して戦闘を有利に進めようとするならば、相手に同じことをされるのは嬉しくない。したがって、C4ISRにも「攻撃」と「防御」が存在する。つまり、センサーに対する欺瞞や隠蔽、通信手段に対する妨害や

図2.2：F/A-18FをベースとするEA-18Gグラウラー電子戦機。当初はEA-6Bから流用した電子戦機器を搭載したが、新型化の計画が進んでいる（US Navy）

破壊、といった話だ。GPSのような測位システムもまた、妨害の対象になる。これらは、情報戦（IW）の一分野といえる。

実際、軍事作戦において敵の指揮統制関連施設や通信施設を攻撃対象にした事例は、いくつも存在している。1991年の湾岸戦争では、電話などの施設に加えて、特殊作戦部隊を投入して光ファイバー・ケーブルの破壊作戦を実施した。

通信を妨害する手段としては、EA-18GグラウラーやEC-130Hコンパス・コールといった、無線通信妨害機能を備えた電子戦機を使用することが多い。陸上で車載式の電子戦装置を運用することもあるが、機動力と覆域の広さを考えると、航空機の方が有利だ。EA-18Gを例にとると、AN/ALQ-227通信妨害セット（CCS）を使用する。

また、衛星通信を妨害するシステムの事例としては、ノースロップ・グラマン社が開発した対通信システム（CCS）があり、2004年9月に3システムを実働可能とした。その後も開発や改良が進んでいるようで、ハリス社が2012～2013年にかけてCCSブロック10を受注、2016年12月にもCCSブロック10.2に関する契約を受注している。乱暴な方法としては、敵の通信衛星をミサイルで破壊してしまう手もあるが、この方法が通用するのは軌道高度が低い衛星だけだ。静止衛星は軌道高度が高いので、地上からの物理的な攻撃は難しい。

なお、いわゆるサイバー戦も指揮・統制網への攻撃に応用される可能性があるが、サイバー戦については第7章で取り上げる。

2.1.6　プラットフォームへの影響

現代のウェポン・システムにとって、さまざまなC4ISR手段は必要不可欠なものとなっているが、センサーや通信手段が多様化・高性能化した結果として、それを搭載するプラットフォームの設計にも影響が生じている。

たとえば、さまざまな種類のレーダーを搭載すると、電波同士の干渉が問題になる可能性がある。アンテナの向きや構造物の配置によっては、障害物ができて視界を妨げる可能性もある。こうした問題に配慮しながら配置を決めなけ

図2.3：米海軍の新型水上戦闘艦・USSズムウォルト（DDG-1000）。のっぺりした上構の表面には、通信・電子戦・レーダーなど、さまざまな用途の平面アンテナが埋め込まれている（US Navy）

ればならないし、さらに航空機であれば空力的な配慮、艦艇であれば重心低下のための配慮も必要になる。

　さらに最近ではステルス性も求められるため、外形や素材にも留意する必要が生じた。そうした問題に対する解決策のひとつが、艦艇分野で導入が始まっている統合マストだ。つまり、アンテナを平面状の固定式にして、塔型構造物の表面に埋め込む形にするわけだ。さらに考えを推し進めると米海軍が研究しているInTop（Integrated Topside）計画みたいに、アンテナも多用途化して、たとえばレーダーと電子戦の機能を兼用するような話になる。

　米海軍が建造を進めているズムウォルト級駆逐艦では、上部構造物がアンテナ設置用の構造物を兼ねている。一方、タレス・ネーデルランド社が提案しているI-Mastのように、アンテナを取り付ける統合マストの部分だけを単品で売り出している事例もある。ステルス性を考慮すれば前者の方が有利だが、コストを考慮すれば既製品を使える後者の方が有利だ。

　また、レーダー、コンピュータ、通信機器など、電力を消費する機器が増える一方なので、プラットフォーム側では高い発電能力を求められるようになった。統合電気推進を導入する艦艇やハイブリッド化する車両が出てきた一因には、こうした電力需要の増大がある。そして、電力を消費するメカが増えれば、冷却についても配慮しなければならない。

2.1.7　電波は限りある資源

　日本では「電波法」という法律があり、総務省が所轄官庁となって、電波の利用について管理・監督を行なっている。用途ごとに周波数帯を割り当てて重複や干渉を防いだり、電波の不正利用がないかどうかを監視したり、電波を発する機器の認定制度を運用してトラブルを防止したり、といったあたりが主な仕事だ。

　軍用といえども、この枠から逃れることはできない。実際、アメリカでは連邦通信委員会（FCC）が周波数割り当ての変更を行なったトバッチリで、B-2爆撃機のAN/APQ-181レーダーが使えなくなるという影響が生じた。そのついでに（?）レーダー近代化改修計画（RMP）を実施して新型のAESAレーダーに換装する話になったのだから、転んでもタダでは起きないというべきか。

　また、国によって周波数帯の割り当て状況が異なることから、ある国では問題なく使えるレーダーやデータリンクが、別の国に行くと周波数割り当てにひっかかる、といった問題が生じることもある。あるウェポン・システムが使用する電波の周波数帯が、別の国の携帯電話と重複していた、なんていうことも起きている。

2.2 光学センサーとコンピュータ

2.2.1　可視光線と電子光学センサー

　最古の光学センサーといえば、先にも言及したMk.Iアイボール、すなわち人間の眼だ。それを補強する手段として、双眼鏡や望遠鏡といったものがある。隠れた場所から視界を確保する手段である潜望鏡や砲隊鏡も、一種の視覚補助手段といえるだろう。

　これらはいずれも、レンズで構成する光学系によって倍率を高めることができるが、入射した映像を素通しで表示している点に違いはない。したがって、暗闇で使えないという難点は変わらない。だからといって、昔の艦隊夜戦みたいに照明弾や探照灯を使用すると、相手の存在は見えるようになるが、こちらの存在もさらけ出してしまう。

　そこで光増管を併用すれば、暗いところでも使えるセンサーになる。その典型例が暗視ゴーグル（NVG）だ。ただし光増管には微量ながら光源が必要で、完全な真っ暗闇では使えないという制約がある。ちなみに、光増管を妨害するには、照明弾を発射して過負荷にする方法がある。最悪の場合には壊れてしまうが、過負荷になったときに自動的に動作を止めて機器の損傷を避ける電子回路を組み込む対策はある。

　現在でも、可視光線を使用するセンサーは健在だが、一般に電子光学センサー（EO：Electro-Optical sensor）と呼ばれることが多い。つまり、映像を素通しで表示するのではなく、何らかの電子回路を通している。それはどういう意味だろうか。

　一般的な電子光学センサーは、電荷結合素子（CCD）を使って、可視光線の映像を電気信号に変換する。なんのことはない、デジタルカメラと同じだ。映像を電気信号に変換することで、電子的な映像の加工・処理・保存・分析などが可能になる。だから電子光学センサーと呼ぶ。

2.2.2 暗闇でも使える赤外線センサー

電子光学センサーを単独で用いることは少なく、夜間用に赤外線センサーを併用することが多い。赤外線（IR：Infrared）とは可視光線と電波の中間に属する電磁波のことだが、細かい分類については「表2.1」にまとめた。赤外線センサーがあれば、真っ暗闇でもなんでも、赤外線を発している限りは探知可能になる。そして、両者の組み合わせを電子光学/赤外線センサー（EO/IR sensor）と呼ぶ。

赤外線センサーは、対象を赤外線放射レベルの違いとして認識する。人でも機械でも、案外と部位によって赤外線の放射量が異なっているため、それなりに使い物になる映像が得られることが多い。ただし、可視光線よりも波長が長いため、その分だけ分解能が落ちて、映像が不鮮明になる。その赤外線の中でも、さらに波長の違いによって分解能や見え方に違いが生じる。

初期の空対空ミサイルのように赤外線を「点」で捕捉するのでは、赤外線の発信源が「ある」「ない」の区別しかつ

図2.4：74式戦車が装備している赤外線サーチライト

図2.5：10式戦車の砲塔上部には、キューポラとともにEO/IRセンサーなどが並んでいる

種類	波長	解説
近赤外線	0.7～2.5μm	赤色の可視光線に近い性質を持ち、CCDで検知可能
短波長赤外線	1.0～4.0μm	高温物体からの放射検出に適している
中波長赤外線	4.0～8.0μm	常温物体からの放射検出に適している
長波長赤外線	8.0～14.0μm	常温物体からの放射検出に適している
遠赤外線	14.0μm～	低温物体からの放射検出に適している。天体観測に使用するが、地球上の観測では用いない

表2.1：赤外線の分類

かない。そこで、小さな赤外線検出デバイスを並べた、アレイ型の構成をとる。個々のデバイスが検出した赤外線信号の情報を並べることで、点の集合体による赤外線映像を得られる。赤外線検出デバイスの数が多い方が、精細な映像を得られると期待できる。

　赤外線センサーについて調べるときには、どの種類の赤外線に対応しているかに注目する必要がある。赤外線センサーを妨害するときも話は同じで、相手のセンサーが対応している種類の赤外線を放射しなければ妨害にならない。

　かつては赤外線暗視装置というと、アクティブ式、つまり赤外線サーチライトで照らした結果を受信するものが多かった。日本では、74式戦車が砲塔前面に大きな赤外線サーチライトを取り付けた事例が知られている。一方、赤外線を受信するだけのパッシブ式もあり、現在はこちらが主流になっている。レーダーやソナーと同じで、赤外線でもアクティブ式は自らの存在を"広告"してしまう欠点があるからだ。

2.2.3　赤外線センサーと光増式センサーの融合

　戦車を初めとする装甲戦闘車両や航空機では、パッシブ式赤外線センサーが夜の主役になっているが、小銃手や狙撃手が使用する夜間用照準器は光増式の方が多い。これは、前述した分解能の違いによるのかも知れない。

　ただし最近では、英陸軍が2009年からアフガニスタン派遣部隊向けに配備を開始した狙撃手向け熱線映像装置（STIC）のように、赤外線センサーを使用する製品も出てきている。同種の装備として、仏サジェム製のJIM LR2や、BAEシステムズ社とDRSテクノロジーズ社が手掛けている強化型暗視ゴーグル（ENVG）がある。ENVGは2010年代に入ってから試験と量産が始まった製品で、2015年には第三世代版の製品に進化した。

　ENVGの特徴は、赤外線映像とNVGの映像を重畳する点にある。個人装備用のAN/PSQ-20に加えて、武器に取り付けた赤外線センサー式照準器の映像をNVGに送信して融合表示する、個人用武器照準器ファミリー（FWS-I）という製品もある。FWS-Iの担当メーカーはBAEシステムズ社で、2016年10月に量産契約の発注が実現した。

　その他の第III世代の暗視装置としては、個人装備用のAN/PVS-22や、車両の操縦手用としてBAEシステムズ社が製造しているDR-GMVAS（Driver's Ground Mobility Visual Augmentation System）もある。米特殊作戦軍団（USSOCOM）がインサイト・テクノロジーズ社に発注したFGS V4（Fusion Goggle System Version 4）も、同種の製品に分類できる。

図2.6：BAEシステムズのFWS-IとDRSテクノロジーズのENVGの組み合わせ。武器に取り付けたセンサーの映像を、ヘルメットに取り付けたNVGに無線で送る（US Army）

2.2.4　ミサイルの接近を警告する

　近年、FIM-92スティンガーのような携帯式地対空ミサイル（MANPADS）がテロリストの手に渡り、航空機やヘリコプターの脅威になる可能性が高まってきている。そこで、戦地に派遣する航空機やヘリコプターには、ミサイル接近警報装置と、対になる妨害用の機材を搭載するのが一般的になった。MANPADSは赤外線誘導なので、妨害装置もそれに対応する内容になっている。

　航空機が地対空ミサイルの接近を知るために用いるミサイル接近警報システム（MAWS）では、ミサイルの排気炎（排気煙）から発する紫外線、あるいは赤外線を検出する方法を用いる。ひとつのセンサーでカバーできる範

図2.7：AN/AAR-47ミサイル接近警報装置。右が従来型で、上の大きなセンサーが紫外線検知用、その下にある2個の円形がレーダー電波の逆探知用、左斜め下の小さな光学センサーが背景映像把握用。左は新型で、逆探知用をひとつに減らして画像赤外線センサーを追加した。右手奥にあるのが表示装置、左手奥にあるのが処理装置

囲には限りがあるため、全周をカバーできるように複数のセンサーを設置するのが一般的だ。

　探知手段として赤外線を使用すると、地面に近いところでは背景にも赤外線の発生源が多いために、ミサイルとの区別が難しい。そこで、低空を飛行するヘリコプターは紫外線を探知するタイプを使う。それに対して、飛行高度が高い固定翼機なら地上のバックグラウンド・ノイズは気にしなくて良いので、赤外線センサーの方が都合がいいそうだ。

2.2.5　探知手段としてのレーザー

　光学的手段を用いるセンサーとしては、レーザーもある。レーザーとは、LASER（Light Amplification by Stimulated Emission of Radiation）、日本語に訳すと「輻射の誘導放出による光増幅」という意味になる。光信号を増幅して生成する、高い指向性・収束性を発揮するコヒーレント光のことだ。コヒーレントとは、同一の周波数を持つ2つの光信号について、両者の振幅と位相に一定の関係があり、干渉縞を作る性質を意味する。

　レーザー光を発生させる手段としては、ルビーやYAG（Yttrium Aluminum Garnet）を利用する固体レーザー、炭酸ガスやヘリウムネオンを利用するガスレーザー、半導体を利用する半導体レーザー、自由電子に磁界を加えたときに発生する放射光を利用する自由電子レーザー（FEL）、化学反応を利用する化学レーザーなどがある。レーダーと同様、パルス状のレーザー光を発振するパルスレーザーと、連続したレーザー光を発振する連続波レーザーがある。

　レーザーというと、空想科学小説によく見られるように、強力なエネルギーを発するビーム兵器という連想をしやすい。実際、アメリカでは2010年2月に弾道ミサイル要撃試験を成功させたYAL-1A機上レーザー試験機（ALTB、旧称は機上レーザー：ABL）を初めとして、さまざまなレーザー兵器を開発している。

　しかし、モノを破壊できるほど強力なエネルギーを発生できるレーザーの開発には時間がかかる。そのため、破壊手段としての利用よりも先に、レーザー光の特性を活かした測距・目標指示用途が先行しているのが実情だ。ただし、レーザーといえども光学的な手段だから、天候によっては利用に制約が生じる場合がある。

　レーザー光を発振して、それが何かに当たると反射波が戻ってくる。その際の所要時間によって距離を測定できる。このときには、発信した後で反射波を受信する必要があるので、発信と受信を交互に繰り返さなければならない。したがって、パルスレーザーを使う。

また、誘導兵器のシーカーがレーザー光の反射をたどるようにすれば、レーザーは目標指示の手段になる。その際、複数のレーザー誘導兵器を同時に使用しても混信しないように、個々の兵器ごとに周波数が異なるパルスを発するように設定する。

レーザー光は細くて直進性が高いビームになるため、精確な測距や目標指示が可能だ。ただし、照射の対象となる範囲が狭いため、地形や障害物の走査に用いるレーザー・レーダー（LADARまたはLIDAR）では、発振するビームの向きを変えながら、広い範囲を順次走査する。走査しながら個々のレーザー・パルスごとに測距することで、凸凹の集合体という形で映像を得られる。細かく走査するほ

図2.8：BAEシステムズ社のATIRCM。機能的にはDIRCMと同じで、同社製のミサイル接近警報装置・CMWSからのデータに基づき、レーザーを浴びせてシーカーを妨害する

ど精度が上がるが、その分だけ処理に時間がかかるので、高い処理能力が求められる。

その他のレーザーの用途として、赤外線誘導ミサイルの妨害がある。ミサイル先端に取り付けられた赤外線シーカーに対してレーザー光を照射することで、赤外線発信源の探知を妨害する仕組みだ。これはすでに、輸送機やヘリコプターなどに取り付ける赤外線シーカー妨害（IRCM）手段として実用化している。飛来するミサイルに対して精確にレーザーを指向するため、旋回・俯仰が可能なターレットに装備するのが普通だ。

なお、レーザーのうち波長が1.4〜2.6μmのものを、アイセーフ・レーザーと呼ぶ。アイセーフとは、人間の網膜を傷めないという意味だ。レーザー測距・目標指示といった用途では地上に友軍の兵士がいる可能性が高いから、眼を傷めないレーザーを使用する必要がある。

武器としてのレーザー

　余談だが、いわゆるレーザー兵器の例としては、以下のものがある。個別に挙げ始めると、それだけで章がひとつ埋まってしまうので、ここでは代表選手だけを挙げる。

- ABL（機上レーザー）：弾道ミサイルのブースト段階要撃（ボーイング）
- THEL（戦術高出力レーザー）：防空用（ノースロップ・グラマン）
- HEL TD（高出力レーザー技術実証機）：防空用（ノースロップ・グラマン）
- MIRACL（中波長赤外線・先進化学レーザー）：艦載防空用（ノースロップ・グラマン）
- ATL（先進戦術レーザー）：対地攻撃用（ボーイング）
- PHaSR（刺激的対応による個人阻止）：携帯式目潰し兵器
- AN/SEQ-3（XN-1）LaWS（レーザー武器システム）：艦載用で小艇やUAVへの対処を想定

　これらのうち、実験室や試験場の外に出て実用試験の段階まで駒を進めたのは、最後のLaWSぐらいだ。

　高い出力を要求されるABLやATLでは、巨大な化学レーザー・COIL（Chemical-Oxygen Iodine Laser）を使用していた。しかし、化学レーザーは取り扱いが難しい薬品を必要とすることと、使用したときに有毒ガスを出す点が問題になる。そこで最近では、半導体を使用するソリッドステート・レーザーに開発の重点が移っている。まだソリッドステート・レーザーの出力は大きくないので、複数のレーザーを束ねる場合が多い。

2.2.6　電子光学センサー・ターレット

　電子光学センサーや赤外線センサーを一体化して、さらに旋回・俯仰が可能なターレットに収めた製品が、たくさん開発・販売されている。さらにレーザー目標指示器を追加して、探知とともにセミアクティブ・レーザー誘導式の精密誘導兵器を対象とする目標指示を一度に行なえるようにした製品も少なくない。

　たいていの場合、半球型のターレットにセンサーを収めて、それを2軸のジンバルで支持して旋回・俯仰を行なえるようにしている。センサーを粉塵などから保護するため、使わないときはクルリと回転させてセンサーを裏側に隠してしまうことが多い。

　この種の製品を手掛けるメーカーとしては、FLIRシステムズ、L-3ウェスカム、

図2.9：MQ-1プレデターの機首下面に取り付けられたセンサー・ターレット（USAF）

図2.10：「国際航空宇宙展2016」の会場でデモ用に設置された、FLIRシステムズ社の「Star SAFIRE 380HLDc」

図2.11：その「Star SAFIRE 380HLDc」で撮影した会場の赤外線映像

レイセオン、エルビット・システムズ傘下のEl-Op、IAI (Israel Aerospace Industries Ltd.) などが知られている。El-Opのごときは、製品分野がそのまま社名になっている。

　旋回・俯仰を可能にするのは、ターレットを装備するプラットフォームの動きとは無関係に、任意の方向を指向できるようにするためだ。たとえば航空機の機首や胴体下面にセンサー・ターレットを取り付けて旋回・俯仰可能にしておけば、前方でも側方でも後方でも、好きな方角を見ることができる。

　もちろん、使用するセンサーの性能に依存する部分もあるが、高性能のモデルだと、30kmぐらい離れた場所の鮮明な映像を得られるという。

2.2.7　ターゲティング・ポッドと航法ポッド

電子光学センサーとレーザー目標指示器をポッド化して、戦闘機などの胴体下面、あるいは翼下に搭載できるようにした製品も増えている。独立したポッドの形態をとっているので、既存の機体に対して後付けしたり、任務様態に応じて着脱したり、新型の機材に更新したりといったことを容易に行なえる。その代わり、ステルス性を持たせるのは難しい。

その種の製品としてもっとも早くから知られているのが、F-15Eストライクイーグルが搭載した夜間低高度航法・目標指示（LANTIRN。「ランターン」と発音する）ポッドだろう。LANTIRNは2基のポッドで構成するが、目標指示を受け持つのはAN/AAQ-14ターゲティング・ポッドだ。これは、尖端部に狭視野の前方監視赤外線センサー（FLIR）とレーザー目標指示機を備えたターレットを持つ。このターレットはポッドの尖端部に取り付けてある関係上、前方に突き出す形になっている。FLIRの視野角が狭いのは、それだけ目標を精確に捕捉・認識する必要があるためだ。

F-15EのLANTIRNでは、これとは別に、夜間の低高度飛行を可能にする手段として、AN/AAQ-13航法ポッドを用意している。AN/AAQ-13は2段重ねの構成になっていて、

図2.12：AN/AAQ-33スナイパー。くさび形のセンサー窓部が特徴的で、この部分が回転するようになっている（USAF）

図2.13：F-35は機首下面にEOTSを備える。機能的には、自社のターゲティング・ポッド、スナイパーがベース

図2.14：AH-64Dアパッチ攻撃ヘリが機首上面に装備しているTADS/PNVS。上の小さい機材がPNVS、その下にある円筒状のものがTADS。センサー保護のために裏返しにした状態

上段には広視野型FLIR、下段には地形追随レーダーを収めている。そして、FLIRからの赤外線映像はパイロット席正面のHUDに映し出す仕組みだ。可視光線ほど鮮明ではないが、前方の地形や障害物を把握するには十分な性能がある。それと地形追随レーダーを併用することで、夜間でも手放し地形追随飛行を行なえる。

これらの機器をポッド式にできるのは非ステルス機だからで、ステルス性を求められるF-35では当初から、同等の機能としてAN/AAQ-40電子光学目標指示システム（EOTS）を機首下面に取り付けている。

余談だが、米軍のLANTIRN開発プロジェクトでは、"NOCTIS IN DIES"というラテン語の標語を掲げている。英訳すると"night into day"、つまり「夜を昼に変える」という意味で、まさにLANTIRNが提供する機能そのもの。実際、ロッキード・マーティン社が作成したLANTIRNの宣伝ビデオでも、冒頭で「LANTIRN, turning night into day」としゃべっている。

LANTIRNと同じような機能をAH-64アパッチ攻撃ヘリで実現するのが、TADS/PNVS（「タッズ・ピー・エヌ・ヴィ・エス」と呼ぶ）。現在は改良型のM-TADS/PNVS（Modernized TADS/PNVS）、いわゆるアローヘッドへの切り替えが進んでいる。LANTIRNと同様、「航法」と「目標指示」を担当する機器の集合体で、前者がAN/AAQ-11 PNVS、後者がAN/ASQ-170 TADSという内訳。航法と目標捕捉は赤外線センサー、目標指示はレーザー照射によって行なう。

ヘリコプターに独特の特徴として、パイロットや射手が首の向きを変えると、TADS/PNVSもそれに合わせて首を振る点が挙げられる。TADSは射手、PNVSは操縦手とユーザーが異なるので、TADSとPNVSは別々に首を振れるようになっている。また、PNVSは左右に旋回するだけだが、TADSは上下・左右に動かすことができる。

2.2.8　最近はターゲティング・ポッドだけ

F-15E、あるいはF-16C/Dブロック40/42では、LANTIRN航法ポッドとLANTIRNターゲティング・ポッドをペアで搭載していた。ところが最近では航法ポッドを持たず、ターゲティング・ポッドしか搭載しない機体が多い。また、B-52HやB-1Bみたいに、ターゲティング・ポッドだけ後付けで搭載可能にした事例もある。

これは、レーダー網をかいくぐって夜間に低空侵入する必然性が薄れたため、と考えられる。冷戦時代には、大量の対空砲や地対空ミサイルを揃えたワルシャワ条約機構軍の頭上に夜間侵入する運用を想定していたから、低空侵入を安

全・確実にこなすためには航法ポッドが必須だった。しかし、現在ではそうした任務が生起する可能性は低いし、むしろ対空砲を避けるために高い高度から精密誘導兵器を投下する方が多い。それであれば、ターゲティング・ポッドだけあれば用が足りる。

　一方で、精密誘導兵器の利用は拡大する一方であり、しかもLANTIRNが開発されたときには存在していなかったGPS誘導兵装が主流になってきた。すると、ターゲティング・ポッドに求められる機能も変化して、レーザー照射だけでなく、目標の緯度・経度を算出する機能が必要になる。そうした事情もあり、ターゲティング・ポッドも世代交代している。

　LANTIRNの製造元であるロッキード・マーティン社では、AN/AAQ-33スナイパー（それの輸出型がパンテーラ）と、その改良型であるスナイパーER・スナイパーXR、GPS受信機を内蔵するスナイパーATP（Advanced Targeting Pod）を開発した。くさび形に尖ったセンサー窓の形状が特徴的だ。

　ノースロップ・グラマン社では、イスラエルのラファエル社が開発したAN/AAQ-28ライトニング（LITENING）を導入、ライトニングII、ライトニングIII、ライトニングAT（Advanced Targeting）・ライトニング4G（4th Generation）といった製品を送り出している。

　ちなみに、ライトニング・シリーズについてはセンサーのピクセル数が明らかになっているので書いておこう。

- 初代ライトニング：320×256ピクセル
- AN/AAQ-28（V）1または同（V）2 ライトニングII：640×480ピクセル
- AN/AAQ-28（V）3 ライトニングER：640×512ピクセル
- AN/AAQ-28（V）4 ライトニングAT：1,024×1,024ピクセル（FLIRは640×512ピクセル）
- AN/AAQ-28（V）7または同（V）8 ライトニングG4：1,024×1,024ピクセル
- AN/AAQ-28（V）9 ライトニングSE：1,024×1,024ピクセル

　最新型でもピクセル数は1,024×1,024=1,048,576。デジタルカメラ式にいうと「約105万画素」である。当節のデジタルカメラと比べて少なすぎるように見えるが、センサーの画素数を増やしても、ディスプレイ装置がそれに見合った解像度を備えていなければ、表示の際には縮小する。それでは、データ量の増大によって処理・伝送・保存の負担が増えるだけで無駄である。数字が多ければいいのではなく、用途に見合った性能があることが重要なのだ。

　このほか、実質的にF/A-18ホーネットの専有物になっているのが、レイセオン製のAN/ASQ-228先進目標指示・前方監視赤外線センサー（ATFLIR）だ。ホーネットでは過去に、目標指示用FLIR（TFLIR）としてAN/AAS-38または

図2.15：A-10Cが装備するAN/AAQ-28 LITENINGターゲティング・ポッド

AN/AAS-46、それと航法用FLIR（NAVFLIR）としてAN/AAR-55を装備していたが、ATFLIRの導入でTFLIRとNAVFLIRを一体化して、兵装ステーションをひとつ空けることができた。

　こうしたターゲティング・ポッドは、GPS受信機を内蔵するようになってきている。GPSの内蔵により、自機の位置だけでなく、自機の位置を基準とする相対的な目標の座標も分かるようになった。自機の位置と、そこから目標までの方位・距離が分かれば、幾何学的に目標の座標を計算できる理屈だ。これは、GPS誘導爆弾を使用するために必須の機能となる。

　イギリスではターゲティング・ポッドとして熱線映像式航空機搭載用レーザー目標指示器（TIALD）をトーネードに搭載していたが、その後、スナイパーやライトニングに代替した。どちらのポッドを使用するかは機種によって異なり、タイフーンはライトニングEF、ハリアーGR.9はスナイパー ATPを使用している。

　ところが、同じハリアーでも米海兵隊のAV-8BハリアーIIはライトニングを使用しているのだから面白い。シンガポール空軍向けのF-15SEは、ターゲティング・ポッドと航法ポッドの二本立てで、それぞれスナイパーとタイガーアイを装備する。航空自衛隊のF-2もスナイパー ATPを搭載することになった。

　フランスはどうかというと、さすがにアメリカ製品を使うのはプライドが許さないのか、タレス社がダモクレ Damoclès を開発・製造してラファールに搭

載した。その後の2013年になって、ダモクレの後継製品となる新世代レーザー目標指示ポッド・TALIOS（旧称PDL NG）をタレス社に発注、開発を進めている。

ターゲティング・ポッドと航法ポッドの両方を装備するかどうか、どの機種にどのポッドを装備するかは、国・軍種によって違いがある。性能・価格・整合性の問題だけでなく、武器輸出規制やメンツの問題も絡んでくるため、単純に「どれが欲しい」というだけでは決められない。

2.2.9 ターゲティング・ポッドとデータリンクとNTISR

こうしたターゲティング・ポッドのセンサーが捉えた映像を送信できるように、データリンク機能を追加する事例が増えている。たとえばF/A-18用のATFLIRは、2005年にKuバンドのデータリンクを導入した。また、ターゲティング・ポッドのセンサーが捉えた映像を地上のFACやJTACに送信してライブ中継するROVERというシステムもあるが、これについては第11章で詳しく解説する。

ターゲティング・ポッドに限らず、機能的に近い部分がある偵察ポッドでも、同様にデータリンクの導入が広がっている。かつては偵察ポッドというと銀塩カメラを搭載しており、飛行機が基地に戻ってくるとフィルムを取り出して現像・焼き付けを行なっていたが、それでは情報を得るために時間がかかる。

ところが、カメラをデジタル化してデータリンクと組み合わせれば、撮影したデータをその場で送信できるため、リアルタイム性が高まる。特に移動式ミサイル発射器のような緊急目標（time critical target）では、情報を迅速に手に入れて活用することが求められるので、こうした機能の有用性が高い。

こうしたターゲティング・ポッドの高性能化・高機能化により、過去にはなかった使い方が出てきた。それがいわゆるNTISRである。日本語訳すると「伝統的なやり方ではない情報収集・監視・偵察」となろうか。

昔のやり方だと、ISR用のセンサーとターゲティング用のセンサーは分かれていた。しかし、ターゲティング用のセンサーが高性能化して、モノによってはハイビジョン相当の画質を実現したため、ISRのニーズもカバーできる。しかもデータはデジタル化してコンピュータ処理できるし、データリンク機能を追加すれば即時伝送・実況中継が可能である。それなら両者を一本化する方が合理的だ。

また、攻撃を担当する戦闘機のターゲティング・ポッドがISR用途を兼用すれば、センサーとシューターが同じところにまとまっているわけだから、発見・即・攻撃が可能になる。そして、センサーとシューターを別々に飛ばす必

要がなくなる。

こうした状況から、21世紀に入って「対テロ戦争」が勃発した後になって、NTISRの事例が多くなってきた。米国防総省がイラクやアフガニスタンにおける航空作戦についてこまめに発表していたときには、もう毎日のように「NTISR任務をこれだけ実施した」という話が出てきたぐらいだ。

2.2.10　大量の動画データを処理するという課題

「百聞は一見にしかず」なんてことをいうが、文字情報だけ、あるいは口頭で伝達されるだけの情報よりも、映像が加わる方が状況を理解しやすい場合が多い。昔はコンピュータもネットワークも能力に限界があったために文字情報しか利用できなかったが、現在では話が違う。静止画や動画の情報をネットワーク経由で得られれば、手元に大量の偵察写真をストックしておくのと同じ効果が得られる。しかも、コンピュータを活用して比較や分析を行なえば、さらに有用性が高まる。

すでに、さまざまなセンサーとコンピュータの関わりについて解説してきた。もちろん、優れたセンサーは必要だが、そのセンサーによって得られた情報を利用して戦闘を有利に運ぶのが本来の目的だ。だから、センサーによって得られた情報を分かりやすい形で提示したり、あるいは有効に利用したりすることも、優れたセンサーの開発に負けず劣らず重要なことだ。

たとえば、UAVが搭載するEO/IRセンサーを使って静止画、あるいは動画の情報を記録したとする。得られた情報をその場で利用して、それで用が済んでしまうのなら話はシンプルだ。ところが、過去に大量に蓄積した動画データの中から必要な情報を選り分けたり、過去に撮影したデータと最近になって撮影したデータを比較したり、といった需要が生じることもある。もちろん、人間の眼を使って同様の作業を行なうことは可能だが、処理能力には限りがある。可能であればコンピュータを使って自動化したいところだ。

かつては、ISRデータといえば偵察機を飛ばして目視確認した情報（これは言葉で報告が上がってくるから、文字情報と同じ）、あるいは写真偵察機で撮影した静止画の情報ぐらいだった。ところが、技術が進歩してISR資産が充実したおかげで、得られるデータの量も半端なものではなくなっている。ヘタをすると、大量のデータに埋もれてしまい、肝心な情報を見逃すことになりかねない。

2010年初頭の話だが、南西アジア戦域（中東やアフガニスタンを意味する米軍流の婉曲表現）で活動している米空軍の情報関連部隊・第480ISR航空団（ISR Wing）が明らかにしたところでは、同航空団だけで1日に700GBのデータを記録しており、1日で分析に回す動画は820時間、目標に関する情報の配信は

1,000件を超えていたという。

2.2.11　動画の自動分析システム

そこで米統合戦力軍（USJFCOM。現在は解隊）が2010年3月から、動画情報の収集・保管・検索・共有を行なうシステム「ヴァリアント・エンジェル」の試験運用を開始した。2009年9月に、ロッキード・マーティン社、ハリス社、ネットアップ社の合同チームに発注していたもので、動画データを保存するサーバと、そのデータを検索・分析するためのソフトウェアで構成する。

ヴァリアント・エンジェルでは、テレビ放送を初めとする民生技術を活用して動画情報を活用しようとした。まず、UAVを初めとするさまざまな手段で動画情報を収集して、それを保管・分類しておく。その後は、キーワード指定によって情報を取り出して、敵情の追跡に活用する。たとえば、保管した動画の中から特定の人・車両を捜すとか、地形・地図情報と突き合わせるとか、複数のデータを組み合わせて分析するとかいった具合だ。

動画分析機能はロッキード・マーティン社のAudacity、動画情報の管理はハリス社のフルモーション動画管理エンジン（FAME : Full-Motion Video Asset Management Engine）、データを保管するストレージ機能はネットアップ社のData ONTAP（サーバ24台・総容量24ペタバイト）を使用した。ちなみに、1ペタバイトとは1ギガバイトの1,048,576倍、または1テラバイトの1,024倍、手短にいうと約1,000兆バイトだ。

市販のデジタルカメラで「顔認識」「個人認識」「ペット認識」なんていうことができるぐらいだから、記録した動画の中から一定の条件に合う映像を拾い出すことは、現在の技術でも可能だろう。それにより、「保存した動画の中から特定の人や車両を捜す」「動画と地図情報を関連付ける」「複数のデータを組み合わせて分析する」「指定した情報を含む動画を拾い出して警告を発する」といった類の機能を実現しようと考えたわけだ。

もちろん、人間のカンによって「これは怪しい」と感付くこともあるので、すべてをコンピュータ任せにできるとは限らない。しかし、ある程度は定型化できる作業で、しかも対象となるデータの分量がべらぼうに多い場合には、コンピュータに任せられる部分はコンピュータを活用することも必要だ。それによって、人間は人間でなければできない作業に注力できる。

2009年9月に、「ヴァリアント・エンジェル」の第一陣を統合情報ラボ（Joint Intelligence Laboratory）に据え付けた。2010年の春からアフガニスタンで実戦投入を開始して、遅くとも2012年までには切り替えを完了する目論見だった。

ところが2010年5月になって、アフガニスタンを担任区域とする米中央軍（USCENTCOM）は「目下の作戦上の要求に対応する方が先なので、ヴァリアント・エンジェルは不要」といいだした[2]。装備品を開発する際に、現場の声や現場のニーズに耳を傾けなければうまくいかない一例かも知れない。

それとは別件で、米テクストロン社傘下のオーバーウォッチ社も、RemoteViewやV-TRAC Basicといった、動画情報の収集・分析に関わるソフトウェアを手掛けている。また、米空軍と米海兵隊では、画像情報を使って不審な動きを監視するシステムとして、2005年からエンジェル・ファイアの開発を始めた。米陸軍でも同様の趣旨で、コンスタント・ホークというシステムを開発した。

こうしたシステムは、イラクやアフガニスタンで大きな脅威となったIEDへの対策や、敵の陣地経営を把握する際に役立つと考えられる。IEDの設置でも陣地の設営でも、「設置前」と「設置後」の外見に変化が生じるのであれば、映像情報の比較によって把握できる可能性があるためだ（もちろん、敵が隠蔽策を講じた場合には、その限りではないが）。

それを実現するには、映像の収集・保管・分析に加えて、必要なときに必要な情報を確実に取り出せるようにするための仕組みが要る。個人レベルでも、デジタルカメラで大量の写真を撮影して溜め込んだら、後になって「あれ、あ

図2.16：ゴルゴン・ステアを搭載したMQ-9リーパー。両翼の下面にぶら下がった大きなポッドがそれだ。機体の正面を兵士の背中で隠した構図に、何か意図的なものを感じる（USAF）

の写真はどこに行ったっけ?」なんていうことが起きるが、そんな調子では困る。

　そこでDARPAでは、動画と自動分析ツールを組み合わせた広域監視手段のARGUS-ISやARGUS-IR、蓄積した動画データの中から有用な情報を拾い出して作戦行動に活用することを企図した、動画/静止画抽出/分析ツール（VIRAT）という開発計画を実施したことがある。

　IED対策手段としては広い範囲をまとめて監視できる方が好ましいが、それには多くのセンサーが必要になり、必然的にデータ量が増える。すると、処理すべきデータの量が大幅に増えるため、コンピュータによる自動処理は必須だ。ARGUS-ISの場合、500メガピクセル級の画像センサー×92個×4組、さらにデータ処理用のコンピュータをひとつのポッドにまとめており、これで直径15kmの範囲を監視できる。毎秒15フレームの動画で、データ量は毎秒424ギガビット、それを処理するためのコンピュータはCore 2 Duoプロセッサ×28個の組み合わせだった[3]。このほか、米空軍でもゴルゴン・ステアという広域監視システムを開発して、MQ-9リーパーに搭載してアフガニスタンで運用している。

コラム

アルゴスとゴルゴン

　ARGUS-ISとARGUS-IR、そしてゴルゴン・ステア。いずれもギリシア神話にルーツを持つ命名だ。なお、ステアはstair（階段）ではなくstare（凝視）だから「ゴルゴンの凝視」となる。

　ARGUSとはアルゴス、つまり全身に100の目玉が付いている巨人で、それらの目玉が交代で寝ているので、いつもどれかの目玉は開いていて死角がない。まさに広域監視システムに相応しいネーミングだ。もっとも、アルゴスはヘルメスの策略にひっかかって殺されるのだが。

　ゴルゴンとは地の果てに住む怖ろしい姿の三姉妹で、ステンノとエアリュアレ、そしてメドゥーサ。このうちメドゥーサだけが不死ではなく、その姿を見た人間が石になってしまうことで有名。しかし最後はペルセウスに首を刎ねられてしまう。首を献上されたアテナは、メドゥーサの首を埋め込んだ盾を作らせた。その盾こそアイギス、すなわちイージスである。

2.3 レーダーと コンピュータ

2.3.1 レーダーとシグナル処理技術

すでによく知られているように、レーダー（RADAR。無線探知・距離測定の意）は電波を使用するセンサーで、実戦では第二次世界大戦で初登場した。電波を発信して、それが何かに当たって反射してきたときに、送信から受信までの時間差によって距離を、反射波が返ってきた方向によって方位を、それぞれ把握できる。対空レーダーでは3次元レーダーと称するものがあるが、これは反射波の仰角と距離の情報によって高度も把握できる。2次元レーダーでは高度が分からないので、別途、測高レーダーを必要とする。

レーダーの利点は、人間の眼では目標の視認が不可能な、夜間、あるいは悪天候下でも利用できることと、ときには数百kmに達する遠距離探知が可能な点にある。

ただし、探知が可能かどうかは電波の状態や反射波に左右される。同じ距離でも、場合によって反射波の強度が異なるからだ。これは単純に目標のサイズで決まるわけではなく、対象物の形状を基にして算出される、レーダー反射断面積（RCS）と呼ばれる数値が基本になる。無論、RCSが小さくなるほど探知が困難になる。

単純に考えれば、初期のレーダーがそうしていたように、アンテナで受信した反射波の情報をそのままスコープに表示すればよい。しかし、それでは不必要な情報が多すぎて、本当に必要とする情報が埋もれてしまう。飛行機を探知しようとしてレーダーを設置したら、雲や鳥まで探知してしまい、スコープが輝点だらけになった、ということでは困る。

特に背景が地面や海の場合、その地面や海がレーダー電波を反射するため、不必要な反射波だらけになってしまう。その不必要な反射波をクラッター（取り散らかった、混乱した、といった意味）といい、地面からの反射ならグラウンド・クラッター、海面からの反射ならシー・クラッターという。

そこでコンピュータが登場する。受信した反射波の中から不必要な情報を除去して、本当に必要とされる情報だけを選り分ける作業をコンピュータに担当

させるためだ。

　たとえば、地面や海面からの反射を除去するには、ドップラー効果を利用する。航空機のような移動目標と背景の地表とでは、反射波に対するドップラー効果が異なるので、それを利用すると、移動目標からの反射波だけを拾い出すことができる。具体的にいうと、地表からの反射波の周波数を基準にして、それより高い周波数の反射波なら「接近する探知目標」、低い周波数の反射波なら「遠ざかる探知目標」と判断する。

　戦闘機の射撃管制レーダーでしばしば登場する、「ルックダウン」「シュートダウン」を実現するための手法がこれだ。ルックダウンとは、自機より下方にいる敵機を探知・追尾することで、シュートダウンとは、その敵機と交戦することを意味している。

　しかし、意図した通りの効果が得られない可能性もある。レーダーを搭載した機体と、移動目標の間の相対速度がゼロなら、ドップラー効果は生じないからだ。また、ヘリコプターのローターは右半分と左半分で逆方向の動きをするから、高低双方の周波数を持つ反射波が混在する結果となり、これもパルス・ドップラー・レーダーを混乱させる原因になる。

　近年、低速で飛行するUAVが増えてきている。低速だとドップラー効果がハッキリ出なくなり、背景に紛れ込んでしまう可能性が高まる。しかも機体が小型なら、さらに探知は難しくなる。だから最近では、対空捜索レーダーを手掛けるメーカーが「低速の飛行物体でも探知できる」とアピールする事例が増えている。こういうアピールがなされることがすなわち、旧型のレーダーでは探知が困難になる可能性があることを示している。

　このドップラー効果の活用以外にも、いろいろな場面でシグナル処理が関わってくる。たとえば、航空機をレーダーで捜索しているときに、低速の飛行物体を除外してスコープに表示しないようにする、という手法がある。普通の航空機なら100km/h以上のスピードは出ているだろうから、それより遅いものは鳥か何かではないか、というわけだ。しかし小型のUAVはもっと遅いから、閾値を変えないとまずい。

　また、非協力的目標識別（NCTR）でもレーダーのシグナル処理が関わっているようだ。これはIFFのように相手側の協力を得ることなく、敵・味方の区別をつける手法のことで、詳しい内容は機密扱いである。一説によると、探知目標のレーダー電波反射特性を調べるというのだが、これが本当ならシグナル処理技術の問題ということになる。

2.3.2　レーダーによる射撃管制とコンピュータ

図2.17：「国際航空宇宙展2016」でレイセオン社が展示していた、F-15向けAN/APG-63（V）3レーダーの模型。模型だが、アンテナとその背後の電子機器群の雰囲気はつかめる

図2.18：海上自衛隊の護衛艦「ひゅうが」が装備する、FCS-3。大きい方がCバンドの捜索レーダー、小さい方がミサイル誘導レーダー

　当初、レーダーは捜索の手段として登場したが、レーダーの運用に関するノウハウの蓄積と精度の向上により、レーダーによる射撃管制が可能になった。基本的な考え方は光学機器を使った射撃管制と同じで、レーダーによって目標を捕捉・追跡することで的針・的速に関する情報を得て対勢図を描き出し、射撃に必要な諸元を算定する、という内容になる。

　そこに射撃管制コンピュータを持ち込むことで、諸元を算定する際の計算能力を高めることができるが、問題はデータの入力だ。レーダーのスコープに表示した情報を手作業で射撃管制コンピュータに入力するのでは、手間がかかる上に、読み取りミスや入力ミスの可能性が残る。効率と正確さを実現するには、レーダーと射撃管制コンピュータを一体化して、レーダーで得た情報を直接、射撃管制コンピュータに入力する必要がある。

　そこで登場したのが、レーダーと射撃管制装置を一体のものとした、レーダー射撃管制システム（FCS）だ。戦闘機の機首に装備する形態がポピュラーだが、陸上・海上で運用する砲熕兵器・ミサイル兵器でも同様の仕組みになる。ただし、「一体のもの」といっても、本当に一体の箱になっている場合と、箱は別々にして有線、あるいは無線でつないでいる場合がある。

　戦闘機のレーダーFCSを例にとると、レーダー・アンテナを機首に取り付けて、その背後にレーダー関連の機器や射撃管制用のコンピュータをまとめ

いる。そして、レーダー・スコープやHUDに、目標や射撃管制に関する情報を提示する仕組みだ。

対して艦対空ミサイルの場合、当初はレーダーと射撃管制システムが別々になっており、オペレーターでレーダー画面を見ながら手作業でデータを入力していた。

ターター・システムを例にとると、捜索レーダーが捕捉した目標の情報は戦闘情報センター（CIC）に設置したディスプレイに現れる。それを武器担当士官が見て、脅威度が高いと判断した目標を選択、その情報をMk.74射撃指揮装置に入力する。それを受けて、Mk.74はミサイル誘導レーダーを作動させて目標を捕捉、RIM-24ターターやRIM-66スタンダードといった艦対空ミサイルを発射・誘導して要撃を行なう。

しかし、そんな悠長なことでは現在の対空戦には対応できないため、現在はレーダーのデータを自動的に射撃管制システムに入力するのが普通だ。

さらに、海上自衛隊の「ひゅうが」型護衛艦が装備する射撃指揮装置3型（FCS-3）のように、捜索用のレーダーとミサイル誘導レーダーとFCSを一体化したものもある。FCS-3の場合、当初は国産の撃ち放し式ミサイルを使用することになっていたため、ミサイル誘導レーダーは必要なかったのだが、後になってRIM-162 ESSMを使用することになり、ミサイル誘導レーダーを追加した経緯がある。

2.3.3　機械走査式から電子走査式へ

真正面しか見られないレーダーでは、捜索や射撃管制の役に立たない。目標の位置を精確に把握するには指向性の強い電波が必要だが、それで広い範囲をカバーするには電波の送信方向を変えられないと困る。

そこで、アンテナを回転式、あるいは首振り式にすることで、電波を送信する向きを変えている。この操作は機械的に行なうため、機械走査式（メカニカルスキャン）という。そして、アンテナの向きと受信した電波の情報を照合することで、目標の方位を把握する。

ところが、機械走査式にはいろいろ問題がある。まず、同じ方位を連続的に監視することができず、間欠的な探知になってしまう。たとえば、回転式のアンテナが6秒で一周する場合、探知は6秒ごとになる。また、機械的な仕組みがあることから構造が複雑になり、故障する可能性も整備の手間も増える。

そこで考案されたのが、フェーズド・アレイ・レーダー（PAR）だ。フェーズド・アレイ・レーダーのアンテナは単一のアンテナではなく、複数のアンテナを並べた構成になっている。それぞれのアンテナが出す電波は微弱だが、数

が多いので、それらを一斉に発信させることで強力な合成波を得られる。

　複数のアンテナから同時に電波を発信すると、生成する合成波はアンテナ平面と直角の方向に向かう。ところが、アンテナごとに発信のタイミング（位相）をずらすと、合成波の向きはアンテナ平面と直角ではなくなる。この原理を利用すると、アンテナごとに位相をずらして発信操作を行なうことで、任意の方向に電波を指向できることになり、アンテナを固定したままで"首を振れる"ことになる。

　同じ理屈で、受信する反射波の入射方向を知ることもできる。アンテナ平面と直角に入射する電波の場合、すべてのアンテナで同じ受信タイミングになる。しかし、直角ではない角度で入射する電波については、アンテナごとに受信のタイミングが少しずつ違ってくる。そのタイミングのずれ（位相差）を調べることで、電波の入射方向が判る。

　フェーズド・アレイ・レーダーにはアクティブ式とパッシブ式があり、先に実用化したのはパッシブ式だ。パッシブ式の場合、送信機からの電波を進行波管（TWT）で分配して、位相変換器（移相器）で位相を変えている。こうして生成した出力波を、個々のアンテナから発信する仕組みだ。

　初の艦載用フェーズド・アレイ・レーダーは米海軍のAN/SPS-32とAN/SPS-33で、原子力空母エンタープライズ（CVN-65）と原子力ミサイル巡洋艦ロングビーチ（CGN-9）に装備した。もちろんパッシブ式で、いずれも4面で全周をカバーしている。その巨大なアンテナを合計8枚取り付けるために、正方形の断面を持つ特徴的な四角い艦橋構造物を持つことになった。

　ただ、1950年代のテクノロジーで開発されたSPS-32とSPS-33は不具合が多く、メンテナンスにも手間がかかったため、1980年代に入ってから、通常型のAN/SPS-48対空3次元レーダーとAN/SPS-49遠距離対空2次元レーダーに換装してしまった。

　そして現在、もっとも馴染み深いパッシブ式フェーズド・アレイ・レーダーといえば、イージス艦でおなじみのAN/SPY-1シリーズだろう。ラファールのRBE2、MiG-31フォックスハウンドのザスロン、フランスとイタリアのホライゾン防空フリゲートが装備するEMPARもパッシブ式だ。ちなみに、AN/SPY-1を構成するアレイは4,480個の構成だが、これにはダミーを含んでおり、実際には32個単位のモジュールを束ねた、発信用4,096個、受信用4,352個となっている。

　一方、アクティブ式の場合、アレイの数と同じだけの送受信機（T/Rモジュール。T/RはTransmit/Receiveの略）を用意する。当然ながら、アクティブ式の方が送受信機の数が多く、製造も制御も複雑なものになる。なぜか用途によって用語が異なり、艦艇ではアクティブ・フェーズド・アレイ・レーダー

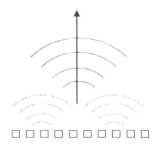
複数の素子が同時に発振すると、合成波は直進する

複数の素子が異なるタイミングで発振すると、合成波は斜めの方向に進む

図2.19：フェーズド・アレイ・レーダーの動作原理

（APAR）と呼ぶが、航空機ではAESAと呼ぶ。「イーサ」または「エイサ」と発音するようだ。

最近の新製品の主流は、このアクティブ・フェーズド・アレイ・レーダーだ。航空機搭載用ではJ/APG-1（F-2）、AN/APG-77（F-22A）、AN/APG-81（F-35）、AN/APG-79（F/A-18E/F）、RBE2-AA（ラファール）、CAESAR（Captor AESA Radar, タイフーン）、AN/APG-63（V）2と同（V）3（F-15C/D）、AN/APG-81（F-16E/F）、AN/APG-82（F-15E RMP）、MESA（B.737 AEW&C）、AN/APY-2（E-2D）などが挙げられる。

艦載用だと、ドイツ・オランダ・デンマークで使用しているタレス・ネーデルランド社のAPAR、イギリスの45型ミサイル駆逐艦が使用するサンプソン、日本のFCS-3・FCS-3A・OPY-1、そしてア

図2.20：英海軍の45型ミサイル駆逐艦が装備するサンプソン・レーダー。前後2面の円形アレイを背中合わせに配置して、それにフェアリングを被せて球形にしたものを回転させる仕組み。突き出している棒は避雷針

図2.21：2010年の「防衛技術シンポジウム」で展示していた「多機能RFセンサ・モジュール」

メリカのアーレイ・バーク級フライトⅢが装備するAN/SPY-6（V）AMDR、フォード級空母が装備するAN/SPY-3 MFR（ミサイル管制用）とAN/SPY-4 VSR（広域捜索用）といったところが該当する。AN/SPY-3はズムウォルト級駆逐艦も装備する。

また、既存の機体に対する換装需要もある。そこでノースロップ・グラマン社では、F-16用のAN/APG-66・AN/APG-68代替需要を狙ってAESAレーダーのAN/APG-83 SABR（Scalable Agile Beam Radar。「セイバー」と読む）を自費で開発、台湾向けのアップグレード改修計画で採用を決めている。競合した、レイセオン社のRACR（Raytheon Advanced Combat Radar。「レーサー」と読む）という製品もある。

いずれにしても、フェーズド・アレイ・レーダーを機能させるためには、大量の発信機を精確に駆動して、さらに受信した反射波のデータを解析する必要があるため、高い信頼性を持つ送受信機と、それらの制御や受信データの解析に使用する高性能のコンピュータが必要になる。もちろん、そのコンピュータで動作するソフトウェアも重要な働きをする。

また、送受信機はできるだけ少ない消費電力で効率良く電波を発信してもらいたい。そこで問題になるのが使用する半導体素子で、これまではガリウム砒素（GaAs）が主役だったが、最近になって窒化ガリウム（GaN）に主役が移ってきた。先に取り上げた海自のFCS-3の場合、当初はGaAsだったが、「あきづき」型に搭載したFCS-3AではGaNに変わった。

2.3.4　アレイ・レーダーのバリエーション

上下方向の首振りにだけアンテナ・アレイを利用して、周回方向については回転式とした、折衷型のレーダーもある。アンテナ・アレイの数が減る分だけ低コストになるが、同時に全周を見ることはできない。それを補うため、回転速度を通常より高くとっている。

具体例としては、艦載対空多機能レーダーのサンプソン（英海軍45型ミサイル駆逐艦）や、EMPAR（仏伊海軍のホライズン型防空フリゲート）が挙げられる。ちなみに、サンプソンはアクティブ・フェーズド・アレイ、EMPARはパッシブ・フェーズド・アレイだ。

また、戦闘機用のAESAレーダーでは固定式の平面アンテナだと覆域が限られるということで、スワッシュプレートを組み合わせてアンテナを動かせるようにした事例がある。具体例としては、レオナルド-フィンメカニカ社（旧セレックスES）が手掛けているCAESAR（タイフーン）やES-05（グリペンNG）がある。

また、アンテナを平面にする代わりに航空機の機体表面に埋め込む、いわゆるスマート・スキンと呼ばれるものもある。日本で研究を進めているのは御存知の通りだが、海外でもスホーイT-50（PAK-FA）で同様の仕組みを取り入れている。

スマート・スキンでは機体の表面にアンテナを埋め込めるため、前方だけでなく、全周をカバーするアンテナ配置が可能になる。その代わり、アンテナ・アレイが平面にならないため、送信でも受信でも、アレイの制御は平面アンテナ以上に複雑になるはずだ。その分だけ、ソフトウェアの開発は大変なことになる。また、ただ外板を取り付けるわけではないから機体の構造設計は難しくなるし、配線や熱対策といった艤装がらみの課題もある。

2.3.5　合成開口レーダーと逆合成開口レーダー

空中の航空機、あるいは洋上の艦艇を探知するのであれば、だだっ広いところにいる「点」を探知するもの、という考えが成立する。ところが、レーダーはそうした用途にばかり用いられるわけではない。

すでに第二次世界大戦中から、レーダー爆撃という手法がある。レーダー電波を地表に向けて発信すると、地形によって反射波が返ってくるまでの時間に違いが生じるので、地形を反映したレーダー映像を得られる。その情報と地図の情報を照合することで、天気が悪くて地文航法が成り立たない場合でも現在位置を把握できる、という触れ込みだった。

しかし、なにしろ第二次世界大戦当時の話だから、得られるレーダー画像は決して鮮明なものとはいえず、よほど特徴的な地形がある場所でなければ使い物にはならなかった。たとえば、半島が海に突き出ているようなところなら違いは明瞭だが、内陸部で地形の起伏を把握するのは難しい。

しかし、雲に邪魔されずに下方の地形を、さらに可能であれば車両の位置まで把握できると、戦術上の有用性は極めて高い。そこで1980年代に入ってから、戦場監視機と呼ばれる航空機の開発が本格化した。航空機に搭載したレーダーを使って、地上にいる敵・味方の車両の動静を把握しようというわけだ。いってみれば、AWACS機の対地版、ということになる。そこでは、地上移動目標識別（GMTI）という機能に対応する合成開口レーダー（SAR）が必須となる。通常はワンセットにして「SAR/GMTI」という。

そうした機体として広く知られているのがE-8ジョイントスターズで、胴体下面にAN/APY-3というSARを装備して登場した（現在、レーダーは新型のAN/APY-7に変わっている）。このほか、ロッキードU-2（旧称TR-1）偵察機の中には、ASARS-2というSARを使って地上の状況を監視できるモデルがある。

さて、SARとは何だろうか？ ここでいう「開口」(aperture)とは、レーダー・アンテナの開口を意味する。単純に考えれば、大型のアンテナの方がレーダー開口が大きい。ところが、航空機のサイズには自ずから制約があるから、機体よりも大きいレーダーを載せることはできない。

そこで合成開口レーダーでは、レーダーを搭載しているプラットフォームの移動を利用して、みかけのアンテナ開口を大きくしている。具体的にいうと、周波数1〜2GHz程度の電波を使い、移動中に送受信したシグナルの情報に対して位相差やドップラー効果の検出を行ない、データを重ね合わせていく処理を行なう。それにより、地形や車両まで判読できる、高い分解能を実現できるのだそうだ。

その分解能の高低は、基本的には使用する電波の帯域幅に依存する。ただ、周波数が高いほど帯域幅を広くとりやすいので、結果的には周波数が高くなると分解能も高くなる傾向にあるという。可視光線と比べると分が悪いが、SARでも数十cm程度の分解能は実現できているので、地上にどんな物体があるかを識別することはできる。

注意したいのは、SARは反射波を受信できるかどうかが結果に影響すること。たとえば川などの水面は反射波が戻ってこないので、SARのレーダー映像では黒く映る。建物も、形状によっては反射波が明後日の方向に行ってしまうので、それも黒く映る。しかし、建物の輪郭部分は反射が強いので明るく映る傾向がある。こういった特性を頭に入れておかないと、SARのレーダー映像から正しく情報を読み取れないかも知れない。

では、そのSARとワンセットになることが多いGMTIは、どうやれば実現できるのか。基本的には、航空機同士のルックダウン・シュートダウンと同じ理屈で、反射波におけるドップラー効果の有無が手がかりになる。動かない背景からの反射波（クラッター）はドップラー効果を生じないが、動く目標からの反射波はドップラー効果を生じるからだ。

ただし、陸上を移動する車両、あるいは海上を移動する艦船といった目標は、航空機と比べると低速である。その分だけドップラー偏位が小さくなり、背景の陸地や海面との区別が困難になる。そのため、クラッターを抑止しつつGMTI機能を実現するには、航空機の探知以上に精度の高い処理が必要になる。また、レーダーを搭載する航空機自身も移動しているから、その移動分を差し引く処理を盛り込まなければ、目標が移動している方向と速度（ベクトル）を知ることができない。

なお、実際の運用ではSARとGMTIを同時に使用することはできない。SARは前述したように、プラットフォームの移動を利用してアンテナ開口を拡大している。ところが、GMTIはアンテナ開口をアンテナの移動方向に分割して、

図2.22：SARを使用する戦場監視機の元祖にして王者、E-8Cジョイントスターズ。ただし、すでに後継機の構想が出ている（USAF）

連続する2つのパルスの間でアンテナが静止しているのと同じ状況を作り出すことでクラッターを抑圧している。一方が移動、他方が静止を前提としているのでは、両立は不可能だ。だから、移動目標を探知するときにはGMTI、レーダー映像が欲しい場合はSAR、とモードを切り替える必要がある。

そのSARとは反対に、レーダー・アンテナではなく探知目標の移動や姿勢変化を利用して分解能を高める、逆合成開口レーダー（ISAR）もある。こちらはSARとは反対で、レーダーは固定されていても良いが、相手が動いていなければならない。

いずれにしても、SARやISARが機能するためには、レーダー、あるいは探知目標が動いていなければならない。その両方とも固定して動かない状態では合成のしようがないので、SARもISARも機能しない。

2.3.6 地表貫通レーダー・森林貫通レーダーなど

SAR/GMTIで探知できるのは、基本的には地上に露出している車両だ。しかし場合によっては、敵が車両やその他の装備を森の中などに隠蔽して、レーダー探知を避けようとするかも知れない。砂漠の真ん中ならそうした気遣いは不要だが、森林が多い場所では厄介な問題になる。

そこで、森林貫通レーダーなんていうものまで開発されている。その一例が、DARPAと米陸軍が組んで開発したFORESTERだ。2009年10月に、ボーイング社の回転翼UAV・A160Tハミングバードに搭載してデモンストレーションを実施したことがある。このほか、米陸軍ではFOPEN、さらにその発展型で

あるTRACERといった開発計画があった。いずれも、森林・建物などの陰に隠れた目標物をいぶり出して、レーダー画像として情報を得るためのものだ。

そのほか、マイクロ波を地表に向けて照射して地中の物体を捜す、地表貫通レーダー（GPR）もある。こちらは主として、地中に埋められた地雷やIEDを探知するのが目的だ。

地雷探知というと金属探知機を用いる場合が多いが、探知を避けるためにプラスチックを使用した地雷もあるから始末が悪い。そこで地表貫通レーダーの登場となる。たとえば、米L-3コミュニケーションズ製のAN/PSS-14（当初の名称はHSTAMIDS：Handheld Standoff Mine Detection System）では、金属探知機と地表貫通レーダーを組み合わせて、金属製でも非金属製でも探知できるように工夫した。このほか、カーティス・ライト社やNIITEK社も地表貫通レーダーを手掛けている。

さらに、市街戦での利用を想定して、建物の壁の中を透視するレーダー（壁面透過レーダー）も開発された。動作原理に関する公開情報は多くないが、低周波・超広帯域の電波（UWB：Ultra Wideband）を用いるようだ。

2.3.7 レーダー電波の逆探知（ESM/RWR）

レーダーが登場したことで、被探知側では「レーダーで探知されているかどうか」を知る需要が生じた。たとえば第二次世界大戦では、浮上航走中のUボートを探知するために艦艇や航空機がレーダーを装備したので、Uボートはそれに対抗して逆探知装置（メトックス）を装備した。レーダー電波を感知したら、誰かが自艦のことを探しに来ていると判断して、とっとと潜航してしまうわけだ。

ところで、レーダーは送信した電波の反射波を受信することで、初めて探知が成立する。つまり、レーダー電波は目標まで往復できるだけのエネルギーを持たなければ、探知が成立しない。したがって、探知可能距離を超えると、反射したレーダー電波が送信元のレーダーのところまで返る前に力尽きてしまい、探知が成り立たない。そのため、レーダー電波を逆探知する側は、レーダーで捜索する側よりも先に相手の存在を知ることができる。

この、レーダー電波の逆探知に使用する機材のことを、ESMと呼ぶ。ただし航空機では、大きな脅威となる対空捜索レーダー、あるいは地対空ミサイルや対空砲で使用する射撃管制レーダーの電波を探知する機器のことを、特にレーダー警報受信機（RWR）と呼ぶ。

いずれにしても逆探知装置であり、受信した電波の内容に基づいて、どちらの方向から、どういった種類のレーダーが出す電波が来ているかを判断して、

その情報を提示する。ただしパッシブな探知手段だから、電波の強度と発信源の方位しか分からない。そのため、発信源の精確な位置までは分からない。電波の強度によって、ある程度の推測を行なうのが限度だろう。

ESMにしろRWRにしろ、想定脅威に合わせて、幅広い周波数帯のレーダーに対応する必要がある。対空レーダーひとつ取っても、広域捜索用のレーダーと射撃管制レーダーでは周波数帯が異なるから、その両方に対応しておかなければ、警報機器としての役割を果たせない。

先に述べたように、逆探知の方が先んじることになるのは仕方ないため、最近では電波放射管制（EMCON）を行ない、必要な場面以外ではレーダー電波の発信を抑止する。その分だけ、ESMやRWRといったパッシブ探知手段の重要性が増している。

2.3.8　SAR/GMTIと戦場監視機

「2.3.5 合成開口レーダーと逆合成開口レーダー」で取り上げたSAR/GMTIを利用すると、通常の航空機搭載レーダーでは得られない高い分解能のレーダー画像を得て、地上の地形や地上の車両まで探知できる。航空機だけでなく衛星にSARを搭載する用途もあり、地上の地形・建物などを天候に関係なく調べる目的で使用している。日本が運用している情報収集衛星にも、SARを搭載したレーダー衛星がある。

こうしたセンサーを利用すると、陸上版AWACSとでもいうべき機能を実現できる。それが戦場監視機と呼ばれる航空機の一群だ。例としては、前述したE-8Cジョイントスターズがある。U-2S（旧称TR-1）も、レイセオン製のASARS-2というSARを機首に搭載する機体があるが、U-2は単座機だからデータはすべて地上に送る。その点、E-8はAWACS機と同様に管制員を乗せているから、指揮管制機能の面で優位にある。

戦場監視機があれば、単に敵味方の位置関係を知るだけでなく、車両の移動パターンを基にして、相手が何者なのかを推測することもできる。たとえば、戦線の後方で車列が横一線に展開すれば、それは支援砲撃を担当する砲兵隊の可能性が高い。また、戦線の後方で行ったり来たりしている車両があれば、後方の集積所と前線の間を行き来している補給車両隊の可能性が高い。こういった移動パターンを蓄積することで、敵が使用している移動経路や補給物資集積所の場所を推測することもできる。

こうした情報は、把握したら直ちに前線に伝達して有効利用しなければならない。だからAWACSと同様に、戦場監視機と指揮管制機能・通信機能の融合には重要な意味がある。

もっとも、通信関連の技術が進化している昨今では、必ずしも機体側に管制機能を載せる必要はない。得られたデータをリアルタイムで地上に送信できれば、地上側に充実した管制設備を整える方法でも良いという考えが出てくる。すると機体を小型化してコストを下げられるし、さらにUAVを利用すれば長時間運用にも無理がない。それが実現可能になったのはレーダーの技術が進歩して、小型のSAR/GMTI対応レーダーができたからだ。

　そうした例としては、英空軍のASTORがある。中核となるのは、ビジネスジェット機のグローバルエクスプレスにSAR/GMTI対応レーダーを搭載した機体で、センティネルR.1という。そのほか、NATOで導入計画を進めているAGS計画もある。当初、AGSはエアバスA321を使う有人機とRQ-4グローバルホークを使う無人機を併用する構想だったが、2007年に計画を修正してRQ-4ブロック40だけとなった。それに伴い、計画総経費も33億ユーロから15億ユーロに抑えた。そして2010年10月に発注を実現、2016年中にはシチリア島のシゴネラ基地に5機のグローバルホークと関連地上機材、要員を揃える計画になっている。地上管制ステーションは、ヨーロッパのメーカーも相乗りする形で共同開発している。

　余談だが、「神の目から見た景色」を前線に知らせてくれる、戦場監視機やAWACSのような航空機のことを、戦力を何倍にも増やしたのと同等の効果を発揮するという意味で、「フォース・マルティプライヤー」という。

2.4 音響センサーと
コンピュータ

2.4.1 潜水艦とソナー

　潜水艦が戦争で猛威を振るうようになったのは第一次世界大戦以降の話だが、それにより、水中の潜水艦を探知する技術が求められるようになった。空中であれば電波兵器、すなわちレーダーを利用できるが、水中では電波兵器は使えない。周波数が極端に低く、波長の長い電波であれば数メートル～数十メートル程度は透過するが、それではセンサーとして有用な性能を得られない。また、昼間の浅海面以外は暗闇だから、可視光線も使えない。

　そこで、水中では探知手段として音波を用いるようになった。それがソナー（SONAR）だ。自ら音波を発振するアクティブ・ソナーとしては、1917年に開発されたアスディック（ASDIC）が知られている。これは石英の結晶体に交流電流を通電すると発生する音波を水中に発振するもので、その先に潜水艦がいれば反射波が戻ってくる。反射波の向きによって方位が、発振から受信までの時間によって距離が分かる。ちなみに、ASDICとは機器の開発にあたった委員会の名前だが、現在では米軍用語のソナーの方が一般的だ。

　一方、聞き耳を立てるだけのパッシブ・ソナーもあるが、こちらは方位しか分からない。昔は水中聴音機と呼ばれていたが、どちらも対潜専用の音響兵器だからなのか、アクティブ式と同様にソナーと呼ばれるようになった。アクティブ・ソナーを使用すると、レーダー電波の逆探知と同じ理屈で自らの存在を暴露してしまうため、アクティブ・ソナーの使用は「最終兵器」として控えておき、通常はパッシブ探知だけでなんとかしようとすることが多い。

　レーダーがアンテナを機械的に回転させるのと同様、ソナーでも送受信機（トランスデューサー）や受信機（ハイドロフォン）を回転させるのが昔のやり方だった。しかし、現在ではアレイ・レーダーと同様に、小型のトランスデューサーやハイドロフォンを複数並べてソナー・アレイを構成する方法が主流だ。アクティブ・ソナーの場合、トランスデューサーごとに受け持つ向きが決まっているから、どれを使ったかで方位が決まる。パッシブ・ソナーの場合、受信した個々のトランスデューサーやハイドロフォンごとの位相差を基に計算すれ

ば、方位を割り出すことができる。

このようにレーダーと似た考え方を適用できるところもあるが、ソナーには独特の難しさがあり、そこでコンピュータの利用が関わってくる。

まず、海中の音波の伝播は、必ずしも一様ではない。海水の温度・密度・塩分濃度などによって音波の伝播状況が異なるため、必ずしも音波が入射した方向に発信源がいるとは限らない。そのため、海水の状況ごとに音波の伝播に関するデータを収集しておいて、そうした情報を加味してソナーの情報を評価する必要がある。

だから、ソナーと自記温度計（BT）をセットで使用する。必要に応じてBTを海中に投下して、深度ごとの温度変化を調べるためだ。しかし、温度だけならともかく、実際にはその他の要素も関わってくるため、あくまで判断材料のひとつという位置付けになる。実際、川が海に流れ込む場所では水深が浅い上に海水と淡水が入り乱れるため、ソナー探知が難しくなる傾向があると聞く。

こうした難しさ、あるいはアクティブ探知を迂闊に使用できないという制約もあるため、潜水艦でも、あるいは潜水艦を駆り立てる水上艦でも、さまざまな種類のソナーを用意して使い分けるようにしている。そのソナーの集合体のことをソナー・スイート（SONAR suite）と呼び、以下のようなさまざまな種類のソナーを併用する・

・バウソナー：艦首に装備。通常はアクティブ・パッシブ兼用

図2.23：護衛艦「くらま」のVDS。これは旧いタイプでアクティブ探知を主体とする

・ハルソナー：船体下面に装備。小型の水上艦でバウソナーの代わりに使うことがある
・曳航ソナー：通常はパッシブ専用
・可変深度ソナー（VDS）：曳航ソナーの一種だが、深度の変更が可能でアクティブ・パッシブ兼用のもの。昔のVDSはアクティブ主体だったが、最近は、パッシブ探知の性能を強化したVDSが出てきている。

2.4.2　ソナーにコンピュータがどう関わるか

　情報源となるソナーが複数あると、それらのデータを組み合わせて状況を判断する仕組みが必要になる。こうした事情から、ソナーを使用する際にコンピュータを援用するシステムが一般的になった。例として、潜水艦が水上の艦船、あるいは潜水艦を狩り立てる場合を考えてみよう。
　魚雷でもミサイルでも、まず目標までの距離、目標の方位、目標の針路（的針）、目標の速力（的速）が分からなければ、発射の際に必要な解析値を得ることができない。アクティブ・ソナーやレーダーを使えれば簡単だが、それでは自艦の存在を先に暴露してしまうので、基本的にはパッシブ探知に頼らざるを得ない。
　パッシブ探知の場合、ソナーでもレーダー電波の逆探知（ESM）でも、目標の方位以外の情報は分からない。そこで、連続的に受聴または受信しながら方位変化率を割り出し、そこに推測を交えながら、徐々に正確な値に近付けていく作業が必要になる。先に挙げた4つの可変要素のうちひとつしか分からないわけだが、基本的には幾何学の問題だ。これを目標運動解析（TMA）という。
　パッシブ探知によって得られる情報、すなわち方位以外の可変要素については、過去の経験、あるいは推測によって仮の値を入れてみて、実際の探知結果と照合しながら精度を上げていく必要がある。幾何学的な計算はコンピュータでもできる（というより、むしろコンピュータ向き）だが、過去の経験に基づく推測は人間でなければできない。
　また、ソナー探知では音を聴き分ける作業が必要になる。時間の経過と周波数の情報をコンピュータで解析することで、音源の種類を聴き分けたり、余分なノイズを排除したり、といったことはコンピュータでも実現できる。聴知した音響をデジタル・データに変換すれば、コンピュータによる処理が可能だ。ただし、コンピュータはいわれたとおりの仕事しかできない機械だ。ときには、肝心な情報を篩にかけて消してしまう可能性もある。そうなると、音を聞き分ける作業は熟練したソナー員の耳に頼る部分が大きい。
　こういった事情があるので、ソナー探知に代表されるような水中戦では、コ

ンピュータの方が得意な部分と、人間の方が得意な部分を適切に判断して、使い分ける作業が重要になる。これは、水上艦が潜水艦を狩り立てる対潜戦でも同じだろう。

2.4.3 音響誘導魚雷と有線誘導魚雷

　ソナーを魚雷の尖端部に組み込んで誘導制御機構と組み合わせると、音響誘導魚雷になる。初めて登場したのは第二次世界大戦のことだ。それまでの魚雷は、発射時の針路を維持して直進するか、事前にセットしたパターンに合わせて航走するだけだったが、音響誘導魚雷は敵艦の推進機音を探知して、そちらに向けて誘導することができる。つまりパッシブ型だ。
　戦後になって電子機器の小型化技術が発達したため、アクティブ探知が可能な音響誘導魚雷が出現した。特に対潜戦では、目標の位置を3次元で精確に知る必要があるので、アクティブ式の音響誘導魚雷を用いるのが普通だ。ただし、そうした魚雷が登場すれば、相手も偽目標を出す等の対抗手段を講じてくるため、それに対応するために魚雷の方も賢くなる必要がある。そこでコンピュータを援用する必要が生じる。
　このほか、戦後になって出現した新顔が有線誘導魚雷だ。これは潜水艦から発射した魚雷が艦との間を結ぶ細いワイヤーを引っ張りながら駛走するもの。ワイヤーを通じて、艦から誘導指令を受け取ることができる。すると、より目標に近いところにいる魚雷のソナーを母艦の外部センサーとして利用する、あるいは、魚雷のソナーよりも性能がいい母艦のセンサーから情報を受け取る、といった使い方が可能になる。それだけならコンピュータと直接の関係はないが、一種のネットワーク化機能とはいえるだろう。
　ちなみに、音響誘導魚雷をソナー付きのカプセルに格納した、Mk.60 CAPTOR機雷という陰険な兵器があった。ソナーが潜水艦の接近を探知すると、内蔵する魚雷を発射する仕組みだ。
　これをネットワーク化できれば、外部からの指示でCAPTOR機雷の動作を制御でき、CAPTORの内蔵ソナーだけに頼らない交戦が可能になると考えられる。しかし、海底に沈座させるものだけに、ネットワークを実現するための通信手段をどうするか、という問題は残る。平時から敷設しておいたら、無関係の艦船を誤射してしまう可能性があるし、いざ有事のときには電池切れで役に立ちませんでした、ということも起こり得る。この手の武器は、戦時に潜水艦を送り込んで急速敷設するのが現実的であろう。

図2.24：米海軍原潜の主力兵器、Mk.48魚雷の尾部。スクリューの後ろに巻かれているのが誘導用ワイヤーで、魚雷はこれを繰り出しながら駛走する

2.4.4 機雷探知とソナー

　ソナーで探知する相手は、潜水艦だけではない。機雷も探知目標である。「機雷」と聞いて真っ先に連想しそうなのは、昔の戦争映画で登場する、「球形の缶体の周囲に角がいっぱい生えていて、それにフネがぶつかると起爆する」というものだろう。しかし最近の主流は、その手の係維機雷ではなくて、海底に沈めて設置する沈底機雷だ。係維機雷は、艦船がぶつかると起爆する触発機雷が主流だが、沈底機雷では艦船にぶつかることはできないので、音響・磁気・水圧のいずれか（あるいはそれらの組み合わせ）に反応する感応機雷となる。

　しかも、感応起爆装置が凝ったものになり、複数回の通過で初めて起爆するカウンター付きになると、掃海艇が音響掃海具や磁気掃海具を引っ張りながら行き来して「騙して起爆させる」というわけにはいかない。機雷も「戦うコンピュータ」になっているのだ。

　もちろん、起爆装置を制御するマイクロプロセッサを作動させるには電源が必要であり、電源となる電池が消耗したら、機雷も作動しなくなる。しかし、

図2.25：湾岸戦争の際にイラク軍が使用したイタリア製の感応機雷「マンタ」の実大模型。海自が訓練に使用しているもの

　いつ電池切れになるかは機雷を製作・敷設した当事者しか知らない。だから、機雷を処分する側からすると、機雷がそこに存在する限り、それは作動する可能性があるものとして扱わなければならない。
　そういう賢い機雷に対処するには、機雷探知ソナーで海底を捜索して、機雷らしき「凸」を見つけ出す。それを海図にマッピングしておいて、ひとつずつ、無人の遠隔操作式機雷処分具を送り込んでしらみつぶしに爆破して回るわけだ。
　すると、もともと地形の関係、あるいは海底にばらまかれたさまざまな物体のせいで凸凹している背景の中から、小さな機雷だけを見つけ出さなければならない。機雷探知ソナーにはそれだけ高い分解能が求められる。
　そこで、機雷探知ソナーは潜水艦探知用のソナーと比べると周波数帯が高く、ときには可聴周波数帯の上限（20kHz）より高い音波を使用することもあるらしい。もちろん、周波数が高くなると減衰しやすくなるので遠距離探知には向かないが、沈底機雷を仕掛けるような海底はそれほど深い場所ではないので、差し障りはない理屈だ。
　さらに、「2.3.5 合成開口レーダーと逆合成開口レーダー」で取り上げた合成開口レーダー（SAR）と同じ理屈で、大きなソナー開口を擬似的に作り出して高精細度のソナー映像を得る、合成開口ソナー（SAS）も出現している。たとえば、タレス製のT-SASは150mの距離で3.5cm×5cmの物体を識別できると

> **コラム**
>
> ### 港湾警備とダイバー探知
>
> 　比較的最近になって浮上した新手の水中の脅威として、ダイバーがある。つまり、特殊部隊やテロリストなどが潜水具を身につけて水中から忍び寄り、艦船を爆破したり、海軍基地や港湾施設に侵入したりする可能性があるという話だ。そういえば第二次世界大戦でも、イタリア海軍のダイバーが潜水艇でイギリス海軍の根拠地に忍び込み、爆薬を仕掛けて戦艦を損傷させている。
>
> 　そこで、ダイバー探知用のソナーが出現した。要は小型のアクティブ・ソナーで、それを艦船の舷側から海中にケーブルで吊下して作動させる。これもまた、相手が小さい分だけ高い分解能が求められる。しかも港湾内で使用することが多いから、背景からの余計な反射波、つまりクラッターは多そうだ。すると、本物の目標を見つけ出すためのシグナル処理技術がキモになる。
>
> 　たとえば、ドイツのアトラス・エレクトロニク社（Atlas Elektronik GmbH）では、セルベルス（Cerberus）というダイバー探知ソナーを開発した［4］。使用する周波数帯は70-130kHz、探知可能な面積は2.5平方キロ、距離分解能は25mm、角度誤差は1度以内。開放式呼吸装置を使用しているダイバーと閉鎖式呼吸装置を使用しているダイバーの両方を探知できるとしている。吊下に使うケーブルは75mの長さを持つ。
>
> 　また、ノルウェーのコングスベルク社は、SM2000水中監視システムSM2000を開発した。守るべき艦船が停泊しているエリアの周囲を取り巻くように探知用のソナーを配置して、いわば警戒幕を設定するものだ［5］。使用するDDS9001ソナーは直径50cm、これをケーブルで海中に吊下して探知手段とする。

の説明。これを海中に入れて曳航しながら、沈低機雷や海中の障害物を捜索しようというわけだが、まだ「試しに使っている」段階。シンガポールでは、これをSTエレクトロニクス製のUSV・ヴィーナス16に搭載して、機雷捜索に使えるかどうかをテストしている。

2.4.5　陸上でも使われる音響センサー

　これまで、音響センサーというと対潜戦用、あるいは対機雷戦用の水中武器という認識があったと思う。ところが2003年のイラク戦争以降、不正規戦対策の一環として、陸戦用の音響兵器が登場した。その一例が狙撃源探知システムだ。

　狙撃手は、自らの姿を隠して遠距離から一発必中の弾丸を送り込んでくる。

だから、狙撃された側は狙撃手の位置を突き止めるだけでもひと苦労で、なかなか有効な反撃ができない。それを変えたのが、音響センサーを利用する狙撃源探知システムだった。

もっともよく知られている狙撃源探知システムとして、BBNテクノロジーズ社のブーメランがある。これは車載化したポールの上に、四方八方に向けてマイクロホンを合計7個取り付けた構成のセンサーを設けて、狙撃の際に発する音を検知する仕組み。マイクロホンによって音が到達するまでの時間に微妙な差が生じるので、その所要時間差（位相差）を基にして、どこから狙撃があったのかを計算できる。狙撃を受けてから2秒以内に、狙撃源の方位・俯仰角・距離を計算できるという。

当初は車載式だったが、後に小型・軽量化して個人で携帯できるものも登場した。また、過去10回分の狙撃探知データを保存する機能も備えている。たとえば、立て続けに狙撃があったときに、前回にどちらから狙撃があったのかが分かっていれば、狙撃手が移動しているかどうかの判断に役立つだろう。ちなみにお値段は1基15,000ドルほど。

ブーメランの表示装置は、音声による警告に加えて、平面的な位置情報について「○時の方向」という形でディスプレイに表示する機能がある。さらに、この表示装置はイーサネットのコネクタを備えているので、LANを介して他のシステムにデータを送ることもできる。また、ブーメランで使用するセンサー・マストには、GPS受信機を追加して自己位置標定を可能にした改良型がある。これにより、自車位置を基準にして方位と（もしも可能なら）距離を推算すれば、狙撃手の位置に関する情報を得ることができる。

ちなみに、2011年7月にラインメタル社が、同種の製品としてASLS（Acoustic Shooter Locating System）を売り出した。「音響式狙撃源標定システム」という名前の通り、こちらも音響による探知を行なう仕組みだ。

さらに、個人携帯用の狙撃源探知システムも登場した。製品例としては、BBNテクノロジーズ製のブーメラン・ウォーリアXと、キネティック・ノースアメリカ製のSWATS（Shoulder-Worn Acoustic Targeting System）がある。「ブーメラン・ウォーリアX」は一式で12オンス（350g）程度というからコンパクトだ。どちらもシステム構成は似ていて、肩の部分に取り付けるセンサー、ヘルメットに取り付ける音声警告用のイヤピース、腕に取り付ける小型の表示装置、電池で構成する。車載型みたいに四方八方にマイクが突き出ているわけではないが、全周をカバーできるとの触れ込みである。

狙撃源探知システムは、固定型のニーズもある。駐屯地や宿営地に敵が狙撃を仕掛けてくるかもしれないからだ。

図2.26：米陸軍が導入した狙撃探知システム・ブーメラン。上の方に、あちこちにマイクが突き出しているのが分かる（US Army）

第3章

場面ごとの ICTの関与（2） 作戦発起と兵站支援

　情報を収集するだけで戦争に勝てればよいが、そうはいかない。実際に部隊を投入しないと、敵を叩きのめすことはできない。すると、作戦発起のための準備作業として、兵員の訓練や作戦計画の立案が必要になる。なお、作戦計画を立てる際に兵站面の配慮は不可欠だから、兵站の話もここで取り上げることにした。

3.1 コンピュータと訓練

3.1.1 各種シミュレータの活用

　実のところ、軍事におけるコンピュータの活用事例のうち、貢献度が大きい分野のひとつが訓練かも知れない。昔なら、費用と手間と時間をかけて実戦さながらの環境を再現するか、あるいは実戦さながらの環境を諦めて訓練の質を落とすか、という選択を迫られていたものが、コンピュータ・シミュレーションの導入によって一変したからだ。

　分かりやすい事例としては、飛行機の操縦訓練がある。かつて、リンク・トレーナーというものがあったが、これは操縦操作に対する機体の動きは再現できても、機体を操縦する際の感覚や周囲の映像までは再現できなかった。

　しかし現代のフライト・シミュレータでは、油圧駆動のモーション機構で支持するコックピットと、その周囲に取り付けたビジュアル装置により、実機を操縦するのとほとんど同じ状況を再現できる。また、シミュレータなら訓練内容を容易に記録・再現できるので、効果的なデブリーフィングを行なえる利点もある。

　F-22やF-35が訓練用の複座型を止めてしまい、シミュレータ訓練だけで単独飛行（ソロ）に出られるレベルまで仕上げる体制をとっていることが、今のシミュレータの出来の良さを示している。

　他の分野でも同じだ。戦車の操縦、艦艇の操艦指揮、ミサイルの発射指揮、しまいにはパラシュート降下訓練にまでシミュレータが進出している。実際に行なうと危険な操作でも、シミュレータを使えば死傷者は出ないし、それでいて「どうすると危険なのか」を学習できる。そう考えると、実は本物を使用する以上に訓練効果が上がるかも知れない。しかも、たいていの場合には実物より経費が安い。

　また、第12章で取り上げている指揮管制装置や指揮統制システムも、武器の操作や戦闘指揮のシミュレーション訓練に使える。指揮管制装置は、レーダーなどのセンサーから情報を受け取って情報を提示するとともに、対応行動についての意志決定を支援するコンピュータだ。だから、センサーから情報を取り

込んだ状況を再現することで、実戦に即した操作訓練が可能になる。指揮統制システムも考え方は同じで、情報源が違うだけだ。

シミュレータにおいてリアルさを追求するため、関連する民生用技術を取り込んだ事例もある。たとえばロッキード・マーティン社はマイクロソフト社と提携して、マイクロソフトがフライト・シミュレータのゲームで使用するために開発したテクノロジー・ESPを、自社のシミュレーション訓練機材向けソフトウェア・Prepar3Dに組み込んだ。マイクロソフトのPC用フライト・シミュレータといえば、実機の飛行訓練に使用することがあるぐらい高い評価を得ているが、その技術を軍用シミュレータに転用したわけだ。

といっていたら、とうとうゲーム用PCをそのまま使うシミュレータまで登場した。それがイギリス海軍のDECKsimで、担当メーカーはSEA社。飛行甲板でヘリコプターの誘導などを担当する要員を訓練するためのシミュレータで、立って誘導用の信号灯を持った訓練生の眼前に設けたスクリーンには、飛来するヘリコプターが投影される。腕の動きと信号灯による誘導操作に応じて、そのヘリコプターが動く。

陳腐化したシミュレーション訓練機材を更新する際に、他の用途にスペースを明け渡すために小型化が求められた。そこでゲーム用PC×4台を使う構成に改めたもので、腕の動きを把握する手段としてはなんと、マイクロソフトのKinectを使う。これもまたゲーム用のデバイスだが、目的にはかなっているし低コストだ。

単に市販品で経費を節減するだけでなく、三面構成になっていたスクリーンを曲面型スクリーンの一面構成に改めて、映像を投影できる範囲を拡大するとともに自然な映像にする工夫もなされた由。

もっとも、市販品で用が足りるかどうかは要求される忠実度（fidelity）によるので、高い忠実度を求められる場合には、やはり「餅は餅屋」で専用の機材とデータが必要になるという。

3.1.2 シミュレーションとモデリングの関係

といったところで、シミュレータが動作する前提となる「モデル」の話をしようと思う。

シミュレータとは、煎じ詰めると何かを再現する機械だ。フライト・シミュレータであれば、パイロットの操縦操作に対する飛行機の挙動を再現して、実機を使用するのと同じ訓練を行なえるようにする。こうした、実在の機器を対象とするシミュレータだけでなく、軍事作戦そのものをシミュレーションによって実施する手法も一般化している。

しばしば誤解されていそうだが、シミュレータをポンと据え付ければシミュレーションができるわけではない。シミュレータが何かを再現するには、再現する対象のことを知っていなければならない。対象が何で、どういう入力に対してどういう挙動をとるかが分かっていなければ、シミュレートのしようがない。

旅客機のフライト・シミュレータと戦闘機のフライト・シミュレータでは、再現すべき性能の範囲も、操縦操作に対する反応も異なる。用途が同じでも機種が異なれば、操縦性も、搭載する武器やセンサーも違う。

だから、シミュレーションを行なうには、再現の対象に関するデータを揃えて、「モデル」を作成する必要がある（いわゆるモデリング）。それを、シミュレータを制御するコンピュータに与えることで初めて、リアルなシミュレーションが可能になる。モデルの出来が悪ければ、シミュレーションの結果もデタラメになる。

それでも、飛行機を初めとする各種ヴィークルのシミュレータでは、十分に高い再現度になっている。最近では、初飛行の後でパイロットが「シミュレータと同じだった」とコメントする場面が頻繁に見られる。それだけ、実機に忠実なモデルを作成できているということだ。

逆に、人間の心理に関わるような部分はモデリングが難しい。軍隊の作戦行動をシミュレートするのであれば、仮想敵国の軍隊が掲げているドクトリン（教義）や教範、過去の実績などに基づいてモデルを作成するわけだが、実物がその通りに動いてくれるかどうかは保証できない。

つまり、シミュレータといえども万能ではないということだ。実際、パソコンで行なうウォーゲームでも、コンピュータを相手に対戦するときよりも、生身の人間を相手に通信対戦する方が、相手の挙動を読みにくい。ウォーゲームのソフトウェアは、事前にプログラムされた通りにしか行動しないから、特に昔の古いゲームでは、簡単にパターンを見破ることができる。それと比べると、生身の人間と通信対戦する方が実情に即している。

3.1.3 シミュレータ同士の通信対戦

この考え方は、軍の訓練用シミュレータにも同様に適用できる。フライト・シミュレータでも指揮統制システムのシミュレーション機能でも、単独で機能している限りは単独での訓練しか行なえない。ところが、高速なデータ通信網が整備されたことで、シミュレータ同士をネットワークでつないで「通信対戦」を行なえるようになった。

たとえば、アメリカ・オクラホマ州のティンカー空軍基地に駐留している

> **コラム**
>
> ### シミュレータと実物の一体化
>
> 　最近ではLVCといって、実物とシミュレータを組み合わせて訓練を行なう形が出てきている。たとえば、演習場で野戦演習をやっている地上軍のところに、戦闘機のシミュレータに乗ったパイロットが模擬攻撃を仕掛けるとか、戦闘機のシミュレータと爆撃機の実機を組み合わせるとか、戦闘機同士のパッケージで実機とシミュレータを混ぜるとかいった形が考えられる。
>
> 　もちろん、実物の兵士やプラットフォームについては位置や動きをリアルタイムで把握できる仕組みが必要で、それをネットワーク経由でシミュレータに送り込む必要がある。逆もまた同様だ。
>
> 　このLVCの導入により、実物だけ、あるいはシミュレータだけではできない、より実戦的な訓練を行なう効果を期待しているわけだ。

　E-3セントリー部隊・第552航空管制航空団では、ネットワークを通じてF-15、F-16、E-8といった航空機の部隊と合同シミュレーション訓練を実施している。ティンカー空軍基地に導入した訓練機材・MSLITEを使い、それが他の基地のシミュレータとデータをやりとりすることで、E-3から戦闘機を指揮したり、E-3を戦闘機で護衛したり、といった演習を行なう仕組みだ。それだけでなく、連邦航空局（FAA）の民間航空管制データを取り込んで、本物のデータに基づくアメリカ本土上空の警戒任務を演練することもできる。

　E-3部隊は比較的早い時期から、こうした通信対戦方式の訓練を取り入れていたが、他機種でも同様の流れになってきている。それを支えているのが、米空軍が各地の基地にあるシミュレーション訓練施設を結ぶ形で整備した訓練用ネットワーク・DMONだ。担当メーカーはノースロップ・グラマン社である。

　F-15Eを例にとるとアメリカ本土のマウンテンホームとシーモアジョンソン、イギリスのレイクンヒースにあるシミュレータ訓練施設（MTC）をDMONに接続している。2009年9月の時点で、F-15CやF-16用のものも含めて、合計10ヵ所のMTCをDMONに接続しており、さらに同年11月にラングレー空軍基地のF-22用MTCが加わった。その後にDMON自体もDMON 2.0にバージョンアップして、全世界で50拠点ほどを接続する構想になっている。

　ただし、DMONのようなネットワークを通じて通信対戦を行なうには、データのやりとりを行なえるように互換性を持たせる必要がある。単に線をつなげば通信対戦できるわけではない。通信に関する話は、9.4.9で詳しく取り上げる。

3.1.4 実弾代わりのMILESやバトラー

　飛行機の操縦訓練であれば、自分が撃墜されたときには被撃墜時の状況をシミュレータで再現できる。では、陸戦の訓練はどうすればよいだろうか？　ひとつの方法として、本物の銃を使ってペイントボール入りの弾を撃ち合い、その弾が命中してペイントまみれになったら「死んだ」ことにする方法がある。人間はそれでよいとしても、車両はどうするか。

　そこで登場したのが、キュービック社が手掛けている多重統合レーザー交戦システム（MILES）。たとえば戦車なら、戦車砲の上にMILES用の送受信機を取り付ける。これを使ってレーザー光線で「撃ち合い」、そのレーザー光線を相手側車両のMILESが受信したら「被弾した」ことにする。車両だけでなく個人のレベルでも、MILES IWSを小銃や機関銃に取り付けることで、同様の訓練を実施できる。しかも、ペイントボールと比べると、よりシビアに命中判定を行なえる。このほか、対戦車ミサイルなどに対応するMILESもある。

　ちなみに、陸上自衛隊では同種の機材のことをバトラーと呼んでいる。

　米陸軍で、MILESを初めとするさまざまなシミュレーション訓練機材を専門に手掛けている部署が、PEO STRI。最後の「I」は「Instrumentation」、つまり計測のことだ。シミュレーションだけでなく、「撃った」結果が「当たっ

図3.1：MILESのシステム構成例。実弾の代わりにレーザーを「撃つ」装置と、それを受信して「撃たれた」と判断する装置が主体（US Army）

た」かどうかを判断する命中判定（計測）までカバーするので、こういう名称になる。

3.1.5　空戦訓練の機動図を描き出すACMI

シミュレーションに限らず本物でも同じことだが、訓練では事後のデブリーフィングが大事だ。特に失敗した場合、どうして失敗したかを把握・学習するには、訓練の内容を後から再現して、どこでどう間違えたのかを正しく理解する必要がある。

戦闘機同士の空戦機動（ACM）であれば、コックピットに仕掛けたビデオカメラ

図3.2：ACMIポッドの例。サイドワインダーAAMとサイズを揃えて、機体への搭載を容易にしている（USAF）

を回しておいて、着陸後にそれを見ながら飛行状況を再現する「機動図」を描く方法がある。それでも目的は達成できるが、その作業を自動的に行なうシステムもある。

それが空戦機動計測（ACMI）ポッドとICADSの組み合わせで、これもキュービック社が手掛けている。ACMIポッドはサイドワインダー空対空ミサイルと同じぐらいのサイズで、サイドワインダー用の発射器に取り付けて使用する。ポッドにはGPS受信機を内蔵しており、飛行中の位置を3次元で記録する。それを着陸後にダウンロードするか、あるいは飛行中にデータリンク経由で送信することで、どの機体がどういう飛び方をしたかはすべて、白日の下にさらされる。このシステムを使えば、機動図に相当するものを自動生成できるので、パイロットはそれを見ながらデブリーフィングで絞られることになる。

3.1.6　パソコンを使ったCBT

ここまでは演習にシミュレーションなどの手法を持ち込む話だったが、座学にコンピュータを持ち込むこともできる。それが、いわゆるe-ラーニング、すなわちコンピュータによる学習（CBT）だ。

CBTでは、紙の教科書・黒板やホワイトボード・口頭での解説といったものの代わりに、コンピュータの画面に解説、あるいは学習進度を確認するため

の問題が現われる。軍用に限らず、民間分野でもCBTの利用がどんどん拡大している。F-35では紙も黒板も止めてしまい、学習はすべてコンピュータの画面上で行なうことになった。

コンピュータのメリットとして、静止画・動画・音声といった情報を扱える点や、個人ごとの進度・習熟度に合わせて自分のペースで学習を進められる点が挙げられる。また、通信回線があれば遠隔地から学習することができるので、世界規模で軍を展開している国ではメリットが大きい。そうでなくても、軍の基地や駐屯地というのは往々にして辺鄙な場所にあるから、基地や駐屯地にいながらにして通信教育を受けられるCBTは、メリットが大きい。

コラム

シミュレータいろいろ

飛行機のシミュレータというと、モーション機能付きの模擬コックピットと、外部視界を再現するビジュアル装置を備えたものを連想するのが普通。しかし、そんな高級品ですべての訓練をこなそうとすれば設備投資が大きくなりすぎるので、もっと簡素なシミュレータがいろいろ登場する。

まず、コックピットは実機と同じだがモーション機能がない、コックピット・シミュレータ。戦闘機の売り込みに際して頻繁に登場する。前方視界は、大画面テレビやプロジェクターとスクリーンの組み合わせに表示する。

また、パイロットがボタンやスイッチや計器などの操作を覚えるためだけに使う、CPT（Cockpit Procedure Trainer）もある。簡素なものはわざわざ専用の機材をしつらえずに、市販品のパソコンで済ませることもある。

対して、最高級品はFFS（Full Flight Simulator）だが、軍用機だとミッション・システムの操作訓練も入ってくるので、FFMS（Full-Flight and Mission Simulator）あるいはFMS（Full Mission Simulator）と呼ぶこともある。

飛行機以外では、車両の操縦訓練用シミュレータや、戦車などの砲手用シミュレータが広く使われている。

3.2 作戦計画の立案

3.2.1 図上演習からコンピュータに

　兵員を養成して戦技を身につけさせることも重要だが、その兵員や武器をどう活用するかという「指揮」もまた、重要な問題である。戦況や場所に応じてやり方を変えなければならないから、いつでもどこでも同じ「公式」に則ってワンパターンの指揮をするわけにはいかない。

　陸戦の最前線であれば、砂盤演習という手がある。砂や土を使って戦場の縮小模型のようなものを作り、そこで彼我の部隊に見立てた駒を動かしながら作戦計画を検討する。もっと後方の上級司令部レベルであれば、地図を用意して兵棋演習や図上演習といった形になる。

　ところが、実戦が計算通りに進むわけではないから、こういう場面でも偶発的要素を盛り込まなければならない。そこで命中判定に際してサイコロを転がすようなことをやるわけだが、統裁部に困った人がいると「今の命中弾は三分の一とする」といって、勝手に自軍の被害を減らしてしまうようなことが起きる。それでは実情に即した事前検討にならない。

　当節では、この手の演習もコンピュータ・シミュレーションでできるようになった。米韓合同演習「キー・リゾルブ」が典型例で、部隊を実際に動かす代わりに、コンピュータで構築した仮想戦場で動かす。敵軍の動き、あるいは交戦が発生したときの命中判定・被害判定は、コンピュータの計算処理によって実現して、恣意的な操作が入り込まないようにする。

　陸戦でも御多分に漏れず、戦闘指揮システム（BMS）を使って指揮をとる形が多くなっている。つまり彼我の部隊の動向をさまざまな情報源から集めてきてBMSに投入して、地図上で駒を動かす代わりに、コンピュータの画面上で彼我の部隊を示すアイコンが動く。それに基づいて指揮下の部隊に指令を出す。ということは、BMSに投入するデータを実際の交戦に基づくデータではなく、コンピュータが生成した摸擬データに替えれば、作戦指揮のシミュレーション訓練ができる理屈である。

　ただし、敵軍の動向をシミュレートするところは難しい。相手は生身の人間

だから、理屈通りに動いてくれるとは限らない。もちろん、仮想敵国の軍隊に関する情報を集めて、「どういう教義を用いているか」「どういう訓練をしているか」を知り、それに基づいて、予想される「敵の可能行動」を再現するようにプログラムするわけだが、それが的中するとは限らない。

そう考えると、わざと偶発的要素を盛り込んで、ときには敵軍が想定外の行動をとる場面が起きるようなシミュレーション・プログラムにする必要がありそうだ。

3.2.2　ミッションコンピュータとMPS

ここまでは上級司令部レベルの話だったが、もっと下のレベルでも、コンピュータを使って事前にガッチリ計画を立てておく場面がある。その一例が航空戦だ。例として、戦闘機が敵地に侵入して対地攻撃を行なう場面を考えてみよう。

現代の軍用機は慣性航法装置やGPSといった航法機器を備えているから、途中で経由する地点の座標を緯度と経度で入力しておけば、自動操縦装置によって勝手に飛行機を飛ばすことができる。第二次世界大戦の頃は、自動操縦装置といっても設定した針路を維持するだけの代物だったが、現代では本当に自動飛行できる。

そこで、自動操縦装置とミッション・コンピュータを組み合わせると、任務飛行の自動化が可能になる。基地を飛び立って目標との間を行き来する過程を自動化すれば、パイロットの負担は軽減できるし、航法ミスの可能性も減る。実際、F-117Aは1991年の湾岸戦争で、そうやって任務を実施していた。もっとも、目標の上空で爆弾を投下するところまで完全に自動化するわけにはいかない。最終的な判断を下すのはパイロットである。

そこで必要な任務計画データを作成するのが、任務計画立案システム（MPS）というコンピュータだ。昔は専用のハードウェアを用意していたが、最近ではソフトウェアだけ専用のものを用意して、ハードウェアは市販のパソコンで済ませているようだ。米軍の場合、当初のMPSから、改良型の統合任務計画立案システム（JMPS）に移行して現在に至る。JMPSの派生型に、遠征作戦での利用を想定したWebベースのシステムとして、JMPS-E（JMPS-Expeditionary）もある。

MPSには、作戦地域の地図情報や要注意ポイントなどのデータを事前に組み込んでおり、地対空ミサイル基地のような危険ポイントを避けながら目標に到達できるように、針路やタイミングに関する計画を立案する機能を提供する。軍の通信網を通じて情報データベースにアクセスできれば、任務計画に必要な

最新データを取り出して利用することもできるだろう。

　MPSによって任務計画ができあがったら、それをデータ転送モジュール（DTM）にロードする。DTMとは要するにメモリ・カートリッジのことで、フラッシュメモリを用いるものも、ハードディスクを用いるものもある。パイロットは、そのDTMを持って飛行機のところに行く。そして発進前に、割り当てられた飛行機の外部点検を行ない、コックピットに乗り込んだところでDTMを計器盤のスロットにセットする。すると、ミッション・コンピュータがDTMから必要な情報を読み出して、自分がどこに行って何をするのかを理解する仕組みだ。

　これにより、地図や敵情を初めとする任務関連情報は、コックピットの多機能ディスプレイ（MFD）に現われるし、自動操縦によって飛行することもできる。昔なら、任務の内容を書き込んだ紙を用意してニーボードに突っ込んでおいたところだが、現代の戦闘機乗りはDTMを持って行けば済む。

　ちなみに、ミッション・コンピュータで動作させるソフトウェアのことを、OFPという。決まった日本語訳は存在しないようだが、筆者は「任務プログラム」と訳している。DTMからデータを読み取って任務飛行を実施したり、搭載兵装に目標データを送り込んだりする機能を受け持つ。

　もちろん、事前に計画して任務計画データを機体にロードしておけるのは、

3・2　作戦計画の立案

図3.3：ゼネラル・アトミックス・エアロノーティカル・システムズ（GA-ASI）社が開発した新型GCSのデモンストレーター。画面ではウェイポイントのリストを表示しており、下部中央にある[Send]ボタンをタップすると（タッチスクリーンなのだ）、それが機体に送られる

既知の目標を対象とする任務のときだ。空対空の迎撃戦闘、あるいは近接航空支援といった、現場に行ってみないと何をするかが決まらない種類の任務もある。もっとも最近では、機体と地上を結ぶデータリンク網の整備が進んでいるから、とりあえず飛び立ってからデータリンク経由で情報を受け取り、OFPがそれに基づいて任務の組み立てを支援して……という形態もあり得る。

実例としては、UAVの地上管制ステーション（GCS）がある。GCSの画面上で経由する地点を指示して任務飛行計画をつくり、出来上がったらそれを機体にアップロードする。すると、機体はそれに従って飛行する。もちろん、オペレーターが介入して遠隔操作することもできる。

コラム

呼称の問題

英空軍では以前から、そして最近では米空軍でも、UAVよりRPA（Remotely Piloted Aircraft）、つまり「遠隔操縦航空機」という言葉を使う傾向が強まってきたように見受けられる。

「無人航空機」というとコンピュータが勝手に飛ばしているような印象を受けるが、実際にはオペレーターが操縦している場面が多いのは事実。そこで「勝手に意志決定しているロボット兵器」という印象を変えたいという事情に加えて、UAVオペレーターの処遇や評価を高めたい、という考えがあるのかも知れない。

実際、「自ら危険な戦場に出て身を挺しているわけではない」という理由で、UAVオペレーターに対する叙勲に反対する声が上がったことがある。こんな調子では有為な人材が集まらないので、任務継続と引き替えにボーナスを出す等の工夫もしている。呼称の見直しも、そういった動きと関係があるのではないだろうか。

3.3 戦務支援の合理化

3.3.1 軍隊は兵站なしでは動けない

「腹が減っては戦はできぬ」というが、いざ作戦計画を立てようとすると、ときとして「腹」の話を忘れる。人間だけの話ではない。機械化が進んでいる当節の軍事作戦では、航空機や車両や艦艇も同様に、腹を空かせる（つまりガス欠）事態は避けなければならない。つまり、軍隊の活動を支えるのは補給を初めとする兵站業務であり、そこではコンピュータを初めとする情報通信技術が大きな革新をもたらしている。

一般的にロジスティクスというと「物流」のことだと思われることが多いが、これは解釈が狭い。軍事におけるロジスティクスとは、戦闘任務を達成するために必要となる支援業務すべてを包含する概念である。点検・整備、物資の調達と補給、要員の訓練、さらには衛生（医療）まで入ってくる。

さて。平時でも戦時でも、軍隊が活動するためには、実に多様な物資を必要とする。すぐに思いつくのは燃料・武器・弾薬・糧食といったものだが、さらに衣服、各種の個人用装備、スペアパーツ、各種の日用品など、膨大な数の補給品を扱わなければならない。品目も数も多いので、それを管理するのは大変な仕事だ。品目によって、事細かに動向を管理しなければならないものもあれば、そうではないものもある。しかし、いずれにしても必要なときに必要とされる場所に必要とされるだけの物資を確保しておかなければ、厄介なことになる。

特に戦闘作戦では、燃料・武器・弾薬を十分に確保する必要がある。そこで用いられる一般的な方法は、一日あたりの基本的な消費量を経験から割り出しておき、それを単位（ユニット）にして「これだけの任務が予想されるので、〇ユニットの補給品を確保する」と決める方法だ。それを戦線に近い策源地に集積しておき、必要に応じて前線に輸送して、最前線の部隊に交付する。

3.3.2　兵站を効率化するには

　一般的には、こうして事前集積する補給物資は60〜90日分が目安とされているが、ひとつの「ユニット」をどの程度の分量で構成するかという話も含めて、国や時代によって違いがある。無論、大量の物資を集積しておく方が安心感は高まるが、集積する物資が増えれば調達費用も増えるし、それを輸送するための人手や車両も、物資の量に比例して多くなる。結果として、兵站支援の負担が増える。それで使い残しが発生すれば（あくまで結果論だが）無駄が生じる。

　さらに厄介なことがある。物資を請求する前線部隊の側では「物資が足りなくなったら大変」と思うから、ついつい余裕を持たせて過剰請求することになりがちだ。結果として、物資の調達・輸送にまつわる負担を増やしてしまう。裏を返せば、そうした負担を減らすことができれば、経費も人員・車両も節減できる。そして、捻出した人員を前線に転用する余裕にもつながる。

　具体的には、必要以上に多くの物資を集積・輸送しなければよい。それには、以下の条件を満たす必要がある。

1. 請求があった物資を前線に送り届ける際に、物資の流れ（LCOP、共通兵站状況図）を見えやすくして、請求があった物資が輸送ルート上のどこにあるかを把握できるようにする。宅配便の配送状況追跡と同じだ
2. 物資の消費状況を、できるだけ精確に把握する。消費した分だけを補給すれば、補給の手間は最低限で済む

　もっとも、「2.」を実現するのは難しいので、この話は後回しにしよう。まずは「1.」の話からだ。そこでRFID、いわゆる無線ICタグ（無線識別タグ）が登場する。

3.3.3　RFIDによる、補給業務の可視化

　現在、商店の店頭で売られている商品にはたいてい、バーコードがついている。バーコードの内容は商品ごとに決まっており、読み取り装置でピッと読み取るだけで品目を識別できる。だから、レジでバーコードリーダーを使って商品のバーコードを順番に読み取れば、どの商品がどれだけ売れたかは容易に把握できるし、入力ミスを避けられる。いわゆるPOS（Point of Sales）システムだ。

　バーコードは宅配便でも軍隊の物資輸送でも活用している。ところがひとつ問題があって、バーコードが書かれているところまで読み取り装置を持って行って、いちいち読み取らなければならない。軍隊が活動する場所の環境条件を考えると、バーコードが破損・汚損によって読み取れなくなる可能性もある。

しかも、最初から個別包装して棚に並べてある商品ならともかく、軍隊の補給品では話が違う。形態がさまざまで、それを輸送用のパレットにまとめて載せてあったり、トラックの荷台に積んであったり、あるいはコンテナにまとめて突っ込んであったりするから、いちいちバーコードを読み取らせる方法は合理的とはいえない。バーコードを読み取るために、いちいちパレットやトラックやコンテナの補給品を分けたり開封したりするのでは、手間がかかって仕方がない。

そこでRFIDが登場する。バーコードはレーザーを使って光学的に読み取るが、RFIDは電波を使用するため、離れたところから読み取ることができる点が特徴だ。

米軍では前線分配ポイント（FDP、旧称はSSA：補給支援部門）をRFIDに対応させる一方で、個別の貨物ごとに、内容や宛先に関する情報を記録したRFIDを付ける体制を整備した。前線分配ポイント、あるいは補給処・飛行場・港湾・その他の配送拠点に設けた読み取り装置でRFIDのデータを自動的に読み取れば、どこにどの貨物があるのかを把握できる。しかも、RFIDは電波を利用して情報をやりとりするから、いちいちタグのところまで人間が出向かなくても、（電波が届く範囲内なら）離れたところから情報を得られる。中身をチェックするためだけに開梱する必要もなくなる。また、RFIDには書き換えと再利用が可能という隠れたメリットもある。

図3.4：パレットに爆弾を搭載した例。このパレットごとフォークリフトで運び、車輌や輸送機などに積み込む仕組み（USAF）

もっとも、RFIDを貨物に付けることも重要だが、貨物を輸送する過程の要所要所でRFIDをきちんと読み取れるような体制・手順・設備を用意することも重要である。つまり、倉庫から貨物を出し入れするとか、飛行機や輸送船や列車やトラックに積み込む際に必ずRFIDの読み取り装置を通過させるようにするとかいった類の話である。

さらに徹底するのであれば、たとえばコンテナの移動に使うフォークリフトやトップリフターといった機材に、RFIDの読み取り装置とGPS受信機を取り付けておく。そしてフォークリフトやトップリフターの動きとRFIDの読み取り情報を紐付ける。こうすることで、どのRFIDが付いたコンテナを、どこからどこに移動したかが分かる。

船積みするときにも、揚搭用のクレーンにRFID読み取り装置を取り付けておけば、どのコンテナをどのフネのどの辺に、何番目に搭載したかを知る材料が得られる。近年の大型コンテナ船はべらぼうな数のコンテナを積み込むことができるから、積み込んだ場所まで把握できなければ物資の流れを可視化できない。

3.3.4　RFIDの種類・規格と関連システム

つまり、RFIDを導入することで、貨物の中身を調べたり、貨物の所在を確認したりする手間を大幅に軽減できる。こうしたメリットが買われて、米軍では湾岸戦争（1991年）の頃からRFIDの導入を始めていた。

RFIDには、さまざまな種類や規格がある。種類とは、自ら電波を出すかどうかという違いで、高出力型の読み取り装置を使用するパッシブ型と、電池を内蔵して自ら電波を出すアクティブ型に分類できる。もちろんアクティブ型の方が遠方から読み取れて便利だが、電池切れにならないように注意する必要があるので、負担は増える。それに、アクティブ型の方が値段が高い。

米軍の場合、当初はアクティブ型からスタートしたが、RFIDの利用が拡大したため、パッシブ型も加えて、場面に応じて使い分ける形をとっている。小さな個別の品物にまでRFIDを取り付けるのであれば、安価でコンパクトなパッシブ型が必要だ。高価なアクティブ型は、遠方からでも読み取れるメリットを活かせる場面でのみ使うのが現実的だ。

こうした仕組みは周辺技術が整わなければ威力を発揮できない上に、規格やシステムの整備に加えて、RFIDそのものの低価格化と普及を図る必要もある。そうした事情もあってか、米軍の補給物資すべてにRFIDを取り付ける体制を整えたのは、2004年7月になってからだった。自らEPCglobal標準化規格の策定に関わった上で、2005年1月からすべての納入物資にRFIDを取り付けるよ

う義務付けている。

RFIDで無線通信を担当する部分（空中線インターフェイス）は、使用する電波の周波数帯によって規格が分かれている。単に性能の良し悪しだけでなく、他の機器・システム・用途との周波数帯の重複が発生しないように考慮して、どの規格を使用するかを決定する必要がある。特に2.45GHz帯は無線LANや電子レンジなど、使用例が多いので注意が必要だ。433MHz帯も、日本ではアマチュア無線との重複が問題になったことがある。

2007年3月1日以降は、UHF Gen 2規格に対応したパッシブ型RFIDを標準とした。使用する周波数は860～960MHz（ISO/IEC 18000-6）、読み取り可能距離は3m以上、と規定されている[6]。ただし、コンテナやパレットといった大物を単位とする場合には、433MHz帯（ISO/IEC 18000-7）に対応するアクティブ型RFIDを使用している。

図3.5：RFID読み取り装置でデータを読み取っているところ。バーコードと違い、非接触式だから少しぐらい離れていても読み取りができる（DoD）

周波数	規格番号
135kHz以下	ISO/IEC 18000-2
13.56MHz	ISO/IEC 18000-3
2.45GHz	ISO/IEC 18000-4
860～960MHz	ISO/IEC 18000-6
433MHz ※アクティブ型	ISO/IEC 18000-7

表3.1：使用する周波数の違いによる、RFID規格番号の違い

3.3.5　RFIDを読み取って得たデータの活用

そのRFIDを読み取って得た情報のやりとりについては、当初はディスクに書き込んだデータを手作業で持ち運んでいた。しかし、後に暗号化機能付無線LANを利用する戦務支援用情報システム・インターフェイス（CAISI）などを利用するようになった。こうしたネットワーク化によって、リアルタイムの兵站情報伝達が可能になる。

そこで登場するのが、戦務支援統制システム（CSSCS）と、その能力不足を受けてノースロップ・グラマン社が開発した戦闘指揮/維持支援システム

(BCS3)だ。BCS3を初めて導入したのが米陸軍・第3歩兵師団で、イラク戦争の翌年にあたる2004年6月のこと。

BCS3は、前線部隊が発注した物資が補給ルートのどの辺まで来ているかを、地図画面の上に表示する機能を実現する。これを見れば、前線部隊の側では、請求した物資がどこまで来ているかを把握できるから、「いつ届くのか」との不安を軽減できる。ただし残念ながら、補給ルートが敵の攻撃を受ける等の"摩擦"が発生する可能性は残るから、不安をゼロにできるとはいえないのが辛いところ。

また、CSSCSでは端末機が大きい上に高価で、重量427kg、お値段62,000ドルもした。それがBCS3では市販のノートPCを活用することで重量2.7kg、お値段3,000ドルとなったのだから、劇的な違いがある。しかもOSはWindowsだから、開発環境も周辺機器との接続環境も整っている。

こうして、RFIDと情報通信網の組み合わせによって物資補給の状況を正確に把握できるようにすれば、余分な物資を請求しなくても済む。軍人というのは往々にして、物事が予定通りに進むことはないという前提で物事を考えるものだから、ついつい物資を余分に請求してしまう。それをできるだけ減らすのが、こうしたシステムの狙いだ。

もっとも、実際にこうしたシステムが能書き通りの成果を挙げるには、こうしたシステムと、それに基づく物資輸送・交付の仕組みが信頼できる、と現場の兵士に納得してもらわなければならない。

また、同盟国との連合作戦が多くなってきていることから、米軍だけがRFIDで物資を追跡できても効果は限定的だ。そのため、同盟国についても同様のシステムを導入して、足並みを揃える必要もある。そうなると今度は、政治や費用の問題も絡んでくるから複雑だ。すでにNATOでは、RFIDに関する標準化仕様（STANAG 2090）を規定している。

3.3.6　物資配送の速度・状況を把握する

なんにしても、物資の中身と所在を知る作業は、兵站業務のうち半分だけである。それを実際に前線まで運んで交付しなければ、仕事は終わらない。そこで、物資を前線まで運ぶのにどの程度の時間がかかるか、実際の輸送状況がどうなっているか、といった点を計算して、把握する仕組みも必要になる。

そこで、ベロシティ・マネージメントという考え方が登場する。ベロシティとは速度、つまり物資が戦場に届くまでにどれくらいの時間を要するかという話だ。その情報と、前線から補給の要請がある物資の量が分からなければ、何をどれだけ送り出せばよいか、それがいつ現地に到着するかが分からない。そ

こで米軍では宅配便のシステムを応用して、物資の流れ（flow）を分析・計算する、統合輸送状況分析システム（JFast）というシステムを開発した。

また、補給車両隊の動向をリアルタイムで追跡できるように、コムテック・モバイル・データコム製の移動追跡システム（MTS）を導入した。これは、補給用トラックが位置情報を衛星経由で送信したり、文字メッセージをやりとりしたりするもの。位置を自動的に報告するだけでなく、何か問題があれば状況を報告することもできる。補給車両隊が道に迷ったり、待ち伏せ攻撃を受けて足止めを食ったりした場合に、それを把握するのに役立つ。

さらに、操作を簡易化したMTS Liteも作られた。これはMTSの操作を簡略したもので、端末機には、赤・黄・白と３色の押しボタンが付いている。敵の攻撃を受けた場合は赤いボタンを、車両が地雷や仕掛け爆弾によって破壊された場合は黄色いボタンを、道路状況などの関係で遅延している場合は白いボタンを押す。すると、押されたボタンに対応する情報が自動的に指揮所に送られて、どこでどういう状況になっているのかが分かる。これなら、英語が分からなくても最低限の情報は伝えられる。

さらに、MTSの更新に際してRFIDの読み取り機能も追加した。こうすれば、位置と積荷の情報をまとめて送信できる。こうして、補給品の請求〜発送〜輸送〜動向管理〜交付といった一連の業務を効率化できる。

MTSの後継製品として、DRSテクノロジーズ社がJoint Platform Tablet MRTを開発した。MRTとはMilitary Rugged Tabletの略、つまり軍用の頑丈タブレットPCという意味だ。10.4インチのディスプレイを持つタブレットPCを活用して、MTSと同様の機能を実現する。緊急事態の発生を知らせる「911ボタン」も備えるそうである。

ただ、軍の管理下にある補給車両隊だけならこうしたシステムを整備するのは比較的容易だが、昨今のように民間契約業者が兵站業務の多くを請け負うようになると、話が難しくなる。所要のシステムを誰の負担で整備するのか、軍のシステムと民間の組織・機材をどう統合するのか、その際のセキュリティ面の問題はないか、といった課題があるためだ[7]。

実際、イラクでは民間契約業者の車両隊の動向を軍の側で把握しきれず、武装勢力の襲撃を受けた際の対応に問題が生じたという。

3.3.7　イラク戦争における兵站効率化の実例

ともあれ、ITの活用による兵站業務の効率化を具現化したのが、2003年のイラク戦争だった。

イラク戦争では、クウェートが出撃拠点であると同時に後方支援の拠点でも

あった。まず、アメリカ本土からクウェートまで、船や飛行機を使って物資を輸送する。そして、クウェートのキャンプ・ドーハ近くに設営した戦域配送センター（TDC）からイラク国内の前線部隊まで、トラック輸送隊が物資を送り届ける体制をとった。そこでジャスト・イン・タイム方式の物資配送システムを導入したのが画期的なところだ。

地上戦の主力を務めた米陸軍や米海兵隊の前線部隊は、従来の常識からすると異常に少ない、5〜7日分の補給物資しか携行しなかった。消費した分の補給物資は、前線からの要請に応じてジャスト・イン・タイム方式で送り届けるようにしたので、その分だけ携行量が減ったわけだ。部隊指揮官は部内向けのWebサイトを使って、戦術インターネット（Tactical Internet）を通じて物資配送状況を知ることができた。

もっとも、フタを開けてみると予想外の問題が生じるのは戦場の常。補給車両隊が敵の攻撃を受けたり道に迷ったりしたせいで、意図した通りに物資が届かず、糧食の支給を減らさざるを得ない等の問題が発生した。それでも、全体としてはジャスト・イン・タイム方式の補給がうまく機能したと評価された。

とはいうものの、当初はクウェートのTDCに補給物資が滞留して、それの把握と管理が大変だった。そこで例のRFIDを導入してシステムを整備することで、TDCにできていた物資の山は雲散霧消したという[8]。

もっとも、適材適所という言葉がある通りで、燃料についてはトラック輸送よりパイプライン輸送の方が効率的だ。戦争が始まってから間もなく、クウェートからイラク領内に向けて、長さ130kmほどのパイプラインを敷設した。第二次世界大戦でも、ノルマンディー上陸作戦の後でドーバー海峡を横断するパイプラインを敷設したが、それと同じだ。そもそも、燃料にRFIDをつけて運ぶわけにも行かない。

3.3.8　空中給油とRFIDの意外な関係

ここまで、兵站業務におけるRFIDの活用について取り上げてきたが、まったく別の意外な方面でRFIDを利用する実験が行なわれたことがある。

これは米空軍飛行試験センター（AFFTC）が2010年4月にエドワーズ空軍基地を拠点として実験を行なったもので、受油機自動識別（ARAI）システムという。空中給油機（タンカー）から、受油側の飛行機（レシーバー）を自動識別するのが目的だ。

通常、ブーム操作員（ブーマー）が目視によって受油機を識別している。レシーバーとなる機体の尾翼に書かれた機番、あるいは無線交信を手がかりにして、どの機体にどれだけ給油したのかを確認・記録する仕組みだ。しかし、照

明装置があるとはいえ、夜間や悪天候のときには識別が難しいので、自動化できればその方が便利だ。

ARAIでは、タンカーとなるNKC-135給油機にRFIDの読み取り装置を、レシーバーとなるF-16にRFIDを取り付けた。レシーバーがタンカーに接近すると、タンカーが備えるRFID読み取り装置によって自動的に情報を取得するため、機体側の給油装置と連携することで、どの機体にどれだけ給油したかを即座に把握できる。そして、ブーマーは給油相手の機体や給油量を確認して帳簿に書き付ける手間がなくなり、給油ブームの操作に専念できる利点もある[9]。

これを実用化できれば、空中給油の効率が大幅に向上するものと期待されている。いわれてみれば「なあんだ」という話だが、それを実際に思いついて実験している着眼ぶりはすごい。ただ、実際に利用しようとすると、空中給油に対応するすべての機体にRFIDを取り付けなければならないし、給油機の方も読み取り装置を追加する必要がある。その費用が最大のネックかもしれない。

3.3.9　リアルタイム情報による兵站支援

米海軍の研究部門・ONRが、海兵隊向けの自動化兵站システム構築プログラム・S&RLの開発に乗り出したことがある。担当メーカーはロッキード・マーティン社で、まずフェーズIでプロトタイプを製作、続いて2010年3月から、さらに内容を洗練させるフェーズIIに駒を進めた。

これは、リアルタイムのデータを把握して（Sense）、それを受ける形で（Respond）兵站業務（Logistics）の計画・実施・評価を行なうためのシステムだ。具体的には、車両などに取り付けたセンサーがネットワーク経由でデータを送り、それに基づいて自動的に、任務計画に必要な情報を作成・提示して、意志決定支援を行なう仕組みになっている。

たとえば、どの戦車がどの種類の弾をどれだけ撃ったのかが分かれば、後方では、指揮下の部隊全体で射耗した弾の種類と数を把握できる。それが分かれば、使った分だけ補充するという、コンビニの商品配送みたいなことが可能になるわけだ。余分な物資を輸送しないで済めば、それだけ兵站支援の負担を軽減できる。

理想をいえば、弾でもパーツでも、使った分だけジャスト・イン・タイム方式で補給するのが、もっとも無駄がない。しかし、常に不確実性や摩擦がつきまとう軍事作戦で、完璧にそれを実現するのは不可能といってよい。それを無理に実行しようとすれば、味方の部隊と作戦、ひいては国家の命運を危険にさらしかねない。理想と現実の間の落としどころが重要になる。

3.4 航空機整備とコンピュータ

3.4.1 HUMSとPBL

　航空機の世界ではヘルス・モニタリング・システム（HUMS）といって、機体の使用状況やパーツの疲労状況をセンサーで計測・記録するシステムが普及し始めている。

　航空機の整備は一般的に、一定の時間、あるいは使用回数が経過したところで点検やパーツの交換を行なう形を取る。しかし、実際の疲労・故障状況に関係なく機械的にパーツの交換を行なうと、ときには無駄になることもある。逆に、まだ余裕があるからといって交換しなかったものが、トラブルの原因につながることもある。そこで、機体の状態や稼働率と照らし合わせながら、必要なときに必要な作業を行ないつつ高い稼働率の維持を図る手法が増えている。これを状況に立脚した整備（CBM）という。

　兵器の運用やメンテナンス（O&M）に要するコストは馬鹿にならないので、そこでコストを低減できれば、経済的な軍事行動が可能になる。必要なときに必要な作業・必要な部品交換だけを行なうことで、トータルの経費節減と稼働率の維持を両立させようという考え方だ。すると、運用状況や機体の状態を把握する仕組みは必須である。たとえば、エンジンの消耗が進んで「そろそろパーツの交換が必要」という時期になったときに、その情報を提示して交換用パーツの請求を促す、といった仕組みが考えられる。

　そして、装備品の可動率を一定以上の水準に保つことを終局的な目的とする兵站支援の考え方が、PBLだ。整備を担当するメーカーなどに対する、仕事の評価や対価の支払における尺度が、「どれだけ作業したか」ではなく、「どれだけ可動率を確保したか」で決まる。そうなると、適切な整備・交換を行なうためには、判断基準となる情報を把握する手段が不可欠だ。そこで、自己診断機材やヘルス・モニタリング・システムといった仕掛けを用意して、運用状況や不具合の発生に関するデータを記録・収集する。

　ただし、この方法ではリアルタイムの状況把握ができない。

3.4.2　不思議の国のALIS

そういった考え方を、同じ機体を使用するすべてのユーザーに押し広げて、兵站支援業務の効率化を図ろうとしているのが、御存知・F-35である。兵站支援のための体制全体を世界規模の自律兵站支援（ALGS）といい、要はすべてのF-35カスタマーにまたがる兵站支援・維持管理の枠組みを構築しようという意味。

効率的な整備作業が可能になると、経費節減になるだけでなく、整備のために使えなくなる機材が減って、可動率の向上につながる。それによって所要機数の削減につながれば、さらに経費節減になる。

そして、そのALGSを支えるための情報システムが自律兵站情報システム（ALIS）だ。すでに試験用機を使った飛行試験の段階から、このシステムを使った兵站支援システムが稼働を始めている。兵站支援の拠点は製造元の工場があるテキサス州フォートワースに設けられており、F-35を運用する基地はみんな、ここからネットワーク経由でつながっている。

では、ALISが具体的に何をするのか。まず、個々の機体ごとに運用状況を管理する。飛行時間や機体にかかった負荷の状況についてデータを収集・管理することで、たとえば大きな負荷がかかった機体を拾い出すようなことができる。

F-35が装備するコンポーネントの大半はセンサーを取り付けており、故障の発生を把握できる。さらに、その情報をデータリンクによって地上側にも送信する。こうすると、機体が任務を終えて帰投した時点で、機体の状態やトラブル・損傷の状況を把握できる。そうすれば、帰還したときにはすでに交換用の列線交換ユニット（LRU）が待機していて直ちに交換可能、なんていうことも実現できるだろう。

もちろん、「交換部品が必要」となったときに、必要な部品を適切なタイミングで届ける仕組みも必要になる。F-35のALGSは、「個々の国ごとにパーツやコンポーネントを在庫するのではなく、F-35カスタマー全体で在庫と配送を最適化する」という考え方に立脚している。だからALISでは、どこでどれだけの機体が稼動していて、運用状況や機体のコンディションがどうで、必要となる交換用のパーツやコンポーネントがどこにどれだけ在庫しているか、という情報をグローバルに集中管理する。

通常、航空機のような主要ウェポン・システムでは、ライフサイクルコストの2/3をO&Mコストが占めている。ところがF-35では、O&Mコストが占める比率をライフサイクルコスト全体の1/2にまで引き下げるという目標を掲げて

いる。それを実現するにはALISが必須の存在だ。

　ただしALISの場合、F-35のカスタマーがすべて同じシステムを共用することから、「他国にまで、自国の機体の状況に関する情報が流れてしまうのではないか?」と懸念する向きもある。実際に問題が生じるかどうかというよりも、心理的な不安感の問題といえる。

> **コラム**
>
> ### ALISをめぐる話題いろいろ
>
> 　本文でも触れているが、ALISには機体の不具合に対処するためのシステムが組み込まれる。挙動・不具合解決システム（AFRS：Anomaly and Failure Resolution System）といい、ケースバンク・テクノロジーズ社の民生向け自己診断ツール・SpotLightを活用する。これを機体やエンジンの自己診断データベースと組み合わせて、トラブルシュートのための指針を提示する考え。そのため、機体の整備に関する知見や、運用経験に関するデータを取り込んで活用する、というのがケースバンク社の説明。どこまで能書き通りに機能してくれるだろうか。
>
> 　このほか、ALISにSDG（Sovereign Data Gateway）という機能を組み込むための検討を図ろうとする動きがある。これは一種のフィルター機能で、自動兵站運用ユニット（ALOU：Autonomic Logistics Operating Unit）に流すデータを制限するもの。なんでも、「国によってはパイロットの訓練と飛行記録が個人情報保護の対象になっているため、それが他国に流れないようにする必要がある」のだという。

第4章

場面ごとのICTの関与（3）プラットフォーム

　コンピュータ化の影響がもっとも目につきやすい形で現われるのが、車両、艦艇、航空機といった「プラットフォーム」かも知れない。そのプラットフォームに必要なセンサーや兵装などを積み込むことで、ひとつの戦闘マシンが完成する。単に機械的な制御からコンピュータ制御に移行したというだけではなく、航法技術の進化や、それによって可能になった無人化など、さまざまな影響が出ている。

4.1 航空機とコンピュータ

4.1.1 飛行制御コンピュータとRSS

　ロッキード社（現ロッキード・マーティン社）の先進開発部門・スカンクワークスの2代目ボス（「チーフ・オブ・スカンク」というそうだ）を務めた故ベン・リッチ氏は生前、自著『Skunk Works』（邦題『ステルス戦闘機』講談社刊）の中で、「飛行制御コンピュータさえあれば、自由の女神に曲芸飛行させることだってできる」と書いていた。

　さすがに自由の女神は極端だが、飛行制御コンピュータによって、本来なら真っ直ぐ飛ぶこともままならないはずの飛行機が自由自在に飛べるようになるのは、紛れもない事実だ。

　分かりやすい事例としては、静安定性低減（RSS）がある。ここでいう静安定とは「縦の静安定」のことで、主翼の揚力中心位置よりも機体の重心位置の方が前方に来るようにすることで実現できる。これは、紙飛行機を作って飛ばしてみれば簡単に理解できる。機首が軽い紙飛行機は、飛ばすと勝手に機首上げに入ってしまい、だいたい真上を向いたところで失速して墜落する。ところが、機首の側を折り込んで重くしてやると、真っ直ぐ安定して飛べるようになる。本物の飛行機でも同じだ。

　ところが、安定して飛べるということは、それだけ機動性が阻害されているということでもある。裏返せば、安定性を弱めることで、より機敏に動ける飛行機を作れる可能性があるという話になる。しかし、それでは機首が軽い紙飛行機と同じで、制御不能になってしまって使い物にならない。

　そこで飛行制御コンピュータが登場する。パイロットが手作業で昇降舵・補助翼・方向舵といった操縦翼面を動かす代わりに、飛行制御コンピュータが操縦翼面を動かす。そして、機体の速度や姿勢を基にして操縦翼面を最適な状態に動かして、空力的には安定していない飛行機でも安定して飛ぶことができる状態を作り出す。その結果として、安定性を抑えて機敏さを増した機体を生み出すことができる。

　ただしこれを実現するには、フライ・バイ・ワイヤ（FBW）、つまり電気信

号で指令を出して操縦翼面を動作させる仕掛けが必要になる。コンピュータが操縦指令を出すには、電気信号に拠る必要があるからだ。近年では、海上自衛隊のP-1哨戒機みたいにFBL、つまり光ファイバーで指令を伝達する方式もあり、こちらの方が電気的なノイズや干渉に強い利点がある。

こうした考え方を最初に取り入れた戦闘機が、米ゼネラル・ダイナミクス社（現ロッキード・マーティン社）製の、

図4.1：ロッキード・マーティンF-117Aナイトホーク。普通ならまともに飛べないような形状だが、飛行制御コンピュータによって普通の飛行機と同様に扱える（USAF）

F-16ファイティングファルコンだ。ただしF-16の場合、主翼取付位置を前後に移動できる設計にしてあった。これは、静安定性低減とFBWが目論見通りに機能しなかったときに、主翼の取り付け位置を後ろに移動して縦の静安定性を実現できるようにするためだ。いわば保険をかけた設計になっていたわけで、何事もパイオニアは苦労するものである。

ちなみにF-16では、機関砲が機体の中心線から外れた位置に、しかも片側にだけ付いている。もちろん撃ったときには反動によってヨー方向の動きが発生するが、それを飛行制御コンピュータが自動的に補正してくれるから、機体の針路はぶれない。F-35も同じである。

ステルス機はレーダー電波の反射を低減することを優先した形状になっているため、空力的な話が後回しにされる場合があり、そのままではまともに飛べなくなる。そこで、飛行制御コンピュータの舵面操作によって、パイロットの意志通りに飛べる状態にするわけだ。だから、たいていのステルス機は飛行制御コンピュータがないと飛べない。

4.1.2　FBWにおける操縦装置の位置付け

FBWやFBLを使用する機体では、操縦桿やラダーペダルが直接操縦翼面を動かすわけではないから、これらはパイロットの意志を機体に伝える入力装置、という位置付けになる。

たとえば、操縦桿を右に倒す操作は、通常の飛行機なら補助翼の操作であり、それが結果として機体を右にバンクさせることになる。ところがFBWやFBL

を使用する機体では、操縦桿を右に倒す操作とは「機体を右にバンクさせろ」という意思表示であり、それを受けた飛行制御コンピュータが、操縦翼面を動かす指示を出して、操縦桿からの入力に応じた角度だけ、機体をバンクさせる。結果は同じだが、過程が違う。

これを利用すると、機体が危険な状態にならないように飛行制御コンピュータが危険な操作を排除する、といった仕掛けも可能になる。たとえば、失速するぐらい大きな迎角（AoA）をとるように指示しても、飛行制御コンピュータが「これでは失速する」と判断して安全な範囲の迎角にとどめる、といったことができる。

最近の戦闘機には「パニック・ボタン」を備えたものがあるが、これも飛行制御コンピュータの仕事で、ボタン操作ひとつで機体を水平直線飛行の状態に戻してくれる。パイロットが失神しそうになったり、機の姿勢が分からなくなって混乱したり、といった場面で、こうした機能が役に立つ。

ちなみに、先に話が出たF-16は操縦桿をサイドスティックにしたことでも知られる機体だが、そのサイドスティックではひと揉めあった。

先に解説したように、FBWを使用する機体では操縦桿やサイドスティックは単なる意思表示のための入力装置だから、圧力検知センサーがあれば用は足りる。実際、メーカーの人間はそう考えて、サイドスティックは動かない設計としていた。ところが現場のパイロットは「操縦操作を体感できるように、サイドスティックが多少は動くようにするべきだ」と主張して、メーカーとの対立に発展した。

結局、戦術航空軍団（TAC）司令官の裁定により、サイドスティックを可動式に改めることになった。可動式といっても、前方に0.25mm、後方に4.8mm、左右それぞれ0.9度というわずかな量だが、それで違和感がなくなったというから面白い。しかも、前後左右でそれぞれ動く幅が違うところに、パイロットの微妙な感覚が反映されているようだ。

4.1.3 コンピュータ制御の注意点

このように、敏捷性に優れた戦闘機の実現、あるいはレーダーに映りにくい軍用機の出現は、飛行制御コンピュータあればこそ、という話になる。いいことずくめのようだが、注意しなければならないこともいろいろある。

たとえば、飛行制御コンピュータの動作をパイロットが正しく理解していないと、喧嘩が起きる。飛行制御コンピュータが危険領域に入ろうとする操作を阻止しているのに、パイロットがそのことを理解しないで強引な操作を行なった場合が典型例といえる。実際、そのことが原因となった墜落事故も起きてい

る。

　また、飛行制御コンピュータが速度・高度・迎角・バンク角などといった機体の状態を正確に知らないと、正しい指令を出すことができない。機体の状態を知るためのセンサーが故障したり、センサーの配線を間違えたりすると、飛行制御コンピュータは間違った指示を出してしまう。実際、F-117AやF-2はそれが原因で墜落事故を起こしている。

4.1.4　エンジンの電子制御化

　かつて、乗用車のエンジンというとキャブレターを使用するのが普通で、電子制御燃料噴射は上級モデルだけだった。それが現在では電子制御が当たり前で、逆にキャブレターが消滅してしまった。その背景には、厳しい排ガス規制に対応したり、燃費を改善したりするために、空燃比をきめ細かく制御する必要があるからだ。自然現象任せのキャブレターでは、それに対応できない。

　航空機のエンジンでも同様に、電子制御化が進んでいる。燃料消費の低減、スロットル操作に対する応答性の改善、スロットル操作に関する制約の排除、といった理由による。

　それがいわゆるFADECだ。ジェットエンジンの場合、燃料噴射だけでなく、ベーンの角度制御など、コントロールする部位がいろいろある。それらをコンピュータで集中的に最適制御することで、効率の改善や性能の向上を実現する。それを機械的に制御するよりもコンピュータで制御する方が、信頼性・保守性の向上につながる。

　ゼネラル・エレクトリック製の舶用ガスタービン・LM2500でも、米海軍では1994年から順次、デジタル燃料制御（DFC）の導入が進んでいる。これまで機械・油圧式で行なっていた燃料噴射制御と可変ステータ・ベーン（VSV）制御を電子化するものだ。きめ細かい制御を行なえるだけでなく、信頼性・保守性が向上することによる経費節減効果が大きいようだ。

　ただし、コンピュータ制御につきまとう問題として、複雑な制御を行なうほど、制御用のソフトウェアを開発する負担が増える点がある。エアバス・ミリタリーのA400M輸送機に装備するTP400エンジンでソフトウェア開発の問題が持ち上がり、初飛行を大幅に遅らせる事態を招いた話は記憶に新しい。BAEシステムズ社がサジェム社（現サフラン・エレクトロニクス&ディフェンス）と組んで「FADECインターナショナル」という専門企業を立ち上げたことがあるぐらいで、FADECの開発は容易な仕事ではない。

4.1.5 機体・推力統合制御（推力偏向）

図4.2：F-22Aは二次元の推力偏向ノズルによって、空力的効果が薄い場面でも敏捷な動きを可能にする（USAF）

このように、機体とエンジンをそれぞれコンピュータ制御するようになると、両者を統合制御する動きも出てくる。特に、操作対象になる機能が従来よりも多い機体では、コンピュータが面倒をみなければパイロットが過負荷になってしまう。

たとえば、F-22ラプター、Su-30MK、日本のX-2先端技術実証機のように、推力偏向装置を備えた機体がそれだ。F-22の場合、推力偏向装置は上下方向の偏向が可能なので、それによってピッチ操作を行なえる。ところが、ピッチ操作は昇降舵の操作によって行なうこともできる。速度が低い場面、あるいは大気の密度が低い高空では推力偏向装置を使用する方が効果的だが、パイロットに対していちいち、自分で判断して舵面操作と推力偏向装置を使い分けろというのは酷だ。

それに、もともと操縦桿とスロットル・レバーとラダーペダルで両手両脚がふさがっているのだから、操作すべき対象が増えても操作する手がない。

そこで、飛行制御コンピュータが機体もエンジンもまとめて制御することで問題を解決する。パイロットは従来通り、サイドスティック、スロットルレバー、ラダーペダルの操作によって、機体に意思を伝達する。それを受けた飛行制御コンピュータが、機体の状態に合わせて、操縦翼面を動かしたり、推力偏向装置を作動させたりする。これなら、パイロットは機体をどういう風に飛ばすかを考えることに専念できる。

X-2のように3次元の推力偏向装置を備えた機体では、さらに操作がややこしくなるので、コンピュータで統合制御しなければ、せっかくの推力偏向装置を使い切れず、宝の持ち腐れになってしまう。だから、この機体・推力統合制御はX-2における重要な開発テーマのひとつだ。

4.1.6 機体・推力統合制御（VTOL）

VTOL機では、さらに統合制御の必要性が高い。VTOLが可能な固定翼機で

は、水平飛行と垂直離着陸の間の遷移飛行という厄介な問題があるからだ。たとえば着陸を例にとると、徐々に速度を落としながら進入しつつ、エンジンの排気ノズルを下方に向ける。失速速度まで減速した時点でエンジンによる浮揚力を確保しておかないと、墜落してしまう。

V-22オスプレイのようなティルトローター機も同じで、操縦翼面の操作に加えて、両翼端に取り付けたエンジン・ポッドの向きを変える操作が必要になる。V-22は「水平飛行する飛行機」と「垂直離着陸するヘリコプター」をひとつの機体にまとめたようなものだから、すべて手作業で操作するとなると、遷移飛行操作は面倒になるし、事故の元だ。

これが排気ノズルの向きとエンジンの推力を変えるだけならまだしも、F-35Bになるとさらに、リフトファンの駆動軸とエンジンを結ぶクラッチを接続してリフトファンを始動、それに合わせてリフトファンの吸気口と排気口に付いている蓋を開ける、という操作まで必要になる。それをすべてパイロットの判断で行なうのでは、負担が大きすぎる。そして、操作が複雑になれば訓練も大変になる。

そこで、関連する諸要素をコンピュータでまとめて制御することで、遷移飛行の際のパイロットの負担を減らし、ひいては遷移飛行の際の操作ミスなどに起因する事故を減らすことができる。実際、初期のVTOL機はCTOL機と比較すると事故率が高い傾向があった。近年ではコンピュータによる統合制御のおかげで、操縦操作は易しくなり、事故も減っている。

なお、VTOL機やSTOVL機は飛行形態が特殊なので、通常とは異なる舵面操作が発生することがあるから話がややこしい。

F-35Bがリフトファンを作動させて短距離離陸を行なっているときの映像を見ると分かるが、CTOL機なら前下がりになって機首上げ方向の力を発生させるスタビレーター（全遊動式水平尾翼。スタビライザーとエレベーターを組み合わせた造語）が、F-35Bの短距離離陸では後ろ下がり、つまり機首下げの力を発生させる向きになっている。これと、下方に湾曲させたエンジンの排気ノズル、機首のリフトファンを組み合わせて、機の前後で上向きの力を発生させている。

普通なら、離陸時には操縦桿を引くとスタビレーターは前下がりになり、尾部を押し下げて機首を上げる操作になる。ところがF-35Bでは短距離離陸時に限って逆の操作を求められる。それを飛行モードによって使い分けろといったらパイロットが混乱してしまうから、コンピュータがリフトファンもエンジンの排気ノズル操作もスタビレーターの操作もまとめて面倒を見る方がいい。

短距離離陸時に限り、コンピュータ操作によってスタビレーターを通常と逆の向きに動かすようにすれば、パイロットは通常の機体と同様に操縦桿を引く操作を行なうだけだから、間違いが起こらない。

余談だが、F-35Bはハリアーと違って垂直離陸を行なわず、短距離離陸・垂直着陸で運用する。

図4.3：ホバリング試験中のF-35B。短距離離陸時の舵面の動きもこれと同じで、スタビレーターの向きが、CTOL機の離陸時とは逆になる（USAF）

図4.4：MV-22Bオスプレイ。ホバリングから水平飛行に遷移する際には、両翼端に取り付けたエンジン・ポッドを回転させて推進力の向きを変えるため、操縦操作が複雑になる（USMC）

4.2 設計とコンピュータ

4.2.1 構造設計と3次元空間設計

　陸・海・空を問わず、どんなプラットフォームでも設計作業が必要だ。必要な強度や内部空間、飛行機であれば空力的な要求にも対応した上で、できるだけ軽く作らなければならない。しかも、製作にかかる手間をできるだけ少なくする配慮も求められる。

　強度計算といえば有限要素法（FEM : Finite Element Method）がつきものだ。強度計算の対象になる構造材は普通、骨組や板を組み合わせた複雑な構造になっているが、それをトラス構造の集合体に置き換える。そして個々のトラス構造ごとに強度を計算したり、荷重がかかったときの変形を計算したりする。その、分割した多数のトラス構造の結果を組み合わせると、全体の強度や変形の計算ができる。

　もちろん、できるだけ細かいトラスに分ける方が精度は上がるだろうが、それだけ計算の負荷が増える。後になってパソコンで動作する有限要素法のソフトウェアが出現したが、当初は大型汎用コンピュータがなければ使えない代物だった。

　強度計算だけではない。空力も同じである。数値流体力学（CFD : Computational Fluid Dynamics）に基づいて流体の運動をコンピュータで計算・解析できるようになったから、いちいち模型を作って風洞試験にかける手間は軽減できた。といっても、風洞試験をまったく省略できるわけではないし、飛行機は「飛ばしてみなければ分からない」。それでも、試行錯誤の手間を軽減する効果はある。

　昔は設計作業といえば紙の上で、筆者も学生時代には図面を大きなトレーシングペーパーに鉛筆で描いていた。しかし、今は作図の作業そのものがコンピュータ化された。いわゆるCAD（Computer Aided Design）である。CAD化すると、データを電子化できるので保存や複製が容易になるだけでなく、製作工程との連接も可能になる。

　つまり、紙の図面を見ながら機械で加工したり、あるいは機械にデータを入

れ直したりする代わりに、CADデータを直接、工作機械に入力できれば仕事が速い。最近では３Dプリンタの普及が進んでいるので、複雑な加工を迅速・安価に行ないやすくなった。

　また、内部空間の取り合いについて検討する際にも、いちいち実大模型を作って「ああでもない、こうでもない」とやる代わりに、コンピュータの内部で３次元データを作成して、結果を画面に表示しながら空間の取り合いを検討できるようになった。さまざまな案を用意して試行錯誤するプロセスが、まったくなくなることはないだろうが、いちいち実大模型を作るよりは効率的である。

　このセクションで述べたことは「軍事」に限定される話題ではないが、F-35のように内部がギチギチに詰まった機体を作ろうとすれば、コンピュータなしでは仕事が進まない、とはいえる。F-16と大して変わらないサイズであるにもかかわらず、F-35の機内燃料搭載量はF-16の２倍ぐらいあり、さらに2,000ポンド爆弾と空対空ミサイルを２発ずつ収容できる機内兵器倉まで備えているのだから。製造現場を見せてもらったら、本当に機内空間はギチギチだった。

4.2.2　ステルス設計

　ましてや、レーダー反射の低減を図る、いわゆるステルス設計をやろうとすれば、コンピュータなしでは仕事にならない。ロッキード社（現ロッキード・マーティン社）がSR-71ブラックバードを開発したときには、いろいろな形態の模型を試作してはレーダー反射の計測を繰り返したそうだが、もちろん時間も手間もかかる。

　それをコンピュータで計算できれば、合理化・効率化が実現するのは間違いない。それを初めて実現したのが、同じロッキード社のスカンクワークスで生み出されたソフトウェア「エコー1」である。「エコー1」の考え方には、先に述べた有限要素法と似たところがある。つまり、機体の外形を多数の小さな平面の集合体に分割する。そして個々の平面ごとにレーダー反射の計算を行ない、その結果を積み上げることで機体全体のレーダー反射を計算するという考え方だ。

　すると、有限要素法と同じ問題に直面する。つまり、できるだけ細かく分割する方がいいのだが、それだけ計算量やデータ量が増えるので、コンピュータの能力に制約されるのである。「エコー1」を使ってレーダー反射の計算を行なったのが、実証機の「ハブ・ブルー」や、それを実用機に仕立て直したF-117Aナイトホークだが、これらの機体は「絶望のダイヤモンド」といわれる平面の集合体だ。こうしないとデータ量が増えすぎて、レーダー反射の計算ができなかったからだ。

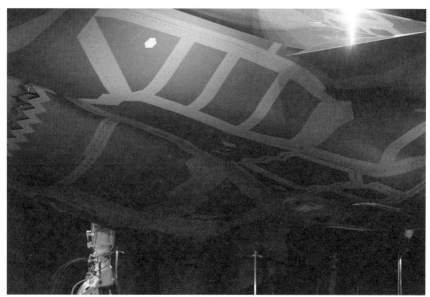

図4.5：F-35でも特に曲面の凸凹が目立つのが、胴体の下面。EO-DASやアレスティング・フックや機内兵器倉の張り出しがあるためだが、それでいてRCSは減らさなければならない

　その後に登場したF-22A、B-2A、F-35といった機体はいずれも、もっと滑らかな、飛行機らしい形状をしている。コンピュータの性能が上がり、曲面形状の機体を細かい平面の集合体に分割してレーダー反射の計算を行なえるようになったおかげだ。それでもF-22AやB-2Aは比較的シンプルなラインだが、F-35になると曲面の凸凹があちこちにあり、いかにも計算の手間が多そうだ。
　つまり、コンピュータの性能向上なくして、まともな形をした（?）ステルス機は成り立たなかったのである。コンピュータの性能が1970年代と同じなら、ステルス機はみんな「絶望のダイヤモンド」になり、飛行機ファンを絶望させたことだろう。
　ここでは事例が多いので飛行機の話を取り上げたが、艦艇でも事情は似ている。空力的な要求がない艦艇は、今でも平面の集合体だが、コンピュータの能力が足りなければ、できるだけ表面をのっぺりさせないと計算ができない。マストや手摺や搭載機器類が表面に取り付いた状態でレーダー反射の計算を行なおうとすれば、それだけ高い処理能力を持つコンピュータが求められるはずだ。

4.3 航法・誘導技術の進化

4.3.1 航法手段いろいろ

陸・海・空を問わず、移動するプラットフォームには航法という課題がつきものである。クルマを運転しているだけでも道に迷う人がいるのだから、空や海の上ならなおのことだ。そして、航法技術は精密誘導兵器やプラットフォームの無人化にも関わってくる。そこで、昔ながらの測位技術から最新の衛星航法まで、航法に関する話題について取り上げよう。

航法（navigation）は、現在位置を把握して、正しい方向に針路をとるための技術だといえる。すると、位置を把握するための技術・ノウハウだけでなく、正確な地図や、方位を知るための手段も必要になるのだが、地図の話は措いておく。

方位を知る手段として古くから用いられてきたのは、天空に並んだ星だ。北半球であれば、常に北極星が真北にいるので、これを頼りにして方位を把握できる。さらに、地球が磁気を帯びていることを利用して南北方向の方位を把握する方位磁石が登場したため、星が見えない状態でも方位が分かるようになった。もっとも、地磁気の南北と地球の南北は、御承知のように一致していないが。

しかし、東西南北が分かるだけでは、現在位置を把握するには不十分だ。この問題を解決するには、天測が実現可能になる18世紀まで待つ必要があった。天測を行なうには、いくつかの星を選び出して六分儀で水平線からの仰角を測り、事前に作成してある天測計算表と照合する。これで、現在位置に対応する緯度と経度を算出できる。船舶だけでなく航空機でも、機体上面に透明なドームを設けて、航法士が天測を行なえるようにしているものがあった。ただし、天測は悪天候で星が見えないと使えない。

これが陸上であれば、事前に正確な地図を作成してあればという前提付きだが、周囲の地形を調べることで位置を把握できる。飛行機では地文航法といって、陸上を飛行する分には地上の目標物や地形を手がかりにして現在位置を把握するが、それと似ている。

トマホーク巡航ミサイルが使用している地形等高線照合（TERCOM）やDSMACも、一種の地文航法といえる。TERCOMはデジタル・マップを使って地形を照合することで現在位置を知る方法、DSMACはミサイルが装備するカメラが捉えた映像を、事前に入力しておいたターゲットの映像と比較する方法だ。

しかし、夜間や悪天候の際には地文航法は使えない。そして、艦船や航空機は大海原の真中でも測位できなければならない。そのため、さまざまな航法技術、測位技術が開発された。

4.3.2 電波航法の登場

第二次世界大戦で初めて、電波を使った航法支援装置が登場した。これは、爆撃機が夜間爆撃を行なう際に、精確に目標の上空まで到達する必要があったためだ。戦時中は夜になると灯火管制を敷いてしまうので、地上の灯火を参考にして現在位置を把握することができない（それが灯火管制の目的だ）。そして、天測も常に利用できるとは限らないので、電波を使って支援する方法が考えられた。自機が目標の上空にいるかどうかを判断できるようにしようというものだ。

もっともシンプルな方法としては、ドイツ空軍が使用したクニッケバインがある。離れた場所にある2ヵ所の地上局からそれぞれ異なる周波数で、目標となる都市の上空に狙いをつけて、点音と長音の信号を載せた電波を発信する。それを受信する爆撃機の側では、聞こえる音の状態を参考にして、自機が目標の上空にいるかどうかを判断する仕組みだ。ところが、イギリス軍がニセ電波を発信して邪魔したため、クニッケバインは使い物にならなくなり、ドイツ軍はさらに高度なシステムを開発することになった。

そのイギリスも、後にドイツへの夜間爆撃に際して同様の課題に直面した。そこで、離れた場所にある2ヵ所の基地局から電波を発信するタイプの航法支援システムとして、OBOEを開発した。

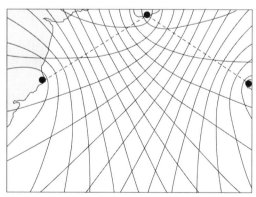

図4.6：ロラン・デッカ・オメガはいずれも「双曲線航法」に分類される。2～3ヶ所の無線局から発射された電波を受信して到達時間差を調べた結果をチャートと突き合わせると、自分の位置が分かる

常に自機の位置を把握できる電波航法としては、GEE、ロラン（LORAN）、デッカ、オメガといった双曲線航法が該当する。双曲線航法では、予め位置が分かっている地上の基地局から電波を出して、それを受信したときの時間差に関する情報を、事前に用意したチャートと照合することで位置を把握する。使用する電波の周波数がそれぞれ異なり、ロランAが中波、ロランCとデッカが長波、オメガが超長波となる。

4.3.3 慣性航法システムの登場

クニッケバインがイギリス軍に妨害されたことでお分かりの通り、電波を使用する航法支援装置は外部からの妨害によって機能不全を起こすリスクがある。できれば、外部からの支援を一切受けずに現在位置を精確に把握したい。特に、長時間の連続潜航が可能になった原子力潜水艦の登場が、この問題を顕在化させた。

そこで登場したのが、慣性航法システム（INS）だ。学校で物理の時間に習うはずだが、加速度と経過時間を使うと移動距離を計算できる。この数式を時間で2度微分すると、加速度だけが残る。ということは、反対に加速度を時間で2度積分すれば、経過時間の間に移動した距離が判明する。

そこで、ジャイロを使ってX軸・Y軸・Z軸の3方向に位置決めした精密な加速度計を用意する。そして、加わった加速度を連続的に測定して時間で2度積分すると、X軸・Y軸・Z軸のそれぞれについて移動量を算出できる。これらを合成すれば移動方向と移動距離を3次元で算出できるので、出発地点を起点とする移動方向と移動距離を積算すれば現在位置が分かる。これが、慣性航法装置の基本的な考え方だ。ただし、現在では機械式のジャイロに代わって、より精確で可動部分がないリング・レーザー・ジャイロを使用する場合が多い。

慣性航法装置というと、「ドイツのV2号ミサイルで初めて使われた」と説明されることが多い。ただし、V2号では現代の慣性航法装置ほど複雑な処理を行なっていない点に注意する必要がある。

V2号も含めて、弾道ミサイルとは物理法則に従って弾道飛行するものだ。前述したように、加速する方向と速度が決まれば弾道は計算できるから、ミサイルを目標に指向して発射した後、所要の弾道軌道を描くために必要な加速度に達したところでエンジンの燃焼を止めれば、後は目標まで弾道飛行する。その「必要な加速度に達したところで」を算出する処理に、慣性航法装置に通じる部分がある。そのため、V2号が慣性航法装置のルーツとして取り上げられることが多い。この部分のメカニズムについては、野木恵一氏の『報復兵器V2』が詳しいので、御一読をお勧めしたい。

慣性航法装置は加速度が分かれば機能するので、外部からの情報が要らない利点がある。そのため、原潜や宇宙船、軍用機といったあたりで普及が始まったが、ボーイング747が導入したのをきっかけとして、民間の旅客機でも一般的になった。それで精確な航法が可能になったのと引き替えに、航法士が失業した。

　ただし慣性航法装置といえども、多少の誤差が出る。また、時間を使って積分することで現在位置を知るという原理上、時間が経過するにつれて誤差が累積する問題がある。さらに、最初に入力する緯度と経度が間違っていると、その後の測位結果も全部間違ってしまう。そうした問題を避けるため、格納庫などの壁に緯度・経度を大書したり、何回もチェックして間違いが起こらないように注意するのだが、それで

4.4 衛星航法の登場

4.4.1 衛星航法システムNNSS

　米海軍では、1964年にNNSSという衛星航法システムの運用を開始した。当初は軍用としてスタートしたが、1967年に民間にも開放した。それを受けて、日本無線ではJQN-101、JLE-3000（400MHz専用）、JLE-3100（400MHz専用）、JLE-3200といったNNSS受信機を製品化した[10]。

　NNSSは、軌道高度1,100kmの円形極軌道を周回する6基の衛星から150MHzと400MHzの電波を出して測位するものだ。衛星は、時刻信号と軌道位置データを2分ごとに、位相変調（これについては後述）して送信する。時刻信号は2分置きなので、その間にドップラー効果による周波数の変化を利用して衛星と受信機の間の距離を計算して、それと軌道位置の情報を突き合わせて測位する仕組みとなる[11]。だから、測位を開始してすぐに位置を出すことはできず、数分かかる。

　なお、GPSが登場したことで出番がなくなったNNSSは、1996年いっぱいで運用を終了した。

4.4.2　GPSの登場

　その後、米軍が1973年から開発を始めたのが、おなじみGPSだ。よく知られているように、衛星が地上に向けて発信している電波を捕捉することで位置を把握する。だから、電波を受信できない地下・屋内・トンネル内では測位ができない。

　GPSで使用するNAVSTAR衛星は高精度の原子時計を搭載しており、高度20,200kmの周回軌道上を回りながら、衛星の位置と時刻に関する情報を発信している。L1信号は1575.42MHzで、民間用のC/Aコードと軍用のPコードの組み合わせ。L2信号は1227.60MHzで、変調Pコードを含む。L2信号は、電離層遅延の計算を加味して測位精度を向上させている。

　受信機の側は、電波を発信してから受信するまでの時間差を把握する。まず、

特定の衛星のC/Aコードを生成して、そのデータと受信中の信号の関連性を比較する。特定の衛星と受信機の間で相関関係が認められた場合にシグナルの遅延を計算して、それに光速を乗算すると受信機と衛星の距離が分かる。

それを異なる3基の衛星に対して行なうことで、3次元の位置計算が可能になる。さらに、4基目の衛星を加えて4次元連立方程式を解くと、時刻の補正が可能になり、さらに精度が向上する。だから、GPSは測位だけでなく時刻の把握も可能だ。だからGPSは測位・測時（PNT）の手段と位置付けられている。

図4.7：GPS用の衛星。かつてはNAVSTARと呼ばれたが、最近ではGPS衛星と呼ばれることの方が多いようだ（USAF）

どのNAVSTAR衛星が発信する電波も、周波数は同じだ。それでは混信しそうだが、実はスペクトラム拡散通信を利用しており、衛星ごとに異なる拡散符号を使っている。だから、受信機は受信した電波から元の信号を復元する際に拡散符号を使い分けることで、個々の衛星を識別できる。

ともあれ、最低3基の衛星から電波を受信できなければ、GPSによる測位は成立しない。1991年の湾岸戦争では衛星の数が足りず、時間帯や場所によってはGPSで測位できないケースがあったが、現在は衛星の数が十分にあるので、どこにいても8基程度の衛星から電波を受信できる。もちろん、対象になる衛星の位置関係によって精度が違ってくるので、できるだけ離れていて、かつ受信状態の良い衛星を選び出して利用する。

よく知られているように、GPSのシグナルには軍用と民間用がある。現在では意図的な精度低下を止めているものの、やはり軍用の方が精度が高い。そして、暗号化技術を併用することで、敵対勢力が利用できないようにしている。これには、当初に登場したP（Y）コードと、新しく登場した改良型のMコードがある。

GPS受信機は拡散符号を使ったシグナルの復元や位置の計算を行なうため、

コンピュータが必須だ。現在では掌に収まるような小型GPS受信機が、普通に民生品として売られているのだから、えらい時代になったものだ。しかしこれは、敵対勢力がGPSを利用する可能性がある、ということでもある。

4.4.3 精密誘導兵器とGPS

GPSを利用すれば、天候や昼夜の別に関係なく、自己位置を精確に把握できる。移動しながら時々刻々データを更新することで、速度の計算もできる。だから、その測位情報を利用してミサイルや爆弾を誘導できる。投下・発射の際に、目標の位置を緯度・経度で入力してやればよい。その代わり、入力した緯度・経度が間違っていると、間違った場所を精確に誤爆してしまう。

実際、NATOがセルビアに対して実施した航空攻撃作戦 "Operation Allied Force" の際に発生した中国大使館誤爆事件みたいな、GPS誘導兵器による誤爆の事例がある。アフガニスタンのマザリシャリフで発生した捕虜の反乱事件で

ブロック	基数	打ち上げ時期	備考
ブロックI	11	1978/ 2/22～1985/10/ 9	7号機は打ち上げ失敗（1981/12/18）、その他は運用離脱
ブロックII	9	1989/ 2/14～1990/10/ 1	運用離脱
ブロックIIA	19	1990/11/26～1997/11/ 6	15基が運用離脱（2016年2月現在）
ブロックIIR	13	1997/ 7/23～2004/11/ 6	初号機は打ち上げ失敗（1997/ 1/17）
ブロックIIR-M	8	2005/ 9/26～2009/ 8/17	7号機は非稼働状態
ブロックIIF	12	2010/ 5/27～2016/ 2/ 5	
ブロックIIIA	5	2017/ 5～	

表4.1：GPS衛星のブロック一覧 [12]

バンド	周波数	内容
L1	1575.42MHz	民間用のC/Aコードと軍用のP（Y）コードを送信しているが、ブロックIIR-M衛星から軍用のMコードも加わった。ブロックIIIでは民間用のL1Cコードが加わることになっている
L2	1227.60MHz	軍用のP（Y）コードを送信している。ブロックIIR-M衛星から、軍用のMコードと民間用のL2Cコードも送信するようになった
L3	1381.05MHz	核爆発探知システム（NDS：Nuclear Detonation Detection System）用
L4	1379.913MHz	電離圏層の研究に用いる
L5	1176.45MHz	ブロックIIR-Mの20号機で試験運用を開始、ブロックIIFから本運用を開始した民間用新波で、L1・L2と比較するとバンド幅は10倍、尖頭電波強度を2倍（＋3dB）、拡散符号の長さを10倍に強化した。精度と耐妨害性の向上が目的。ただし、航空機用DME（960～1,215MHzを使用する）との干渉が指摘されている

表4.2：GPSで使用するシグナルの一覧

も、上空を飛行する戦闘機が座標を入力して投下した爆弾が味方の近くに着弾して、危うく死者が出るところだった。

対地攻撃用の精密誘導兵器では、セミアクティブ・レーザー誘導の利用が多い。航空機、あるいは地上の観測員が目標をレーザーで照射して、その反射波をたどるものだが、天候が悪いと使えない。その点、GPS誘導は天候に関係なく使用できるため、アメリカ軍のエンハンスド・ペーブウェイIIやイギリス軍のペーブウェイIVのように、もともとセミアクティブ・レーザー誘導として開発された兵装に、INSとGPSを追加した事例がある。

当初からGPS誘導を使用している兵装として、もっとも有名なのはJDAMだ。誘導機能を持たない自由落下爆弾・

図4.8：GPS受信機と慣性航法装置を内蔵するJDAMテールキット。これを自由落下爆弾の尾部に取り付けると、精密誘導兵器に化ける（USAF）

図4.9：さらに、先端部にレーザー誘導装置を追加したのがレーザーJDAM（LJDAM）。高い精度が求められる場面で有用（USAF）

Mk.80シリーズの尾部に、GPSとINSを組み合わせた誘導ユニットを取り付けて、誘導爆弾に変身させるもの。既製品の爆弾を精密誘導兵器に変身させられる利便性に加えて、コストの安さも大きなメリットとなっている。

そのほか、AGM-154 JSOW、BGM-109Eトマホーク・ブロックIV（TacTom）、AGM-84E SLAMと、その射程延伸型であるSLAM-ER、フランス版JDAMといえるAASM"ハマー"など、GPS誘導を利用する対地攻撃兵装は増える一方だ。

もっとも、GPS誘導の命中精度はレーザー誘導よりやや落ちるようで、本当に精確なピンポイントの爆撃を必要とする場面では、今もレーザー誘導の兵装を使用する場合がある。その点、エンハンスド・ペーブウェイIIやペーブウェイIVみたいに「全部入り」の誘導パッケージを持っていれば、誘導方式によって兵装を使い分ける必要がなくて具合がよい。JDAMにセミアクティブ・レーザー誘導パッケージを追加するGBU-54/BレーザーJDAM（LJDAM）が登場

したのも、そうした理由によるものだろう。

余談だが、航法や兵装の誘導だけでなく、空母の着艦進入誘導という用途も登場している。レイセオン社が開発した統合精密進入・着陸システム（JPALS）がそれだ。普通は精測進入レーダー（PAR）や誘導電波の発信を用いるところだが、JPALSでは機体と艦の双方がGPSで連続的に測位しながら情報をやりとりすることで、相対的な位置関係を把握するとともに、必要であれば修正する。これなら、天候に関係なく高い精度と信頼性を実現できる。

実はこのJPALS、無人艦上機の着艦進入誘導には不可欠の機材である。有人機なら無線でパイロットに修正指示を出せるが、無人機だとその手が使えないからだ。

4.4.4　GPS誘導兵装の目標指示

GPSで得られるのは座標、つまり緯度と経度と高度の情報だから、GPS誘導の兵装に目標を指示するには、目標の座標を知る必要がある。実は、これがあまり簡単ではない。地図には緯度や経度までいちいち書いていないし、書いてあったとしても、GPS誘導兵装を精確に命中させられるだけの精度があるとは限らない。まさか、先に目標のところに行ってGPS受信機を置いてくるわけにもいくまい。

そこで、目標の座標を直接把握する代わりに、相対的に目標の座標を知る方法を使う。たとえば、地上に観測要員を配置して、AN/PEQ-1 特殊作戦部隊向けレーザー目標指示器（SOFLAM）などの目標指示機材を使う。SOFLAMは米FLIRシステムズ社の製品で、GPS受信機とレーザー測距・目標指示器を内蔵している。

同種の製品としては、米陸軍のAN/PED-1軽量レーザー目標指示器/測遠機（LLDR）や、その後継でLLDRの半分以下まで軽量化したJETSもある。後者はDRSネットワーク＆イメージング・システムズ社に対して、2016年9月に3億3,900万ドルの契約を発注したところ。

この手の機材のポイントは、自らGPS受信機とレーザー測距・目標指示器を備えている点にある。単なるレーザー目標指示器では、セミアクティブ・レーザー誘導の兵装の目標指示しかできない。ところが、GPS受信機があれば自身の位置が分かる。そして、レーザー測距/目標指示器によって目標までの方位と距離が分かれば、自身の位置を基準とする計算を行なうことで、目標の座標を計算できる。この手の目標指示機材を使うと、地上から人間の目で目標を視認・確認する作業が入るため、誤爆の危険性を減らせる利点もある。

航空機が装備するターゲティング・ポッドでも、GPS受信機とレーザー測

距・目標指示器を内蔵すれば、同様の機能を実現できる。ただし、飛行中の航空機は常に移動しているから、連続的かつ迅速に、測位と計算を行なう必要がある。

ただし、座標を入力することで精確に攻撃できるのは、目標が静止している場合だけだ。目標が移動している場合には、座標の数字が常に変わってしまうからだ。その問題を解決するには、リアルタイムで目標の位置を把握・追跡できるセンサーと、その情報を兵装に伝達してコース修正指示を出すデータリンクが必要になる。これについては、「11.4 データリンクでできること」で取り上げよう。

図4.10：LLDR。センサー窓はこちら側を向いている（US Army）

4.4.5　GPSの妨害対策

これだけさまざまな用途にGPSが用いられるようになると、当然、敵対する側はGPSの無力化を考えるはずだ。GPSを無力化しようとした場合、方法はいくつか考えられる。まず、同じ周波数の電波を出してGPSのシグナルを妨害する方法が考えられるだろう。また、単に力任せに妨害するのではなく、贋のシグナルを送出して混乱させる方法も考えられる。

軍用のP（Y）コードでは、暗号化による不正利用対策を取り入れている。しかし、これは「軍用の高精度シグナルを、敵対勢力が利用できないようにする」というものであり、妨害・欺瞞対策とは方向性が異なる。

そこで、妨害への対策として導入が始まっているのが選択有効性対欺瞞モジュール（SAASM）だ。具体的な導入事例としては、GPS受信機ではDAGR、ERGR、GB-GRAM、PPS、JAGR-S（JASSM Anti-Jam GPS Receiver - SAASM）。兵装ではGBU-28C/B誘導爆弾、エンハンスド・ペーブウェイIII誘導爆弾、AGM-158 JASSM-ER、AGM/RGM/UGM-84Lハープーン・ブロックII対艦ミ

サイルなどがある。

これらは兵装や受信機の話で、衛星についてはブロックIIF衛星の2号機からSAASMの導入を始めた。ブロックIIFは全部で12基あるので、2016年2月5日にブロックIIF最終号機の打ち上げを実施した時点でNAVSTAR衛星の4割ほどがSAASM対応になった計算だ。

4.4.6　慣性航法システムの復権?

GPSが登場したことで、INSの優先度は以前より低下したといえるかも知れない。もちろん、GPSだけに依存するシステムはあまりなく、INSなどを併用することも多いのだが、GPSの方が精度が高いのだから、そちらを使いたくなる。

ところが最近になって、GPSを妨害したり、ニセのシグナルを出したりといった話が出てきたので、「GPSに依存しないで精確な測位を可能にする技術が必要」という話が出てきた。そこで、従来より精度が高いINSを実現できないかという話につながる。

その一例が、米国防高等研究計画局（DARPA）とノースロップ・グラマン社が2005年10月から開発に乗り出したmicro-NMRG（micro-Nuclear Magnetic Resonance Gyro）だ。これは、原子核の回転を機械式ジャイロやレーザー・ジャイロの代わりに用いるもの。レーザージャイロ並みの精度を超小型・低消費電力で実現するのが目的で、2013年に実証試験を成功させている。ちなみに、計画名称はNGIMG（航法グレードの統合超小型ジャイロの意）という。

米海軍は2015年に、ノースロップ・グラマン製の新型INS、INS-Rの採用を決めた。これは確実性を備えた測位・航法・測時（A-PNT）を構成する要素のひとつで、レーザー・ジャイロを使った高精度のINSだ。一方、レイセオン社はA-PNT向けとして、新製品・ランドシールドのローンチを2014年10月に発表した。こちらはGPS-AJ（GPS Anti-Jam）という名称の通り、GPSの耐妨害性を強化する構想。

このほか、ロッキード・マーティン社ではG-STAR（別名STAP：Spatial Temporal Adaptive Processing）、エルビット・システムズ社ではiSNS（Immune Satellite Navigation System）という耐妨害システムを開発している。これらは、「GPSが妨害されるなら別の手法を」ではなく「妨害を排除して、正しい微弱なシグナルを拾い出す」というアプローチをとっている。

4.4.7　他国の競合システム

米軍では太っ腹（?）にも、GPSに民間用のコードを設定して無償開放しているため、衛星からのシグナルを受信できれば、GPS受信機を持っている人は誰でも自由にGPSを利用できる。しかし、「精度を米軍の都合で操作されたり電波を止められたりする不安がある」「米軍のシステムに依存するのは政治的に不都合」「自前のシステムを持っておきたい」といった理由から、独自に測位システムを整備しようとしている事例もある。

　たとえば旧ソ連～ロシアではGLONASS衛星航法システムを運用している。1995年に24基の衛星が出揃ったが、ソ連崩壊後の財政難が原因で、運用期限が切れた衛星の後継機を打ち上げられなくなった。その結果、2001年には稼働可能な衛星が8基だけ、しかもそのうち2基については航法用の電波を出していない、という状況に落ち込んだ。これでは測位システムを維持できない。

　その後、2004年に入ってから3基を打ち上げて11基としたが、それでも全世界はカバーできない。ひとつには、衛星の寿命が3年程度と短く（一般的な人工衛星は12～15年程度）、次々に代わりを打ち上げなければならない事情がある。

　ところが2004年12月に、インドがGLONASSへの相乗りを決定、システムの開発・運用を共同で行なうとともに、民間利用に向けた取り組みも進めることになった。衛星群についても、この時点で「2011年に24基体制に戻す」との発表があった[13][14]。2010年9月初頭の時点で衛星23基（1基は予備）となっていたが、その後も衛星の打ち上げや新型への置き換えが進んでいる。

　使用している電波の周波数は、L1（1,598.0625～1,605.375MHz）とL2（1,242.9375～1,248.625MHz）で、民間用としてL3（1,164～1,215MHz）を追加する構想もある。GPSと異なり、衛星ごとに周波数を分けている。ロシアが2015年にシリアで軍事介入したときにはGLONASSで誘導する兵装も使用したが、ロシア軍では「測位誤差は5～6cm程度だった」としている。

　一方、EU諸国ではガリレオ計画をスタートさせた。アメリカのGPSに全面的に依存することの政治的リスクを考慮して、ヨーロッパ独自のシステムを構築・運用する必要があると認識したためだ。当初は10億ユーロのみをEUが負担して、残りは民間企業が負担する民活方式でシステムを構築・運用する構想だった。ところが、民間企業の側が採算性の面から難色を示したために資金が集まらず、2007年11月に総額40億ユーロの公的資金投入が決定した。

　まず、実験用の衛星GIOVE（Galileo In-Orbit Validation Element）×2基を製作した。1基目のGIOVE-Aは2005年12月に打ち上げて、2007年5月からNSGU（Navigation Signal Generator Unit）による航法用シグナルの発信を開始。GIOVE-Bも2008年4月に打ち上げた。衛星はEADSアストリウム社と、OHBシステムズ・SSTL（Surrey Satellite Technology Ltd.）の合同チームが分担受注するが、これはGPS衛星をボーイング社とロッキード・マーチン社が分担し

バンド	周波数	内容
L1	1,575.42MHz	民間向け無料サービス用（OS：Open Service）
E6	1278.75MHz	有料サービスのCS（Commercial Service）と政府機関向けサービスのPRS（Public Regulated Service）で使用
E5a	1,176.45MHz	OSに加えて、民間航空などのSoL（Safety-of-Life Service）で使用
E5b	1,207.14MHz	OS・SoL・CSで使用

表4.3：ガリレオで使用する周波数の一覧

ている構図と似ている。2016年中に18基の衛星を揃えて、最終的には本番用の衛星30〜32基を揃える計画だ。

ガリレオはGPSと違って民間専用で、使用する周波数は「表 4.3」に示す。ガリレオの動作原理はGPSと類似しているので、両者で民間向けのシグナルに互換性を持たせる話が決まっている。ただし、これを適用するのはGPSブロックIIIA以降とガリレオのOSだけで、すでに軌道上にある既存GPS衛星は対象にならない。

なお、GPSに地上のインフラを組み合わせて測位精度を向上させるデファレンシャルGPSがある。同種の構想として、アメリカではHigh Integrity GPS、ヨーロッパではガリレオを使うEGNOSの構想がある。

そのほか、GPSに対抗する測位システムを独自に整備しようとしている国として中国があり、北斗航法システム（CNSS：Compass Navigation Satellite System）の整備に乗り出している。2010年の時点で衛星3基の打ち上げが完了しており、最終的には2020年までに35基（GEO×5、MEO×27、QZSS×3）の衛星を揃える計画。当初は、全世界をカバーするものではないとする情報と、全世界をカバーするという情報が入り乱れていたが、どうやら前者のようである。

また、インドもインド地域衛星航法システム（IRNSS）の配備に乗り出し、2016年5月の時点でIRNSS-1A〜1Eまで5基の衛星を揃えた。最終的に7基を揃える計画だが、名称や衛星の数でお分かりの通り、自国とその周辺だけをカバーする考えとなっている。

そして日本でも、準天頂衛星「みちびき」を打ち上げているのは御存知の通りだ。

4.4.8　測位システムとISR

実のところ、測位システムも一種のISR資産といえる。敵の兵士やプラットフォームに測位システムを持たせて位置を報告させるわけにはいかないが、指揮下にある部隊の位置については、GPS受信機を使えば容易に把握できる。つ

まり、状況認識を実現する手段のひとつである。

　艦艇や航空機といった大きなプラットフォームだけでなく、陸戦で使用する車両、あるいは個人のレベルで位置を把握できるようになった。たとえば、EPLRSは420〜450MHzの電波を使い、57kbps〜228kbpsの速度でデータを送る。こうした機器を使って得られる友軍の位置情報は、敵味方識別機能とともに、同士撃ちを防ぐために有用な機能になる。「3.3 戦務支援の合理化」で取り上げたMTSにも、同じことがいえる。

　GPS受信機と衛星通信の組み合わせによって位置報告を実現するシステムは、洋上の船舶でも用いられている。これには、海難対策や海賊対策という意味合いがある。船舶自動識別装置（AIS）がそれだ。これは、国際海事機関（IMO）が船舶の航行安全について規定するSOLAS条約（International Convention for Safety of Life at Sea、海上における人命の安全のための国際条約）を改訂したのを受けて導入がスタートしたもので、自船の位置・針路・目的地・航海計画・呼出符号などの情報を発信する。この情報を利用することで、海難事故が発生した際の捜索迅速化、船舶同士の衝突回避、といった効果を見込んでいる。

　仏CLS社が開発したのがShipLoc（SSAS船舶警報通報システム）で、独自の衛星航法システム・アルゴスとGPSを併用している。位置情報の発信だけでなく、警報を発信する機能もあり、しかも発信元の偽造は不可能とされる。海賊に乗っ取られた船舶を、このシステムによって迅速に発見できた事例もある[15]。最近では商船が海賊に襲われる事件が多発しており、その際にはまず、被害に遭った船の身元と位置を精確に把握する必要がある。その際に、AISやShipLocといったシステムは有用だ。

　なお、日本近海におけるAISのデータはWebサイト「ライブ船舶マップ」（http://www.marinetraffic.com/jp/）を通じて見ることができる。北陸新幹線のW7系電車を神戸から金沢まで海上輸送したとき、AISデータを使って船の動向を調べた人がいたそうだ。

4・4　衛星航法の登場

4.5 プラットフォームの無人化

4.5.1 無人ヴィークルの定義

　続いて、コンピュータとプラットフォームが関わる話として避けて通れない、無人化の話を。そこで最初に、無人ヴィークルの定義を明確にしておこう。

　ヴィークルとはさまざまな乗り物の総称だが、そのうち操縦を担当する人が乗っていないものを無人ヴィークルに分類する。新交通システムみたいに、運ばれる人が乗っているものもあるが、無人運転ではあるから、これも無人ヴィークルの一種といえる。なお、広い意味ではミサイルも無人ヴィークルと似た部分があるが、使い捨てを前提としていることから、ミサイルは無人ヴィークルに含まないのが通例だ。

　軍事分野で用いられる無人ヴィークルは、すでに陸・海・空の各方面で登場しており、実戦での使用例も増え続けている。これらを場所別に分類すると、以下のようになる。

- 無人航空機（UAV）
- 無人船（USV）
- 無人潜水艇（UUV）
- 無人車両（UGV）

　無人ヴィークルの大きな特徴として「人的被害とは無縁」「長時間の運用が可能」といった点が挙げられる。その代わり、人間が行なうような判断を求められる場面で、自律的に対応するのは難しい。すると、生身の人間を投入するには危険度が高い任務や長時間にわたる任務で、かつ機械的にこなせる任務が、無人ヴィークル向きということになる。

　求められる機能の水準が高くなれば、高価かつ複雑になることは避けられない。それでは、「人的被害とは無縁だから、いざとなったら使い捨て」と開き直るのが難しくなる。そのため、高価で高機能な無人ヴィークルと、安価で気軽に使い捨てにできる無人ヴィークルに二極分化すると予想していたが、特にUAVではそういう傾向が見受けられる。

4.5.2 遠隔操作と自律行動

軍用無人ヴィークルの筆頭はUAVだ。

対空戦闘訓練の分野では、パイロットが乗っている飛行機を標的にするわけにはいかないので、第二次世界大戦の頃からラジコン操縦の無人標的機が登場した。もともと無人標的機として作られた機体だけでなく、アメリカのQF-4やQF-16、日本のQF-104みたいに、用途廃止になった戦闘機を改造して無人標的機に転用したものもある。

ただし、こうした無人標的機の多くは外部から無線指令による遠隔操縦を受けて飛行する。そのため、こうした機体はUAVとはいわず、遠隔操縦式航空機（RPV）と呼ぶ。すると、RPVとUAVの大きな違いは、自ら判断して飛べるかどうか、という点にあるといえる。

UAVは一般に、自ら自己の位置・姿勢・速度などを把握して自律的に操縦を行なう。ただし、コンピュータが故障することもあるし、不具合の有無にかかわらずオペレーターが介入しなければならないこともあるので、遠隔操縦も可能な設計にしているのが普通だ。UAV・USV・UGVでは無線通信による遠隔操縦が可能だが、問題は電波が通らない海中を行動するUUV。そのためUUVは自律行動が基本で、それ故に自律潜水艇（AUV）と呼ばれることも多い。

ともあれ、飛行・走行の自動化だけでなく、あらゆる場面で「基本的には自動的に行なうが、必要に応じて、あるいは必要な場面で人間が介入できるようにすること」が、コンピュータ化や無人化においては極めて重要と考えられる。

極端な話、UAVに搭載したコンピュータに、勝手に戦争を始められては困るのだ。だから、肝心なところでは必ず人間の判断が介入できるようにする、いわゆる「man-in-the-loop」という考え方は必須だ。コンピュータというのは、どんなに頑張っても最初にプログラムされた通りの仕事しかできないものだから。

だから、武装化した無人ヴィークルを「ロボット兵器」と呼ぶことには語弊があると思う。「ロボット兵器」という言葉からは、それが自ら自律的に判断や意思決定を行なっているというニュアンスが感じられるからだ。それは、現実に行なわれている"man-in-the-loop"とは違う。

4.6 無人ヴィークルの用途

4.6.1 情報収集・監視・偵察

　現時点で、無人ヴィークル、とりわけUAVをもっとも活用しているのがISRだ。地上であれば斥候、空中であれば偵察機を送り込んで敵情を調べるのが常道だが、敵に捕まったり撃ち落とされたりするリスクがつきまとう。しかも、偵察に求められる技能や知識の水準は高いので、偵察要員がどんどん消耗してしまったのでは困る。

　そこで無人ヴィークルが登場する。しかも、人間より無人ヴィークルの方が、連続的かつ長時間の監視に向いている。もし撃ち落とされたり撃沈されたりしても、代わりはあるし、人命の損耗にはならない。

　こうした偵察手段がうまく機能すれば、敵軍の司令官よりも先に、最前線で何が起きているのかを知ることができるかもしれない。ただし、センサーが捉えた映像の中から偽装や隠蔽を見破る部分は人間が担当しなければならない。また、入手した情報を迅速に分析して活用する仕組みを整える必要もあるのは前述した通り。

　無人の偵察手段というと、偵察衛星もある。しかし、偵察衛星は周回衛星だから、同じ場所をずっと見張ることはできない。また、静止衛星と比べると低いとはいえ、軌道高度が高すぎて映像の品質に限界がある上に、雲がかかっていて目標が見えない場合もある。おまけに、調達・打ち上げ・運用に費用がかかる。その点、UAVの方が安価でお手軽だし、柔軟に運用できる。

　手近なところでは、歩兵部隊が前方の建物・敵陣・地勢といった障害の向こう側について、状況を知るために小型のUAVを飛ばす使い方がある。この手の用途は、MAVと呼ばれる小型の機体が大半を占める。必要な機材一式をバックパックに入れて持ち歩き、手で投げて発進させて、映像はノートPCを受信機代わりに使用して表示させる形態が多い。こうした用途では、センサーはTVカメラぐらいしか持たず、管制機材は市販品のノートPCで済ませる。用途と能力を限定して、シンプルかつ安価にまとめることが重要になる。

　これを無人ヴィークルに分類するのは不適切かもしれないが、カメラ入り砲

弾、あるいはカメラ入りボールといった偵察機材もある。砲弾やボールの中にカメラが仕込んであり、それを敵陣の頭上に撃ち込んだり、敵陣に投げ込んだりして偵察させるわけだ。もちろん、使い捨てである。

大隊・連隊・旅団ぐらいのレベルで運用する戦術UAV（TUAV：Tactical UAV）になると、TVカメラに加えて、夜間用に赤外線センサーも装備する機体が多くなる。このクラスになると機体が大きくなるため、機材一式をトラックや四輪駆動車に載せて持ち歩き、カタパルトで発進させる使い方が多い。

さらに上の階層で運用する大型・高級なUAVになると、国家の戦略的資産という意味

図4.11：RQ-4グローバルホーク。胴体下面にレーダーのバルジがないので、ブロック30と思われる。（USAF）

図4.12：洋上哨戒用のMQ-4Cトライトンは、同じ機体を使うがセンサーが違うため、胴体下面の形状が違っている。（US Navy）

合いが出てくるため、そうホイホイと撃ち落とされては困る。そのため、運用高度を高くとって安全性を高める。このクラスの機体は、長大な国境線、あるいは広い海洋を抱えていて、広域監視能力を恒常的に求められる国家にとって有用だ。この種の機体は飛行する高度や航続性能の違いによって、MALE（中高度・長時間滞空）あるいはHALE（高々度・長時間滞空）といった分類がある。

その中でも最高級品に属するのが、ノースロップ・グラマン製のRQ-4グローバルホークだ。運用高度は65,000フィートと高く、それだけ迎撃されにくい。高価な機体だが、そもそもU-2偵察機の後継を企図しているといわれれば納得できる。

主としてMALE UAVやHALE UAVの話になるが、搭載するセンサーを駆使して広域監視を行なう使い方がある。具体的な用途としては、国境線の警備や洋上の警備がある。どちらも広い範囲を継続的に監視する必要があるので、有人機だと負担が大きい。長時間の滞空が可能なUAVの方が向いている。

米海軍ではP-8Aポセイドン哨戒機を補完する洋上哨戒手段として広域洋上

監視（BAMS）計画を推進しており、RQ-4グローバルホークに海洋監視用のセンサー機材を載せた、MQ-4Cトライトンの開発を進めている。自国の周辺に広大な海域を擁するオーストラリアでは、MQ-9リーパーから派生したマリナーとMQ-4Cをテストして、後者の採用を決めた。

また、陸の上では国境監視手段として、イスラエルが行なっているようにカメラ付きの無人車両を走らせたり、固定設置のレーダーやセンサー群で侵入監視を行なったりといった事例がある。

4.6.2 ISR用のセンサー機材

図4.13：L-3ウェスカム製のセンサー・ターレット、MX-15。センサーを収めた球体が旋回・俯仰する。同社の製品群は、ターレットの直径（インチ単位）が名称になっている

先にも少し触れたが、ISR用途のUAVで主流となっているセンサーが電子光学/赤外線センサー（EO/IRセンサー）だ。普通は可視光線用のTVカメラと夜間用の赤外線センサーを併用しており、データはデジタル化してコンピュータで処理する。複数のセンサー機器を一体化して旋回・俯仰が可能なターレットに収容することで、機体の進行方向に関係なく、任意の方向を見ることができる。

ときには、悪天候の際に有用な合成開口レーダー（SAR）を搭載することもある。移動目標の識別（GMTI）能力を併設していれば、戦場監視にも使える。

図4.14：RQ-4グローバルホークの機首上部には、Kuバンド衛星通信用のアンテナが収まっている。衛星との位置関係に合わせてアンテナが首を振らなければならないので、旋回可能なパラボラ・アンテナをドームに収める形になり、その結果として機首上面が盛り上がる（USAF）

いずれにしても、センサーが捕捉した情報は、データリンクを使って地上管制ステーションにリアルタイム送信する。いわば戦場のライブカメラだ。すると、文字→静止画→動画の順でデータ量が増える。ことに動画の場合、サイズやフレーム・レート（1秒分の動画を何フレームの画像で構成するかという意味。数字が大きいほどスムーズになる）が大きくなれば、品質が高まる

代わりに、データ量が増える。

そこで、高速で信頼できるデータリンクに加えて、データを効率的に送受信するための圧縮処理が必要になる。そこでは民生用の動画配信技術を活用する事例が多い。

また、見通し線圏外まで進出する機体では、衛星通信機材が必要になる。MQ-1プレデターを例にとると、同機が装備する見通し線データリンクは150nm（約278km）までしか届かないので、それより遠くの誰かと通信するには、衛星通信が必須となる。MALE UAVやHALE UAVの多くが、機首の上面が盛り上がった特徴的な形態をしているのは、中に衛星通信用のパラボラ・アンテナを組み込んでいるためだ。

4.6.3 情報収集・監視・偵察・目標指示（ISTAR）

ISRの派生として、誘導兵器や砲兵隊のための目標指示がある。EO/IRセンサーに加えてレーザー測距・目標指示器を組み込んだ、マルチセンサー・ターレットを装備したUAVを使って、レーザー誘導の兵装に対して目標を指示するものだ。緯度・経度の座標を計算する機能があれば、GPS誘導兵装への目標指示も可能になる。

情報収集だけを行なう場合、一般的に情報収集・監視・偵察（ISR）という

図4.15：MQ-9リーパーUAV。主翼下面にはAGM-114ヘルファイア対戦車ミサイルとGBU-12/Bペーブウェイ誘導爆弾を搭載する（USAF）

言葉が用いられる（ISRについては第2章を参照）。さらに目標指示の機能が加わると、情報収集・監視・偵察・目標指示（ISTAR）となる。

たとえば、ゼネラル・アトミックス・エアロノーティカル・システムズ社のMQ-1プレデターは、機首の下面にレイセオン製のAN/AAS-52 MTS（Multi-spectral Targeting System）センサー・ターレットを装備する。MQ-1は、MTSが捕捉した映像を衛星通信経由で送信するだけでなく、指示した目標に対して測距やレーザー照射を行なえる。

4.6.4　偵察＋目標指示＋攻撃

プレデターやリーパーの場合、目標を指示するだけでなく、自らAGM-114ヘルファイア・ミサイルやレーザー誘導爆弾を撃ち込めるので、ISTARの枠を飛び出してしまっている。プレデターは当初、偵察専用だったのでRQ-1と呼ばれていたが、攻撃任務が可能になったためにMQ-1と改称した話は御存知だろう。そのMQ-1プレデターを使った攻撃任務は、以下のような流れで行なわれる。

1. MTSで地上の状況を撮影して、それを地上管制ステーションに送信する（その前段として、地上の友軍から支援要請を受けて駆けつける場合もある）
2. 管制ステーションではその映像を見て、目標らしきものを発見したら、それが本物の敵かどうかを確認する。現場の友軍に確認してもらう場合もある
3. 敵と確認できたら、レーザー目標指示器で目標を照射する
4. 照射を行なったら、ヘルファイアの発射指令を出す
5. 目標は破壊される

公表されている事例でもっとも早いのは、2002年11月にイエメン上空を飛行していたCIA保有のプレデターが、「アルカイダの大物メンバーが乗っている」という情報があった乗用車を攻撃・破壊した事例だ。近年では、パキスタン北西部の部族自治地域で、アメリカのUAV（必ずしも米軍のUAVとは断言できない。CIAの機体という可能性があるからだ）がアルカイダやタリバンの関係者を捜索して、ミサイル攻撃を行なう事例が多発している。

ここまではUAVの事例だが、その他の無人ヴィークルでも、センサーと兵装の両方を搭載できれば、同様に攻撃任務を行なえる。ただし、UAVが勝手に判断・交戦するのではなく、管制ステーションのオペレーターが状況を確認した上で交戦の指示を出すのは、どんな無人ヴィークルでも変わらない。

MQ-1は兵装を2発しか搭載できないが、エンジンをターボプロップ化するとともに機体を大型化したMQ-9Aリーパーでは、最大6発の兵装を搭載できる。また、AGM-114ヘルファイアに加えてGBU-12/Bペーブウェイ誘導爆弾の

搭載も可能になった。

このほか、米陸軍のRQ-7シャドーからGPS誘導装置付きの81mm迫撃砲弾を投下する試験を2010年4月1日に実施したことがあるが、エイプリルフールではなく本当の話。RQ-7は搭載能力が大きくないので、使える兵装が限られる点が制約になっている。だから米陸軍としては、むしろプレデターの派生型・MQ-1Cウォーリアを武装化したい考えのようだ。

4.6.5　SIGINT・COMINT・ELINT

広い意味ではISR分野に属するが、ここでいう情報収集とは、信号情報（SIGINT）や通信情報（COMINT）、あるいは電子情報（ELINT）といった「傍受モノ」を指す。仮想敵国が使用するレーダー・電子戦装置・通信機器の動作内容、あるいは通信そのものの内容を傍受・解析することで、いざ有事の際にそれらを無力化したり、自国に都合がいい形で利用したりするのが狙いだ。

こうした情報収集は、所要の機材を航空機や艦艇に搭載して行なうことが多い。陸上に傍受ステーションを設ける方法もあるが、カバーできる場所が限られる上に機動性に欠けるので、移動力がある航空機や艦艇の方が都合がいい。

しかし、たとえ相手国の領土・領海・領空に侵入していなくても、情報収集用の航空機や艦艇が追い払われたり、交戦状態でもないのに攻撃されたり、といった事例はたくさんある。日本の近隣でも、古くはEC-121撃墜事件やプエブロ事件、近年では海南島近海におけるEP-3の空中接触・強制着陸事件が起きているほか、2016年5月には米海軍のEP-3が中国のJ-11戦闘機に近接飛行の嫌がらせを受ける事案が発生している。決して安穏な任務ではない。

そこで無人ヴィークルの出番となる。プエブロ事件では、同船の乗組員が北朝鮮の人質に取られて政治的プロパガンダに利用されたが、無人ヴィークルであれば、そうした問題とは縁がない。得られたデータは衛星通信経由でとっとと送信してしまえば、機体が撃墜されても、データだけは手に入る。

ただし、SIGINT・ELINT・COMINT用途に使

図4.16：日本で公開された、RQ-4グローバルホークの実大模型。機首下面に電子光学センサー、主翼取付部の下面にSAR、胴体の両側面にELINT/COMINT用のセンサーを搭載する

用する機材は、相応に複雑・高価なものになるため、搭載するUAVも国家戦略レベルのHALE UAVが主体となる。RQ-4グローバルホークのうちブロック30はSIGINTペイロードの搭載が可能だし、そこから派生したドイツ向けのユーロホーク（計画中止）はSIGINT専用機だった。

監視用途であれば、気球や飛行船に所要のセンサーを搭載して滞空させる方法もある。同じ場所に留まって運用するのであれば、UAVよりさらに安上がりで、長時間の運用が可能だ。具体例としては、ロッキード・マーティン社のPTDS（IED対策用）や、レイセオン社のJLENS（防空用）といったものがある。飛行船なら表面積が大きいので、太陽電池を取り付けることで電力供給の問題を緩和できる利点もある。

4.6.6 機雷の捜索・処分

機雷の処分を初めとする爆発物処分（EOD）は危険性が高いから、無人ヴィークル向きの任務だ。

機雷処分では、遠隔操作式の機雷処分具を使用する掃討（minehunting）が主流になっている。以前には、ダイバーが潜っていって現物を確認してから爆薬を仕掛けて爆破処分する方式をとっていたが、それではダイバーが危険にさらされるし、ダイバーの育成も大変だ。そこで、機雷探知ソナーやTVカメラを備えた機雷処分具を送り出して、捜索・確認と処分用爆雷の設置を、すべて遠隔操作で行なう。海上自衛隊では国産のS-5・S-7・S-10といった機雷処分具を装備しているほか、著名な海外製品としてはECA製のPAP104などがある。

もっと大掛かりな製品で、スウェーデンのコックムス社が製造しているSAMがある。これは筏のような外見をしていて、機雷処分具と違って自ら水上を航走する。海上自衛隊でも使用しているのでおなじみの製品だ。これも遠隔操作式なので、SAM本体とは別に管制用の艦艇が必要で、海上自衛隊では古い掃海艇を掃海管制艇に転換して、この用途に充てている。

この手の機雷処分用無人ヴィークルの中でも注目されたのが、ロッキード・マーティン製のAN/WLD-1機雷遠隔掃討システム（RMS）だ。沿岸戦闘艦（LCS）の対機雷戦用ミッション・パッケージで中核となるはずだった機材だが、発進・揚収用のクレーンと管制用の機材があれば、他の水上戦闘艦からでも運用できる。ただ、開発に難航した上に要求性能を満たせないとして、計画は中止になってしまった。

RMSで面白いのは、機雷探知ソナーなどを備えた全没型の本体（これはディーゼル・エンジンを持ち、水上にシュノーケルを突き出して航行する）から、機雷処分を担当するRMVを発進させる、親亀・子亀構成をとっているところ。つ

まり、母艦からの指示を受けて、RMSがAN/AQS-20A機雷探知ソナーなどを使って捜索を行なう。そして、機雷を発見・識別したら現場にRMVを送り出して、処分爆雷を仕掛けて破壊する流れだ。

また、機雷掃討の前段階として機雷を捜索しなければならないが、従来は掃海艇が機雷探知ソナーを作動させながら、掃海担当海域を行き来す

図4.17：海上自衛隊で使っているS-7機雷処分具。これは純然たる遠隔操作式で、艦とはケーブルでつながっている

る必要があった。それでは掃海艇が危険にさらされる上に、敵の攻撃を受ける可能性もある。そこで、掃海艇からUUVを発進させて機雷探知を行なわせる発想が生まれた。

こうした用途に用いるUUVで広く知られているのは、ハイドロイド社のREMUS（Remote Environmental Measuring Unit）だろう。REMUS 100やREMUS 600など複数の派生型があり、外見は魚雷型。高周波ソナーを内蔵しており、事前に設定したコースを自律航行しながら海中の機雷やその他の障害物を探索して、記録したデータを持ち帰る。REMUS 100はベルギー、オランダ、イギリス、ノルウェー、ドイツ、フィンランド、スウェーデン、アメリカ、シンガポール、ニュージーランド、オーストラリアなどで採用実績がある。また、REMUS 600もイギリスで採用実績がある。米海軍も、REMUS 100をMk.18 mod.1、REMUS 600をMk.18 mod.2という名称で採用・導入した。3基をワンセットにして、実働2基・予備1基という体制で運用する。

その米海軍は別口で、AN/BLQ-11 LMRSというUUVの開発に乗り出し、1999年に1億ドルで開発契約を発注、2003年3月から試験を始めた。魚雷発射管から発進して自律航行しながらデータ収集を行なうもので、全長20フィート・直径21インチ・重量4,400ポンド（1,998kg）と、おおむね長魚雷並みのサイズ・外形。行動可能距離は75〜150海里、最大運用可能深度は1,500フィートだ。

2007年11月には、潜水艦から発進したLMRSが12時間以上にわたって海中の物体に関する調査とデータ収集を行なった後、潜水艦のところに戻ってきて、長さ60フィートのロボット・アームで魚雷発射管に収容する、というデモンストレーションを行なった。この回収用アームとUUV×2隻、艦上機材、陸上機材でひとつのシステムを構成する。LMRSは自律式だが、光ファイバーで遠隔操作するNMRSもあり、2003年から運用を開始した。

図4.18：インディペンデンス級LCSの艦尾ハッチから海面に降ろされるAN/WLD-1 RMS。RMS本体の下に吊した処分用UUVを送り出して掃討を行なう（US Navy）

図4.19：Mk.18 mod.2（REMUS 600）を、ボートの上から回収しようとしている米海軍兵。人との対比で概略のサイズが分かる（US Navy）

さらに発展型としてMRUUV（Mission Reconfigurable UUV）、ADUUV（Advanced Development UUV）、LD MRUUV（Large Displacement MRUUV）といった話も出た。LD MRUUVは、2014年にIOC達成予定とされていたが、2008年に予算支出が打ち切られた[16][17]。その他の構想としては、特殊作戦用の大型（全長8.2m・直径0.97m）シーホースがあり、現物を製作して2003年の「ジャイアント・シャドウ」演習などに持ち込んだことがある[18]。

　このように、さまざまなUUVの計画、あるいは構想は存在しているが、技術的ハードルの高さ故か、以前ほど「リットラル（沿岸戦）」の掛け声が聞かれなくなったためか、対機雷戦や水路調査など、比較的現実的な用途にとどまっているのが実情だ。どのウェポン・システムの分野にもいえることだが、最初は夢物語のような大風呂敷を広げてみるものの、やがては技術・予算・時間

の壁に阻まれて、現実的な落としどころを見つけていくものである。

4.6.7　爆弾処理・危険物調査

陸の上でも、IEDを初めとする各種の仕掛け爆弾、あるいは不発弾の処分という危険任務があり、遠隔操作式ロボットの利用が拡大している。有名な製品としては、エンデバー・ロボティックス社（旧iRobot社）のPackBotと、キネティック・ノース・アメリカ（旧フォスター・ミラー社）のタロンがある。いずれも個人携帯ロボットシステム（MTRS）計画の下で導入した。

いずれも遠隔操作式のUGVで、不審物を調べるためのカメラや、調査・処分作業用のマニピュレーター・アームを備える。IEDの処分は高い判断力が求められるため、コンピュータが自律的に行なうのは難しく、遠隔操作で人間が介入する方が確実だ。

こうした機材は、爆発物の処分だけでなく、化学兵器や生物兵器で攻撃を受けた際の調査にも利用できる。現場に車両を送り込んで汚染物質を収集することで、何を使って攻撃を受けたかを調べることができる。人間が防護服を着て現場に赴く、あるいは専用の機材を搭載した調査用の車両を送り込むのが一般的な手順だが、小型のロボットを使うと小回りが効くし、調査に赴く人間を危険にさらすリスクも回避できる。

ただ、MTRSではIED処分のニーズを受けて手当たり次第に緊急調達したきらいがあり、後に形態管理や兵站支援の面で負担を増やしてしまった傾向は否めない。そこで、形態統一と能力向上を企図して、個人向け共通ロボットシステム（CRS-I）の計画が進んでいる。米軍のことなので、あれこれと仕様を欲張りすぎて開発計画を炎上させないかと心配になるが。

4.6.8　港湾警備

海の上では、機関銃を搭載したUSVで警備を行なう事例が出てきている。たとえばイスラエルのラファエル社では、全長 7 m級と 9 m級のRHIBを無人化した、プロテクター USVを開発した。遠隔操縦装置、電子光学センサ

図4.20：MTRSのうちPackBotがこれ。遠隔操作式アームに、マニピュレータやセンサーを取り付けて使用する（US Army）

ー・ターレット、機関銃装備の銃搭を装備しており、テロ対策や港湾警備に使用する。不審船が接近してきたときにこれを差し向けて、必要とあらば交戦するわけだ。シンガポール海軍が2004年から実運用を始めているほか、アメリカでもデモンストレーションを実施したことがある。

プロテクターのポイントは、既存のRHIBを改造した点にある。つまり、RHIBを運用可能な道具立てがあればプロテクターも運用可能だし、既製品を活用している分だけ調達・運用コストが安い。いざとなればやられてしまっても構わない、と開き直れるのが無人ヴィークルのメリットだから、安く済ませるのも重要な性能だ。

4.6.9 通信中継

これから成長が見込まれる分野としては、UAVを使った通信中継が考えられる。

無線通信には「周波数が高いほど、高い伝送能力を発揮する。その代わりに、電波の直進性が強くなり、減衰しやすくなるため、見通し線範囲内の通信しかできなくなる」という性質がある。つまり、ウェポン・システムのネットワーク化に必要な高速データ通信を実現しようとすると、見通し線範囲内でしか通信できない可能性が高くなる。衛星通信という手もあるが、使える衛星やトランスポンダーの数には限りがあるし、コストが高い。

ところが、UAVを上空に飛ばして通信を中継させれば、見通し線範囲外、たとえば建物や山岳といった障害物の向こう側、あるいは地平線の向こう側まで通信可能な範囲を拡大できる利点がある。しかも、UAVは燃料が続く限りは上空に留まっていられるから、長時間にわたって通信を中継できる。これは有人機と比べて圧倒的に有利なポイントだ。ノースロップ・グラマン製のMQ-8ファイアスカウトを初めとして、用途として通信中継を挙げているUAVがいくつかある。有人機でも同じことができるが、滞空時間の長さや調達・運用コストを考慮するとUAVの方が有利だ。

なお、UAV「が」通信中継を行なったのではなく、UAV「に」通信中継を行なった事例はある。米中央情報局（CIA）が旧ユーゴの状況を把握するためにナット750を飛ばしたとき、同機が装備するCバンドのデータリンクは見通し線圏内の通信しか行なえなかったため（進出可能距離は240kmが限界とされた）、通信中継用の有人機を飛ばしたのだ。

ところが、その通信中継機の航続時間に限りがあったため、ナット750の長大な航続時間は宝の持ち腐れとなり、一度に2時間の偵察飛行しかできなかったそうである。長時間飛行が可能なUAVに通信中継を担当させれば、こうい

う問題は緩和できるかも知れない。

4.6.10 物資補給

もうひとつ、これから伸びそうな分野としては物資の補給が挙げられる。これは、イラクやアフガニスタンでIEDによる攻撃、あるいはRPGや小火器を使った待ち伏せ攻撃が多発して、物資補給を担当する車両隊の安全確保が難しくなったためだ。特にアフガニスタンの場合、山岳地帯が多いため、谷間を通る道路で攻撃を受けると致命的な結果になりやすい。

陸路からの輸送が難しければ、空路ということになる。そこで、輸送機からパラシュートを使って空中投下する場面が増えているが、パラシュート投下では風に流される可能性があるため、精度に問題がある。そこで米軍では、GPS誘導を組み込んで精度を高めた統合精密空中投下システム（JPADS）を導入した。

ところが今度は、投下を担当する輸送機の数が足りるのか、という問題が出てくる。もちろん、輸送機を飛ばすためには人手も要る。特に固定翼の輸送機だと空軍の資産になるので、陸軍からみると「いちいち空軍に頼まなければならない」という面倒な話になる。そこで米陸軍や米海兵隊では、無人ヘリコプターを使った物資空輸の検討を始めた。

海兵隊は2009年8月に、Immediate Cargo Unmanned Aerial System Demonstration Programという計画名称で、ボーイング社、それとロッキード・マー

図4.21：吊下空輸専用という珍機・カマンK-Max。これを無人化した機体を貨物輸送に試用して成功した（USMC）

ティン社とカマン社のチームにそれぞれ、50万ドルずつの契約を発注した。ボーイングはA160Tハミングバード（YMQ-18A）、ロッキード・マーティンとカマンのチームはK-Maxの無人化版を使い、貨物を吊下空輸して目的地で投下するという内容。

2010年3月に両チームが実施したデモンストレーションでは、それぞれ2,500ポンドの貨物を運ぶことに成功した。その後にK-Maxの採用が決まり、2011年11月から機体をアフガニスタンに持ち込んで実任務運用を開始、数次に渡る派遣期間延長の後、2014年7月に派遣を終えた。

一方、米陸軍は2010年にリリースしたUASロードマップの中で、中期計画として有人無人選択機（OPV）という構想を盛り込んだ。これは、既存の有人ヘリコプターを改造して無人化するもので、有人運用も無人運用もできることから、こんな名前になった。すでにボーイング社が2006年から、AH-6リトルバードの無人版・ULB（Unmanned Little Bird）のデモンストレーションを実施している。

これらは回転翼機の話だが、陸上でも輸送用車両を無人化する研究が進められている。たとえば、2009年に中止が決まった米陸軍の将来戦闘システム（FCS）では、構成要素のひとつに多機能汎用/兵站車両（MULE）という無人車両があった。自律航法機能を備えた無人車両で3,000kgの搭載力を備え、輸送型以外の派生型も生み出す構想だった。

MULEは流産してしまったが、そこで開発された技術を用いた無人補給車両が出現する可能性はある。たとえば、軍用トラック大手のオシュコシュ社はTerraMaxという無人化改修キットを手掛けている。既存の軍用トラックに後付けして、無人で自動走行できるようにしようというものだ。同社は現在、このシステムの実証試験を進めている段階にある。

また、軍用トラックの車列を無人走行させる構想もある。それが米陸軍の自動化車両隊運用（ACO）計画で、車両隊の先頭を行くトラックを自律走行させて、後続の車両は前方の車両を自動的に追走する仕組みだ[19][20]。

この分野の具体的な事例としては、2010年5月にロッキード・マーティン社が実施した、CASTシステムのデモンストレーションがある。当初は、先頭の車両だけは人間が乗って運転する形をとり、残りの車両を無人化して自動追走させていた。しかし、そもそも車両隊でもっとも狙われやすいのは先頭の車両だから、それが有人では危険度が下がらない。そこで、先頭車両を無人化するための開発を進めて、デモンストレーションを実施したわけだ。これがこのまま実用化されるかどうかは分からないが、無人車両隊が夢物語ではなくなっていることは知っておきたい。

ロッキード・マーティン社は別件で、9～13名編成の分隊を対象1,200ポン

ドの貨物を搭載できる6×6の無人車両・SMSSも開発した。こちらはUH-60やCH-47といったヘリコプターで空輸できる小型UGVだ。似たような製品で、ノースロップ・グラマン社のCaMELや、IAI社のREXもある。REXはバッテリとモーターで動く四輪車両で、載貨重量500kg、8〜10時間の運用が可能だという[21]。

米陸軍では分隊向け多用途装備輸送車（SMET）計画を立ち上げたところだが、戦闘能力を阻害せずに物資輸送用UGVを実現するところが大きな課題になるようだ。米海兵隊が四足歩行ロボット・歩行式分隊支援システム（LS3）みたいな四足歩行式物資輸送ロボットの採用を蹴ったのは、「騒音が大きすぎて目立つ」という理由だった。確かに、騒々しいロボットがついてくると戦闘の邪魔である。

UAVと同様に武装化の構想が出たこともあり、それが前述のMULEをベースにして機関銃などを搭載するARV-Lと、メーカーが提唱したCaMELの武装化。完全自律交戦まで可能になるかというと疑問だが、米陸軍が本気で「敵陣に突っ込んでいって機関銃で交戦する無人車両」の構想を持っていたことがある話は覚えておきたい。いつ、どこでどうリバイバルするか分からない。

そのMULEやARV-Lで使用する目的で、ゼネラル・ダイナミクス社が自律航法システム（ANS）の開発を行ない、2011年末にプロトタイプを完成させて、2012年から試験を始める予定としていた[22]。これは、有人・無人車両の両方に対応するほか、前走車への自動追随も可能という触れ込みだったが、MULE計画が2011年に打ち切りになったため、道連れになって頓挫した。もっとも、ANSで開発した技術やノウハウがこの先、別のところで使われる可能性はあるだろう。

4.7 無人ヴィークルの実現に必要な技術

4.7.1 測位・航法技術

では、遠隔操縦に頼らないで自律行動可能なヴィークルを実現するには、何が必要か。

最初に思いつくのは、「自分の位置が分からなければ困る」ということだ。陸・海・空を問わず、自分がどこにいるかが分からなければ、目的地を指示されても、どちらに向かって動けば良いのかが分からない。だから、信頼できる測位手段が必要になる。だから、極端なことをいえば「GPSなくして無人ヴィークルの隆盛はなかった」といえる。GPSを使えば緯度・経度・高度を精確に把握できるし、装置は比較的小型で、しかも安価だ。

ただし、UAVやUSVはそれでよいが、UGVはGPSだけに頼ることができない。なぜなら、砂漠の真ん中ならともかく、市街地、特に建物と建物の間の狭い路地みたいな場所に入り込めば、測位に必要な電波を受信できない可能性があるからだ。それに、地上にはさまざまな障害物が存在する。そこで、UGVでは障害物を検出・回避する仕組みも必要になる。

UUVの場合、海中ではGPSの電波を受信できないため、慣性航法に頼るしかない。海中にトランスポンダーを仕掛けておく方法もあり、3ヵ所にトランスポンダーを仕掛けておけば精確な位置決めが可能だ。ただし、UUVは問い合わせのために音波信号を発する必要があるので、隠密性が保てず、それでは軍用にならない。敵対的な海域でトランスポンダーから音波をピンピン出していたら、UUVの存在を周囲に"広告"する結果になってしまう。

4.7.2 判断・指令・制御技術

自分の位置と目的地が分かれば、移動すべき進路を決定できる。これが自律航法の基本だ。ただし注意しなければならないのは、単に「あっちに行け」と指示するだけでなく、その結果をフィードバックして次の制御に反映させなければならない。小難しい言葉を使うと、クローズド・ループが必要という話だ。

指示したらそれっきりでフィードバックを受け取らない形、いわゆるオープン・ループは、一方通行だ。それでは、本当に指示した通りに移動できているかどうかが分からないし、指示の内容を変更しなければならない場合も考えられる。だから、クローズド・ループが必要になる。

そしてもちろん、この機能を受け持つコンピュータが信頼できなければ話にならない。だから、信頼できるハードウェアとソフトウェアを開発するだけでなく、冗長化する必要もある。

ちなみに、米海軍が開発した艦載無人戦闘用機のデモンストレーター・X-47B（UCAS-D）が空母に着艦する際には、GPSで得た自機の測位情報を空母側の着艦支援装置に送信したり、空母側の管制機材からX-47Bに指令を送ったりする際に、高速データリンクのTTNTを使う。X-47Bは着艦に際してオペレーターの手動操作を想定しておらず、自動システムのみを使用するため、システムや通信リンクの信頼性確保が死活的に重要である。（TTNTについては、第11章を参照）

4.7.3　通信技術

無人ヴィークルと、それを扱うオペレーターは、煎じ詰めると猿と猿回しの関係に似ている。無人ヴィークルの多くは偵察・情報収集用途に用いられているが、得られたデータはできるだけ早く入手して活用したい。そして、いざというときにはオペレーターが介入して指令を出さなければならないので、データを送るための通信だけでなく、管制・指令のための通信も必要になる。

そのため、データや指令信号をやりとりする手段、つまり通信技術が必要になる。軍用の通信だから、単に通信できればよいというわけにはいかず、妨害対策や秘匿性・信頼性の確保も求められる。

特に衛星通信の場合、通信の可否は衛星が備えるトランスポンダーの数によって決まるから、他の通信とトランスポンダーを奪い合う場面も出てくる。いまどきの軍事作戦では、衛星通信回線はいくらあっても足りない貴重な資源だ。

4.7.4　障害物の探知・回避技術

さまざまな無人ヴィークルの中でも、地上を走るUGVは難度が高い。なぜかといえば、さまざまな地形に遭遇する可能性があるし、自然の、あるいは人為的な障害物に遭遇することも多いからだ。他の航空機、あるいは山や建物との衝突だけ気にすればよいUAVとは事情が違う。

そのため、以下の要素が必要になる。

・障害物の存在を知るためのセンサー
・障害物の有無を判断するとともに回避ルートを割り出す、コンピュータとソフトウェア
・指令した通りにUGVを走らせる制御技術

　それを実際にやってみようということでアメリカのDARPAが実施したのが、「DARPAグランド・チャレンジ」や「DARPAアーバン・チャレンジ」といったイベントだ。

　まず、2004年3月に第1回目のDARPAグランド・チャレンジがモハーベ砂漠で行なわれた。

　センサーやコンピュータ、制御機器を追加装備した市販の乗用車を使って、設定した通りのコースをゴールまで走れるかどうか、もっとも速く走れるのは誰か、を競うイベントだ。第1回のDARPAグランド・チャレンジに出走した車両は途中で全滅してしまったが、2005年10月の第2回では早くも、ちゃんと完走できる車両が5両も現われたのだからすごい。

　そして、さらに難度を上げたイベントが、2007年11月に旧ジョージ空軍基地で開催されたDARPAアーバン・チャレンジで、その名の通り、課題は市街地。障害物が少なく、地形と道路だけを気にすればよい田舎と違って、市街地では建物がたくさん建っていて、道路網が複雑になり、障害物がいろいろ現われる。障害物の手前で止まるだけでなく、Uターンして別のルートに向かえなければ

図4.22：DARPAアーバン・チャレンジに出場した車両は、障害物回避のためにさまざまなセンサーを取り付けていた（DARPA）

失格である。それでもちゃんと完走するチームが出現した。

こうした研究が進めば、無人車両が自ら障害を回避しながら目的地まで走って行けることになる。それに近年では、安全対策を強化するため、民間向けの乗用車でも障害を検知して自動的にブレーキをかけるものが出てきている（筆者が新しく買ったクルマもそれだ）。その先には自動運転という大目的がある。

さらに、複数の車両を連ねて、先頭の車両がルートを選択、その後の車両が先行車に追随、といったことを実現できると、無人車両隊（無人コンボイ）の可能性につながる。これについては前述した。

とはいえ、他の無人ヴィークルと同様、いざというときにはオペレーターが介入できるように、遠隔操縦と自律操縦の組み合わせにしておく方が現実的だ。どんなに良くできたコンピュータでも、判断を誤る可能性は皆無にはならない。

4.7.5　有人機との混在と衝突回避

無人ヴィークルのうちUAVについては、有人機との混在運用が課題になっている。それは主として衝突回避のためだ。

有人機同士なら、パイロットが自分の眼で周囲を見張る、あるいは管制官からの指示を受けることで衝突回避を図れるし、回避のためのルールも確立している。では、UAVに同じことを要求できるのか。

そうした事情もあり、現在はUAVを運用する空域を独立させて、民間航空機が飛行する空域とは分ける形が一般的になっている。しかし、将来的にUAVの利用が拡大して、特に国土安全保障（Homeland Security）の分野でUAVを利用するようになると、必然的に自国の上空でUAVを運用しなければならなくなる。そこで「民間機が飛んでいる空域には飛ばせません」で任務を果たせるのか。

そこで、UAVにも民航機と同様に航空機衝突防止警報装置（TCAS）を装備する研究がなされている。また、DRR（直訳しがたいが、「相応の注意を払うレーダー」というぐらいの意味か）といって、周囲の機体の動向を把握するためのレーダーを搭載した研究事例もある。TCASは双方の機体が装備していないと衝突回避にならないが、DRRなら相手の機体が衝突回避のための機材を持っていなくても探知できる。

ゼネラル・アトミックス・エアロノーティカル・システムズ社はTCASとDRRを併用して、能動的手段と受動的手段の両面から衝突回避を図ろうと考えている。そして、2015年1月にDRRの実証試験を実施した。TCASとDRRが異なる判断や回避指令を出したら混乱するし、もともとある有人機向けの衝突回避ルールから外れた指示を出しても困る。それを実際に実験して検証しな

がら研究開発を進める考えのようだ。

UAVの衝突回避については、地上に設置したレーダーを用いる方法もある。これを陸上設置型探知・回避技術（GBSAA）という。小型のUAVにTCASやDRRを積み込むのは非現実的だから、地上に設置したレーダーがUAVと有人機の動向を監視して、必要に応じて警告を発して回避機動をとらせるわけだ。

米陸軍では米国内の5ヵ所にGBSAA用のレーダーを設置して、UAVと有人機の空域

図4.23：米陸軍がテキサス州のフォート・フッドに導入したGBSAA用レーダー。これがUAVと有人機の位置関係を把握する（US Army）

共有を実現した。まず、2014年末からテキサス州のフォート・フッドで導入作業を開始、さらにカンザス州のフォート・ライリー、ジョージア州のフォート・スチュワート、ケンタッキー州のフォート・キャンベル、ニューヨーク州のフォート・ドラムも導入対象となった。

これらは、基地とUAV専用の制限空域の間を陸軍のUAVが行き来する過程で、有人機と同じ空域を利用できるようにする目的で導入を進めているものだ。米海兵隊でも、ノースカロライナ州のMCASチェリーポイントでGBSAAを導入した。

GBSAAではレーダーと警告システムは地上にあるので、そこから発した警告を確実にUAVに伝達するため、信頼できる通信手段が必要になる。回避行動の指令がUAVに伝わらないのでは意味がない。

また、地上側から回避指示を出す際に、状況だけを知らせるのか、回避の方向やタイミングを地上で決めて指示するのか、という課題もある。空域全体で矛盾のない回避機動をとらせるという見地からすると、地上側の方が全体状況が見えているから、そちらで回避機動の内容を決定する方が間違いがないだろう。それに、UAVに判断や制御を委ねようとすると、飛行制御用ソフトウェアに衝突回避のロジックを追加で作り込む必要があるが、それは現実的ではない。

ただし、これはUAVに対して外部からの介入を認めることになるので、軍

用のUAVではそれが嫌がられる原因になるかもしれない。悪意の第三者がUAVの制御を乗っ取る事態につながる可能性が懸念されるからだ。

ちなみに、TCASを初めとする民間航空機用の保安システムは、有人の軍用輸送機や空中給油機などについても装備を求められる場合が多い。そうしたシステムを備えていないと、民間機が利用する空域を飛行できず、効率的な飛行経路をとれないからだ。

4.7.6　USVの衝突回避

衝突回避が問題になるのは、水上を走るUSVの場合にも同様である。海の上ではTCASに相当するシステムがないので、無人ヴィークル自身が能動的にレーダーで周囲を捜索する必要がある。ところが困ったことに、UAVなら三次元の機動が可能だが、水上のUSVでは二次元の機動で回避しなければならない。

そして空の上と同様に、海でも船舶同士の衝突を防ぐためのルールが定められているから、それに則って回避機動をとる必要がある。他の艦船から挙動が読めなくなり、却って危険だ。ところが現実には、標準的なルールから外れた回避針路をとることになっている場所がある可能性も考慮する必要がある。また、「回避機動をとったら座礁した」「回避機動をとったら障害物に衝突した」ということになっても困る。

米国防高等研究計画局（DARPA）では、USVにソナーを積んで潜水艦を捜索させるACTUV計画を進めているが、その一環として、ミシシッピ州沖の洋上で6週間かけてレーダーや航法用ソフトウェアの試験を実施した。この試験では、岩礁や他の艦船のトラフィックといった障害物を設定して、ルール通りの回避機動を行なえるかどうかを検証した。

4.7.7　管制ステーションの標準化

こういう言い方をすると語弊があるが、欧米諸国の軍隊では、さまざまな無人ヴィークルを手当たり次第に調達・配備した傾向があるように見受けられる。戦時にはどうしても、当座の必要性を満たすために、整合性などの問題を後回しにして緊急調達する事例が増えるものだ。

米陸軍の場合、UAVの導入が急速に進んだのは21世紀に入ってからだ。2001年の時点ではRQ-5ハンターとRQ-7シャドーが少数存在するだけだったが、2010年春にはUAVの保有機数が1,000機を超えたという。

すると問題になるのは、管理・兵站支援だ。さまざまな装備が入り乱れてい

れば、それだけ部品の種類が増えたり、あるいは訓練・整備の手間が増えたりするから面倒だし、経費もかかる。そして無人ヴィークルの場合、管制ステーションが機種ごとに異なると、これも問題になる。複数機種を併用する際に持ち歩く管制ステーションが増えるし、機種が変わったら管制ステーションも変わってしまう。

そこでNATOでは、STANAG 4586という標準仕様を策定した。STANAG 4586で規定した仕様に対応するUAVと管制ステーションの組み合わせなら相互運用性がある、という話になる。ただし、いきなり完全な相互運用性を実現するのは難しいため、以下のように複数のレベルを設けた。

・レベル1：ペイロード（センサー）から得たデータを、UAVとの間で間接的に送受信可能
・レベル2：ペイロードから得たデータを、UAVとの間で直接送受信可能
・レベル3：UAVが搭載するペイロードの制御・監視と、データの直接受信が可能
・レベル4：発進/回収を除く、UAVの制御・監視が可能
・レベル5：発進・回収を含めて、UAVの制御・監視が可能

ここでペイロードの制御や監視という話が出てくるのは、たとえば電子光学センサー・ターレットの向きを変えたりズームイン・ズームアウトしたり、レーザー目標指示機を作動させたり、といった操作が必要になるからだ。

では、ペイロードの変更や更新に対して、管制ステーション側でどう対応するか。操作に必要なボタンやスイッチやジョイスティックといった物理的な操作系があると、変化に対応するのが難しい。

ソフトウェアに関わる部分はソフトウェアの更新や切り替えによって対応できるから、柔軟に対応できるのはタッチスクリーン式のディスプレイであろうと考えられる。これならソフトウェアの設定ひとつで表示内容もタッチ時の動作も変更できるから、ハードウェアをいじる必要はない。しかし、操作内容によってはタッチスクリーンとの親和性が良くない可能性がある。たとえば兵装発射のトリガーがそれだ。タッチスクリーンの操作で「ちょっと手が滑ったので兵装を撃ってしまった」なんていう事態になったのでは困る。

そこで、GA-ASI社の新型GCSデモンストレーターは面白い工夫をしていた。計器盤に設けたスイッチの中には、誤操作を防ぐために透明樹脂のカバーを被せたものがある。それをタッチスクリーン画面で再現するため、「透明樹脂のカバーを被せた」設定のスイッチの画は虎縞模様で囲んである。それを使う際には、まず1回タップすると「カバーが開く」。さらにもう1回タップすると「ボタンが押される」というわけ。「図 3.3」の写真で中央下部に見える[Send]ボタンがそれである。

そういえば、F-35のコックピットもタッチスクリーン式ディスプレイを装備しているが、誤操作を避けるために、指先をスクリーンに当てたまま動かす、マウスでいうところのドラッグ操作は受け付けないようになっている。間違って「ズルッ」ということになったら困るから、との説明だった。

4.7.8 データリンクの保護

UAVと地上を結ぶデータリンクについては、盗聴・渾身・干渉といった問題がついて回る。

2009年12月にウォール・ストリート・ジャーナル紙が「イランの後援を受けてイラク国内で活動しているシーア派軍閥が、ロシア製のSkyGrabberというソフトウェア（お値段25.95ドル）を使って、UAVから地上に送られるデータを盗聴していた。2009年7月に、軍閥が使用していたノートPCからUAVが撮影した動画が見つかって発覚した」と報じた。

米軍関係者は、同種の問題が1990年代から存在していたことを明らかにしている。1996年にボスニアで、RQ-1プレデターが撮影した動画が衛星テレビに混信する問題が発覚したが、これはデータの秘匿よりもUAVの配備を優先した事情によるとのことだった。

もっとも、衛星通信を使用するMALE UAVやHALE UAVは頭上の衛星に向けてデータを送るし、それを受ける側は地平線の向こう側にいる（だから衛星通信が要るのだ）。したがって盗聴のリスクは低い。盗聴が問題になりやすいのは見通し線圏内で使用する場合、特にコストをかけにくい小型・安価な機体だ。だから、RQ-11レイヴンのように、暗号化機能付きのデジタル・データリンク機材を後日に追加導入した事例もある。

第5章

場面ごとのICTの関与（4）兵装の照準と発射

　いくら情報を集めても、それを有効に活用して敵軍を叩きのめさないことには、最終的な勝利にはつながらない。そしてそこでは、射撃管制の高度化や精密誘導兵器の普及といった、まさに「戦うコンピュータ」の典型例といえる話題が登場する。

　よく知られているように、世界初のコンピュータとされるENIACは、米陸軍が弾道計算用として開発させたものだ。実はENIACより先に、ドイツ首脳の間でやり取りされている暗号文を解読するために、イギリスでコロサスという電子式の暗号解読装置が開発されていたが、イギリスはコロサスの存在を軍事機密として秘匿していた。そのため、1970年代まで存在がまったく知られておらず、それで「世界初」の座をENIACにさらわれてしまった。

5.1 データの ハンドリングと提示

5.1.1 情報を分かりやすく表示する

　センサーから情報が入ってきても、その情報を分かりやすく表示できなければ有用性が減ってしまう。レーダー・スコープを例にとって説明しよう。

　初めてレーダーが登場したときには、「Aスコープ」と呼ばれる表示装置を使用していた。これは、距離を示すスクリーンと方位を示すスクリーンが別々にあり、反射波を受信したときにパルスを表示する。レーダー手は、この2種類の情報を頭の中で組み立てて、目標の距離と方位を把握する必要がある。

　距離と方位、どちらか一方の情報だけを知るのであれば、Aスコープでもそれほど不自由はしない。しかし実際にはどちらの情報も必要だから、情報の組み立てと状況認識をレーダー手に丸投げしてしまうAスコープは、親切なものとはいえない。レーダーを製造する立場からいうと、この方が楽なのは間違いないが。

　そこで登場したのが、PPI（Plan Position Indicator）スコープだ。これは円形のスクリーンを使って、距離と方位の情報をまとめて表示する。アンテナの回転に合わせて走査線が画面を周回しており、その際に反射波が返ってきて目標を探知すると、スコープの画面に輝点が現れる。レーダーの画面というと、もっとも馴染み深いものといえるだろう。

　ただし、用途によっては前方だけ見えれば用が足りることもあるので、全周表示のスクリーンではなく、扇形表示になっているものもある。戦闘機の射撃管制レーダーや、旅客機が装備する気象レーダーがそれだ。

　AスコープとPPIスコープの比較はいささか極端だが、情報の見せ方、つまりマン・マシン・インターフェイスが重要という話は、今でも変わらない。センサーの能力・性能が同等であっても、それをどういう形で見せるかで、状況認識の効率には違いが生じる。見せ方がヘタだと勘違いの原因にもなりかねないし、それでは状況誤認識になってしまう。マン・マシン・インターフェイスの設計は、理屈だけでなく運用経験の蓄積がモノをいう分野だ。

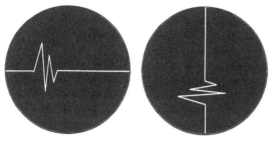

図5.1：Aスコープと呼ばれる、初期のレーダー画面。方位と高度が別々のスコープに表示されるのだが、これで情報を読み取るのは大変だ

図5.2：PPIスコープの画面例。Aスコープと比べると、見やすさがまるで異なる

5.1.2 頭を下げずに情報を把握する

　レーダーを使用すれば、昼夜、あるいは天候の別に関係なく、捜索・探知が可能になる。しかし、レーダーのスクリーンは計器盤に設けることが多いので、レーダーの情報を確認しようとすると、いちいち目線を下げなければならない。

　第二次世界大戦から戦後しばらくの時期にかけて、レーダーを装備する夜間戦闘機、あるいは全天候戦闘機では、操縦手とは別にレーダー手を乗せるのが普通だった。これは、飛行機の操縦・交戦とレーダーの操作を一人でやろうとすると負荷が高すぎたためだ。その後、レーダーの性能向上とともに自動化が進み、一人ですべて扱えるようになってきた。とはいえ、レーダーの情報を見るために目線を下げなければならないという問題は残る。

　そこで1970年代頃から、パイロットの正面に設置した透明ガラスに情報を投影する、HUDを用いることが多くなった。HUDの本体内にはCRTなどのディスプレイ装置を組み込んであり、そこに表示した映像を、レンズを通してガラスに投影する。だから、いちいち目線を下げなくても情報を確認できる。

　HUDでガラスに投影する映像は、焦点が無限遠になるように調整してある。だから、パイロットは機外の状況を見張っている状態からHUDに視線を移したとき（あるいはその逆）に、ピントを合わせ直す必要がない。これは、瞬時を争う空中戦では重要な要素となる。

　ただし、HUDは計器板の上に固定されているので、そちらを向いていないと情報を確認できないという問題がある。そこで登場するのがHMDだ。計器板にディスプレイを取り付ける代わりに、ヘルメットのバイザーに映像を投影する。これであれば、どちらを向いていても情報の表示は途切れない。

　その代わり、パイロットの頭が向いている方向に合わせて表示内容をリアルタイムで、かつ連続的に変えていかなければならないので、頭の向きを検出す

図5.3：BAEシステムズ社が「国際航空宇宙展2016」に展示した「Lite HUD」。従来のHUDと比べると、投影先となるコンバイナーの下にある光学系が大幅に薄型化されている。これを将来戦闘機向けに提案していく考えだという

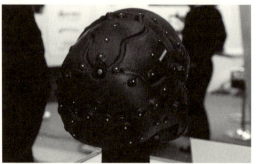

図5.4：BAEシステムズ社が「国際航空宇宙展2016」に展示した、HUD付きヘルメット「ストライカーⅡ」。位置検出用と思われるイボイボがある側を見せるため、後ろから撮影

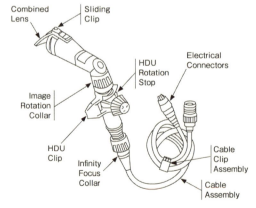

図5.5：AH-64が装備するIHADSSのディスプレイ装置。これをヘルメットに取り付けて、レンズを右眼の前に配置する（US Army）

る仕組みと、それに合わせて表示内容を変えていくためのソフトウェアが必要になる。

　向きの検出には磁石を使うのが一般的だ。ヘルメットの外部に磁石を固定しておくと、磁場が発生する。頭の向きが変わると、相対的な位置関係が変わるために磁場に変化が生じる。その情報を利用して頭の向きを把握した上で、ディスプレイに表示する内容をコントロールする。冗談みたいな話だが、磁石がもっとも確実なのだそうだ。

　AH-64アパッチ攻撃ヘリでは、バイザーではなくパイロットの右眼の前に取り付けた小さな円形スクリーンに情報を投影する、統合ヘルメット表示照準システム（IHADSS）を使用している。ヘリのパイロットは正面以外の方向に首を向ける機会が多いので、どちらを向いても映像を見られるようにしたわけだ。ただし、情報が表示されるのは右目だけだから、使いこなすには慣れが必要だ。ボンヤリしていると、右目で見ているIHADSSの情報と左目で見ているその他の状況が、こんがらかってしまいそうだ。

　情報の表示とは別の話だが、何かを操作するためにいちいち、操縦桿やスロット

ル・レバーから手を離さなくても済むようにするHOTASも、瞬時の対応を可能にするという点では重要な要素といえる。機器を操作するために必要なスイッチをすべて操縦桿とスロットル・レバーに集中してしまえば、パイロットは常に目線を上げたままで、しかも操縦桿とスロットル・レバーを握ったままで、操縦も交戦も状況の確認も行なえる。結果として見張りや機体の操縦操作に隙がなくなり、素早い対応が可能になる。

5.1.3　センサー融合とデータ融合

　こうした考え方を突き詰めていくと、F-35に行き着く。この戦闘機はHUDの装備を止めて、これまでHUDに表示していた情報は、すべてHMDに表示するようにした。軽量で、パイロットにかかる肉体的負担を抑えられるHMDの出現と、そこに表示する膨大なデータを処理できるコンピュータの出現が、こうした方法を可能にした。といってもHMDなしのヘルメットより大きく重いのは事実で、それが射出時に首にかかる負担の問題につながってはいるが。

　F-35のHMDは、HUDと同様のシンボル表示だけでなく、機体周囲の合成映像をパイロットに提供する電子光学分散開口システム（EO-DAS）の映像も表示する。EO-DASを使用すると、パイロットが下を向いたときには機体下面に取り付けたセンサーの映像を表示するようにして、機体を透過して下方の状況を確認する、なんていうことが可能になる。透明な飛行機に乗っているようなものだ。

　一方、正面の計器盤は左右二分割の巨大なタッチスクリーン式液晶ディスプレイになっている。サイズは8インチ×20インチ。2011年11月にF-35のコックピット・シミュレータを都内で報道公開したときにはタッチスクリーンばかり注目されたが、本来の凄味は別のところにある。それは、さまざまなセンサーから得られたデータを整理・統合して大型液晶ディスプレイに表示する、いわゆるセンサー融合（sensor fusion）、あるいはデータ融合（data fusion）である。

　先に取り上げたAスコープでは、距離と方位の情報を別々に表示して、それをレーダー手が頭の中で融合して状況を組み立てていた。これはレーダー単体の話だが、レーダー・赤外線センサー・TVカメラなど、多様なセンサーを装備する現代の戦闘機では、それぞれのセンサーごとに異なるディスプレイを使用すると、パイロットに対して情報を組み立てる負担がかかる。

　それを解決するのがセンサー融合とデータ融合だ。まず、同じ機体が装備する複数のセンサーから得た情報を融合して一枚の「画」にするのがセンサー融合。さらに、データリンクを介して他のプラットフォームから入ってきた情報を、自身のセンサーで得た情報と融合して一枚の「画」にするのがデータ融合。

図5.6：EO-DASの説明用ビデオをキャプチャしたもの

　こうすると、複数のディスプレイを見て頭の中で状況を組み立てなくても、同じことを機体がやってくれるから、パイロットのワークロードが低減すると期待できる。また、不要な情報を抑止して、分かりやすい形でパイロットに提供することもできる。EO-DASにしても、電子光学センサーの映像だけだと遠方の飛行機は単なる「点」にしか映らないが、そこにレーダー情報や敵味方識別情報を加味することができる。

　ただし、複数のソースから得られたデータを重ね合わせる際に、位置情報を精確に合わせないとトンでもないことになるので、それを実現するためのソフトウェア開発は大変だ。

　実際、F-35の開発でもデータ融合機能は課題のひとつになっていて、当初の目論見通りに自機のみならず他機からのデータまで取り込んで融合できるようになるには、かなり時間がかかった。

　EO-DASも、初期の機体はセンサー窓の予定地だけで、肝心のセンサーがなかった。もちろん、現在はちゃんと動作するが。

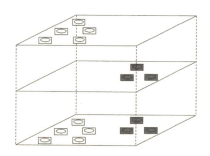

図5.7：センサー融合の基本的な考え方。さまざまな情報源からのデータをバラバラに表示するのではなく、下端にあるように重ね合わせて、単一の「画」にまとめる

コラム

E-3とE-8のデータ融合実験

　E-3セントリーとE-8 J-STARSとRC-135のデータを融合する実験が行なわれたことがある。米空軍とL-3コミュニケーションズ社が組んで実施した、NCCT（Network Centric Collaborative Targeting）の先進概念技術実証（ACTD）だ。E-3は航空機の動向、E-8は地上の車両の動向、RC-135は電子情報を収集して、それらのデータを融合した。航空機や車両の種類が分からなくても、発信する電波によって正体が分かるかも知れない。だからRC-135を加えたのではないかと思われる。

　この実験では情報源となるプラットフォームの位置が異なり、しかもそれぞれが異なる動きをしているから、プラットフォームの位置の違いを加味した上でデータを重ね合わせる必要がある。だから、同じ場所にある複数のセンサーの情報を融合するよりもハードルが高い。それを実地に試してみたわけだ。

5.2 射撃指揮とコンピュータ

5.2.1 砲熕兵器の射撃照準

火砲の射程距離が短い時代なら、砲身を直接目標に指向する、シンプルな砲側照準でもなんとかなる。ところが、火砲の技術が発達して遠距離の砲戦が可能になると、命中率を高めるための工夫が必要になる。砲弾は一直線ではなく弾道を描いて飛翔するから、それを精確に算定しなければ、命中が見込めない。

自ら推進力を持つミサイルと異なり、砲弾は装薬を使って撃ち出した時点で、飛翔するために使えるエネルギーが決まる。そして、砲弾を撃ち出したときの方位と初速、それと砲弾の重量で弾道が決まる。そこで、弾道を計算する目的で「弾道学」という学問ができた。発射位置と目標の位置が決まっていれば、事前に計算しておいた弾道のデータを基にして、砲を指向する向きや装薬の量を決められる。

しかし実際には、さらにいろいろな要素が関わる。連続射撃によって熱くなった砲身は微妙に垂れ下がってくるし、装薬の温度は上がる（弾速に影響する）。砲を使い続ければ、砲身の内面は少しずつ磨耗する。そして、気温や湿度、高層気流の影響もある。遠距離射撃になると、地球の自転も考慮に入れる必要がある。

海上の砲戦みたいに、自分と相手のいずれか、あるいは両方が移動していると、さらに射撃が難しくなる。同航戦、つま

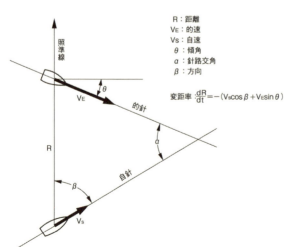

図5.8：対勢図の基本的な考え方。自艦と敵艦の位置関係を幾何学的に示す

> **コラム**
>
> ### 誘導砲弾
>
> 　撃つ前に正しく狙いをつけなければならないから難しいわけで、ミサイルと同様に、砲弾に誘導機構を組み込めば話はいくらかシンプルになる。GPS誘導装置を組み込んであれば、目標の緯度・経度を入力して撃てばよい。もちろん、明後日の方に撃ったのでは修正はきかないが、大雑把な狙いをつけて撃てば、後は砲弾がなんとかしてくれる。
>
> 　そんな誘導砲弾の例としては、ズムウォルト級駆逐艦の155mm艦載砲Mk.51 AGSで使用するLRLAPや、米陸軍のM982エクスカリバーがある。エクスカリバーを127mm径に小型化するエクスカリバー5Nの構想もある。
>
> 　これらは砲弾を最初から新規に設計しているが、それとは別に、既存の砲弾を誘導砲弾に変身させるアプローチもある。砲弾の先端部に信管をねじ込んで取り付けるが、その信管を誘導機構とフィンを内蔵したものに変更する方法だ。本来なら信管だけがあったスペースに誘導機構とフィンとフィン駆動機構を押し込むので、電子機器の小型化がなければ実現不可能な相談だ。
>
> 　その具体例としては、オービタルATK社のM1156 PGK（155mm砲向け）やAPMI（120mm迫撃砲向け）、IAI社がイスラエル陸軍向けに納入することになったトップガン（155mm砲向け）がある。在庫品の砲弾が精密誘導兵器に化けるので、費用対効果がよい。

り自艦と敵艦が同じ針路で並行して走りながら撃ち合う形態であれば、相対的な位置関係は大きく変わらない。しかし実際には、敵艦と自艦が異なる針路をとったり、反航したりする。すると、自艦と敵艦との距離、そして自艦から見た敵艦の位置（角度）が、常に変動する。

　そこで「対勢図」といって、自艦と敵艦の位置関係について幾何学的にまとめた図が必要になる。これ自体は幾何学の問題なので、しかるべきデータがあれば機械でもコンピュータでも計算可能だ。

5.2.2　艦砲射撃における測距と測的

　では、自艦と敵艦の位置関係を知るにはどうすればよいか。

　まず、レーダーや測距儀を使って、敵艦の方位と距離を調べる。測距儀は光学機構を用いて距離を測る機械だが、その際にどちらを向いているかを調べれば相対方位も分かる。ただし、自艦も敵艦も移動しているから、方位も距離も時々刻々と変化する。この、自艦と敵艦の距離の変化を「変距率」という。一方、自艦の針路と速力は、羅針儀と測程儀（ログ）を使えば分かる。

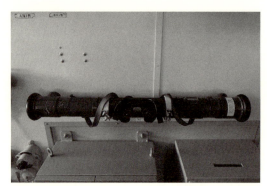

図5.9：海上自衛隊で使っている66cm測距儀。これを手で持って距離測定に使う。中央に接眼部が見える

そして、敵艦の方位と変距率、自艦の針路と速力といった情報があれば、敵艦の針路と速力は幾何学的に計算・推定できる。この作業を支援するため、イギリスで19世紀に「変距率盤」という機械が考案された。

しかし前述したように、考慮しなければならない項目はもっと多い。そこで射撃盤が登場した。射撃盤は機械式の計算機で、前述したようなさまざまなデータを算入して、敵艦までの射距離（照尺量。砲の仰角を決める）、砲を指向する向き、敵艦の移動を見込んだ補正量（苗頭）、といった値を算定する。後は、そのデータに基づいて砲をしかるべき方向に指向して射撃すればよい。

また、昔の艦艇では1隻の艦が複数の砲を装備していたため、それらを統一指揮して同じ目標に指向するという課題があった。しかも、大きな軍艦にいくつも砲を据えると位置が少しずつずれるので、砲ごとに指向する向きを微妙に変える必要がある。それ自体は機械的に計算できるが、計算した結果を砲に伝達する課題が残る。

そこで方位盤が登場した。遠方の敵艦を視認できるように、艦でもっとも高い位置に射撃指揮所を設けて、そこに方位盤を設置する。方位盤には射手がついていて、射撃盤で算定した諸元を基に、方位盤に組み込まれた望遠鏡を使って敵艦を照準する。

砲を指向する方向は、個々の砲塔に設けられた角度通信機に、針の動きという形で伝える。方位盤からの指令を受けて動くのが「基針」、砲が実際に向いている向きを表示するのが「追針」で、砲の側では基針の動きに合わせて砲の向きを変えて、基針と追針が一致する状態を維持するように努める。

こうして、射撃盤が算定した通りの向きに砲を指向したら、方位盤で射手が引き金を引くと砲弾が撃ち出される。基針と追針が一致していないと弾は出ないから、砲塔における追尾をどれだけちゃんとできているかを示す、「出弾率」という言葉もできた。

5.2.3　機械の問題点とコンピュータの登場

　射撃盤にしても方位盤にしても機械仕掛けだから、使っているうちにパーツ

が磨り減ってくる。それでガタが生じれば、当然ながら計算結果も狂ってくる。また、外部からの衝撃を受けて動作に支障が生じることもある。そして、基針と追針を合致させる作業は砲塔任せだから、追尾作業がうまくいかないと、出るはずの弾が出ない。

　そこでコンピュータが登場する。射撃指揮用のコンピュータが砲を指向する方向と俯仰角をはじき出したら、それに合わせて砲塔に指令を出して砲を動かせば済む。そして、かつてのように射撃盤と方位盤が別々になっておらず、単一の砲射撃管制システムになっている。しかし、過去の名残からか、目標捕捉と照準に使用する機材を「方位盤」と呼ぶことがある。

　弾道計算作業をコンピュータ化すると、迅速な算定が可能になるだけでなく、摩耗やガタといった問題もなくなる。もっとも、コンピュータとて故障することはあるし、外部からの衝撃で動かなくなる可能性もあるから、それについては対策が必要だ。

　また、コンピュータはソフトウェアで動作する機械だから、ソフトウェアの改良によって、諸元を算定する際に扱う項目を増やしたり、計算の方法を改善したりできる。歯車を使った機械仕掛けの計算機では、そうした作業を行なおうとすると、すべて作り直しになってしまって大変だ。

　さらに、レーダーや光学機器の改良によって測距精度を高めたり、夜間でも精確に測距できるようにしたり、といった改良を施すことで、射撃精度の改善と交戦可能な機会の拡大につながる。

5.2.4　砲兵の射撃統制と対砲兵射撃

　陸上の砲戦でも砲熕兵器そのものの基本的な原理に違いはないが、以下のような相違点がある。
・対砲兵射撃（counter battery）を避けるために迅速に移動する必要がある
・目標が動かない代わりに高い命中精度が求められる
　だから陸上の砲兵には、洋上の砲戦とは違った難しさがある。

　特に問題になりやすいのが、対砲兵射撃だろう。これは、味方の砲兵が敵の砲兵を攻撃目標とする行為のことで、目標の位置はUAVなどのISR資産、あるいは対砲兵レーダーによって突き止める。対砲兵レーダーは、飛来する砲弾の弾道を逆にたどる形で追跡して、それを発射した火砲の所在を突き止める機材だ。当然、砲撃を行なう側では敵が対砲兵レーダーで警戒していると考えなければならない。

　だから、位置について目標に狙いをつけて砲撃を行なったら、直ちに片付けて移動する。砲撃を行なった後も同じ場所でノンビリしていると、たちまち位

置を突き止められて対砲兵射撃を浴びる可能性がある。迅速に空輸展開するには牽引砲の方が有利だが、大きくて重くて高価な自走砲がなくならないのは、こういう場面で機動性を発揮しやすいからだ。

しかも、位置についたら迅速に射撃を行ない、撃ち終わったらパッと移動しなければならないということは、現在位置の確認、あるいは目標データの取得と砲の指向といった作業を、可能な限り迅速に行なわなければならないことを意味する。

こうした事情により、現代の砲兵隊には、慣性航法装置やGPSを用いた精確な位置標定、ネットワーク化による迅速な目標情報の入手、射撃統制システムによる精確な照準、といった機能を実現できる射撃統制システムを必要としている。単に自走化によって機動力を高めればよいという話ではない。

さらに、同じ場所に長く留まっていられないから、短時間の間に高い打撃力を発揮しなければならない。そこで、同時着弾砲撃（ToT）といって、複数の火砲が同じ目標に対して同時に砲弾を撃ち込んで、一気にカタをつける手法がある。ところが、射撃を行なう複数の砲はそれぞれ位置が異なるから、設定する諸元を変えなければならない。

つまり、射撃統制システムに砲撃する目標と着弾のタイミングを指示したら、射撃統制システムはそのデータと味方砲兵の配備位置情報に基づいて、どの砲がいつ、どこを狙って発砲するかを計算して、個々の砲に指示を出さなければならない。

5.2.5　戦闘機の空対空射撃

戦闘機が空中戦を行なう際につきものの空対空射撃でも、計算の問題が出てくる。射撃距離が短いため、弾道計算の問題はあまり深刻にならないが、それでも無視はできない。それ以上に、自機と敵機の移動速度が桁違いに速い上に機動性も優れていることから、見越し角射撃の問題が大きくなる。

以下の写真は、第二次世界大戦の当時に用いられていた光像式射撃照準器だ。その名の通り、下部に組み込まれた電球でガラス板にレチクル（照星）を投影して、それを使って狙いをつける。ただし、レチクルを投影する場所は自機の真正面に固定されている。戦闘機は機関銃が機体に固定されているから、これでよい。機関銃の向きを変えたければ、機体の向きを変えて対応する。

そこで問題になるのは、自機と敵機の位置関係ということになる。敵機の真後ろについて、直線飛行中に射撃すれば命中する可能性は高くなるが、それを期待するのは無理がある。そもそも、空中戦で敵機の真後ろにつくのは簡単ではないし、直線飛行をしていないことの方が多いだろう。敵機に肉薄して射撃

すれば問題を緩和できるが、それは新米には辛い。

そうした事情から、戦闘機同士が機関銃で撃ち合う場合、その大半は旋回しながらの射撃、あるいは真後ろ以外からの射撃になる。旋回中、あるいは斜め方向からの射撃では、自機と敵機の位置関係が時々刻々と変動するから、敵機に直接狙いをつけて機関銃を撃っても当たらない。撃った弾が敵機の位置に達するまでに、

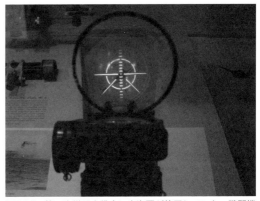

図5.10：第二次世界大戦中に米海軍が使用していた、戦闘機用の射撃照準器（National Air and Space Museum所蔵）

敵機は何十メートルも移動してしまっているからだ。すると、弾丸は敵機の後ろを通り過ぎてしまう。

したがって、敵機が今いる場所ではなく、銃弾が撃ち込まれたときに敵機がいるべき場所を照準する必要がある。これが、いわゆる見越し角射撃だ。その見越し角の計算をパイロットにやらせる代わりに、照準器がやれば良いという考え方ができた。いわゆるリード・コンピューティング・サイトのことだ。「リード」とは見越し角のことで、「見越し角を計算してくれる照準機」という意味になる。イギリスで考案されたものを米陸軍が採用した「K-14」が、広く知られている。

通常の照準機では、照準器のガラスに投影されるレチクルは1個だけだが、K-14では2個のレチクルを投影する。ひとつは機体の軸線に沿って直接照準したときのレチクル、もうひとつは自機の動きを使って見越し角を補正したレチクルの2種類だ。

そして、後者のレチクルに敵機が入るように追尾飛行しながら、スロットルレバーのグリップを回転させて敵機の翼幅をセットする。射撃距離の情報については、事前に設定しておく（当時の戦闘機は、複数の機関銃の射線が数百メートル先で交差するように調整したので、それに合わせておくのが合理的だろう）。そして、自機の動きはサイトが内蔵するジャイロによって把握できる。こうした諸元を使って、見越し角の計算を行なう仕掛けだ。

これにより、補正用レチクルに敵機を捉えながら機関銃を撃てば、命中することになっている。平時ならともかく、一人でも多くのパイロットが欲しい戦時には、できるだけ短い訓練期間でパイロットを戦線に送り出したいので、機械の助けによって誰でも正確に弾丸を命中させられるようにする方が合理的だ。

こうした作業も艦艇の砲戦と同様、コンピュータ化によって速度・精度の向上を期待できる。K-14はジャイロを使って機械的に補正していたが、レーダーを使って敵機の動きを継続的に追跡すれば、さらに精確に狙いをつけられる。計算をコンピュータ化することで複雑な計算処理が可能になるし、処理速度も信頼性も向上する。

5.2.6 戦車砲の射撃統制

英語で書くと同じFCSだが、陸戦兵器の分野では慣例的に「射撃統制システム」と呼び、航空機や艦艇の「射撃管制システム」とは異なる。それはともかく。

陸戦で用いる砲熕兵器としては、榴弾砲や迫撃砲、そして戦車砲がある。前二者は静止目標に向けて撃つものだが、戦車砲は相手が移動していることもある。すると、他の砲熕兵器と同様の弾道計算だけでなく、戦闘機の機関銃と同様の見越し角射撃も必要になる。さらに、行進間射撃、つまり走りながら射撃するためには、走行によって生じる自身の移動だけでなく、その際に発生する振動・衝撃・姿勢変化も考慮に入れる必要があるので、独特の難しさがある。

そのため、より精確な射撃を実現する目的でコンピュータ仕掛けの射撃統制システムを導入しているのは、他の分野と同様だ。目標の距離、変距率、方位変化率、自身の針路や速度などといったデータを基にして諸元を算出する考え方、風向・風速・砲の射撃歴・砲の温度などのデータが影響する点についても、基本的には共通性がある。レーザー測遠機が一般化する前は光学式のレンジファインダーを使用していたが、これも艦砲用の光学測距儀と同じ原理だ。（そういえば、艦艇では測距儀

図5.11：陸上自衛隊の90式戦車が使用している、砲手用の射撃照準器（陸上自衛隊広報センターにて）

というが、陸では測遠機という。ここでも用語が違う）

具体的にどう操作するかというと、砲手が照準器で目標を捕捉して、レーザー測遠機のボタンを押す。すると、レーザーが目標までの距離を測り、コンピュータが距離やその他のデータを取り込んで砲の向きを計算するとともに、砲をしかるべき向きに指向する。そこまでできたら、砲手が引き金を引く。ただし、コンピュータや射撃統制システムが故障したり、被弾によって破壊されたりする可能性もあるので、目測で照準する訓練も忘れない。

5.2.7 自由落下爆弾の照準

自由落下爆弾も砲熕兵器と同様に、精確に命中させるのが難しい。

水平直線飛行している飛行機から投下した爆弾であれば、機体の進行方向と速度、投下する爆弾の弾道などを考慮しながら狙いをつけることは不可能ではない。しかし、実際には回避機動によって機体の動きがぶれたり、強風で弾道がずれたりする。モスキートが得意とした低高度・緩降下爆撃、あるいは艦爆のお家芸である急降下爆撃は、こうした要素を減らすための工夫だといえる。

有名なノルデン爆撃照準器が、他の爆撃照準器と比べて精確に爆撃できるとされたのは、「爆撃手が狙いをつけてパイロットに口頭で指示を出して、それを受けてパイロットが操縦する」という方式から、「爆撃手が狙いをつけると、それに合わせて自動的に機体が追従する」というやり方に変えたからだ。それにより、爆撃照準に対する機体の追従を確実なものにして、かつ機体の針路のブレを抑えることで、精確に当たるという話になる。

それでも、精密というのは比較の問題で、現代の精密誘導兵器とは比べものにならない。だから、ひとつの工場をつぶすために、数百機から1,000機以上の爆撃機を送り込んで、「面」で制圧する必要があった。

そこでジェット機時代になって、爆撃コンピュータが登場した。これは、目標と自機の位置関係を光学的に、あるいはレーダーなどの手段によって把握した上で、投下する爆弾の弾道を計算して、パイロットに対して針路や投下タ

図5.12：ノルデン爆撃照準器（National Air and Space Musuem所蔵、筆者撮影）

イミングの指示を出すものだ。そこで出てくる言葉がふたつある。

ひとつは、連続算出命中点（CCIP）。これは、「現時点で投下したらどこに当たるか」を示す方法だ。CCIPでは、その時点で投弾したときに命中する地点をリアルタイムで算定して、予測命中点を示す照準シンボルをHUDに表示する。シンボルが目標と重なったところで、手動で投弾を指示すると命中する（はずだ）。

たとえばF-16で爆撃を行なう場合、HUDの表示を見ながら、上下に伸びる照準線が目標に合うように機体を操り、目標に向けて突っ込む。すると、位置関係の変化にしたがってHUDの表示内容が変化する。照準線の下端にある「デス・ドット」が目標と重なったところで爆弾を投下すると、命中する（はずだ）。

もうひとつは、連続算出投下点（CCRP）。これは、「指定した地点に当てるには、どこで投下すればよいか」を示す方法だ。事前に入力した目標の位置と、爆弾の弾道特性、投下の際の機体の速度・針路・姿勢といった要素に基づいて爆撃針路や適切な投下点を算定して、爆撃針路に関する情報をHUDに表示する。パイロットはそれに沿って機体を飛ばして、事前に計算しておいた投下点（リリース・ポイント）に達したところで兵装を自動投弾する。

似たような仕掛けで、米海兵隊のA-4MスカイホークやAV-8BハリアーIIが機首に備えている、AN/ASB-19角度変化率爆撃システム（ARBS）がある。ARBSはカメラを内蔵しており、これで目標を捕捉すると、機体が動いても目標を捉え続けながら角速度の変化を検出する。それに基づいて、最適な爆弾投下のタイミングを教えてくれる仕組みだ。

もちろん、機体の針路がぶれたり、予想外の横風が吹いたりすれば外れる可能性はあるが、大戦中に用いられていたような簡単な爆撃照準器、あるいは目分量で投下のタイミングを計る方法と比べれば、はるかに精度が高い。その代わり、使用する爆弾の弾道特性を爆撃コンピュータが承知していなければ計算

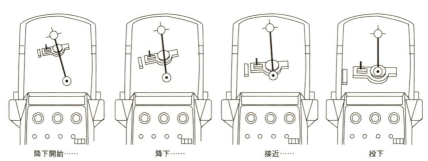

図5.13：CCIPに基づいて爆撃を行なう際の、HUDの表示内容。照準線の下端にある「デス・ドット」が目標と重なったところで投下する

ができないので、そこら辺にある爆弾を適当に積み込んで出撃する、ということはできない。

爆弾が落下する際に描く軌道は、重量や空気力学的特性によって異なる。そうしたデータを爆撃コンピュータが知らなければ、爆撃コンピュータが想定したものと異なる弾道を落下して、ハズレ弾になってしまう。そのため、事前にコンピュータ・シミュレーションや投下試験を実施して、データを揃えておかなければならない。

航空機の場合にはさらに、兵装を搭載したときの空力特性や振動、兵装が正常に分離できるかどうか、といった試験も行なわなければならない。だから、事前の試験によって問題なく使えると確認する必要がある。使用承認を得た兵装以外のものを勝手に積み込むような真似は、現在では許されない。

5.2.8 インターフェイスと信号線

機関砲や火砲であれば、雷管をひっぱたくだけで弾が出るので、射撃管制システムの仕事は、砲身や銃身をどちらに指向すればよいかを計算する作業になる。ところがミサイル・誘導爆弾・ホーミング魚雷といった誘導機能付き兵装の場合、兵装が備える誘導システムに対して、どこに行って何をすればいいのかを教えてやる必要がある。そのため、FCSと兵装の間で情報のやりとりが発生する。

情報のやりとりを行なうには、まず物理的な手段、つまりケーブルで接続する必要がある。たとえば、戦闘機のミサイル発射器に搭載したミサイルを見ると、発射母機との間をケーブルでつないでいる様子が分かることがある。

兵装の種類ごとに専用の発射器を用意すれば話は簡単だ。ところが、ひとつの発射器が複数の兵装に対応している場合もあり、そうなると信号線の数が問題になる。ミサイルによって使用するケーブルや信号線の数が異なる場合、最初は余裕をもたせて信号線を用意しておいても、搭載するミサイルの数が増えると信号線が足りなくなる可能性があるからだ。

たとえば、F-16が装備するLAU-129/Aミサイル発射器は、AIM-9サイドワインダーとAIM-120 AMRAAMに対応する。しかも、サイドワインダーもAMRAAMも複数の型式があるので、特にミサイル本体に大改良を施した場合には、信号線が増える可能性がある。すると、発射器の信号線が足りないせいで、特定のモデルのミサイルを搭載できない事態も起こり得る。

問題になるのは信号線の数だけではない。信号線を通じて、何の情報をどういう形で伝達するかも決めておく必要がある。これが兵装ごとに異なると、その兵装に指示を出すFCSの側では、新しい兵装が加わる度にソフトウェアを書

き直す必要がある。

　そうした問題を解決するため、米空軍が音頭をとって、汎用兵装インターフェイス（UAI）という計画がスタートした。兵装の種類に関係なく、FCSやミッション・コンピュータから兵装に同じやり方で指示を出せるように、ソフトウェア面の仕様を統一しようというものだ。狙いは、新たな兵装を搭載する際の手間と経費を減らすことにある。米空軍だけでなく、NATOの仕様として位置付けており、アメリカ以外の国でも導入の動きがある。

　すでに基本となるインターフェイス管理文書（ICD）はできており、まずF-15Eのソフトウェアをスイート6にバージョンアップする際に導入を開始した。もちろん、F-35もUAIに対応している。UAIを構成する物理的な要素は、MIL-STD-1760データバスと兵装用小型化インターフェイス（MMS）の組み合わせだ。

　兵装の方は、AGM-158 JASSMとJDAMが最初に対応したほか、2010年にレイセオン案の採用が決まったGBU-53/B　SDBインクリメントIIも、投下前のデータ送り込みにUAIを使用する[23]。アメリカ以外では、フランス製の誘導爆弾・AASMことハマーがUAIに対応している。

　しかし、UAIの利用が広まってくると、今度はUAI対応の兵装を従来型の機体に搭載するニーズも出てくる可能性がある。そこを狙ってレイセオン社が自主開発したのが「Envoy」という製品。旧称を「Interface Bridge」といい、ソフトウェアとオプション・ハードウェアの組み合わせで構成する。UAI対応の新しい兵装と古い機体の間を取り持ち、メッセージの中継・変換を担当するもので、その際にミッション・コンピュータのソフトウェア（OFP）やハードウェアを修正しなくても対応できるとの触れ込みである。

5.3 精密誘導兵器とコンピュータ

5.3.1 精密誘導兵器の理想は撃ち放し

　前節で取り上げた射撃管制は、火砲の砲弾、機関銃の銃弾、あるいは自由落下爆弾といった、発射・投下後のコントロールが不可能なものを対象としていた。いずれも、発射あるいは投下する時点で狙いをつけておく必要がある。

　それに対して、自ら誘導機構を持ち、目標に向けて誘導する機構を備えた兵装、いわゆる精密誘導兵器がある。ミサイルだけでなく、自由落下爆弾に誘導機構を追加して精密誘導兵器に仕立てた「誘導爆弾」、火砲の砲弾に誘導機構を追加した「誘導砲弾」、魚雷に誘導機構を追加した「ホーミング魚雷」といったものがある。そちらの誘導機構とコンピュータの関わりはどうなっているのか。

　初期のミサイルでは、誘導機構が嵩張ってミサイル本体に組み込むことができず、射手がミサイルと目標を目視しながら、無線指令誘導によって飛翔させていた。その場合、誘導指令を出すのは人間の仕事になるから、射手には熟練が求められる。しかし、それでは無線指令が妨害や干渉を受ける可能性がある。また、ミサイルが命中するまで指令操作を続けなければならないから、発射元となるプラットフォームや誘導を担当する射手が危険にさらされる。

　だから、兵装に目標を指示した後は自分で勝手に飛んでいってくれる、いわゆる撃ち放し式が理想だ。そこで誘導操作をコンピュータ化しようとすると、捕捉するだけではダメで、その情報に基づいてどうやって誘導指令を出すか、というロジックの問題がある。

　すると、誘導機構が「頭脳」を持つ必要があるから、コンピュータの出番となる。もちろん、鍵を握るのはコンピュータのソフトウェアだ。ダメなソフトウェアが動作する兵装では、動作もダメなものになる。小型で信頼性が高いセンサーと電子機器が必要になるのはいうまでもない。

5.3.2 誘導のロジック

さて。目標が停止している場合には、そこに狙いをつけて飛んで行けばいい。単純に考えると、捕捉した目標が兵装の前後軸線上に位置するように針路を修正し続ければ、最後には命中すると考えられる。

人間が歩いたり、自転車やバイクや自動車を運転したりするときには、針路上に何かいるとぶつかってしまうから、それを回避するように操縦する。その逆をやるわけだ。

ところが、対空射撃のように目標が移動していると、話が違ってくる。一応、目標の尻を追いかけ続ける方法でも誘導はできるが、それでは経路が大回りになってしまい、結果として有効射程が短くなる。これを単純追跡経路 pure pursuit course という。別名を「犬追い曲線」というが、猟犬が獲物を追いかけるときの動きに似ているからだそうだ。

そこで、比例航法proportional navigation という考え方が出てきた。目標の未来位置に向けて先回りする方法のひとつだ。細かい話を始めると計算式がいろいろ並んでややこしいことになるので、基本的な考え方だけ要約しよう。

飛来する目標に向けて兵装が飛翔している。目標が真正面から飛来するのでない限り、兵装から見た目標の角度は少しずつ変化していく。その角度変化率に比例する形で、兵装の飛翔角度を変化させていく。目標と兵装が互いに正面衝突するコースにある場合、見通し線の角度は変化しない。それなら兵装の針

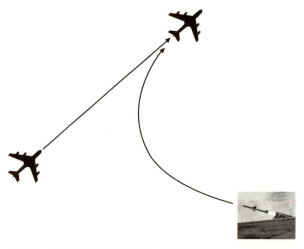

図5.14：目標の尻を追いかけ続けると経路が曲線状になり、その分だけ飛翔距離が延びる。発射位置と会敵位置を結ぶ直線は、その分だけ短くなる（つまり射程が短くなる）

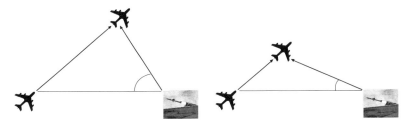

図5.15：比例航法は、目標に対する角度の変化率に比例する形で針路を修正する。左は目標の速度が速く、角度変化率が大きいので、兵装の飛翔角度変化も大きい。右は目標の速度が遅いので、角度変化率は小さく、兵装の飛翔角度変化も小さい。比例航法は単純追跡経路よりも大回りが少ないので、その分だけ射程が伸びたのと同じ効果を得られる

路を修正する必要はない。

　小難しい文章で書くと、「（兵装から目標を見たときの）見通し線の回転角速度に、ミサイルの速度ベクトルの回転角速度を比例させて修正する」となる。その修正量が見通し線の角度変化に比例するから、比例航法という。

　どこかで聞いたような話だと思ったら、機関砲を撃つときの見越し角射撃と似たところがある。目標の前方を狙って狙いをつけるが、その際の差分（見越し角）は、目標が移動する方向と速度によって増えたり減ったりする。それと似ている。

　誘導制御のロジックの基本はこういう話になるが、それを機械的に実現しようとしていたのが昔の話で、コンピュータ制御で実現するのが現代の話である。

5.3.3　指令誘導

　神代の時代のミサイルでは、無線指令誘導を用いた。要するにラジコンだ。第二次世界大戦でドイツ空軍が導入したHs293やフリッツXが典型例で、弾体の尾部に取り付けた発光体を見て位置を確認しながら、発射母機の搭乗員が無線で指令誘導を送っていた。

　戦後でも、米海軍が開発したAGM-12ブルパップ空対地ミサイルや、AT-3サガー（9M14マリュートカ）対戦車ミサイルなど、視覚と遠隔操作指令を組み合わせたミサイルはいろいろある。

　面白いのは対戦車ミサイルで、無線ではなく有線誘導が主流だ。その方が作りやすいし、射程が短いから有線でも対応できる。その代わり、飛翔中に誘導線が切れるリスクはある。魚雷でも有線誘導のものがあるが、魚雷もソナーを内蔵しており、場面に応じて使い分ける点が対戦車ミサイルと違う。

　目標を捕捉・追跡する部分を人間の眼、いわゆるMk.Iアイボールに任せることができるので、技術的なハードルは低い。その代わり、命中精度を高める

には限度があるし、視界が効く範囲内でしか使用できないから用途が限られる。また、命中するまで目標の視認と誘導を続けなければならないので、発射や誘導を担当する兵士の安全性に問題がある。

　初期の無線指令誘導ではラジコン機と同様、ミサイルそのものの操縦操作を直接、ジョイスティックを使って指示していた。その後、BGM-71 TOW対戦車ミサイルに代表されるような、自動化した指令誘導が登場した。いわゆる半自動見通し線指令誘導（SACLOS）で、安価かつ小型にまとめる必要がある対戦車ミサイルに導入事例が多い。

　これは、照準器を使って目標を捕捉し続けることで、射手と目標を結ぶ直線（見通し線）を定めて、その線に乗るようにミサイルに指令を出すという理屈。見通し線から外れたら針路修正の指令を出す。だから、射手が目標を直接視認できないと誘導が成り立たない。

　もともとTOWは有線誘導だったが、2014年にTOW-2A/2Bの無線指令型（BGM-71E/F-RF）も登場した。有線誘導だと誘導線の長さで最大射程が決まってしまうが、無線誘導ならそういう物理的制約はないし、誘導線が途中で切れる問題もない。

5.3.4　TVカメラ誘導

　速度が遅く、射程が短い対戦車ミサイルなら無線指令誘導でも良いが、空対地ミサイルでは、この方法は現実的ではない。そもそも、発射母機が高速で移動しているので、地上に留まって発射する対戦車ミサイルとは事情が違う。また、敵の対空砲にやられる危険を減らすためには、兵装の射程もできるだけ長くして、かつ、撃ち放し式にしたい。

　そこで、TVカメラを利用する誘導が登場した。兵装の尖端部にTVカメラを取り付けて、その映像を発射母機の操縦席に設けたディスプレイに表示させる。パイロットや兵装システム士官（WSO）はそれを見て、目標を指示した上で発射する。すると、兵装は指示された目標の映像を確認しながら飛翔コースを修正して、命中する。もちろん、TVカメラの映像はできるだけ鮮明であってほしい。

　そこでカメラをデジタル化するとともにコンピュータを導入すると、映像をコンピュータで処理できるようになる。つまり、カメラが捕捉した映像をデジタル・データとしてコンピュータに取り込み、特定のパターンを認識する等の方法で目標を識別するわけだ。

　市販のデジタルカメラで「顔認識」「ペット認識」「スマイルシャッター」なんていうことが実現できる御時世だ。特定のパターンに一致する映像を拾い出

してロックオンできても不思議はない。とはいえ、可視光線に頼る以上、夜間や悪天候下では使えない。

なお、兵装と発射母機をデータリンクで結んで、送られてきた映像を見ながら指令を送る方法もあるが、目標の近所をウロウロしていると撃墜されかねないので、離れた場所から指令を送る方が望ましい。AGM-62ウォールアイ滑空爆弾のように、誘導指令を出すためのデータリンク・ポッドを用意した事例もある。

5.3.5 赤外線誘導

そこで、夜間でも使える手段として赤外線映像が登場する。熱を発する人体や機械だけでなく、自然のものも何らかの赤外線を発しているため、それを感知するセンサーを実現できれば、赤外線誘導が可能になる。

最初に赤外線誘導が登場したのは空対空ミサイルの世界で、いわずと知れたAIM-9サイドワインダーが発端だ。初期型のサイドワインダーは、赤外線の発信源を感知する手段として硫化鉛（PbS）を使用していた。この物質には、赤外線で飽和すると電気的特性が変わる性質がある。ということは、赤外線放射を探知することで生じる電気的特性の変化を電気信号として取り出し、それを誘導機構の駆動指示に変換すれば、ミサイルは赤外線の発生源に向かって飛んでいく。

もうちょっと細かく書くと、検出装置の光軸をグルグル回して、どの角度を向いたときにもっとも強い赤外線を検出するかを知る。といっても実際に高速回転させるのは難しいから、スリットを空けたレチクルを検出装置の前でグルグル回す方法を使う。これだけなら機械とアナログ電気回路で処理できるし、実際、初期型のサイドワインダーはそうやっていた。

しかし、赤外線誘導式空対空ミサイルの存在が知れ渡ると、矛と盾の故事と同様、相手は回避策や妨害策を講じてくるようになった。そもそも、初期の赤外線誘導ミサイルは敵機の真後ろに回り込まなければ目標を捕捉できなかったし、太陽やフレアなど、より強力な熱源があると騙されてしまう。

そこで対抗策への対抗策として、検知能力の向上に加えて、検知可能な赤外線の範囲（波長の範囲）の拡大を図った。さらに、赤外線の発生源を「点」ではなく「映像」とみなす方法が加わった。「点」として検知するだけではエンジンも太陽もフレアも似たようなものだが、「映像」であれば、同じ波長の赤外線でも結果が違ってくるから、「飛行機の形をした赤外線映像」を追えるミサイルを開発すればよい。

赤外線映像を得るには、複数の赤外線センサーを束ねて、赤外線を発する点

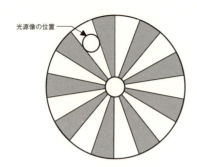

図5.16：赤外線シーカーで使用するレチクルの例。目標が中心線上にいれば、連続的な赤外線を受光するが、目標が中心線から外れると、レチクルの縞々によって断続化された赤外線信号になる。スリットが放射状になっているから、中心に近い場合と外れた場合とで振幅が変わり、どれぐらい外れているかが分かる

の集合体として目標を捉える必要がある。束ねた個々のセンサーごとに赤外線の強弱を調べることで、赤外線映像を得られる。その情報をコンピュータで解析して、飛行機の形をしたものを選り分けて、そちらに向かって飛んでいくように誘導指令を発すればよい。

つまり、画像認識の対象が可視光線から赤外線映像に変わるわけだが、鮮明さでは可視光線の方が勝る上に、画素数がそんなに多いわけではないから、可視光線映像みたいな鮮明なパターンを得ることはできない。

空対空ミサイルだと、たとえばAIM-132 ASRAAMは128ピクセル×128ピクセルしかないから、「赤外線発信源の点」が「飛行機のような形をした何か」に変わるぐらいだろうか。お絵かきソフトで128ピクセル×128ピクセルのキャンバスを用意して画を描いてみれば、それほど精細な画を描けないのは容易に分かる。

だから、我々が目で見て「ここに向けて誘導する」と考えるのと同じ理屈は成り立たず、「背景とのコントラストがもっとも明瞭な場所に向けてホーミングする」とか、「赤外線を発している部分の面積・形状に基づいて"重心"を算出、そこに向けてホーミングする」といった手を使う。

この画像赤外線誘導は、対空ミサイルだけでなく、対地・対艦ミサイルにも応用できる。前述したTVカメラ誘導のTVカメラが、赤外線センサーに置き換わる図式だ。対地・対艦ミサイルの方が、先に挙げたASRAAMよりも画素数が多いシーカーを使っていると思われる。弾体が太い分だけ、シーカーの面積を大きくする余地はあるはずだ。

5.3.6 ビームライド誘導

読んで字のごとく、「ビーム」に「乗って」飛んでいく誘導方式。射撃管制システムから目標に向けてレーダー電波、あるいはレーザーを照射して、ミサイルはそこから外れないように飛翔する。

単純に考えると、目標にビームを当てて追い続けて、そこに兵装が乗っかってくれれば良さそうだが、それでは大回りの単純追跡経路になってしまう。そ

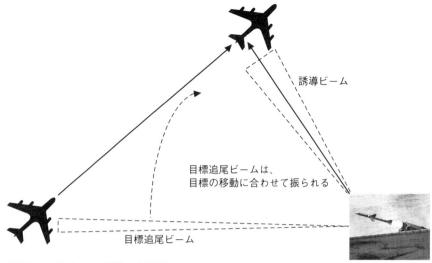

図5.17：ビームライド誘導の基本概念

こで、「目標を捕捉・追尾して諸元を得るための目標追跡ビーム（トラッキング・ビーム）」と「兵装が実際に乗って飛翔するための誘導ビーム」を分離して、両者を別々のアンテナから独立して発信できるようにする。

　兵装の方は、誘導ビームの中心からどれぐらい外れているかを知る仕組みが必要になる。単純な方法では、先端と尾端にそれぞれアンテナを設けて、中心から外れたら誤差電圧を発生させる。制御機構は、その誤差電圧が小さくなる方向に針路を修正する理屈だ。

　ビームライド誘導は、初期の対空ミサイルで多用された方式だ。この方式が能書き通りに機能するかどうかは一にも二にも、ビームが正しく目標を指向し続けられるかどうかにかかっている。

　目標が高速で移動している航空機だと、これは簡単な仕事ではないし、そこで急速な針路変換をやられると、さらに追尾が難しくなる。また、ビームは距離が遠くなるほど広がってくるので、その分だけ精度が落ちる。つまり長距離射撃には向かない。

　そういった事情、そして電子機器の小型化・高性能化が進んだことから、目下の対空ミサイルの主流は、後述するレーダー誘導に移っている。

　しかし、タレス社（旧ショート・ミサイル・システムズ）のスタースリークみたいに、レーザー・ビームライドを使っている事例は現在でも存在する。余談だが、スタースリークは炸薬弾頭を持たず、先頭に組み込んだ3個の鏃（ダート）を目標に直撃させる方式をとっている点でもユニークだ。

5.3.7 レーダー誘導

レーダーはもともと、目視で目標を探知できない夜間や悪天候下、あるいは遠距離で、航空機や艦艇を探知する手段として登場した。ということは、夜間や悪天候、あるいは遠方の目標に対して兵装を誘導する手段としても、レーダーを利用できることになる。

簡単にまとめてしまったが、これを実際に具現化するのは簡単ではない。まず、レーダー機器を兵装の中に押し込むだけでも、エレクトロニクスが進化していなかった時代には大変な困難がつきまとった。

しかも、機動時にかかる重力加速度、輸送・保管・搭載・発射などの際にかかる衝撃と振動、幅広い温度変化、雨水の浸入、といった厳しい環境条件に耐えられる電子機器を作らなければならない。そのため、信頼性が高いレーダー誘導兵器が登場するまでには、長い時間がかかった。

AIM-7スパローⅢ空対空ミサイルがセミアクティブ・レーダー誘導（SARH）を採用したのも、レーダー受信機と送信機の両方をミサイルの中に押し込むのが難しかったためだ。セミアクティブ方式なら送信機はプラットフォームに任せて、ミサイルには受信機と誘導機構を内蔵するだけで済む。

AIM-7を例にとると、弾体の前後に受信用アンテナを持ち、先端のアンテナは目標からの反射波を、後方のアンテナは発射母機からの誘導指令波を、それぞれ受信する。反射波は目標の移動によってドップラー偏位を生じるので、元の誘導指令波よりも周波数が高い。そこで両者を受信・比較することで、誘導指令波にホーミングして発射母機に逆戻りする事態が起きないようにしている。

ここまではコンピュータ以前、エレクトロニクス技術の話だが、もちろんコンピュータも重要な役割を果たしている。他の誘導方式で妨害が行なわれるのと同様に、レーダー誘導でも妨害電波やチャフのような妨害手段があり、それへの対抗策が必要になるからだ。妨害電波を浴びた場合、そのことを認識して周波数変換などの対応行動をとらなければならない。チャフであれば、偽目標と本物の目標を識別する判断能力が求められる。

また、地上や海上の目標を攻撃する兵装では、目標からの反射波と、地上や海面からの反射波を選り分ける作業も必要になる。対空兵装でも、下方にいる目標を攻撃する、いわゆるシュートダウンでは同じ問題がある。そこで多用される方法がドップラー効果の利用で、動かない地面や海面からの反射波と、動いている目標からの反射波を比較して、ドップラー効果の有無を基に、動いている目標だけを選り分ける。

5.3.8 レーザー誘導

レーザー誘導とはその名の通り、レーザー光線を誘導に利用する方式を指す。ただしレーダー誘導と異なり、武器にレーザー発信機を組み込むことはない。別のところからレーザー照射を行なって、目標から円錐状に広がる反射波をたどって誘導する、いわゆるセミアクティブ・レーザー誘導（SALH）を使用するのが通例だ。

レーザー照射を行なう手段としては、航空機や車両が搭載するレーザー目標指示器と、個人で携帯するレーザー目標指示器がある。同じ場所で同時に複数のレーザー誘導兵器を使用する場合、誘導に使用するレーザーの"混信"が発生すると困るので、個別にレーザー・パルスの内容を変えることで対処している。

この程度であれば1960年代から実用化しており、すでに成熟した技術だ。コンピュータ化が役立つのは、機械部分を減らすことによる構造簡素化や、精度・信頼性の向上といったあたりになる。

5.3.9 精度の向上と低威力化の傾向

こうして、状況に応じてさまざまな誘導方式を使い分けることで、武器の精密誘導化が可能になった。このことが、武器開発に関してさまざまな影響をもたらしている。

第二次世界大戦の頃であれば、「精密爆撃」といってもそれはあくまで相対的な話で、現在の「精密」とは話が違う。そのため、ひとつの目標を破壊するために1,000機の爆撃機を送り込んで面制圧するしかない、という状況だった。

しかし現在では精密誘導兵器を活用することで、重要目標に一発必中のミサイル、あるいは爆弾を送り込むことができる。といっても、本当に百発百中の命中率を期待できるとの保証はできないため、予備の機体や兵装の用意は欠かせない。それでも、必要な兵装やプラットフォームの数は少なくなった。

そして、兵装を正確に命中させることができれば、必ずしも大きな威力を必要としない場合も少なくない。地下深くに掘られたトンネルに隠蔽されているウラン濃縮施設であれば、4,700ポンドの貫通爆弾・GBU-28/B "ディープ・スロート"が必要かも知れないが、地上に出ている建物を破壊するのであれば、そんなデカブツは必要ない。むしろ、大型で威力が大きい兵装を投下すると付随的被害を発生させてしまう。

特に21世紀に入り、不正規戦・対テロ戦に重点が置かれるようになったこと

図5.18：BAEシステムズ社が「国際航空宇宙展2016」に展示したAPKWS IIの先端部クローズアップ。ここに、レーザー誘導用のシーカーと、制御用フィンと、フィン駆動機構がおさまっている

で、この傾向が加速した。多くの場合、テロ組織が構える拠点は強力な防護を備えているわけではないので、威力が小さい兵装でも目的を達成できる。たとえば、テロ組織の首領が乗った乗用車、あるいはテロ組織が拠点にしている民家を破壊するのであれば、AGM-114ヘルファイア対戦車ミサイルでも威力過剰だ。

そこで、小型の精密誘導兵器によって必要最低限の破壊をもたらす、という考え方ができた。その方が、付随的被害を抑えられるので政治的にも具合がいい。また、兵装を小型化すれば搭載可能数が増える利点もある。そして、ステルス機の機内兵装倉に搭載するにも都合がいい。

そういった考え方に基づいて開発された兵装の例として、以下のものがある。

・GBU-39/B SDB
・APKWS（BAEシステムズ製）
・GATR（ATKとエルビット・システムズの共同開発）
・タロンLGR（レイセオン社とEAI社の共同開発）
・DAGR（ロッキード・マーティン製）

SDBはまっさらの状態から、滑空性能を高めてスタンドオフ性能を持たせる形で開発した誘導爆弾だ。SDBにはFLMという派生型があるが、これは通常なら鋳鉄製とする弾体を複合材料製に変更したものだ。鋳鉄製弾体は、内部の炸薬が爆発すると弾片を撒き散らして周囲のものを破壊する。それに対してFLMは、破片よりも爆風によって目標を破壊するという考え方で、ソフト・ターゲットを対象にして使用する。

余談だが、ケーシングの材質を変更すると、爆弾が軽くなってしまう。当然

ながら、それによって弾道特性が変化するため、爆撃コンピュータにデータを設定し直す必要がある。そうした手間を回避するため、FLMでは炸薬の重量を増して、総重量を現行型と揃える工夫をしている。

一方、APKWS・GATR・タロンLGR・DAGRはいずれも、非誘導の2.75inロケット弾にレーザー誘導シーカーを追加して、精密誘導兵器に変身させるものだ。2.75inロケット弾の炸薬量は1～2kg程度と少ないが、これでもソフト・ターゲットであれば十分に用が足りる。しかも既存のロケット弾の在庫を転用できるため、経済的というわけだ。

5.3.10　精密誘導兵器と敵味方識別

精密誘導兵器の導入によって目標を精確に攻撃できるようになったとしても、その目標を間違えたのでは意味がない。友軍を誤射・誤爆するのも、無関係の民間人を巻き添えにするのも、いずれも問題がある。しかも、そうした誤爆は政治的なダメージにつながり、戦闘行動の目的そのものを危うくする危険性すらある。

対空・対艦戦闘では、敵味方識別装置（IFF）が用いられている。レーダーなどに組み込まれたIFFインテロゲーターが電波を使って相手を誰何すると、それを受信した側の航空機や艦艇が搭載するIFFトランスポンダーが応答する。その際に、IFFトランスポンダーに適切な識別コードを設定しておくことで、何者なのかが分かるようになっている。

西側諸国で使用しているIFFでは、誰何に1,030MHz、応答に1,090MHzのパルス波を用いる。取り扱う情報の種類や用途の違いにより、複数のモードがあるが、その内訳は以下の通りだ。

・モード1：軍用のセキュリティ識別用で、識別コードは2桁。数値範囲はそれぞれ0～7と0～3なので、順列組み合わせの合計は8×4＝32種類（5ビット）。
・モード2：固有識別用で、識別コードは4桁。戦闘機のように地上でのみ設定できる場合と、輸送機のように機上で飛行中に設定できる場合がある。
・モード3：トラフィック識別用で、民間機のモードAと同じ。識別コードは4桁、数値範囲はそれぞれ0～7なので、順列組み合わせの合計は4,096種類（12ビット）。ただし、緊急モード用の「7700」みたいに予約済みのコードもあるので、実際に任務飛行で利用できるコードはもっと少ない。
・モードC：高度情報の報告用で、軍民両用。識別コードは4桁。
・モード4：軍用機専用で、インテロゲーターとトランスポンダーの間のやり取りを、KY-58のような秘話装置を使って暗号化する。秘話装置には日鍵

（WOD）と時間鍵（TOD）をセットして利用する。

・モードS：民間機用の新しい二次レーダーで、誰何の際に問い合わせる内容を選択式にして、それに合わせた複数の情報様式を定義した。一般的に用いるのは24ビット（16,777,216通り）のアドレスで、これを国ごとに異なるグループに分けて配分・利用している。

・モード5：軍用の新しいIFFで、民間用のモードSトランスポンダーと位置情報発信機能のADS-Bに、暗号化機能を付加したもの。認証レベルが二段階あり、レベル1ではモード4と同様に識別コードの数値を設定するのに対して、レベル2では位置情報などの追加情報を併用することで秘匿性を高めている。

もちろん、ニセモノが現われたのではIFFの意味がなくなってしまうので、秘匿性やなりすましを防ぐための仕組みが取り入れられている。

ところが、陸戦になると敵味方の識別が難しい。まず、対象が車両や個人といった小さな単位になるため、数が多い。しかも、建物や地形などによって通信が阻害される可能性があるため、電波を使って誰何すればよい、と単純に片付けることができない。数が多いだけに、コストを抑えることも必要になる。

陸上の車両や歩兵同士が交戦するときだけでなく、航空機を使った対地攻撃でも敵味方識別が問題になる。特に、敵と味方が近接している状態で行なう近接航空支援ではリスクが大きいし、実際、誤射による同士撃ちの被害事例もある。

そのため、戦場向け敵味方識別（BTIDまたはCCID）についてはさまざまなアイデアが出されており、演習を利用した実験も行なわれている。友軍の位置情報をすべて把握できていれば敵味方の識別材料になるし、実際、データリンクを通じてそうした情報を共有するテクノロジーはある。また、航空機と同様にIFFを利用する実験も行なわれている。米軍などでは、この種の問題を解決するための演習として「ボールド・クエスト」などを実施している。実戦に即した環境の下に、さまざまな敵味方識別技術を持ち込んで実地検証するのが目的だ。

赤外線を使って遠方の目標を探知・識別する技術として、レイセオン社とDRSテクノロジーズ社では、探知・識別用の赤外線センサー AN/TAS-8 LRAS3に目標検証システム（TVS）を組み合わせて、敵味方の識別を図るデモンストレーションを実施した。LRAS3は計画中止の危機に直面したが生き残り、2015年にはブロック0からブロック1へのアップグレードも決まっている。このほか、ミリメートル波（38GHz）の電波を使って5,500mの距離まで利用可能とする戦場敵味方識別システム（BCIS）の構想があったが、これは2001年に中止になった。

ただ、陸戦では導入対象が車両や個人に及ぶことから数が多く、小型・軽量・安価にまとめる必要がある。また、海空と比べると障害物が多く通信環境がよくないから、信頼性という課題もついて回る。そのため、決定版といえる技術や製品はなかなか登場しないようで、毎年のようにさまざまな実験が行なわれている。

> **コラム**
>
> ### IFFアンテナの設置場所
>
> 　IFFは一般的に、レーダーで探知した目標を誰何する際に使用する。だから、軍用のプラットフォームでは捜索レーダーや射撃管制レーダーのアンテナに、IFFのアンテナを相乗りさせるのが合理的だ。レーダーのアンテナとIFFのアンテナが同じ方を向くことになるので、「探知したら誰何する」という流れがスムーズにできる。
>
> 　ところが、最近になって増加している艦載用のフェーズド・アレイ・レーダーではどうするか。固定式のアンテナが3〜4面で、回転するわけではない。そこでIFFの方も別途、固定式で全周をカバーするようにアンテナを取り付ける形が出てきた。海上自衛隊や米海軍のイージス艦が、マスト上部にリング状のIFFアンテナを取り付けているのが典型例だ。その様子は、「図1.3」の写真でお分かりいただけるだろう。

5.4 武器をめぐるパソコン的な話題

5.4.1 インターフェイスがないと兵装を投下できない

昔の戦闘機や爆撃機であれば、兵装架のラックの寸法さえ合っていれば、適当に兵装を積み込んで発進することも不可能ではなかった。しかし、当節の精密誘導兵器では機体側のコンピュータと兵装が"会話"できないといけないから、相互接続性と相互運用性の実現は絶対条件になる。

データバスを用意しなければならない事例については後で取り上げるが、それだけでなく、「ミサイル発射器が備えている信号線のピンをすべて使い果たしてしまった」という話もある。その結果として、新しい兵装の追加に対応できなくなったわけだ。ミサイル発射器のレールにミサイルを取り付けられても、それだけではミサイルを撃てない。ミサイルにデータを送り込むための信号線が必要になるからだ。

これは、某国の空対空ミサイルで発生した事例だ。過去に使用しているミサイルと新たに導入するミサイルとで信号線に互換性がなく、別々に信号線を用意する必要があった。ところが、ミサイル発射器が備えている信号線を使い果たしてしまっていて、新型のミサイルに対応する信号線を追加できない、という話だった。

図5.19：SH-60Kが装備する、ヘルファイア用のM299発射機

ミサイル発射器を共用できるようにすれば合理的、というのは誰でも分かる。ところが、形状や重量の面で共用可能にするだけでは不十分で、信号線のピンも足りていないと駄目というわけだ。アメリカ製の戦闘機では、AIM-120 AMRAAM はAIM-7スパローIIIとの共用発射器、あるいはAIM-9サイドワインダー

との共用発射器（LAU-129/Aなど）を使用しているが、これはもちろん、所要の信号線を確保した上での話。

5.4.2 ソフトウェアが合わなくてミサイルを撃てない！

また、ソフトウェアの互換性問題が原因で手持ちのミサイルを使えない、なんていう事態も発生する。たとえば、チェコが14機をリース形式で配備したJAS39C/Dグリペンがそれだ。

チェコ空軍では、2002年11月にNATO首脳会議を開催したときに会場の上空警戒を実施するため、AIM-9Mサイドワインダーを調達してL-159Aに搭載した。ところが、その後でチェコが配備したグリペンのミッション・コンピュータは、一世代前のAIM-9Lにしか対応していなかった。そのため、（当時では）最新モデルのサイドワインダーを入手したのに、それを撃てない状況になってしまった。同じサイドワインダーでも、AIM-9LとAIM-9Mは完全に同一ではなく、赤外線シーカーが改良されている等の違いがあるからだ[24]。

また、AIM-9Lに対応したソフトウェアのままで機体をリースしようとすると、これにも問題があった。グリペンでAIM-9Lサイドワインダーを運用するために必要なソフトウェアは、「スウェーデン国内で使用する」という条件でアメリカからリースされていたからだ。それをスウェーデンからチェコに引き渡すと、契約違反になってしまう。結局、スウェーデン側の負担で、AIM-9M-8/9に対応す

図5.20：後ろから見るとランチャー・レールしか見えないが、前方から見ると、スイッチやケーブルなどがいろいろ付いている様子が分かる

図5.21：発射機の支持架には、ケーブルや安全装置解除用のスイッチが見える

る改良型のソフトウェアを用意することで、この問題を解決した[25]。

チェコ空軍は、AIM-120 AMRAAMでも似たような騒動に巻き込まれた。AIM-120にはA/B/Cと3種類のサブタイプがあり、さらにD型を開発している。ところが、そのサブタイプがさらに複数のブロックに細分化されている。そして、チェコ空軍のグリペンはAIM-120C-5には対応しているが、その後に登場したAIM-120C-7には対応していなかった。

ところが、チェコがスウェーデンからグリペンを入手したタイミングはAIM-120C-5の製造終了ギリギリで、その後はAIM-120C-7の生産に切り替えることになっていた。そうなると、AIM-120C-7しか入手できないのに、機体の方はAIM-120C-5しか撃てない状況になる。おまけに、グリペンでAIM-120C-7を運用する国がチェコしかいなければ、機体側のソフトウェアを改修するための開発・試験費用は、チェコの単独負担になる[26]。

そんなこんなの事情により、急いでAIM-120C-5を駆け込み発注するか、自費でソフトウェアを改修するか、という二者択一を迫られた。この問題が持ち上がったのは2004年10月のことだが、翌2005年1月にアメリカとの政府間取引でAIM-120C-5を入手できることになり、一件落着となった。

5.4.3 軍艦のプラグ&プレイ化

ここでは航空機搭載兵装の話を例に挙げたが、システムの構成要素同士、システム同士、あるいはプラットフォーム同士といった形で、プロトコルやインターフェイス、コンピュータで動作させるソフトウェアのレベルまで、相互接続性と相互運用性を実現しなければならないのはいずこも同じだ。

それが実現できれば、互いに取り替えが効く、あるいは将来のアップグレードが容易になる、といった状況を期待できるので、後々、メリットが出てくる。たとえば、ミサイル発射器や射撃管制レーダーは同じでも、射撃管制コンピュータを新型化して処理能力を向上させるとか、ミサイル発射器やミサイルを新型化することで性能向上を図るとかいったことが可能になる。相互接続性と相互運用性を実現していれば、部分的な取り替えが効くからだ。

その「部分的な取り替え」をさらに推し進めたのが、艦載兵装のモジュール化だ。

ドイツの輸出艦艇として有名なMEKOフリゲートでは、兵装搭載部分をモジュール化して、顧客の求めに応じてさまざまな種類の兵装を搭載できるようにしている。この場合、ミサイル発射器と艦側の戦闘システムを結ぶインターフェイスだけでなく、ミサイル発射器を艦に取り付ける部分の寸法統一や、重量を限度内に収めるための調整、といった物理的な作業も必要になる。

デンマーク海軍が1980年代に開発・建造したフリーヴェフィスケン Flyvefisken 級高速戦闘艇（別名STANFLEX 300）では、この考え方をさらに進めて、モジュール化した兵装を任務様態に合わせて積み替えるようになっていた。こうすることで、フネの数を減らしつつ、求められる多様な任務を効率的にこなせるようにと考えたわけだ。そのため、固定装備している兵装は艇首の76mm単装砲だけで、後は用途に応じた兵装モジュールを艦尾側のスペースに積み込む仕組み。対機雷戦なら機雷の探知・処分に必要な機材を、対水上戦ならハープーン対艦ミサイルを、といった具合だ。

もっとも実際には、艇ごとに担当任務を決めて固定装備する形を取り、取っかえひっかえはしていなかったようだが、それでも艦の設計を共通化できるメリットは残る。兵装が陳腐化した場合に、モジュール単位で取り替えられるメリットもあるが、これは相互接続性と相互運用性の実現が前提となる。

これと同じ考えを本格的に取り入れたのが、米海軍の沿岸戦闘艦（LCS）だ。陸地に近い沿岸水域で使用することを想定しており、対空戦（AAW）、対水上戦（ASuW）、対潜戦（ASW）、対機雷戦（MCM）、情報収集（Information Gathering）、海賊退治、平時の洋上警備など、多様な任務に対応できるようにする、という触れ込みだった。

しかし、必要な装備をすべて積み込むのは大変だし、スペース・重量も必要とするので、任務様態に応じて、コンテナに収容したミッション・モジュールを積み替えることにした。ただしフリーヴェフィスケン級と異なり、艦内にミッション・ベイと呼ぶ空きスペースを確保して、そこに貨物輸送用の海上コンテナと同じ規格のコンテナに収容した機材を積み込む形だ。

つまり、機材を収容したコンテナを陸上の倉庫からミッション・ベイに搬入して、艦側の戦闘システムと結ぶコネクタをつなげばOKというわけだ。コンテナに収容できない機材、たとえばヘリコプター・UAV・機雷処分用のUUVについては、別途、格納庫などに積み込むことになる。まさにプラグ＆プレイの発想といえる。実際、最近の業界ではしばしば「プラグ＆プレイ」という言葉を使っている。

ところが、そのミッション・モジュールの開発に難渋しているため、貧弱な固有兵装しか使えないのが目下の状況。考えはいいのだが、実行が伴わないと困ったことになる一例である。思惑通りに進んでいれば、「非対称戦から大規模正規戦への回帰傾向が出てきたから、今度は長射程の対艦ミサイルを搭載しよう」といった対応を柔軟に図れたはずなのだが、どうもうまく進んでいないのが実情だ。

5.4.4　GPS誘導兵装と1760データバス

　個々のシステム同士を結ぶデータバスの話は、第9章で取り上げるが、同じデータバスでも、兵装にデータを送り込むためのデータバスもある。典型例がMIL-STD-1760で、これはJDAMやJSOWなどのGPS誘導機能を備えた"Jシリーズ兵装"に対して、必要な目標データを送り込むデータバスだ。だから、JDAMやJSOWのようなGPS誘導兵装を運用するには、ミッション・コンピュータから兵装架までMIL-STD-1760データバスの線を引いてきて、兵装とつなぐためのコネクタを用意しなければならない。それで初めて、投下の際に目標の緯度・経度を入力できる。

　米空軍はB-52H爆撃機に1760 IWBUという改修を実施したが、これは機内兵器倉にもMIL-STD-1760の配線を追加するもの。以前から翼下パイロンにはMIL-STD-1760の配線を追加してあったが、それではJシリーズ兵装を積める場所が翼下に限られる。そこで爆弾倉にも積めるようにするため、配線を追加したわけだ。それまで、B-52Hの爆弾倉に組み込むロータリー発射器にはMIL-STD-1553Bデータバスの配線しか来ていなかった。

　AH-64Dアパッチ・ロングボウ攻撃ヘリがヘルファイア対戦車ミサイルを搭載する際に使用するM299ミサイル発射器には、MIL-STD-1768データバスの配線が来ている。これはレーダー誘導型ヘルファイア対戦車ミサイルに対してデータを送り込むためのものだ。

　乱暴な言い方をすれば、MIL-STD-1760やMIL-STD-1768は、PCに周辺機器を接続する際に使用するインターフェイス、つまりUSB（Universal Serial Bus）やIEEE1394みたいなものだ。兵装架は単にトリガーを引いたら兵装を投下するだけのものではなくて、兵装にデータを送り込む機能も必要になっている。

第6章

場面ごとの ICTの関与（5） 電子戦

　これも「交戦」に関連する話に違いはないのだが、電子戦についていろいろ書いてみたらボリュームが多くなってしまったので、独立した章を立てることにした。それだけ、現代の軍事作戦では電子戦の重みがあるということでもある。

6.1 電子戦とコンピュータ

6.1.1 電子戦とは

　電子戦（EW）とは、電子を用いて行なう戦闘である。弾やミサイルが飛び交う戦闘ではないが、それらを勝利につなげるために不可欠の要素といえる。その理由としては、レーダーのような電波兵器や、無線通信が不可欠の要素になったことが挙げられる。敵がレーダーや無線通信を活用して軍事作戦を行なうのなら、それを妨害することは敵の軍事作戦を阻害する結果につながり、それだけ自軍に有利な状況を実現できる。

　その発端は第二次世界大戦にある。イギリスとドイツの空軍が互いに、相手国の都市に対して夜間爆撃を仕掛けるようになったため、レーダーや通信の妨害が行なわれるようになった。闇夜の中を飛来する爆撃機を迎撃するには、目視による探知は現実的ではないから、レーダーを活用するようになった。そして、地上のレーダー施設が夜間戦闘機を管制するために無線機が必要になる。すると、レーダーや無線を妨害すれば敵の迎撃が困難になる、という図式だ。

　現代の電子戦で用いられている手法や考え方の多くは、この時代に萌芽がある。戦後はさらにレーダー誘導のミサイルが登場したため、それも無力化の対象に加わった。だから、現代の航空機や艦艇はたいてい、電子戦のための機材をいろいろと搭載している。大きく分類すると、以下のようになる。

- 脅威を探知する手段：ESM、RWR
- 脅威を無力化する手段：ECM、チャフ、デコイ
- 脅威を判定する手段：電子戦装置のコンピュータ

　ESMもRWRも傍受機材だが、ESMは「傍受して解析」に主眼を置いているのに対して、RWRは「警報」に主眼を置いているところが異なる、といえる。前述したように、戦闘機がミサイル飛来に対する警報手段として備えるのは一般的にRWRだ。

　なお、近年ではESMではなくES（電子支援）、ECMではなくEA（電子攻撃）という言葉を使う傾向にある。また、電子的な攻撃からの保護、つまりEPという言葉も出てきた。

ただ、ESMやRWRの受信機を積むのはいいが、警告音や警告灯だけでは、どちらに向けて回避行動を取ればよいのかが分からない。だからRWRの表示器は脅威の方位や種類も示してくれる（欲をいえば距離も分かる方がありがたい）。これがF-35になると、存在を探知した敵レーダーの位置情報や、そのレーダーが探知できる範囲といった情報も、計器盤の大画面ディスプレイに現われる。

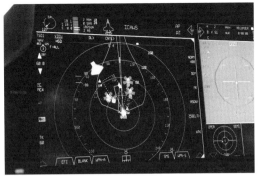

図6.1：F-35のコックピット・シミュレータ。前方に存在する脅威と危害範囲の情報が現れている。F-35はステルス機だからこれぐらいで済むが……

そこで回避するだけでなく、積極的に（?）対応して妨害電波を出すには、ECM機材が必要になる。レーダーとは別に通信の電波を妨害する手法もあり、こちらは通信妨害（COMJAM）と称する。

なお、航空機が搭載する「自衛用電子戦機器」には、

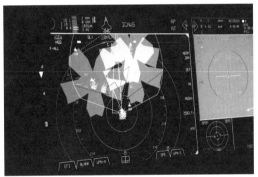

図6.2：非ステルス機だと危害範囲がこんなに広がりますよ、というデモンストレーション

ミサイル接近警報装置や、赤外線誘導の地対空ミサイルを妨害する赤外線ジャマーも含まれる。「電波」を使用しなくても、赤外線や紫外線を探知や妨害の手段に用いており、それらは広義の電磁波に該当する。だから電子戦装置の一種ということになる。

6.1.2 電子戦の実現方法

一言で電子戦といっても、対象によって最適な手段は異なる。発端となった第二次世界大戦で使われた妨害手段としては、以下のものがある。

- ・敵のレーダー電波を逆探知して、探知されたことを察知する
- ・妨害電波を出してレーダー探知を妨げる
- ・アルミ箔をばらまいて贋目標をこしらえる
- ・敵の無線に偽交信を割り込ませたり、妨害したりする

図6.3：2012年の厚木基地一般公開に登場したEA-18Gグラウラー電子戦機

贋目標を作る手段について、第二次世界大戦中のイギリスでは隠語で「window」、日本では「電探欺瞞紙」と呼んでいた。現在ではチャフchaffと呼ばれており、アルミ箔ではなくアルミを表面にコーティングした樹脂膜を使うが、考え方は同じだ。

ただし、単に電波を反射する素材をばらまけばよいというものではなく、敵のレーダーが使用している電波の波長に合わせた長さにする必要がある。また、重いと早く落下してしまって贋目標が長持ちしないので、できるだけ軽く作る必要もある。簡単そうに見えて、意外と難しいものだ。

電波でレーダーを妨害する場合、大きく分けると「ニセの応答を返して贋目標を発生させる方法」と「妨害電波を発して抑え込む方法」がある。ただし、ニセの応答を返すといっても、上手にウソをつかないと、却ってウソだとばれてしまうから簡単ではない。

無線交信の妨害は、レーダーと同様に妨害電波をぶちかます方法が主流だ。赤外線誘導ミサイル対策は戦闘機や爆撃機の場合、フレア（火炎弾）を発射して贋目標を作り出す方法が主流となる。

6.1.3　妨害するには情報が要る

レーダーにしても無線通信にしても、ただ力任せにやればよいというものではなく、妨害電波を出すには相応の下準備が必要になる。それはつまり、平時の情報収集だ。

たとえば、妨害電波を出すには、相手のレーダーが使用している電波の周波数などを知る必要がある。また、敵レーダーにニセの反射波を返すには、対象となるレーダーが出している電波とまったく同じ諸元の電波を送り返さないと、相手のレーダー受信機が騙されてくれない。

そのため、電子戦を仕掛けるには事前の情報収集が重要になる。それがいわゆるELINT（電子情報）である。通信の妨害や傍受も同様で、それによってCOMINT（通信情報）やSIGINT（信号情報）の収集が必要だ。

電子情報収集の手段は、航空機だったり水上艦だったり潜水艦だったり徴用

漁船だったりするが、いずれにしても広い周波数帯をカバーできるアンテナと受信機、それと記録・解析用の機材を搭載して、仮想敵国の近辺を平時からウロウロさせる必要がある。実際、日本の近所にロシアや中国の電子情報収集機が出没しては、航空自衛隊の戦闘機にスクランブルをかけられている。逆に、日本やアメリカの電子情報収集機も、ロシアや中国の近所に出張っている。この辺はお互い様である。

ちなみに、第二次世界大戦が始まる少し前の話だが、ドイツがイギリスのレーダーに関する情報を盗ろうとして、少しだけ残っていたツェッペリン飛行船を引っ張り出したことがある。なぜ飛行船かというと、固定翼機と違って、空中に停止して情報を盗れるからだ。

一方、イギリス軍のレーダー施設では、レーダー画面に巨大なエコーが出現したので、オペレーターが腰を抜かしそうになったという。もっとも、すぐに「これは電波情報を盗りに来た飛行船に違いない」と判断したというから、よく訓練されているものである。

6.1.4　電子戦と脅威ライブラリ

ECM（EA）を仕掛けたり、ESM（ES）やRWRによって警報を発したりするには、収集した電子情報データを解析して、脅威ライブラリを作成する必要がある。脅威ライブラリを電子戦装置に組み込むことで初めて、妨害や欺瞞や脅威の判別が可能になる。だから、海自や米海軍のEP-3、あるいは米空軍のRC-135に代表される電子情報収集機は、極めて重要な機体といえる。

たとえば、ESM装置が敵レーダーの電波を受信したら、コンピュータが脅威ライブラリを検索して、レーダーの機種を判別する。すると、妨害で対処しようとしたときに適切な手段を選びやすくなる。レーダーの機種が分かれば、そこに誰がいるのかを知ることもできる。「AN/APG-63レーダーの電波が来たからF-15C/Dがいる」「AN/SPY-1レーダーの電波が来たからイージス艦がいる」といった図式。

だから、仮想敵国の電波兵器や通信機器に関する情報を収集してまとめた脅威ライブラリは、電子戦を遂行するために不可欠の資産だ。そういう事情があるため、電子戦に関連する機材やデータの機密度は高い。そして当然ながら、脅威ライブラリを構築する際には「どのデータをどういう形式で記述して、どう検索するか」というシステム設計の問題が生じる。

だから、戦闘機やエンジンや射撃管制レーダーを輸出しても、電子戦装置は輸出しません、ということも起きる。実際、航空自衛隊がF-15J/DJを導入したとき、アメリカが電子戦装置の輸出を断ったため、国産の電子戦装置を開発・

搭載することになった。だから、日米のF-15は「飛行機」としての性能は同等でも、電子戦能力は同一ではない。

6.1.5 レーダー電波の諸元

　レーダーとは、電波を出して、それが何かに当たって反射してきたときに、それを受信することで探知を成立させるセンサーである。反射波の方位（2次元レーダーなら水平方向、3次元レーダーなら水平方向と垂直方向）は探知目標の方位であり、送信から反射波の受信までにかかった時間と電波の伝播速度（秒速30万キロメートル）を基にして距離も計算できる。垂直方向の角度と距離が分かれば、高度も幾何学的に算出できる。

　だから、レーダーは一般的に、電波を間欠的に送信する（いわゆるパルス波）。電波を出したら、反射波が返ってくるまでの間は発信を止めて聞き耳を立てていなければならないからだ。ただし用途によっては、連続的に発信と受信を行なう連続波（CW）レーダーを使うこともある。

　念を押しておくが、パルス繰り返し数とパルス幅は別のパラメータである。パルス繰り返し数は「秒間何回のパルスを発信するか」、パルス幅は「発信する個々のパルスの送信時間」を意味する。

　パルスとパルスの間には受信待ちのための空き時間が必要になるから、パルス幅を広げすぎると空き時間が足りず、探知が成り立たなくなる。また、パルス繰り返し数（PRF）を増やしすぎると、遠方の探知目標から返ってきた電波を受信する前に次のパルスを出すことになってしまって探知が成り立たない。

　そのため、想定探知距離に見合ったPRFとパルス幅の設定が必要である。探知距離が長くなると、反射波が戻ってくるまでの所要時間が延びるから、PRFは小さくなる（送信間隔が延びる）。また、パルス幅を狭くすると受信できる機会が増えるので、探知距離が長くなっても対応しやすい。

　ともあれ、レーダーに対してECMを仕掛けるには、電波の周波数やPRFなどを把握しておく必要がある。また、相手がECMを仕掛けてきた場合に講じる妨害回避、すなわちECCMについても知っておかないと、ECCM手段を講じられた途端にECMを仕掛ける意味がなくなってしまう。

　一般的な傾向として、レーダー電波の周波数が低いと探知可能距離が長く、レーダー電波の周波数が高いと探知可能距離が短い。また、周波数が低いと分解能が低く、周波数が高いと逆になる。だから、探知可能距離の長さを優先する広域対空捜索レーダーの周波数は低めだし、分解能を優先する対水上レーダーや射撃管制レーダーは周波数が高い。

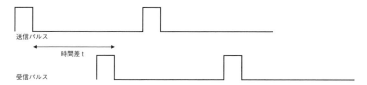

図6.4：送信パルスが戻ってくる可能性がある間は、次のパルスは送信できない。いつ送信したパルスの反射波なのかが分からなくなるためだ

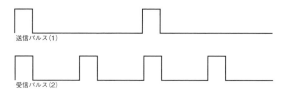

図6.5：（2）のパルス繰り返し数は（1）の2倍になる

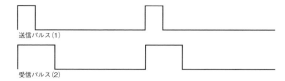

図6.6：（1）と（2）のパルス繰り返し数は同じだが、パルス幅（送信時間）が違う

6.1.6　その他の電子戦機材いろいろ

ここまではもっぱら、捜索レーダーや射撃管制レーダーに関する電子戦の話を取り上げてきた。ところが、それ以外の電子戦機材もいろいろある。

まず赤外線（IR）関連。すでに、赤外線誘導ミサイルのシーカー・ヘッドに向けてレーザー光線を浴びせかけて妨害するジャマーを用いるものがある。この手の機材を搭載するのは主として、大型の輸送機や空中給油機だ。米軍の場合、ノースロップ・グラマン製のLAIRCM（ラークムと読む）を装備する事例が多い。また、攻撃ヘリコプターや救難ヘリコプターも同種の機材を搭載することがある。低空飛行の機会が多く、敵の携帯式地対空ミサイルに狙われやすいからだ。

赤外線より短い波長になると可視光線の領域になってくるが、そこではレーザー警報受信機という言葉が出てくる。紛らわしいが、レーダー警報受信機（RWR）ではない。武器の誘導や測距に使われるレーザー・ビームの照射を逆

図6.7：米空軍のE-3セントリーがエンジン・パイロンに装備しているIRジャマー

図6.8：10式戦車の砲塔側面に取り付けられた、レーザー警報受信機のセンサー窓

探知する機材である。レーザー・ビームを浴びているということは、次にミサイルが飛んできたり砲弾が飛んできたりするということだから、警報を発する必要があるのだ。これを使用するのは主として、戦車を初めとする装甲戦闘車両で、身近なところでは陸自の10式戦車や機動戦闘車に付いている。全周をカバーできるように複数のセンサーを備えている。

電波妨害の新顔として、即製爆弾の起爆を阻止するIEDジャマーがある。IEDは携帯電話をリモコン代わりに使って無線遠隔起爆させることが多いので、その無線を妨害して起爆を阻止しようという狙いだ。イラクやシリアやアフガニスタンに「秋葉原電気街」はないから、気軽に電子部品を買ってくるわけにもいかず、携帯電話やコードレス電話を改造する事例が多い。

当初は「ウォーロック」、現在はCREWという機材が作られ、広く使われている（統合プログラムということで頭にJを付けて、JCREWと呼ぶ機材もある）。ただ、無線遠隔起爆装置が妨害されるとなると、IEDを製造する側はさっそく別の方法を考え出すので、IEDをめぐるいたちごっこはなかなか終わらない。

6.2 自衛用電子戦装備と統合電子戦システム

6.2.1 ベトナム戦争の頃が始まり

戦闘機や爆撃機や攻撃ヘリコプターは、敵がレーダー、地対空ミサイル、対空砲を組み合わせた防空網を構築して待ち構えているところに突っ込んでいく覚悟が必要である。なぜ、こうした組み合わせが必要かというと、たとえば「地対空ミサイルを回避しようとして低空に舞い降りると、そこに機関砲が待ち構えている」という図式になるからだ。もちろん、その逆もあり得る。

しかし、運を天に任せるわけにはいかないので、できるだけ敵の防空網を無力化する努力をして、生存性を高めなければならない。そこでベトナム戦争の頃から、自衛用電子戦装備が一般化した。ソ連軍を師範とした北ベトナム軍は、濃密なソ連式防空網を構築しており、米軍機はそこに突っ込んで、少なからぬ損失を出したからだ。

RWRは主として、地対空ミサイルの射撃管制レーダーで照射されていることを知らせる機材である。そこでECMを作動させて妨害したり、チャフを散布して贋目標を作ったりするわけだ。ところが、赤外線誘導の地対空ミサイルについては、この手は通用しない。機関砲にしても、射撃管制レーダーを妨害したところで、光学照準で撃ってくる可能性はある。

6.2.2 統合電子戦システムへの進化

そういう事情があるので、自衛用の電子戦装備としては、RWR・ECM・チャフを搭載する形が普通だ。

また、赤外線誘導ミサイル対策として、フレアやミサイル接近警報装置（MAWS）またはミサイル警報用受信機（MWR）を搭載することもある。戦闘機はフレアだけということが多いが、携帯式地対空ミサイルの脅威を気にする輸送機やヘリコプターは、MAWS/MWRも搭載する事例が多い。赤外線誘導ミサイルは射撃管制レーダーがなくても撃てるので、ミサイルそのものの飛来を探知する必要があるのだ。

なお、対空砲の弾は誘導機構を持たないから妨害のしようがないが、捜索や射撃管制に使用するレーダーを妨害すれば、狙いを外す効果を期待できる。

なんにしても、脅威の存在を知らせる手段だけでなく、できれば自動的に適切な対応策を講じたい。防御システム専任の搭乗員がいる爆撃機ならまだしも、一人で仕事をしている戦闘機のパイロットは忙しいからだ。しかも、同じ「敵のレーダー」でも、種類によって緊急度が違う。対空捜索レーダーの電波を受信すれば「敵に見つかった」だが、射撃管制レーダーの電波を受信すれば「やばい、直ちに妨害しろ」となる。

そこでコンピュータの出番となる。脅威を探知する手段と対応手段をすべて管制用コンピュータと連接して、探知した脅威に合わせて適切な妨害手段を繰り出すのだ。迅速かつ的確な対応を図れれば、生存性の向上につながる。

これが統合電子戦システムと呼ばれるもの。たとえば、F/A-18E/Fスーパーホーネット・ブロックⅡが装備するAN/ALQ-214（V）がそれだ。F-22AやF-35も、同様のシステムを備えている。

AN/ALQ-214（V）の場合、本体はBAEシステムズとITTアビオニクスが手掛けており、中核となるコンピュータではC^{++}言語で書かれたソフトウェアが動作する。RWRは、レイセオン製のAN/ALR-67（V）3だ。スーパーホーネットの場合、ミサイル接近警報装置はオプションで、標準装備ではない。

妨害機材としては、BAEシステムズ製のAN/ALE-55曳航デコイがある。これは光ファイバー・ケーブルを使って曳航する囮が自ら贋電波を発することで、飛来するミサイルに対して「おいでおいで」をする仕組み。ミサイルが囮に命中すれば破壊されてしまうが、飛行機に命中しなければよいのだ。

チャフとフレアの散布には、BAEシステムズ製のAN/ALE-47ディスペンサーを使用する。米軍機における事実上の標準品で、F/A-18E/Fでは4基・120発分を装備する。

6.2.3　電子戦機の自動化

統合電子戦システムは、戦闘機などが自分の身を護るためのものである。表芸はあくまで空中戦や対地・対艦攻撃だから、そちらの優先度が高く、自衛用電子戦装備はあくまで、自身の身を護るためのものとなる。それに対して、妨害専業の電子戦機は他機に防御の手を差し伸べなければならないから、受信・解析の機材も妨害の機材も充実させている。

EA-18Gグラウラーを例にとると、ノースロップ・グラマン製のAN/ALQ-218（V）2戦術妨害受信機（TJR）が敵のレーダーや通信機の電波を受信・解析する。そのためのアンテナは両翼端に収められており、ベースモデルのF/

A-18Fスーパーホーネットと区別するためのポイントになる。一方、妨害の方は翼下に搭載するAN/ALQ-99電子戦装置のポッドを使う。今後は新型の次世代妨害装置（NGJ）に交代していく予定だ。

敵レーダーの動作状況を把握して、適切な対抗手段を選んで作動させたり、敵がECCMを講じてきたらさらなる対抗策を講じたりといった作業を行なうには、相応のノウハウと機材が必要になる。だから、電子戦機は一般的に、操縦を担当するパイロットとは別に電子戦専門のオペレーターを乗せる。EA-6Bプラウラーでは、パイロット1名に対して電子戦担当士官（ECMO：ECM Officer）が3人も乗っているが、EA-18GやEF-111AではECMOは1

図6.9：米海軍では引退したが、まだ海兵隊では運用を続けているE-6Bプラウラー。左右に2人ずつ並んで前後に座る4人乗りで、左前がパイロット、他がECMOの席（US Navy）

図6.10：米空軍が過去に使用していたEF-111Aレイヴン電子戦機。電子戦機材は基本的にEA-6Bと共通（USAF）

名だけだ。EA-6Bでは3人でやっていた仕事を、EF-111AやEA-18Gは1人でさばかなければならないから、その分だけ自動化が求められる。

だから、ECMOの訓練や経験をソフトウェア化して、コンピュータに教え込む必要がある。もちろん、演習や実戦の経験、あるいは彼我の機材の進歩を受けて、ソフトウェアを継続的に改良していかなければならない。熟成した電子戦管制用のソフトウェアは、おカネを積むだけでは手に入らない宝物となる。

6.3 艦艇の電子戦装備

6.3.1 艦艇と航空機の違い

　ここまで解説してきた内容は主として、航空機に関連する話である。航空機以外で電子戦関連装備を充実させているのは、主として水上戦闘艦だ。スペースや予算に限りがある小型艦は別として、ECM装置の搭載は一般化しているし、贋目標を作り出すためのチャフ発射機も事実上の標準装備といってよい。近年では赤外線誘導の対艦ミサイルが増えてきているので、赤外線を発する囮を投射できるようにした艦もある。

　艦艇が電子戦装備を必要とする理由は主として、敵の航空機や対艦ミサイルから身を護るためだ。ただしそれだけではなく、ELINT・COMINT・SIGINTといった分野の情報収集機能も兼ねることがある。そのため、艦載用のESM装置は航空機のそれと比較すると、より広範な種類のレーダーを対象にする傾向があるようだ。艦によっては無線通信傍受用の機材を別途搭載して、CESM

図6.11：護衛艦「いずも」のマスト。ECM装置は艦橋構造物直上、ESM装置はそれより3段上のフラットに、それぞれ左右向きに取り付けてある。ESMは全周対応の無指向性ESM装置と指向性ESM装置の二本立てになっている。ESMの平面アンテナより1段上にリング型のIFFアンテナがある

(Communications ESM）と呼んでいることもある。

　艦艇の電子戦機材は、基本的に左右両舷に向けて取り付けて、全周をカバーできるようにしている。艦艇が大きな面積をさらしているのは両側面に対してであり、そちらからの脅威が大きいためだろう。

6.3.2　潜水艦にも電子戦装置

　電波が透過しない海中を棲家とする潜水艦にも、ESM装置がある。主な用途は、潜望鏡やシュノーケルを海面上に突き出す前の警戒と、敵地近海での情報収集だ。水上艦だと姿が丸見えだから、「ここで聞き耳を立ててます」と広告しているようなものだが、潜水艦なら密かに聞き耳を立てることができる。

　潜望鏡やシュノーケルを海面上に出したときに、たまたま頭上に敵の哨戒機や水上艦がいて捜索レーダーを動作させていると、たちまち探知されてしまう。だから事前に、誰かレーダーで捜索している輩がいないかどうかを確認する必要がある。

　ESMのアンテナを潜望鏡と一体化すると、目視捜索とレーダー電波の逆探知を同時に行なえる。もっとも、潜望鏡を突き出す前に逆探知を行なうには、ESMマストは独立している方が具合がよい。敵地の近海で情報収集を行なう場面でも、独立した細いマストを立てる方が目立たないだろう。

　なお、ミサイルが飛んできたら潜ってしまえばよいので、潜水艦にECMの装備はない。ホーミング魚雷はソナーを使って潜水艦を追ってくるが、そちらは音響デコイで対処する。

コラム

電子戦における心理的要素

　1942年2月に、ドイツ海軍の巡洋戦艦「シャルンホルスト」と「グナイゼナウ」、それ巡洋艦「プリンツ・オイゲン」がドーバー海峡を突破する、いわゆるツェルベルス作戦を実施した。それに先立ち、ドイツ軍は年明けぐらいから、イギリス軍がドーバー海峡に設置した監視用レーダー網を妨害していたそうだ。妨害による動作不良を日常的なものにしてしまえば、いざ本番というときの立ち上がりを遅らせる効果があるのではないか、との考えによる。

　作戦当日には、天気が悪かったとか、哨戒機による警戒網を繰り返しすり抜けられてしまったせいもあるが、イギリス軍の立ち上がりは決して迅速とはいえなかった。だから、なにがしかの効果はあったと考えられる。

自衛用電子戦装備にまつわる写真いろいろ

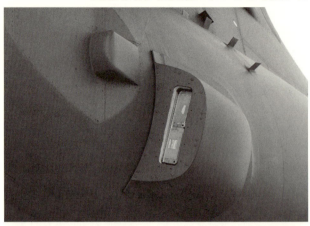

図6.10：B-1Bの尾部左右に取り付けられている、AN/ALE-50曳航デコイの本体。ここから後方にデコイを繰り出す仕組み。就役後に電子戦システムの強化が図られたため、B-1Bの尾部は「ひっつきもの」が多い

図6.11：フレアを散布しながら急上昇するF-15D。これはまだ大人しい方で、もっと派手に散布することもある

図6.12：F-15Eはテイルブームの先端にECM装置のアンテナを備えている。左右でアンテナの種類や担当する周波数帯が異なり、フェアリングの形状にも違いがある

第 7 章

場面ごとのICTの関与（6）新たな戦闘空間の出現

　サイバー戦・サイバー防衛の話を取り入れたのは前作『戦うコンピュータ2011』からだが、この言葉は不幸なことに、すっかり日常的なものになってしまった。我々の日常生活がコンピュータやネットワークに依存しているから、この問題は避けて通れない。
　そのサイバー空間に加えて、宇宙空間も「新たな戦闘空間」と位置付けられるようになってきている。そこで、これら新手の戦闘空間に関する話をまとめてみた。この両者は別物のようでいて、案外と共通する部分がある。

7.1 第四の戦闘空間と第五の戦闘空間

7.1.1 サイバー空間と宇宙空間が重心に

　軍事作戦の世界に「重心」という考え方がある。「それを無力することで敵が麻痺状態になり、有効な戦闘行動をとれなくなる存在」と定義できる。

　たとえば、強固な独裁体制を敷いている国では、独裁者にすべての権限が集中しており、その独裁者を起点とする指揮系統に従って上から下に指令が行かなければ、現場では何もできない。現場が自由意志で行動できてしまったのでは、独裁体制は維持できないからだ。そうした体制の国では、独裁者、あるいは独裁者から始まる指揮系統や通信網が重心といえる。それらを破壊、あるいは無力化することで、現場は何も指令を受けることができなくなる。すると、平素から「自分で考える」ということをしていない（認められていない）から、自ら問題解決を図ることができなくなり、オタオタしている間にやられてしまう。

　そういう観点からすると、コンピュータやネットワークに依存する度合が高い欧米先進諸国の軍事作戦においては、そのコンピュータや通信網が重心になる可能性がある。また、通信網を支える通信衛星や測位手段のひとつであるGPSなど、宇宙空間に配備した資産に依存する度合も高くなった。だからこれらも重心といえる。

　ネットワーク中心戦は、コンピュータやネットワークに依存して実現するもので、それらが無力化されればネットワーク中心戦そのものが崩壊する。それによって、ネットワーク中心戦に依存する側の優位性を突き崩せる可能性につながる。

　宇宙配備資産にも同じことがいえる。近年、米軍ではGPSが妨害されたり贋シグナルを送り込まれたりする事態への警戒を強めて、いろいろと対抗策を研究している。軌道高度が高い静止通信衛星と違ってNAVSTAR衛星は軌道高度が低いし、すでに妨害ツールがいろいろ出回っているから危険度が高い、という認識が背景にある。

　このことが、宇宙空間とサイバー空間を新たな戦闘空間と位置付ける見方に

つながっている。どちらが先かというと、宇宙空間の方が先だから、宇宙空間を「第四の戦闘空間」、サイバー空間を「第五の戦闘空間」と定義するのが妥当だ。もちろん、第一から第三までは陸・海・空を指している。

ところで、ウィリアム・J・リン三世米国防副長官（当時）が2010年9月に、NATO各国の関係者とサイバー防衛について協議した際に、サイバー・セキュリティの五本柱に言及した。それは以下のような内容だ。

- サイバースペースを新たな戦闘空間と認識した上で、人員の訓練、ドクトリンの策定、他の領域で講じているのと同様の施策の導入を図る
- 防衛手段の整備。パッシブ防衛とアクティブ防衛の二本立て
- インフラの保護
- 包括的な防衛体制の構築
- 技術的優越の維持

パッシブ防衛とは受け身の対策、つまり個別のコンピュータの防御やファイアウォールといったもので、これで多くの攻撃は防げるとされる。対してアクティブ防衛とは、より積極的に攻撃を検出・阻止する方法だとされている。

一般の市民生活でもコンピュータやネットワークに依存する部分が多くなってきたから、やはりコンピュータやネットワークは魅力的な攻撃目標になっている。昔は市街地に無差別爆撃を仕掛けたが、今はコンピュータやネットワークに無差別爆撃を仕掛ける。筆者自身もしばしば、spamメール、ウィルス付きメール、フィッシング詐欺メールの"爆撃"を受けている。

7.1.2　クラウド化はネットワーク依存

企業コンピューティングの世界で、クラウド・コンピューティングの利用が広がっている。クラウドとは雲、この場合にはインターネットなどのネットワークを意味する。ネットワークの世界では、構成図を描く際にインターネットを意味する記号として「雲」を使うことが多いのが語源と思われる。

個人レベルでも、手元のコンピュータにソフトウェアとデータを置いておく代わりに、インターネットを通じて提供されるサービスを利用したり、インターネット上のストレージにデータを置いたりする事例が増えてきている。どこにいても、どのコンピュータでも同じように作業ができるという利点があるので、デスクトップPCやノートPCを使っていても利点がある形ではある。そしてスマートフォンやタブレットの普及が、そうした傾向に拍車をかけたといえそうだ。

かくいう筆者は昔気質なのと、いきなりサービスが終了して煮え湯を飲まされた経験があることから、オンライン・サービスというものをいまひとつ信用

しきれていない。だから、今もソフトウェアやデータを手元に置いておかないと安心できないのだが、それはともかく。

　クラウド化すると、ソフトウェアやデータはクラウド（ネットワーク）の向こう側にあるサービス事業者の担当であり、ユーザーはネットワーク経由でデータを送り込んだり、ソフトウェアを実行した結果だけを受け取ったりする。これは、「手元にないものでもネットワーク経由で利用できる」という点で、ネットワーク中心戦と似たところがある。

　当然、クラウド化はネットワークへの依存度を高める。ネットワークが途絶すれば、そのネットワークを通じて利用していた機能やデータも利用できなくなる。ネットワークの向こう側にあるサービス事業者のコンピュータがダウンした場合も同じだ。また、重要なデータがネットワークを通じて行き来することになるので、通信途上でのデータ保護策も必要になる。

　それと同じことがネットワーク中心戦において発生したらどうなるか、という話になるわけだ。

7.2 宇宙空間で何が起きているか

7.2.1 宇宙戦争のようなもの…ではない

「宇宙が第四の戦闘空間」といわれると、「宇宙戦艦ヤマト」みたいに戦闘艦や戦闘機が宇宙空間を飛び交いながらビーム兵器やミサイルを撃ち合う場面を想像してしまうが、さすがにまだ、現実はそこまで進んでいない。

それに、宇宙条約というものがあって、核兵器などの大量破壊兵器を運ぶ物体を地球を回る軌道に載せたり、宇宙空間に配備したりすることを禁じている（第4条）。

しかし、宇宙空間が武器とまったく無縁かというと、そんなことはない。具体例を挙げてみよう。

・キラー衛星：敵国の衛星に接近して自爆することで、破壊を試みる
・衛星攻撃ミサイル：飛行機・陸上・艦上から宇宙空間にミサイルを発射して、衛星を破壊する
・機能妨害：航法衛星や通信衛星が使用する電波を妨害したり、贋電波を送り出したりする

このうち、衛星攻撃の成功実例は3件ある。

・1985年9月13日に米空軍が、F-15からASM-135 ASATミサイルを発射して目標となった衛星を破壊
・2007年1月11日に中国が、東風21号（DF-21）を改造した開拓者1号（KT-1）を四川省の西昌宇宙センター付近から発射、老朽化した気象衛星・風雲一号C型を破壊
・2008年2月21日に米海軍のイージス巡洋艦USSレイクエリー（CG-70）が、制御不能に陥って地上に落下する危険性があった偵察衛星USA-193をSM-3で破壊

このほか、ソ連が1968年に軌道周回型衛星破壊兵器の実験に成功したとの話もある。

7.2.2 宇宙状況認識 (SSA)

物理的な衛星破壊実験は差し控えられている状況だが、これは各国が良心に目覚めて破壊を遠慮しているから……というわけでもない。軌道上にある衛星を破壊すれば破片が飛散するが、それがスペースデブリとなって他の衛星にぶつかり、壊してしまう可能性がある。そういう事態に対する懸念が大きな理由となっている。

そうでなくても、寿命が尽きて機能停止した衛星を初めとして、さまざまな宇宙ゴミ（スペースデブリ）が地球のまわりを周回しているのが実情だ。どこかの国が意図的に破壊を試みる前に、まず自分達が造り出したスペースデブリが宇宙配備資産の脅威になってきている。2014年5月に、米空軍宇宙軍団（AFSPC）司令官のウィリアム・シェルトン大将が「米空軍は23,000個のスペースデブリを追跡しているが、それ以外にサイズ1～10cm程度で追跡できていないデブリが50万個ほどある」と発言したことがある。

そこで登場したのが宇宙状況認識（SSA）という考え方。望遠鏡やレーダーを使って、地球の周囲を回っているスペースデブリなどの状況を把握できるようにしましょうというものだ。これは全世界的な共通課題でもあるので、アメリカは同盟国に対してSSAに関する協力を持ちかけて回っている状況にある。

具体例としては米空軍のスペース・フェンス計画がある。主契約社はロッキード・マーティン社で、現用中のVHFレーダーに代ってSバンドの新型レーダーを配備することにしている。設置場所はマーシャル諸島のクエゼリン環礁で、アンテナはゼネラル・ダイナミクス社が担当している。受信用アンテナ・アレイは面積が7,000平方フィート（約650平方メートル）というから、25メートル四方の面積に匹敵するデカブツである。

SSAについてはスペース・フェンスのようにレーダーを使う方法だけでなく、電子光学センサーを使う案もある。

7.2.3 GPS妨害の問題

イランが2011年に「米軍のステルスUAV・RQ-170センチネルをサイバー攻撃で乗っ取って自国内に強制着陸させた」と発表した。真偽の程は定かでないし、後で公開された「RQ-170」なるモノが機体の下半分を幕で覆い隠した状態になっていたことから、「不時着したのが真相ではないか」との見方もある。

それはともかく、GPSに対する妨害や贋電波が問題になっているのは事実だ。

国家レベルで使う大掛かりな機材だけかというとさにあらずで、トランシーバーみたいな形の「GPSジャマー」を宣伝しているWebサイトがいくつも見つかる。実際にどれだけの威力があるかは不明だが、本当に妨害できるのだとすれば、小さな機材でもジャマーの近隣ぐらいは影響を受けるだろう。

　妨害の場合、単に測位ができなくなるだけだと考えられるが、贋シグナルが送り込まれて来ると、事態はもっと深刻だ。A地点にいると思っていたら実際にはB地点にいる、ということになりかねない。

　そこで米国防総省では近年、GPSが使えない環境を想定して、代替となるPNT（測位・航法・測時）手段の研究開発を進めている。これについてはすでに「4.4.5 GPSの妨害対策」で取り上げた通りだ。

　ただ、妨害する側もあれこれと知恵を絞っているのは間違いないから、この辺は永遠のいたちごっこである。だいたい、アメリカがロシアのGLONASSや中国の北斗システムを妨害する手立てをまったく考えていないといいきれるものか。

7.3 サイバー戦・サイバー攻撃の実際

7.3.1 サイバー攻撃の幅は意外と広い

　サイバー戦、あるいはサイバー攻撃というと、具体的にどういった行為を連想されるだろうか？　マスコミでしばしば取り上げられるのは、「ライフラインに代表されるような社会のインフラを標的にして、それを動かしているコンピュータを攻撃する」といった類の話だ。一般の視聴者や読者が相手であれば、身近な話題を取り上げないとピンと来ないという理由から、こういう話が取り上げられやすい傾向があるのだろう。

　しかし実際のところ、発生頻度が高く、かつ深刻な問題になっている事案は、「企業や官庁（もちろん、防衛関連のものも含む）のコンピュータを攻撃してダウンさせる、あるいは不正侵入して情報を盗む」といった類の攻撃である。「ある国のことについて知りたい場合、公然情報を精査すれば90％は分かる」という情報の世界の格言があるが、不正侵入や情報窃取によって機微情報が手に入るのなら、やりたいと思うのが普通の反応だろう。

　実のところ、コンピュータに対する攻撃や不正侵入だけをサイバー戦と考えるのは、いささか定義が狭い。実際のサイバー戦とはもっと幅が広く、意図や目的もいろいろだ。

　広義の攻撃ということであれば、誰もがウンザリさせられているspamメールも、サーバやネットワークに負担をかけている点では似たようなものだ。攻撃者にそういう意識や意図があるかどうかは別として。また、フィッシング詐欺も、ネットワークに負担をかけた上で社会的迷惑を振りまいているところは共通する。筆者のところでも最近、金融機関を騙ってユーザーID情報やパスワード情報を盗み取ろうとするメールが頻繁に来ている。この場合、単に経済的被害を受けるというだけでなく、悪党が資金を得る源泉になっているところが問題だ。

　ただ、こういったものまで「サイバー攻撃」に含めると幅が広がりすぎる。そこで、攻撃元を国家、あるいは何らかの政治的目的をもって活動している組織に限定して、サイバー攻撃を用いる利点や事例について考えてみよう。

図7.1：金融機関を騙ったメールの一例。これは出来が悪い部類に属しており、メッセージ本文の内容がおかしいだけでなく、言葉遣いも微妙に怪しい。日本人に向けたメールなのに、文字コード設定が「簡体字中国語」になっていることでお里が知れる

7.3.2 マルウェアいろいろ

　サイバー攻撃の基本といえば、コンピュータへの不正侵入、あるいはコンピュータをダウンさせる攻撃だ。

　一般に、何らかの悪意を持って開発されたプログラムをマルウェアと総称する。これは「〇」のことではなくて、"Malicious"（悪意を持った）と"Software"を組み合わせた造語。つまり、何らかの悪意を持って作られたソフトウェアの総称であり、その中にウィルス・ワーム・トロイの木馬・スパイウェアといった小分類がある。

　ウィルスとは一般的に、コンピュータで動作するプログラムに寄生して、データの消去・改竄などの破壊行為を行なうものを指す。それに対してトロイの木馬とは、コンピュータの中に密かに送り込まれてデータの盗み出しを図るものと定義される。このほか、ユーザーのキー操作をこっそりと記録して、パスワードやクレジットカード番号などといった情報を盗み出そうとする、キーロガーと呼ばれるソフトウェアもある。

　いずれにしても、ディスク上にウィルスやトロイの木馬のプログラムが住み

着く形になる。スパイウェアも情報を盗み出すという点では似ているが、特に個人情報につながる情報をターゲットにしている点で区別される。

ワームは、ネットワークを介して他のコンピュータに攻撃を仕掛けて、侵入可能な設定、あるいは脆弱性があると、それを利用して侵入、さらに攻撃を拡大する。ウィルスやトロイと異なり、ディスク上には住み着かないために電源断や再起動によっていったんは消えるが、同じ状態のままなら再度感染する可能性が高い。

このように、定義の上ではウィルス・ワーム・トロイの木馬・スパイウェアと分かれているのだが、実際にはひとつのマルウェアが複数の性質を兼ね備えていることも多い。

近年の流行りは、不特定多数を相手にするのではなく最初からターゲットとなるデータと対象組織を絞り込んで、RATと呼ばれる、情報窃取を目的とするトロイの木馬を送り込む方法だ。

標的となった組織のメンバーに対して、顧客や取引先を装ったメールを送り、添付した圧縮ファイルやPDF文書ファイルなどを開かせようと試みる。うっかりしてそれを開いてしまうと、RATが自分のコンピュータに住み着き、外部に置かれたC&C（Command and Control）サーバにデータを送り出してしまう。

これが、政府機関や防衛関連企業を標的とするのであれば、まだしも分かりやすい。しかし、それ以外の業界でも攻撃対象になる可能性は常に存在する。会社の事業に関わるデータや技術情報などを盗み出そうとするのはもちろんだが、それだけではない。

たとえば、ちょうど本書の作業を進めていた2016年6月にJTBの関連会社が標的型攻撃の被害に遭った。旅行会社というと安全保障とはあまり関わりがないように思えるが、そうでもない。個人情報の漏洩が懸念されるのはもちろんだが、旅行会社なら持っている可能性がある旅券番号の情報が問題だ。犯罪組織やテロ組織や情報機関が、パスポート偽造の材料に使うかも知れないからだ（これは、JTBの事案についてではなく、あくまで一般論として可能性を指摘したものである）。

軍事情報分析の世界にもいえることだが、どこの分野のどんな情報が役に立つか分からない。標的型攻撃を初めとするサイバー攻撃や情報窃取行為にも、同じことがいえる。

7.3.3 マルウェアの感染ルートと脆弱性

では、マルウェアはどのようにして感染を広げるのか。大きく分けると、ユーザーの不注意につけ込む方法と、オペレーティング・システムなどの脆弱性

につけ込む方法がある。

ユーザーの不注意とは、電子メールの添付ファイル、不正攻撃用Webサイトへの誘導、USBフラッシュメモリにコピーしたファイルの自動実行などといった形で、マルウェアそのもの、あるいはマルウェア導入用のプログラムを実行する方法を指す。

だからアメリカ軍や韓国軍のように、USBフラッシュメモリの利用を禁止した事例もある。米軍では後に、暗号化を初めとするセキュリティ関連機能を充実させた「政府公認」のUSBフラッシュメモリに限定して利用を許可する形とした。一方、USBフラッシュメモリでスタクスネット Stuxnet というワームを送り込まれて被害を出したのが、イランのウラン濃縮施設である。

一方の脆弱性とは、ソフトウェアが抱えている不具合を指す。もちろん、ソフトウェアを開発する際にはさまざまな状況を想定して、問題が生じないようにプログラムを書くものだが、それでも穴はできる。想定外の状況が発生して、不正にプログラムを実行できてしまったり、マルウェアを送り込まれる原因を作ってしまったりするわけだ。そうした問題点を総称して脆弱性といい、ソフトウェアの開発元などが情報を公開して、対策のための修正プログラムを配布している。

ところが脆弱性情報の公開は、実証コード（発見された脆弱性を実際に悪用するためのサンプルとなるプログラム）の出現を伴うことが多い。つまり、脆弱性に関する情報が明らかになった時点で、それを利用した攻撃が発生する可能性がある。

特に、インターネットにつながっているコンピュータが脆弱性を残した状態になっていると、それに攻撃者がつけ込む可能性が高い。その結果として、第三者のコンピュータを攻撃するためのプログラムを送り込まれて、本人が知らない間に攻撃のお先棒を担がされる可能性がある。

そうした事態を避けるには、自分が使用しているコンピュータについて、脆弱性を持たない状態を維持する必要がある。それを無理なく実現するため、定期更新や自動更新といった仕組みを用意しているソフトウェアが多い。自分のコンピュータを安全な状態に保つことは、単に自分のコンピュータを保護するというだけでなく、他者に対する攻撃のお先棒を担がされないようにするという意味でも重要なことだ。

7.3.4　インターネットと宣伝戦

特にインターネットを通じた不特定多数向けの攻撃として、宣伝戦・心理戦という一面がある点も無視できない。

昔は不特定多数に向けた情報発信といえば、新聞の投書欄に投書するのが関の山で、自ら書籍や雑誌などの媒体を使って情報を発信できる人は限られた。ところが、今ではWebサイトやblogを開設することで、誰でも、しかも世界のどこからでも（というと語弊があるが）アクセスできる情報発信手段を実現できる。プロパガンダのツールとしてみると、非常に都合が良い。

　実際、インターネットを利用してプロパガンダを展開している事例はたくさんある。テロ組織・ゲリラ組織・反政府武装組織の類は、以前であれば地下に潜ってコソコソと活動するのが常で、公然と宣伝活動を展開するのは難しかった。たとえばの話、駅前で演説を行なったり、宣伝ビラなんか撒いたりした日には、たちまち当局にマークされてしまう。

　ところがインターネットの普及によって、Webサイトを開設して宣伝に使うというやり方が実現した。世界規模のネットワークを利用するのだから、サーバはどこの国に置いてあってもかまわない。どこか規制が甘そうな国でサーバを借りておけば、宣伝用のコンテンツをアップロードする作業は世界のどこからでもできる。

　それをおおいに活用して話題になったのが、ISIL（Islamic State of Iraq and the Levant）、いわゆるイスラム国だ。しかし、インターネットにおける宣伝を活用しているのは、ISILに限った話ではない。他の過激派組織も程度の差はあれ、同じようなことをしている。某国大使館の日本語公式Twitterアカウントみたいに、本国のプロパガンダをそのまま流した結果として、却って日本人の神経を逆撫でして逆宣伝になっている事例もあるが。

　そのほか、犯罪組織やテロ組織にとってインターネットとは、連絡を取り合う手段としても有用性が高い。特に日本や欧米諸国では、通信の秘密を守るという理念があるから、当局が取り締まりのために通信傍受を行なうのは難しい。実際、通信傍受や通信規制が弾圧の手段になり得ることは、中国あたりを見ていれば容易に理解できる。

　だから、犯罪組織やテロ組織を取り締まるという観点から「だけ」物事を考えることができないのが難しいところだ。

7.3.5　デマゴーグと宣伝戦と心理戦

　東北地方太平洋沖地震（東日本大震災）の後に日本のインターネット界で何が起きたかを思い起こして欲しい。一方ではデマゴーグを撒き散らすことに熱心な人がいて、他方ではデマを打ち消そうとして必死になっている人がいる。まさに宣伝戦である。

　また、単に宣伝を行なうだけでなく、意図的に偽情報を流す使い方や、心理

戦を仕掛ける使い方も可能だ。ある国の国民に対して「政府の発表なんて嘘っぱちだ、真実は○○という陰謀によるものだ」なんていう類のストーリーを、いかにももっともらしく流布するのは難しくない。

　実際、テロ組織や反政府組織によるものでなくても、「○○は△△の陰謀だった!」とか「××事件の真相はこうだ!」とかいう類の話を書き立てているWebサイトやblogは、それこそ掃いて捨てるほどある。ちょっと常識的に考えればデタラメだと判断できる内容でも、それを作る側は心得ているから、「消防署の方から来ました」と同じデンで、つい信じたくなりそうな話をでっち上げてくる。

　しかも、静止画や動画の編集ツールがいろいろ出回っているから、提供される「写真」が本当に「真実を写している」という保証はない。画像をチョイチョイと改変して、プロパガンダに都合がいい内容のものをでっち上げるのは簡単だ。といっても、これは技術的には簡単という意味で、もっともらしいモノを捏造する発想力の方が敷居が高い。

　つまり、我々が日常的に利用しているインターネットと、そこで提供されるサービスは、すでに心理戦（PSYOPS）の戦場なのだ。毎日のように、対立する陣営同士が宣伝合戦を繰り広げているのだから。

　かつては一般大衆向けの心理戦というと、宣伝ビラを撒く、あるいはテレビ・ラジオによる宣伝放送を行なう、といったあたりが主流だった。手の者を送り込んで口コミで話を広める方法もあるが、これは時間がかかりすぎて即効性に欠ける。ところが現在では、インターネットを駆使すれば、宣伝ビラ・宣伝放送と同じことを、はるかに効率よく実現できる。

7.4 実際に仕掛けられたサイバー戦の事例

7.4.1 エストニアのインフラ麻痺（2007年）

　まず、サイバー戦というと誰もが連想する、社会の機能を麻痺させる類の攻撃が発生した事例について取り上げよう。場所はバルト三国のひとつ、エストニア共和国だ。

　エストニアは1991年に独立した後、「IT立国」を目指して、積極的に国民生活におけるIT活用を図った。たとえば、オンラインバンキングの利用率が100%に迫っているほか、公開鍵基盤（PKI）の導入により、国民がそれぞれ自分専用のPKIチップ入りIDカードを所持している。つまり、インターネット上での身元確認を容易かつ確実にするため、政府公認のデジタル証明書を国民に支給しているわけだ。

　そのエストニアは国内にロシア系住民が住んでいるため、民族不和の問題を抱えている。そして2007年4月に政府が、第二次世界大戦における勝利を記念して建てられた銅像を、首都タリンの中心部から郊外に移す措置をとった。これがロシア系住民、さらにはロシアからの反発を買い、サイバー攻撃を受けるきっかけになったとされている。

　攻撃に用いられた手法はさまざまだが、その多くは標的になったコンピュータを過負荷にして機能不全を起こさせる、いわゆる分散サービス拒否（DDoS）攻撃だったようだ。ロシア国内では、攻撃の手法を具体的に示して参加を煽ったり、攻撃のための寄付を募ったり、攻撃用プログラムが寄生するコンピュータのネットワーク（いわゆるボットネット）を拡大させたり、といった形で攻撃元が増殖した。

　さらに、標的の方もエストニアの政府機関だけでなく、金融機関や報道機関などに拡大、最終的には国外からの通信を遮断せざるを得なくなった。いわば、ネット鎖国状態である。攻撃が発生した後で、エストニアではフィルタリング用の機材を増強したり、アメリカ政府やNATOが専門家を派遣したりといった支援が行なわれた。NATOが後に、サイバー防衛の研究機関・CCD CoEをタリンに設置することになったのも、この事件が影響している。

なお、エストニアの事例では国の規模が小さく、インターネット関連のインフラが集中していたことから、対策を講じるのが容易だったという指摘がある。

7.4.2 グルジア紛争（2008年）

一方、宣伝戦・心理戦のツールとしてサイバー攻撃が用いられた事例としては、2008年のグルジア紛争が挙げられる。

グルジアでは、南オセチア自治州が独立を主張して、それをロシアが支援する構図があった。そして2008年にグルジア政府が軍事行動に出たところ、対抗してロシア軍が介入する事態になった。このロシア軍の介入とともに、グルジアに向けたサイバー攻撃が行なわれた。

まず狙われたのは大統領府を初めとするグルジア政府機関のサーバで、たとえばWebサイトの内容を勝手に書き換える、グルジア大統領の顔写真に某独裁者風のチョビ髭を書き加えたものをアップロードする、エストニアにおける事例と同様にコンピュータを過負荷にする、といった類の攻撃が行なわれたと報じられた。

コンピュータを過負荷にするのは分かりやすいが、そのチョビ髭の一件、あるいはWebサイトの改竄に代表されるように、政治性を帯びた攻撃が目立った点が特徴的だ。大統領のクソコラを作られたからといってグルジア軍の作戦行動が阻害されるとは考えにくい。宣伝戦・心理戦としての色彩が強いサイバー攻撃といえる。

7.4.3 情報漏洩事案・ウィルス感染事案

エストニアやグルジアの事例は、国家間の対立が存在するところにサイバー攻撃が持ち込まれた事例だが、それ以外でも、軍や政府機関がさまざまな形で、情報通信システムに関連する攻撃を受けたり、実際に被害を出したりしている。

たとえば、コンピュータがウィルスに感染した結果として機密データを外部に流出させた話は、我が国も含めてさまざまな国で発生している。

自衛隊で発生した事案の例としては、2002年11月に陸自で、2006年2月に海自で発生した業務データの流出がある。業務用のデータが入った私物PCに、ファイル交換ソフトがインストールされていただけでなく、それに感染するウィルスが存在していたため、意図せざる形で"放流"してしまったものだ。いったんファイル交換ネットワークに出回ったものは、もう回収不可能である。

もっともこれは、自宅に業務用のデータを持ち出す、あるいは私物のPCに依存しないと仕事が進まない、といったところに問題の本質がある。自衛隊で

は情報流出事件の後で、私物PCの利用禁止や官品PCの支給拡大といった対策を取った。

また、日本では2011年9月に、重工系のメーカーを初めとする防衛関連企業を狙った標的型攻撃が発生した。標的型攻撃は一般的に、取引先や顧客からの連絡といった仕事関連のメールを装っており、添付ファイルを開かせるようとしたり、Webサイトにアクセスさせようとしたりする。そして攻撃を受けた側がそれにひっかかると、既知の脆弱性を活用するなどして、マルウェアを送り込まれることになる。

7.4.4　サイバー戦は貧者の最終兵器

こうしたサイバー戦、サイバー攻撃には、一般的な国家同士の戦争とは異なる部分がいろいろある。

まず、「国家によって徴集された軍人同士が戦う」という考え方が当てはまらない。国家レベルで人材を集めてサイバー攻撃を仕掛ける事例ももちろん存在するが、それだけでなく、必要な能力や技術を身につけた一般市民の有志が勝手に攻撃を仕掛ける場合もある。

インターネットでは、攻撃用のツールをどこかのサーバにアップロードしておけば、それを使って多数の人が攻撃を仕掛けることができる。しかも、地理的位置関係はお構いなしだから、標的が地球の裏側にあってもかまわない。

昔はコンピュータに不正侵入しようとすると、ターゲットとなるコンピュータやシステムが、電話回線などの通信回線と接続されている部分を苦労して突き止める必要があった。ところが、現在はインターネット経由で簡単に攻撃を仕掛けられる（もちろん、インターネットと切り離されているコンピュータは話が別だが）。

発端からして、インターネットは「それぞれの組織が持っているネットワークを互いにつなぎ合わせて構築した大規模ネットワーク」だ。そうした事情から、かつてのパソコン通信ネットワークみたいに「運営会社に頼めばなんとかしてくれる」というわけにはいかない。どこか、海を隔てた他所の国から攻撃を仕掛けられた場合、その攻撃元の国でサイバー攻撃、あるいはそれに類する攻撃を取り締まる法律があるかどうか分からないし、あったとしても取り締まる体制があるかどうか分からない。ヘタをすると、実はその相手が国家レベルで攻撃を仕掛けてきていた、なんていうこともあり得る。

こうした事情があるため、特にインターネットを利用する各種のサイバー攻撃とは、正規軍相手の戦争で真っ向勝負できない国、あるいは組織に大きな利点を与える、貧者の最終兵器といえる。まさに究極の不正規戦だ。しかも、こ

の攻撃には武器禁輸措置が機能しない。ある国から攻撃を受けたからといって、その国に対するパソコンなどの輸出を禁止しろというわけにはいかないのだ。

7.4.5　サイバー攻撃だけでは（たぶん）勝てない

ただし、サイバー攻撃がどこまで有効か、という点については冷静に考えてみる必要がある。どうしてもマスコミでは、この手の話題は刺激的・扇情的に扱われるものだが、実のところ、どこまで有効なのか。

私見だが、サイバー攻撃はあくまで、本来の軍事作戦を有利に運ぶための支作戦というべきだろう。軍事作戦や市民生活の妨害だけでなく、スパイ行為という形のサイバー攻撃もあるが、スパイ行為というのはそこで窃取した情報を活用して軍事作戦を仕掛けたり、新兵器の開発に活用したり、外交攻勢を仕掛けたりすることで初めて役に立つ。目的を達成するための支援手段というところは同じだ。

たいていの場合、土地を占領して相手に「負けた」ということを思い知らせるまで、戦争に決着はつかない。ネットワークやコンピュータに対する攻撃、あるいは偽情報の流布による混乱だけで戦争に勝った事例はないし、そもそもサイバー攻撃で土地の占領はできない。

ライフラインに対する攻撃にしても、それだけで相手の国が倒れるかというと、おそらくそんなことはない。

ロシアとの対立が激化しているウクライナで、送電網に対する攻撃が行なわれた、との報道が出たこともある。これらが市民生活に不便をもたらしたのは事実だ。日本でも、サイバー攻撃ではないが、東北地方太平洋沖地震の後に東京電力エリアで発生した輪番停電という形でライフラインに支障が発生した経験がある。しかし、だからといって国が倒れただろうか。確かに日本では後日になって政権交代があったが、それは選挙を経て正しい手続きで実現したものであり、怒った国民が革命を起こしたわけではない。

サイバー戦に限ったことではないが、それを軍事的勝利に結びつけることができなければ、最終的な目標達成につながらない。たとえばライフラインの機能不全を起こせても、それによって見込める効果が明確でなかったり、効果の有無が不確実だったりすれば、それは攻撃手段としては失格である。だから、この種の攻撃が直接的に、軍事的・政治的目標の達成につながる可能性は高くないと思われる。

7.5 サイバー防衛体制の整備に向けた取り組み

7.5.1 民間の取り組みと政府の取り組み

インターネットは米軍の資金と研究機関でスタートした研究ネットワークが原点ではあるが、現在の世界規模のネットワークに発展した発端は、民間の企業・学校・研究機関などの相互接続にある。そして、インターネットにおける各種攻撃についても、民間レベルで情報収集を行なう取り組みが存在する。

それが、CSIRT（Computer Security Incident Response Team、シーサート）と呼ばれる組織の一群だ。CSIRTとは、インターネット上でセキュリティ関連などの問題が発生していないかどうかを監視したり、問題が発生した際に原因の究明や影響範囲の調査を行なったり、といった活動を行なっている。ただし司法権はないため、情報の収集・提供が主な活動で、刑事事件に発展した際の捜査は法執行機関に任せている。このほか、事件を予防する目的でソフトウェアの脆弱性に関する情報を収集・発信する活動も行なっている。

著名なCSIRTとしては、大規模なワーム感染事件が発生した事案がきっかけとなって1988年に発足した、米カーネギーメロン大学（CMU）に拠点を構えるCERT/CC（Computer Emergency Response Team/Coordination Center）がある。

日本では、CERT/CCの日本版といえるJPCERT/CC（Japan Computer Emergency Response Team Coordination Center、JPCERTコーディネーションセンター）がある。セキュリティ関連の事件発生を把握する目的でインターネット定点観測システム（ISDAS：Internet Scan Data Acquisition System）を運用しているほか、セキュリティ関連の事件についての報告受付、ソフトウェアの脆弱性に関する情報公開（JVN：Japan Vulnerability Notes）、啓発活動などを行なっている。

では政府機関はどうか。サイバー・セキュリティのための法制度を整えたり、所要の組織・施設・人員を整えたりするのが行政府と立法府の仕事、実際に捜査や犯人逮捕を担当するのは法執行機関の仕事だ。

また、政府レベルでCSIRTを設置している事例があるほか、国家戦略とし

てサイバー・セキュリティ問題に取り組む国が増えている。アメリカでは、オバマ大統領が国家レベルの包括的なサイバー・セキュリティ構想としてCNCI（Comprehensive National Cybersecurity Initiative）を策定・公表した[27]。

日本では、情報通信行政を所管する総務省に加えて、警察庁、経済産業省がこの問題に取り組んでいる。以前からウィルス関連情報の収集などで活動している独立行政法人・情報処理推進機構（IPA：Information-technology Promotion Agency, Japan）に加えて、内閣官房でも2005年に、内閣官房情報セキュリティセンターを発足させた[28]。

7.5.2　軍レベルでの取り組み

先にも触れたが、NATOは2008年5月に、エストニアのタリンに拠点を置くサイバー防衛関連の研究組織・CCD CoEを設置した。CoE（Centre of Excellence）とは、特定分野について取り組む目的で専門家を集めた組織を指す。そのCoEのサイバー・セキュリティ版がCCD CoEで、サイバー防衛関連の研究を行なったり、イベントを開催したりしている。

防衛・攻撃を取り混ぜてサイバー戦を担当する、専任の組織を設ける事例も出てきている。アメリカでは、2009年6月にサイバー軍（USCYBERCOM）を発足させて、陸海空軍のサイバー戦関連部門をまとめた。組織上は米戦略軍（USSTRATCOM）の下に入っている。

なお、このUSCYBERCOMの下に入る陸海空軍の組織は、それぞれ以下の面々である。

・陸軍：ARFORCYBER（Army Forces Cyber Command）
・海軍：FLTCYBERCOM（Fleet Cyber Command）
・空軍：AFCYBER（Air Force Cyber Command）

面白いのは、フネが一隻もないFLTCYBERCOMに「第10艦隊」という名前がついていることだ。FLTCYBERCOMの指揮官は艦隊司令官と同レベル、という意味を持たせているのだろうか。

イスラエルでは2010年3月に、国防軍参謀次長のベニー・ガンツ少将が率いるサイバー戦部門を発足させた。イスラエルでは、SIGINTや暗号解読を担当する部門・IMIがサイバー関連分野を仕切る形をとっている。そのイスラエルは2007年にシリア国内の核施設を爆撃・破壊しているが、その際にシリアのコンピュータ・システムに侵入して攻撃を成功に導いたと報じられている[29]。

日本では、防衛省が2008年3月に自衛隊指揮通信システム隊を発足させた。隊本部の下に、以下の3部門を擁する。

・ネットワーク運用隊：ネットワークの維持・運用・監査を担当

・サイバー防衛隊：ネットワークをサイバー攻撃から防護する
・中央指揮所運営隊：中央指揮所の管理・運用を担当

　目的はやはり、情報通信インフラの防衛にある。単に自衛隊の情報優越を維持するというだけでなく、同盟国と足並みを揃えて共同運用を円滑に進めるという理由もあるだろう。「自衛隊のサイバー戦対策はザルだから」といって重要な情報を回してもらえないようでは困るのだ。

　また、日米間の防衛協力の一環として、「情報保証とコンピュータ・ネットワーク防御における協力に関する了解覚書」を2009年4月に締結した。これは、サイバー攻撃が発生したときの対処能力向上を図るため、日米間の情報交換を可能にする目的による。

7.5.3　戦場がサイバーなら演習もサイバーに

　では、具体的な防衛策についてはどうか。まず必要なのは状況認識だ。状況認識を掌る情報通信インフラを保護するために、これまた状況認識手段が必要という図式である。

　攻撃の内容によって、「こういった形のデータが送られてくる」「トラフィック（ネットワークを行き来する通信の内容・状況）に特定の傾向が現われる」といった特徴が判明すれば、どういう対応策を採るのがよいかを判断する一助となる。

　問題は、実際に攻撃を受けてみなければ、どういった状況が発生するかが分からないことだ。そうした問題を解決するため、模擬環境で既知の攻撃手法を再現して、攻撃の検出や攻撃への対処について研究する手法がとられている。この考え方は、軍事作戦を演習場の模擬環境で演練するのと同じだ。

　つまり、本物のインターネット、あるいはその他のネットワークと同様の技術・内容・構成を備えたネットワークを設置して、そこで攻撃や防御を実際に行なってみるわけだ。そこで飛び交うのは、実弾ではなく電子のビット列である。

　たとえばアメリカでは、DARPAが国家サイバー演習場（NCR）という計画を立ち上げて、ロッキード・マーティン社が主契約社となった。これは、サイバー防衛の演習場を仮想空間上に実現するものと考えればよい。日本でも、防衛省が同様の施策を進めている。

　イギリスではノースロップ・グラマン社を主契約社として、BT（British Telecom）、オックスフォード大学、ワーウィック大学、インペリアル・カレッジと組んで2010年10月に立ち上げた研究計画・SATURNを立ち上げた。趣旨はNCRと同じである。

オランダでは、サイバー防衛部門（DCC：Defence Cyber Command）がタレス社に、サイバー・レンジの導入契約を発注した。タレス社はネットワーク・セキュリティに関わる製品を以前から手掛けており、たとえば暗号化に必要な鍵情報の管理システムなどをリリースしている。また、NATOの通信システムを手掛けるなど、ネットワーク関連の経験もある。

ノースロップ・グラマン社は2016年6月8日に、日本向けのサイバー・セキュリティ向け仮想演習環境・J-CORTEXについて発表した。これはNECならびに三菱商事と組んで開発・納入するもので、プライベート・クラウド環境を用いて、さまざまな試験や訓練に必要な環境を迅速に再現できるとの触れ込みになっている。普通の軍事作戦のシミュレーション訓練でもそうだが、さまざまな脅威やシナリオを再現できることは、この手の訓練環境にとって重要である。

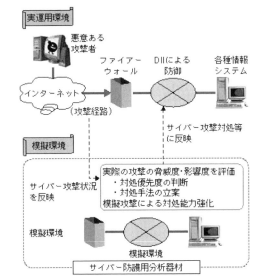

図7.2：サイバー防衛のために模擬環境を構築する際の考え方（防衛省）

7.5.4 ペンタゴンを攻撃してみたまえ！

システム、あるいはソフトウェアが内包している脆弱性を見つけ出すために、変わった方法をとることがある。わざと攻撃してもらうのだ。

といっても、悪玉ハッカーに攻撃させたのでは「本番」になってしまうし、本当に脆弱性が見つかったときの被害が懸念される。そこで、事前に善玉ハッカー（ホワイト・ハッカーという）を募り、攻撃してもらう方法を採る。

これは、暗号化アルゴリズムの世界では昔から行なわれている方法である。コンピュータ暗号の世界では、アルゴリズムは公知のものを使い、鍵探索を非現実的なぐらい手のかかる作業にすることで安全性を確保するのが基本だ。そこで、その公知のアルゴリズムの安全性を検証するため、「解読コンテスト」を行なう。

それと同じことを、特定のシステムやサーバを対象として行なう手法もある。たとえば米国防総省は2016年3月2日に"Hack the Pentagon"構想を発表した。善玉ハッカーに国防総省のWebサイトを攻撃してもらい、弱点をいぶりだしてみようというものだ。軍事作戦にも同じことがいえそうだが、「護る立場」から弱点を探すのと、「攻める立場」から弱点を探すのとでは、見えてくるものが違ってくる可能性がある。その違いを利用して、当事者が気付いていなかった弱点が見つかればめっけものだ。

この"Hack the Pentagon"は2016年4月18日から5月12日にかけて実施、6月17日に結果が発表された。参加したホワイト・ハッカーは1,410名で、優勝したのはなんと、18歳の高校生だったそうである（！）。そして、このイベントに参加したホワイト・ハッカーから寄せられた報告は1,189件、その結果として138件の脆弱性が見つかったというから、イベントを開催した意味はあったわけだ[30]。

7.6 サイバー防衛の難しさ

7.6.1 IPv4とIPv6

といったところで、インターネット経由の攻撃に対処する際に欠かすことができない、IPアドレスの話について簡単に解説しておこう。

ひとつのネットワークに多数のコンピュータを接続している場合、通信相手を識別して、正しい相手と通信する仕組みが必要になる。そこで、個々のコンピュータごとに異なるアドレスを割り当てる。いわば住所のようなものだ。

インターネットでアドレッシングとデータの搬送を受け持っているのはTCP/IPというプロトコル（通信規約）だが、そのTCP/IPが通信相手の識別に使用するのが、IPアドレスと呼ばれる数値だ。IPv4では32ビット、つまり2進法32桁で、2の32乗≒約43億個のアドレスを用意できる。しかし実際には、インターネット以外のところで使用するアドレス範囲が決められている等の事情から、インターネットで利用可能なアドレスの数はグッと少なく、4億個程度とされる。対してIPv6は128ビットの長さがあり、天文学的な数のアドレスを利用できる。

インターネットでは、地域別→国別→各国内のインターネット接続事業者（ISP：Internet Service Provider）と分割しながらIPアドレスを割り当てている。誰にどのアドレス範囲が割り当てられているかは、誰でも調べることができる。

そして、インターネットを介して行き来する通信はすべて、「送信元IPアドレス」と「宛先IPアドレス」の情報を持っている。ということは、インターネットに接続したコンピュータが攻撃を受けたときに、攻撃のために送りつけられたデータの送信元IPアドレスを調べれば、誰が攻撃元なのかは把握できる。

7.6.2 IPアドレスは手がかりにならない

といいたいところだが、実際にはそんなに単純な話ではない。

まず、限られたIPアドレスを有効に活用するため、ISPの利用者よりもIPアドレスの数の方が少なく、接続を要求したユーザーに、その時点で空いている

IPアドレスを割り当てる仕組みをとっている。そのため、特定のユーザーと特定のIPアドレスを関連付けるのは難しい。攻撃を受けたときには、攻撃元と目されるIPアドレスだけでなく、そのIPアドレスをどのユーザーに割り当てていたかをISPに照会しないといけない。

そもそも、攻撃者が馬鹿正直に、インターネットに接続した自分のコンピュータから攻撃を仕掛けるはずがない。他人のコンピュータを拝借して攻撃用プログラムを送り込み、片棒を担がせることもある。攻撃用プログラムを送り込まれた側は、それと知らずに攻撃のお先棒を担いで、嫌疑をかけられる可能性がある。また、攻撃の際にデータに細工をして、送信元IPアドレスの情報を詐称する可能性もある。

こうした事情があるため、送信元IPアドレスの情報は犯人追及の決め手になりにくいのが実情である。

しかも、前述したように、「インターネットというものを統一管理している単一の組織」があるわけではないので、国によって対応に温度差が生じる。そもそも、「おたくの国からサイバー攻撃を受けている」といって捜査協力を要請してみたら、実はそこの政府機関が攻撃元だった、という事態もあり得るのだ。

さらに、インターネットを通じた攻撃では、インターネット接続回線の構成も問題になる。すべての国同士が直接通信可能な状態になっているわけではなく、ときにはA国からB国を経由して他国とつながっている、という形になっている場合もあるので、攻撃元がA国だったとしても、攻撃の方法によってはB国からの攻撃に見えてしまう可能性はある。

典型的な事例が北朝鮮だ。北朝鮮の通信網がインターネットに出ていく際の接続経路は、中国の国営通信事業者・中国聯通を経て世界に出ていく形になっているとされる。

また、インターネットで利用可能なIPv4アドレスのうち、北朝鮮に割り当てられたものは1,024個しかないそうだ。そのため、北朝鮮国内でインターネットに接続できるコンピュータの数は極めて限られている。そこで、自国内ではなく中国国内に拠点を構えるようなことがあっても不思議ではない。こうなると、北朝鮮発の攻撃なのか、中国発の攻撃なのかを区別する手間が余分にかかる。

サイバー防衛を担当する側からすると、攻撃元を特定するのは厄介であり、故に、攻撃元に対して"サイバー反撃"を仕掛けるのも難しいといえる。へたをすると、無関係の第三者を"誤爆"することにもなりかねないからだ。そもそも、後述するような事情により、攻撃を受けたからといってホイホイと反撃できるとはいえない。

7.6.3　サイバー攻撃網の存在と否認の問題

　だいぶ前の話になるが、アメリカでジェームズ・カートライト統合参謀本部次長（当時）が「中国からのサイバー攻撃は大量破壊兵器並み」と発言したことがある。バラク・オバマ大統領も「サイバー戦は大量破壊兵器である」との見解を示しており、国家レベルでサイバー防衛に力を入れる考えを示している。

　実際、何年も前から米軍のネットワークが中国からさまざまな種類の攻撃を受けているのは周知の事実だ。また、インターネットを通じて公開されているサーバから、大量のデータをダウンロードしているという報告もなされている。

　そして2009年4月にカナダの研究者が、中国を拠点とするオンライン・スパイ網の存在について報告書をまとめた。これは、他国の政府機関・産業界・学術界に対して、組織的にネットワーク経由で攻撃を仕掛けて、情報の盗み出しなどを図るものだとされている。

　また、セキュリティ研究者らが参加する調査機関・IWM（Information Warfare Monitor）とShadowserver Foundationが、マルウェアを使って各国の政府機関・企業などから情報を盗み出すサイバー・スパイ網の存在について発表したこともある。攻撃を仕切っていたのは中国にある中核サーバで、攻撃に関与したとみられる人物が中国・四川省の成都にいる可能性があるとしていた。IWMは2009年にも、100ヵ国以上の政府機関などを標的にしていたスパイ網「GhostNet」についての報告書を発表した。

　この手の、「○○国がサイバー攻撃網を組織している」という類の報道は、いろいろと出てきている。しかし問題は、「○○国からの攻撃」と「○○国の軍や情報機関による攻撃」を結びつけるのが容易ではないことだ。

　つまり、個人、あるいは民間の組織による攻撃なのか、国家による組織的な攻撃なのかを判断するのは難しい。仮に国家レベルで意図的・組織的に行なっているのだとしても、他の誰かにお先棒を担がせているかも知れないし、「それは民間人が勝手にやったこと。捜査して犯人を逮捕したら、しかるべく処分する」と言い逃れる可能性もある。また、それができてしまうのがサイバー空間だ。

　実際、エストニアやグルジアの事例では"愛国的な"国民が勝手に攻撃を仕掛けたとされるが、それと国家レベルでの攻撃を明確に区分するのは困難だ。

7.6.4　サイバー戦と法的問題

　軍隊が戦闘行動をとるときには、交戦規則（RoE）を定める。好き勝手に発

砲して、不必要に戦争のきっかけを作ったり、事態をエスカレートさせたりしたのでは困るからだ。サイバー攻撃についても、同様の規定は必要になる。サイバー空間であれ物理的なものであり、攻撃を受けた際に反撃できるかどうかという問題があるからだ。

たとえば、コンピュータが攻撃を受けて使い物にならない状態に追い込まれたとする。それ自体はレッキとしたサイバー攻撃だが、その後の対応は問題だ。ちょっと考えただけでも、以下のようにいろいろと課題が生じる。

・サイバー攻撃を、火砲・ミサイル・爆弾などの武器を使った攻撃と同列にみなして良いのか
・攻撃とみなした場合に反撃できるのか
・反撃する場合の手段はどうするのか
・どこまでの反撃が許容されるのか
・設定した目標が、本当に攻撃して良い相手かどうかをどうやって確認するか

技術の進歩が法律や規則の盲点を生み出す事例はたくさんあるが、戦争においても同じだ。従来から馴染みがある戦闘行動を想定して作られた法律や交戦規則は、サイバー防衛やサイバー攻撃といった分野に追いついていない。また、NATOのように軍事同盟を構成しているケースでは、加盟国がサイバー攻撃を受けたときに、軍事同盟に対する攻撃とみなして相互防衛義務に基づく反撃をできるのか、という問題も生じる[31]。

実のところ、こうした問題についてはまだ、答えが確立できたとはいえない。実際にさまざまな事例を積み重ねながら、どの程度まで対応して良いかという落としどころを見極めていくしかないのが実情だ。

そこで、前述したNATOのCCD CoEでは法律の専門家を集めて、サイバー攻撃と戦争法規の関連について検討を行なっている。その成果としてまとめられたのが「タリン・マニュアル」で、たとえば「どういったサイバー攻撃であれば、戦争行為とみなしてよいか」といった課題を取り上げている。法律の専門家が法的側面から検討すると、どうしても持って回ったような難解な表現になってしまうが、かいつまんで書くと「サイバー攻撃を戦争行為とみなすかどうかの線引きは、攻撃によって死者が生じたかどうかをひとつの基準とする」となる。

たとえば、アメリカとイスラエルはイランの核開発計画を妨害しようとして、ウラン濃縮に使用している遠心分離機の動作を妨害するために「スタクスネット Stuxnet」と呼ばれるワームを送り込んだとされる。これはWindowsの脆弱性を利用するワームで、遠心分離機の制御に使用しているシーメンス製の産業向け制御ソフトウェアを標的とした。ときどき「核施設に対するサイバー攻

撃」ということで「原子炉を標的にした」といわれることがあるが、それは間違いである。

そして、スタクスネットによって一部の遠心分離機が壊れたという話が伝えられているが、正確な被害の程度については明らかになっていない。ただ、機械は壊されたが人命は失われていないので、「タリン・マニュアル」の考え方を敷衍すれば、これは戦争行為とはいえない。とはいえ、物理的に弾が飛んでこなくても人命に影響する可能性があるのがサイバー戦だから、法的側面からの検討は不可欠だ。

このように、法的側面について検討しなければならない立場にある国がある一方では、好きなようにサイバー攻撃を仕掛けることを躊躇しない国家、あるいは勢力も存在する。そうなると、どうしても攻撃を受ける側の方が不利だ。

7・6 サイバー防衛の難しさ

コラム

なんでもIP化

　データリンクに限らず、TCP/IP化が進んでいるのが近年のウェポン・システム、あるいはプラットフォームの趨勢。

　ある艦で、艦内の電話がIP電話化されているのを目撃したことがある。なぜ分かったかといえば、IPアドレスの情報を電話機にラベルライターで貼り付けてあったからだ。艦内ネットワークがイーサネット化されて、区画の片隅にスイッチングハブだかルータだかが据え付けてあるのを目撃したこともある。

　イーサネットにTCP/IPとくれば、これはもう家庭や会社のLANと同じである。もちろん、インターネットに接続するのでなければ、プライベートIPアドレスを振ってしまってもよいのだが。

第8章

ICTの活用が変えたウェポン・システム開発

　コンピュータとネットワークを利用するようになったことで、ウェポン・システムの能力が向上したが、一方で、システムは複雑化の一途をたどっている。それに伴い、開発についても長い時間と多くの費用を要するようになった。しかも、所定の費用とスケジュールを守れずに、予算オーバーや納入遅延が問題になる事例が常態化している。この章では、そういった問題についてまとめてみた。

8.1 装備開発の基本的な流れ

8.1.1 完成品という考え方が消えた

　国によっても相違があるが、本書では「入手可能な情報が多い」という理由から、アメリカ軍における装備開発の流れを例にとる。具体的な話に入る前に、過去と現在のウェポン・システム開発における考え方の違いについて、かいつまんでまとめておきたい。

　昔のやり方では、最初に徹底的にテストして完成品を造り、そのままの状態で用途廃止になるまで使い続ける、という考え方が強かった。ウェポン・システムがどんどん代替わりして、運用する期間が比較的短かったため、それでも問題はなかった。

　しかし最近では、ウェポン・システムの高度化によって価格が上がり、その一方で国家同士の大規模な戦争は減っている。そのため、ウェポン・システムの運用期間が、過去とは比較にならないぐらい長くなった。その一方で技術の進歩は早くなっているから、最初に完成した状態のままで使い続けることは難しくなっている。

　そのため、現代のウェポン・システムは、完成後も継続的にアップグレードを図るという考え方に切り替わっている。つまり「完成品」という概念がなくなり、運用期間を通じて能力向上が続く形だ。したがって、開発・運用・サポートの体制、あるいはウェポン・システムそのものを、こうした考え方を前提としたものに切り替える必要がある。

8.1.2 米軍の装備開発（マイルストーンAまで）

　ウェポン・システムとは軍隊が国防の任務を果たすためのツールである。そして、国防の任務は国家戦略と不可分の関係にある。だから、まずは国家戦略からトップダウン式に「どういった脅威が考えられるか」「どういった戦闘様態になると考えられるか」といったことを検討する。そうすることで、必要とされる戦力や組織編成、そこで使用する装備といったものが明確になる。

それに基づき、現時点で存在しない新装備が必要という話になった場合に、任務要求提示（Mission Needs Statement）という文書をまとめる。

情報が足りない場合には、メーカーに対して情報要求（RfI）をリリースすることもある。たとえば、「○○という新機能を実現したい」という要求があったときに、それを実現するためにどういった技術が必要か、現状はどうか、今後の開発の見通しはどうか、といった情報をメーカー側から得るのが目的だ。

既製品、あるいはすでに確立された技術を利用する場合には必要ない作業だが、新しい技術や概念に基づくウェポン・システムを開発するときには、鍵となる要素技術の開発を先行させる必要がある。そして、要素技術の開発と熟成が進んだところで、実際にモノを作ってみて、実証（demonstration）を実施する。

かつて、この段階を実証/検証（Dem/Val）と呼んでいたが、最近ではこの言葉は使わなくなった。この過程で要素技術を熟成しておかないと、後になって大変なことになる。ときには、複数のメーカーに対して要素技術の開発契約を発注して、競合させることもある。

要求仕様と、それを実現するための要素技術が出揃ったところで軍の担当部門が開発・調達計画をまとめて、国防調達会議（DAB）の審議にかける。国防調達会議が計画の実施を承認すると、メーカーに対して提案要求（RfP）をリリースする。米軍では、この段階をマイルストーンAと呼んでいる。

RfPは複数のメーカーに対してリリースして、コンペティションを実施する場合が多い。競争の創出によってコストの引き下げや技術水準の引き上げを図るためだ。ただし場合によっては、RfPをリリースする前の段階でコンペティションを実施してしまい、そこで勝ち残ったメーカーに対してRfPをリリースすることもある。

そのRfPに対して、メーカー各社が提案書を提出する。そして、各社の提案内容を比較して勝者を決める。書類審査だけで採否を決めることもあれば、プロトタイプの開発・製造を各社に発注して、現物による比較審査を実施する場合もある。たとえば先進戦術戦闘機（ATF）計画では、ロッキード社のYF-22とノースロップ社のYF-23が競合して、それぞれ2機ずつを試作して「フライオフ」を実施した。

ときには、担当できるメーカーがもともと1社しかないため、競争にならない場合もある。たとえば、原子力空母を建造できる造船所はハンティントン・インガルス社のニューポート・ニューズ造船所しかないので、自動的にここに発注することになる。アメリカ以外の国では、業界再編によって分野ごとにメーカーが1社しかない場合が多く、ときには国内外の企業が競合することも起きる。

米海軍の沿岸戦闘艦（LCS）計画では、二案を競合させたのに両方とも採用して平行建造する珍事が発生したが、今後はどちらか一方に絞り込むことになるようだ。

8.1.3　米軍の装備開発（マイルストーンB～C）

　担当メーカーが決まった時点で、本番の設計・開発を実施するシステム設計・実証（SDD）フェーズに移行する。以前は全規模開発（FSD）と呼ぶことが多かったが、現在はSDDまたはEMDと呼ぶ。ときには、SDDフェーズまで複数メーカーの競作として、SDDフェーズが完了した時点で1社に絞り込むこともある。米軍では、SDDへの移行を決める段階をマイルストーンBと呼ぶ。
　SDDフェーズでは、先に開発した要素技術を組み合わせて、実際にウェポン・システムとして機能するモノを完成させるために、研究・開発・設計・製造の作業を進める。そして、少数のプロトタイプを製造して、技術面で問題がないかどうかを検証する開発試験（DT）を実施する。
　こうした開発作業の過程で、何か問題が発生していないか、進捗状況がどうなっているか、といった事柄について、メーカーと軍の関係者が集まって審査する評価会議が、何段階かに分けて行なわれる。
・システム要求審査（SRR）
・予備設計審査（PDR）
・最終設計審査（CDR）
　開発の作業、そして一連の評価会議で問題が出ないか、あるいは発生した問題を解決できたと判断された場合、いよいよ量産段階に移行する。ただし、いきなり全力で量産を始めることはしないで、まずは低率初期生産（LRIP）という形で小規模な量産を始める。昔でいうと増加試作にあたるプロセスといえるだろう。米軍では、低率初期生産の開始を決める段階をマイルストーンCと呼ぶ。

8.1.4　米軍の装備開発（量産配備・IOC・FOC）

　どんな工業製品でもそうだが、試験の段階でうまく機能していたものでも、実際に作って運用してみると問題が出ることが多い。そのため、まずは少量を生産・配備・運用してみて、実運用環境で問題なく機能するかどうかを検証する運用試験（OT、ただし米海軍ではOPEVALと呼ぶ）を実施する。
　ところが、モノが完成したから部隊に引き渡して終了、というわけにはいかない。高度化したウェポン・システムを使いこなし、能力をフルに発揮させる

には、運用手順や戦術の開発と、運用に携わる要員の訓練が不可欠だからだ。

そこで、まず訓練部隊に新装備を引き渡して訓練体制を整えた上で、戦術の開発と実戦部隊への配備を進めていく。最初の実働部隊を編成して所要の装備と人員を揃えたところで、必要最低限の数と機能を実現したことを意味する初度運用能力（IOC）の達成を宣言する。

そして、訓練部隊や最初の実働部隊で実際に使ってみながら熟成を図り、本格的に配備を進めても問題ないかどうかを判断する。すべての能力を発揮できる体制を整えることを全規模運用能力（FOC）という。米軍の定義では、FOCを達成した時点から後の量産で初めて、全規模量産（FRP）ということになる。その後は、量産のペースを段階的に引き上げながら配備を進めていく。

F-35の場合、海兵隊のF-35Bは2015年にIOCを達成、2016年8月に空軍のF-35AもIOCを達成したが、まだLRIPの段階だ。低率といっても年間数十機のオーダーに達しているが、前述した定義の問題があるのでLRIPである。

8.1.5 米軍の装備開発（段階的改良）

量産配備を開始した後も、さらに段階的な改良を図っていくのが通例だ。新たに加わった改良点や新機能については、生産ライン上でこれから製造する分に対して反映させる場合と、すでに製造・納入済みのモノに対して後付けや改修といった形で反映させる（バックフィットまたはレトロフィット）場合がある。

こうして段階的に改良や能力向上を図る際の単位として、「ブロック」「フライト」「インクリメント」「ベースライン」「スパイラル」などといった言葉が用いられる。どういうわけか用語はバラバラで、同じ軍種の中でも統一がとれていないのだから妙な話だ。

実は、こうした言葉を用いる理由のひとつには、システムそのものの名称を変えずに済ませることで、書類やマニュアルの改訂を省略して経費節減を図るという事情があるようだ。たとえば、F-16C/Dにはブロック25・ブロック30/32・ブロック40/42・ブロック50/52・ブロック60といったバリエーションがあるが、これらに対していちいち異なるサブタイプを割り当てると、どんどん名前が増えてしまう。そこで、まとめて「F-16C/D」で済ませてしまう。それで本当に仕事が楽になっているのかどうかは知らない。

8.1.6 スパイラル開発が現在の基本

このように、現代のウェポン・システムでは運用期間全体を通じて継続的に性能向上を図る形が一般化した。この傾向は今後も変わらないだろう。このよ

うな開発形態をスパイラル開発（spiral development）という。アップグレードとフィードバックを交互に繰り返しながら性能向上を図っていく様子が、螺旋を描きながら上方に登っていく様子に似ているためだ。

特にコンピュータ制御のシステムでは、ハードウェアを変えずにソフトウェアを改良することで、性能の向上、不具合の解消、新しい機能の追加などを実現できる（もちろんバグも直る）。その代わり、ソフトウェアの開発にかかる責任と負担は極めて大きなものになっており、それがスケジュールやコストの面で足を引っ張っているのも事実だ。

こうした改良作業のうち、ハードウェアの変更を伴うものは、車両や航空機であればオーバーホールの際に、艦艇であれば入渠整備の際に、他の整備作業と併せて実施するのが普通だ。どのみち、整備作業を実施している間は稼働できないのだから、そのついでにウェポン・システムの更新も行なうと都合がいい。

一方、ソフトウェアの改良が発生したときには、ハードディスクとか光ディスクとか磁気テープとかいった媒体にソフトウェアを記録して持ち込み、それをコンピュータに読み込ませればよい。だから、必ずしも大規模整備に合わせて更新するとは限らず、極端な話、飛行隊の列線レベルで更新してもよい。

実際、F-22Aが初めて日本に展開したときに、日付変更線を超えた途端にソフトウェアが動かなくなって"ブラックアウト"するトラブルが発生したが、直ちにメーカーが改良版のソフトウェアを開発してハワイに送り、現地で機体側のコンピュータに読み込ませて解決した。

こうしたソフトウェアの改良は外見に影響しないから、見た目は同じでも中身が違うことになる。外見的な変化なら外から見れば分かるが、ソフトウェアの変化だとそうはいかない。しかも、ソフトウェアを更新したからといっていちいち名称を改めるわけではないから、いよいよ変化を把握するのは難しくなる。

たとえば、イージス戦闘システムには「ベースライン」という区分があり、当初のベースライン1からスタートして、現在はベースライン9まで発展している。一連の変化の中には、コンピュータの変更やミサイル発射器の変更といった外見的なものも含まれるが、それだけでなく、そこで動作するソフトウェアの変更もある。

これは、仮想敵国が装備する兵器の能力を推し量ろうとしたときに、大きな障害になる。外見的な変化であれば、外から写真を盗み撮りすれば推測が可能だが、ソフトウェアの変化は写真に映らない。だから、コンピュータに依存する比率が高いウェポン・システムほど、能力や改良の有無を知るのは困難になる。

米海軍では最近、ハードウェアとソフトウェアを定期的に更新するという発想を取り入れ始めた。イージス戦闘システムが典型例だが、ハードウェアの更新はTI、ソフトウェアの更新はACBと称し、たとえば「ACBを2年ごと、TIを4年ごとに実施する」といった具合になる。後で名前が出てくるCANESも、この方法の適用事例に含まれる。

　ACBのBは「ビルド」の頭文字だ。ソフトウェアのソースコードをコンパイラにかけて実行形式ファイルを生成する作業のことを「ビルド」と呼ぶ。そこから転じて「どの時点のソフトウェアか」を示す際にも、順次増加する数字をつけて「ビルド○○」というようになった。それが語源だろう。

　イージス戦闘システムを例にとると、タイコンデロガ級巡洋艦のうち、最初にシステム近代化改修を実施したCG-52～58はACB08/TI08で、ソフトウェアのソースコードはベースライン7.1Rの構成要素を再利用した。続くACB12/TI12がベースライン9.xに対応する現行バージョンだ。そして、これから出てくるACB16/TI16ではイージスBMD5.1を実現するとともに、射撃管制ループ（FCL：Fire Control Loop）にXバンド・レーダー AN/SPQ-9Bを組み込んだり、MH-60R艦載ヘリに対応したり、電子戦装置やデータリンク装置の改善を図ったりすることとしている。

8.1　装備開発の基本的な流れ

図8.1：横須賀基地に憩う2隻のイージス駆逐艦。左の「バリー」（DDG-52）はベースライン9.C1に更新した最新仕様、右の「カーティス・ウィルバー」（DDG-54）は未更新のベースライン4だ（ベースライン5フェーズIIIとする資料もある）。しかし外見はほとんど違わない

8.2 既存装備のアップグレード

8.2.1 戦闘機における延命の考え方

　ウェポン・システムの高度化はドンガラよりもアンコの重要度を増したが、面白いことに、そのことがアンコの改良による能力向上という市場を生み出した。これが新品の市場を喰ってしまっている部分もあるので、メーカーにとっては痛し痒しだが、何も仕事がないよりはマシだ。

　たとえば戦闘機の場合、昔であれば速力・機動性・航続性能・兵装搭載量といった分野の能力を高めなければ、戦闘機としての能力向上にならなかった。ところが昨今では、そうした「飛行機」としての部分の能力が行き着くところまで行ってしまい、過去のような劇的な発展が見られなくなった。

　一方、その戦闘機の中身であるレーダー・コンピュータ・各種センサー・アビオニクスといった分野では、常に能力向上が続いている。そこで、機体は同じままで中身の機器を換装する方法で、能力向上を図れることになった。

　他国の事例を引き合いに出さずとも、我が国にもF-4EJ改という事例がある。レーダーをF-16用AN/APG-66の派生モデル・AN/APG-66Jに換装したほか、セントラルコンピュータJ/AYK-1の搭載と対艦ミサイル運用能力の追加、J/APR-6レーダー警報受信機（RWR）やAN/APX-76A IFFの搭載、HUDの装備、HOTAS化等の改良を施している。外見上はアンテナ・フェアリングがいくつか増えた程度で、目立った変化はない。

　イスラエルやトルコでも、同様にしてファントムの近代化改修を行なった。古い戦闘機のアップグレードはイスラエルのお家芸で、トルコ軍のファントムを初めとするアメリカ製戦闘機のみならず、仇敵のはずのMiG-21まで商売の対象にしている。

　これは、艦艇や装甲戦闘車両でも同じだ。たとえば、米陸軍ではM1A2 SEP戦車の配備を進めているが、それらは古いM1戦車を改修する形で実現している。古い装備を無駄にせずに最新仕様の戦車を実現できて、一石二鳥だ。イスラエルのIMI（Israel Military Industries）社が、トルコ陸軍のM60戦車をアップグレードした事例も同様だ。

8.2.2　何でもアップグレードできるわけではない

ただし、こうしたアップグレードが成り立つには、ドンガラが陳腐化していない、あるいは寿命に達していない、という前提条件が必要だ。特に航空機の場合、設計の時点で設定した飛行時間を達成した機体では、危なくて使い続けることができない。それをアンコだけ更新しても資金の無駄だ。

どうしてもアップグレードで対応しなければならない場合、機体構造の補修、あるいは交換を行なう必要がある。実際、米軍ではP-3オライオンやA-10サンダーボルトIIで主翼の換装を行なっているし、F/A-18ホーネットでは、特に疲労しやすい中央部胴体を新造して取り替えた事例もある。M109A7自走榴弾砲では、車体や足回りをM2ブラッドレー歩兵戦闘車と共通化する大手術を実施している。性能向上だけでなく、補給整備の効率化が狙いだ。

航空機では飛行時間と機体構造の疲労が問題になりやすいが、装甲戦闘車両では重量の増加が問題になりやすい。最初に駆動系やサスペンションなどを設計する際には、「車両の総重量はこれぐらい」という想定を行ない、それに合わせて設計している。ところが、アップグレードによって機器や兵装が増えたり、あるいは装甲の強化を行なったりすると、設計時に想定していた重量をオーバーしてしまう。

そのため、アンコのアップグレードだけでは済まず、サスペンションの換装あるいは強化、さらにエンジンの換装によるパワーアップまで必要とすることがある。こうなってくると、果たして新品を調達するのとどちらが経済的なのか、分からなくなってくる。

8.2.3　アップグレードではないアンコの換装

冷戦崩壊後にNATOに加盟した東欧諸国では、予算の関係で、ソ連製の装備を使い続けざるを得ない状況にある国が多い。しかし、そのままではNATO軍との共同作戦に支障をきたす。

そこで、無線機、データリンク機材、暗号化機材など、互換性がないと困る部分についてのみ、機器を交換して「NATO互換仕様」にアップグレードする事例が多発した。

逆に、自国の技術的優位を維持するために、他国に輸出する装備については電子装備やコンピュータのグレードを落とす、ダウングレードの事例もある。機密保持というだけでなく、高性能の兵器を与えないようにすることで紛争のエスカレートを抑制する、という政治的目的による場合もある。

このことを逆手に取ると、どの程度のグレードを持つ装備を輸出しているかで、輸出元の国が輸出先の国をどの程度にランク付けしているかが分かる。大事で信頼できる同盟国なら、高性能のモデルを輸出するだろう。逆に、いつ寝返るか分からない、あるいは勝手にコピー品を作るかも知れないと思っている相手ならグレードを落としたモデルを輸出するだろう。単に何を輸出しているかというだけでなく、その輸出した装備品の中身に関する情報が重要という一例だ。

8.3 開発には試験環境が必要

8.3.1 テストしなければ完成しない

　ここまで、ウェポン・システムの開発について解説してきたが、重要な話をサラッと流してしまってきているので、それについて書いてみることにしよう。それは、開発しているウェポン・システムの試験の話だ。

　ハードウェアでもソフトウェアでも同じだが、開発者はより良いモノを作ろうとして最善を尽くす（はずだ）。しかし、だからといって何の不具合も出ないわけではない。ウェポン・システムに限らず、何を作るときでも同じだろう。

　むしろ、開発の途上で不具合が出る方が当たり前だし、何の不具合も出ないような開発では、ちゃんとチャレンジしているのかと文句をいわれかねない。それに、実戦配備した後で不具合がボロボロ出るぐらいなら、開発の過程で不具合が大量に発生して対策に追われる方がマシだ。

　ところが、そこでひとつ問題がある。テストして不具合を見つけるには、テストのための設備・機材・人員を用意しなければならない。ウェポン・システムのテストであれば、できるだけ実戦に即した環境でテストしなければならない。

8.3.2 テストのために設備が要る例

　たとえば、赤外線誘導の空対空ミサイルを開発する場合には、赤外線シーカーを中核とする誘導システムがキモになる。当然、それがテストにおける最大の焦点になる。

　赤外線誘導の空対空ミサイルは、航空機を狙って発射する。ということは、航空機が発するのと同じ赤外線シグネチャを発する施設を用意する必要がある。それに対して赤外線シーカーを作動させて、設計通り・要求通りの動作をするかどうかをテストしなければならないからだ。リアリティを欠く標的、たとえば焚火か何かを相手にしてテストしたのでは、本物の飛行機を相手にして撃ったときに命中するかどうか分からない。これではテストにならない。

また、ミサイルを撃たれた相手は回避機動をとったり、フレアを撒いて妨害を図ったりする。そうした状況もテストの際に再現して、ミサイルが騙されないかどうかを検証する必要がある。すると、実機と同じような速度と機動性を発揮できて、チャフやフレアを散布できる標的が必要になる。

　イージス戦闘システムでも事情は同じだ。たとえば、同時多目標処理のテストを行なうには、同時に多数の標的機を、さまざまな方向からさまざまなタイミングで飛ばして、それに対してシステムがどう反応するかを確認する必要がある。標的機の飛ばし方にしても一種類では済まず、いろいろなパターンを試す必要がある。

　ステルス機の開発であれば、設計通りの低観測性を実現しているかどうかを確認しなければならない。それには機体の模型を作って、さまざまな角度からさまざまな種類のレーダーで探知を試みなければならない。

　ところが、そこで模型を支えている支柱のレーダー反射率が高いと、そっちがレーダーに映ってしまい、機体のレーダー反射率をテストできない。実際、アメリカでステルス機開発プログラム「ハブ・ブルー」を立ち上げた際にこの件が問題になり、メーカー側の負担でレーダーに映りにくい支柱を新設する羽目になった。

8.3.3　開発できる≠実用化できる

　もっと細かいレベルで、試験用の設備が足を引っ張る場合がある。たとえば、F-35やタイフーンのようにHMDを使用する戦闘機があるが、HMDはパイロットが被るヘルメットに取り付けるものだから、実際の運用環境を再現してテストしなければならない。単にHMDが能書き通りに機能するかどうかだけでなく、緊急脱出の際にパイロットを傷つけるようなことがないかどうかもテストしなければならない。

　ということは、HMD付きのヘルメットを被ったパイロットがコックピットから射出される状況を再現して、テストする必要がある。射出座席のテストは通常、ロケット推進の橇（スキッド）にコックピットと射出座席を取り付けて、それを走らせながら射出する形で行なう。その設備を使って、HMD付きのヘルメットを被った人体のダミーを射出してテストするわけだ。ちなみにF-35では、重いHMD付きのヘルメットを被ったまま射出したときに首を痛める可能性があるといって問題になり、射出座席やヘルメットの設計を見直した。

　そういうテストを行なうための施設が日本に存在しなければ、日本でHMDを開発しても安全性を確認できない。安全性を確認できていないものをパイロットに被らせるわけにはいかない。

防衛省が開発している先進技術実証機（ATD-X）でも、レーダー反射の測定を行なう施設が日本になく、わざわざ実大模型をフランスまで持って行って、仏国防調達局（DGA）の施設を借りてテストした。自国に試験用の施設がないと、こうして他国の助けを借りなければならないわけだ。

　つまり、ある製品を開発する技術力があっても、それをテストする施設が整っていないために能力や安全性などを実証できず、結果として実用化に結びつけることができない、ということが起きる。ウェポン・システムが高度化すれば、それをテストするための施設も当然ながら高度化するので、今後はますます、そうした施設の数が限られることになるだろう。

　それはすなわち、高度化したウェポン・システムを開発・実用化できる国が限られていく、ということでもある。この障壁を突破するには、自前でなんとかするか、しかるべき施設とノウハウを備えた国と共同で開発を進めていく必要がある。

> **コラム**
>
> ### テレメトリー
>
> 　ウェポン・システムそのもの、あるいは研究開発だけでなく、試験・評価に際しても情報通信技術は不可欠なものになっている。それがテレメトリー。
>
> 　たとえば飛行機であれば、各部に取り付けたセンサーからの情報、あるいは飛行諸元に関する情報は、リアルタイムで無線を使って地上に送っている。空力的な振動について検証するフラッター試験では、速度・高度・姿勢・搭載兵装などの条件をいろいろ変えながらテストを積み重ねていくが、たとえば速度が指定条件通りになっていないと、たちまち地上からパイロットに「2ノット不足しています」などと御注進が行く。
>
> 　「国際航空宇宙展」みたいな展示会では、この手の試験・計測に関する機材を出展している会社もあるので、チェックしてみよう。

USSベンフォールドで見かけたあれこれ

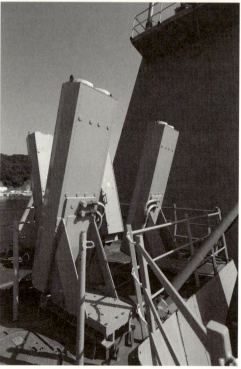

【上】図8.2：ノースロップ・グラマン社製の操舵手用ステーション。針路や機関回転数などの情報は個別の計器を設置するのが一般的だが、これはグラスコックピット化されていて、ディスプレイ画面に現われる

【左】図8.3：BAEシステムズ・オーストラリア社が主導して開発した対艦ミサイル用デコイ・ヌルカの発射機。撃ち出したデコイはロケットの噴射を使って「空中浮揚」しながら、飛来する対艦ミサイルに対して「おいでおいで」をする

第 9 章

コンピュータと関連技術

　この章では、軍用ITの中核となるコンピュータについて取り上げよう。コンピュータがないと飛行機のエンジンをかけることすらできない昨今だが、コンピュータを使うと何ができるか、どういったメリット・デメリットがあるか、といった点については、案外と解説されていない。そこで、コンピュータとウェポン・システムの関わりについて、基本の部分から取り上げてみる。

9.1 ソフトウェア制御とはどういう意味か

9.1.1 機械式計算機と電子計算機

　日本では、コンピュータのことを「電子計算機」と訳す。だからといって「コンピュータは計算を行なうための機械である」というと、それは定義が狭い。コンピュータとは、プログラムによって指示された内容に合わせて、さまざまな機能を提供する機械であり、その機能のひとつとして計算処理がある、というべきだ。

　コンピュータが出現する前は、機械式計算機というものがあった。もっと身近なところだと計算尺もあったが、これは今でも場面によっては現役かも知れない。計算尺はともかく、歯車の集合体である機械式計算機は、使っているうちに摩耗したりガタが来たりして、精度が悪化する可能性がある。

　しかし今のコンピュータは電子的に記憶や計算処理を行なうから、こういう問題は起きない。また、電気信号の形で指令を出すことができるので、精度・迅速さ・信頼性のいずれをとっても有利だ。そして、コンピュータはソフトウェアによって動作内容を決めるから、計算の方法を改良するときに中身をまるごと作り直す必要はなく、ソフトウェアを更新するだけでよい。

9.1.2 メカニカルな制御

　コンピュータ制御があるのなら、当然、コンピュータがなかった時代には別の手段で制御を行なっていたことになる。つまり、メカニカルな制御（機械的な制御）だ。

　分かりやすいところでいうと、クルマのエンジンがそれだ。ガソリン・エンジンの場合、気化したガソリンと空気が混ざった「混合気」を作り出す必要があるが、そこで登場するのが気化器（キャブレター）。浮き（フロート）とニードルを組み合わせて、空気の流路に少しずつ、揮発したガソリンが流れ込む。空気の流速に合わせて浮きが動き、それに連動して円錐形になったニードルが動いて開口部のサイズが変わるから、ガソリンを送り込む量も変化する。すべ

て機械的な、物理法則に依存する動作だ。

ところが、姿勢変化が激しく、それによってさまざまな向きに加速度がかかる飛行機だと、動作がうまくいかなくなることもあるのは、第二次世界大戦中の戦闘機について書かれた本を読んだことがある方なら御存知の通り。気化器を使っていたスピットファイアのマーリン・エンジンは、加速度がかかる向きによっては気化器が正常に動作しなくなり、エンジンが息つきを起こすことがあった。ところがメッサーシュミットBf109のダイムラー・ベンツ製エンジンは燃料噴射式だから、そんなことは起こらなかった。

ただし、燃料噴射でもメカニカルに制御していたのは同じことだ。つまり、スロットル開度に合わせて燃料の噴射量を増やしたり減らしたりする仕組みが、機械的に作り込まれている。スロットル開度以外にもさまざまなデータを取り込んで、より精緻に燃料噴射量を制御しようとすると、制御用のメカはどんどん複雑怪奇になる。そして、制御ロジックを見直そうとすれば、メカ部分はすべて作り直しだ。同じロジックのままでパラメータを変える場合でも、少なくとも歯車の歯数ぐらいは変えないといけない。

先に取り上げた射撃盤も、メカニカルな制御を行なっているのは同じだ。こちらは算入すべきパラメーターが当初からたくさんあったから、歯車装置のオバケみたいな複雑なメカができあがった。

9.1.3　ソフトウェア制御

では、そういったメカニカルな制御を止めて、コンピュータによる制御（電子制御といいかえてもよい）にしようと考えた場合、どうすればそれを実現できるのか。

コンピュータはソフトウェア次第でさまざまな計算処理を行なってくれるが、それはコンピュータの中における電子の動きである。それを使って何かを制御しようとすれば、電子の動きを物理的な動きに変換する仕組みが必要になる。また、コンピュータにデータを与える場面では逆になり、物理的な何かを電子的な情報に変換する仕組みが必要になる。

たとえば、何かの向きに関するデータをコンピュータに入力するには、角度を検出して、角度によって変動する電気信号を発生させる装置が必要になる。たとえば、可変抵抗器を回せば、角度に応じて出力電圧が変化する。

反対に、コンピュータが指示した向き、あるいは量に合わせて何かを動かすには、電気信号に基づいて動くメカが必要になる。筆者が学生時代に実習で触ったステッピングモーターがその一例で、与えた電流（駆動パルス）の量に合わせて動く量が変わる。先にクルマの燃料噴射制御の話をしたが、これも同じ。

機械的に流量を制御する代わりに、電圧あるいは電気信号のパルスの量に応じて噴射量を増減させる理屈。

ただし、当節のコンピュータはデジタル・コンピュータだから、連続的に増減するアナログ電気信号のままでは入力も出力も対応できない。アナログ信号とデジタル・データの相互変換を行なう仕組みが必要になる。その話は通信とも関わりがあるので、章を改めて解説する。

実はそれだけでなく、デジタル・データの記述ルールも決めておかなければならない。デジタル・データが「1」と「0」がズラズラと並んだ集合体だというのは御存知だろうが、それを何桁使うかで、表現できる数値の範囲や精緻さに違いが生じる。1桁だと「1」と「0」しかないから、「オン」と「オフ」の使い分けしかできない。しかし8桁あれば、2の8乗すなわち256段階の制御ができる。

こういう、データの記述ルールをきちんと取り決めておかなければ、コンピュータ同士、あるいはコンピュータと他の機械が「会話」をすることができない。それではコンピュータ制御は成立しない。パソコンと、プリンタを初めとする各種の周辺機器を接続して制御する際には、電気的な仕様も、デジタル・データの記述方法も、データや指令をソフトウェアが扱う方法も、きちんと標準化したルールを定めてある。だから、同じパソコンにさまざまなメーカーのプリンタを接続して使い分けることができる。他の分野でも事情は同じだ。

9.2 ソースコードとインターフェイス

9.2.1 コンピュータと高級言語とソースコード

　ときどき、「コンピュータを導入すれば、それで必要な仕事ができる」と勘違いされることがあるようだが、実際には、「コンピュータ、ソフトウェアがなければただの箱」である。そして、コンピュータはソフトウェアで命令された通りの仕事しかできない。そこで問題になるのが、アルゴリズムとソースコード。ソースコードという言葉は話題になる場面が多いので、耳にしたことがあるだろう。

　コンピュータの中核となる処理装置、いわゆるCPUには、さまざまな設計のものがある。これは、市販のパソコンのことを考えれば理解しやすい。その設計内容によって、与えることができる命令の種類や内容が違う。CPUが直接解釈できる形の命令のことを機械語というが、これを人間が直接記述するのは難しい。

　そこで、機械語と比べると分かりやすい形でプログラムを記述する。その際に用いるのが高級言語と呼ばれる各種のプログラム言語で、BASIC、C、C++、C#、Java、Pascal、Ada、COBOL、FORTLANなど、実にさまざまな種類がある。プログラム言語によって設計思想が異なり、得手・不得手もある。

　また、それぞれの言語を扱える開発者の人口にも違いがある。たとえば、C++やJavaは民生用のコンピュータでもメジャーなプログラム言語だから、開発者は多い。最近は軍用でもC++を利用する事例が出てきており、その一例としてF-35がある。逆に、Adaはほとんど軍事専用といっていい言語だから、開発者は多くない。Ada以外の軍用言語としては、CMS-2、SPL/1、TACPOL、Jovial J3などがある。

　ともあれ、こうした高級言語で記述したプログラムのことをソースコードという。ただし、それをそのままCPUが解釈することはできないので、コンパイルと呼ばれる操作を行なって機械語に変換する。コンパイルを行なうソフトウェアのことをコンパイラといい、CPUの種類ごとに存在する。同じソースコードでコンパイラを使い分けることで、異なる種類のCPUに対応できることが多

> **コラム**
>
> ## F-35のガイドライン
>
> 　F-35計画ではソフトウェア開発者向けに「ソースコード記述のガイドライン」というものを配布している。それを見ると、ソースコードを記述する際に遵守しなければならないルールについて、細々と規定している様子が分かる。
>
> 　具体的な要求としては、「特定の開発環境に依存しないこと」「保守性やテストのしやすさに配慮すること」「作成したプログラムを再利用しやすくすること」「記述したソースコードの可読性に配慮すること」（後述するコメント記述などの話）といったものが挙げられている。
>
> 　個人が趣味で作成するソフトウェアなら「自分だけ分かっていればOK」という考え方でも許されるが、仕事として大規模なソフトウェアを開発するときには、後々のことまで考えなければならないのだ。

い（もちろん例外もある）。だから、CPUの種類を変えても同じソフトウェアを実行したいということであれば、対応するコンパイラを用意して再コンパイルする作業が必要になる。

　もっとも、異なる種類のCPUでも、ソフトウェアの互換性を維持するために、わざと同じ命令が通用するように設計することもあり、インテルやAMDのPC用CPUが典型例といえる。インテル製品を例にとると、昔のPentium・PentiumⅡ・PentiumⅢあたりの時代に作成したソフトウェアが、今のCoreシリーズでも動作する。同じ機械語を実行できるように設計してあるからだ。

9.2.2　ソースコードとバージョン管理

　現代のウェポン・システムは膨大な分量のソースコードによって支えられているが、それを一人の開発者がすべて担当することはできないし、その開発者がいなくなった途端に不具合の対処や機能強化ができなくなっても困る。そのため、大規模ソフトウェア開発では、ソースコードの管理が重要な問題になる。具体的には、「誰が見ても内容が分かるコードを書く」「コードの更新・追加・削除があったときに、そのことを記録した上で、いつでも元に戻せるようにする」という課題を実現しなければならない。

　まず、「誰が見ても内容が分かるコードを書く」。どんな高級言語でもそうだが、コメントを書く仕組みがある。それはなぜかというと、「この部分のコードは〇〇機能を担当するもので、△△という仕組みを使い、××という考え方に基づいて記述した」といった類の情報を、ソースコードの中に入れておく必

要があるからだ。こうした情報があれば、そのソースコードを後から別の誰かが見たときでも、内容や意味を理解するのが容易になる。このほか、特定の人しか意味が分からないような、トリッキーな手法を用いないことも重要になる。

　もうひとつの課題が、「コードの更新・追加・削除があったときに、そのことを記録した上で、いつでも元に戻せるようにする」。不具合（バグ）が見つかったり、新しい機能を追加したりすると、ソースコードの内容が変わる。ソースコードを多数の開発者が分担記述したり、途中で担当者が交代したりすることを考えると、いつ、誰が、どこに、どんな変更を加えたのかを追跡できるようになっていないと困る。

　意外に思われるかもしれないが、ソフトウェアの開発とテストの過程では、「直し壊す」という現象が起きる。ある不具合を直すためにソースコードを変更したら、別のところで不具合が出てしまった、といった類の話だ。また、単に問題を直すだけでも、どこをどう変更して直したのかを、後から追跡できるようになっている方が好ましい。そして、同じソースコードを同時に複数の開発者が変更してしまい、「衝突」が発生すると厄介なことになる。

　そのため、大規模なソフトウェア開発の現場では、「バージョン管理システム」というものを使う。ソースコードを保管しておいて、更新・追加・削除の記録を残すとともに、同時に複数の開発者が同じコードをいじらないようにするためのシステムだ。

　たとえば、F-35の機体や地上システムで使用するソースコード（機体の分だけで800万行ぐらいあるそうだ）は、ひとつのファイルにまとまっているわけではなく、目的別・機能別に細分化された、多数のソースコードの集合体になっている。それをまとめてバージョン管理システムに保管しておく。機能の追加に伴って新しいコードを記述したら、それをバージョン管理システムに追加登録する。

　そして、テストで不具合が見つかったら、開発責任者が担当の開発者に修正の指示を出し、それを受けた開発者はバージョン管理システムから該当するソースコードを「チェックアウト」する。チェックアウトしたソースコードはロックされて、他の開発者は変更できない。こうすることで、同時に複数の開発者が同じソースコードをいじらないようにする。もちろん、いつ、誰がどのコードをチェックアウトしたかはシステムが記録をとる。

　不具合の修正ができたと確認したら、開発者は該当するソースコードを「チェックイン」する。これでロックが解除されるとともに、チェックアウト前のソースコードと置き換わる。このとき、チェックアウト前のソースコードも保管しておいて、いつでも元に戻せるようにする。さらに、どこに変更が加わったのかを確認できるように、新旧比較の機能も提供する。もちろん、チェック

インについてもシステムに記録を残す。ソフトウェアの開発では、こうした仕組みが必須のものになっている。

　なお、ソースコードの管理だけでなく、仕様書やバグ情報についても同じことがいえる。これもまた担当者が個別に・バラバラに管理するのではなく、一ヵ所に集中した上で、追加・削除・変更の履歴を追跡できるようにしなければならない。たとえばバグなら、個々のバグごとに、内容、修正を割り当てた／割り当てられた担当者、修正の履歴、といった項目を確認できるようにしておく必要がある。昔は、バグが見つかる度に紙の報告書に書いて回すやり方でも通用したが、現在ではネットワーク化したバグ管理用データベースが必須だ。

　もっとも、民生品のソフトウェア開発ツールが充実してきていることから、こうした機能は市販のソフトウェア開発者向けツールで事足りる場合が多い。史上最大級の規模を持つソースコードを記述しなければならないF-35計画ですら、そうなっている[32]。

9.2.3　ソースコードとアルゴリズム

　では、ソースコードを記述してコンパイルすれば、コンピュータで実行するソフトウェアができるという理解でよいのか。確かにその通り。ただし、その「ソースコードを記述する」部分で、今度はアルゴリズムという話が関わってくる。

　アルゴリズムとは、ソースコードを記述する際に「どういう理屈に基づいて、どういう場面でどういう処理をするか」という考え方をまとめたものだ。たとえば、イージス戦闘システムみたいな対空戦闘システムのソースコードを記述する場面について考えてみよう。

　対空戦闘システムでは、レーダーから情報を受け取って、以下のような処理を行なう。
・レーダーで捕捉した目標を追跡する
・追跡している目標の中から、脅威度が高いものを選り分ける
・脅威度が高い順番に優先順位を設定する
・優先順位が高い順に武器の割り当てを行なう
・割り当てた武器に対して、的針・的速などのデータを送る

　ここから先は射撃管制システムの仕事になる。そこまで書いてもよいのだが、話が長くなってしまうので割愛する。

　さて。目標の捕捉と追跡は、レーダーがちゃんと機能していれば実現できる。問題は、「脅威判定」と「優先順位の設定」だ。どんな動きをしている目標の脅威度が高いか／低いか、どの目標の優先度が高いか／低いか。それを判断す

るには、判断基準となる考え方や材料が要る。

　単純に考えれば、自艦の方に向かってくるものは、遠ざかるものよりも脅威度が高い。また、距離が近い方が、遠いよりも脅威度が高い。距離だけでなく速度も問題で、速度が速い方が脅威度が高い。となると、最初は遠くにいる目標でも、近くにいる目標よりも速度が高ければ、そちらの方が脅威度が高い可能性がある。

　自艦防空ならそれだけの話だが、艦隊防空になると、自艦のことだけ考えていれば済むわけではない。自艦に向かってくる目標よりも、空母のような高価値目標（HVU）に向かっている目標を優先的に片付けなければならない。それだけ脅威判定のアルゴリズムは複雑化する。

　これは、海上自衛隊のあきづき型護衛艦が備える「僚艦防空」の機能にもいえることだ。これは、自艦ではなく近所にいるイージス艦に防空の傘を差し伸べる機能だから、近所にいるイージス艦に向かっている対艦ミサイルを追尾して、そちらに高い優先度を割り当てて交戦するよう求められる。

　だからといって、自艦に向かってくる脅威を完全に無視することはできない。だから、「僚艦に向かう脅威」「自艦に向かう脅威」の両方を評価した上で優先順位をつけて、順番に交戦するアルゴリズムを組み立てなければならない。場合によっては、自艦に対する脅威を後回しにして僚艦を護らなければならないこともあり得る。

　このように、脅威度を判断するための条件や、比較のための基準を決めなければ、脅威判定を行なうソフトウェアは書けない。

　脅威判定だけでなく、優先度の設定や武器の割り当てについても同じように、「条件」「値」「考え方」といったものが必要になる。対空目標なら対空用の武器を割り当てなければならないから、脅威判定や優先度の判断結果だけでなく、手元で使える武器の数・状況も考慮する必要がある。艦対空ミサイル発射器が2基しかないのに、目標を4つも5つも割り当てたところで、要撃しきれない。

　さらにややこしいことに、脅威判定でも優先度の設定でも武器の割り当てでも、その内容は最初に決めたら固定できるわけではなく、継続的に評価して、必要に応じて見直さなければならない。目標が針路や速力を急に変えてくるかも知れないし、それまで存在しなかった目標が急に出現するかも知れない。逆に、他の艦や航空機が要撃して、目標が途中で消えるかも知れない。

　そこで、諸々の条件判断などの考え方をアルゴリズムとして体系化して、それで初めてソースコードを書くことができる。

　そして、実際の運用経験をフィードバックする形でアルゴリズムを改善する作業も必要になる。いいかえれば、同じハードウェアのままでも、そこで動作するコンピュータのソースコード、あるいはそれを記述するためのアルゴリズ

ムを熟成していくことで、問題を解決したり、新しい機能を追加したりできる。それには、テストの蓄積や運用経験の蓄積がものをいう。

9.2.4　ソースコードの開示が問題になる理由

　機械の場合、アルゴリズムに相当する部分は、機械の設計に直接反映される。先に引き合いに出した射撃盤であれば、計算に用いる歯車の組み合わせ、あるいは歯車の歯数比、といった部分に、射撃指揮に際しての考え方が反映される。だから、計算の方法を改善しようとすれば、全部作り直しになる。その代わり、モノは目の前に存在するから、それを複製すれば、同じアルゴリズムで動作する機械ができる。

　ところがコンピュータの場合、ハードウェアが同じでも動作内容はソフトウェア次第だから、そのソフトウェアのベースとなるソースコードを見なければ、どういう考え方に基づいて、どういう動作をするのかは、さっぱり分からない。

　また、ハードウェアの処理能力がいくら優れていても、そこで動作するソフトウェアが出来損ないでは、優れた仕事はできない。優れたソフトウェアを記述できるかどうかは、運用経験の蓄積と、それを反映させたアルゴリズム次第だ。また、同じ処理を行なうソースコードでも、コードの内容によって、能率や処理速度の良し悪しが違ってくる。

　こうした事情があるため、ソースコードと、そのソースコードを記述する際の前提となるアルゴリズムは、開発する側にしてみれば、貴重なノウハウの固まりといえる。そのソースコードを他者に開示するということは、相手にノウハウをさらけ出すということだ。F-2やF-35で問題になったように、ソースコードの開示を渋る事例が出てくるのは、そういう理由による。もっとも、ソースコードの開示を渋った結果として相手が独力でソフトウェアを開発するよう迫られて、結果的にノウハウを身につけてしまうことも起こり得るのだから、話は単純ではないが。

　なお、ソースコードといってもひとつではない。たとえば戦闘機であれば、機体を飛ばすために必要なFBW、エンジンを制御するためのFADEC、ミッション・コンピュータを動作させるためのOFP、電子戦システム、通信・航法システムなど、用途別にそれぞれコンピュータがあり、用途に合った内容のソースコードを必要とする。だから、単に「F-2のソースコードは……」あるいは「F-35のソースコードは……」というだけでは対象が不明確、意味不明な話になってしまう。

9.2.5　ソフトウェアの実行環境

前述したように、ソースコードで書かれているのは高級言語によるプログラムであり、実際にはそれを、コンピュータが解釈・実行できる形にする必要がある。

　ところが、ソフトウェアが直接ハードウェアを操作する形を取ると、ハードウェアの変化がストレートにソフトウェアに影響する。ソフトウェアとハードウェアがあまりにも緊密だと、ちょっとしたことで互換性の問題を発生させやすい。

　そのため、ハードウェアとソフトウェアを仲介する、パソコンでいうところのオペレーティング・システムが必要になる。ハードウェアが違っていても、そのオペレーティング・システムにあたる部分が共通であれば、ソフトウェアはオペレーティング・システムが持つ機能を呼び出す形で記述すればよい。そして、オペレーティング・システムがハードウェアとやりとりする。

　そうした、オペレーティング・システムに相当する機能のことを、軍用コンピュータの世界では「コンピュータ・システム共通運用基盤（COE）」と呼ぶ。米陸軍で開発していた将来戦闘システム（FCS）ではSOSCOEと呼んでいたが、考え方は同じだ。もちろん、使用するコンピュータのCPUなどが変われば、COE、あるいはSOSCOEはそれに合わせて作り直す必要があるが、その上で動作するソフトウェアがまるごと影響を受けるわけではない。だからこそ「共通」運用基盤という。

9.2.6　インターフェイスとプロトコル

　ここまでは、コンピュータの中身の話だ。実際には、コンピュータは処理を行なうだけの機械だから、他のシステムとの間でデータをやりとりしながら動作する必要がある。

　たとえば、指揮管制や射撃指揮であれば、レーダー・ソナー・光学センサー・赤外線センサーなど、さまざまな種類のセンサーから情報を取り込む必要がある。逆に、武器の割り当てや射撃指揮を行なうには、ミサイルや砲などに対してデータや指示を送り出す必要がある。ということは、センサーや武器といった相手とコンピュータの間で、"会話"ができなければならない。

　そこで、インターフェイスやプロトコルといった話が関わってくる。一般的には電気信号、最近だと光ファイバーを使用することも多いが、いずれにしても、単に「線をつなげば情報が伝わる」という話ではない。その線を使って、情報をどういう形で伝達するかを取り決めておかなければならない。

　たとえば、指揮管制装置がレーダーから情報を受け取るのであれば、目標の方位・高度・距離に関する情報が必要になる。複数の目標を同時に扱うのであ

れば、それぞれの目標を識別するための番号、あるいはそれに類する何かが必要になるはずだ。

　コンピュータが扱うのはデジタル・データだから、やりとりする値を「1」と「0」の集合体、つまり2進法の値に変換する必要がある。変換のルールだけでなく、何桁目まで扱うかという規定も必要だ。たとえば方位を伝達する際に、「172度」と1の位で切るのか、「172.34度」と小数点以下まで扱うのか、その場合に小数点以下何桁まで対象にするのか。これも事前に取り決めが必要となる。

　そういった情報を電気信号に載せて運ぶ際に、信号線は何本要るのか、電圧や電流の値はどうするのか、ケーブルやコネクタの仕様はどうするのか、という話も決める必要がある。つまり電気的インターフェイスの仕様策定だ。

　次に、「1」や「0」をどういう形で記述するかも決める必要がある。電圧・電流・周波数のうち、どれを変化させるのか。変化させるとして、値と変化量の対応はどうするのか。ひとつのインターフェイスに複数の機器を接続する場合には、通信相手の機器を識別する仕組みも必要だ。

　その次に来るのは、やりとりする情報や指令の記述ルールだ。複数の情報を扱う場合には、扱う情報の並び順も決めておかなければならない。送信側が「方位を3桁、高度を5桁」のつもりでデータを送り出したのに、受信側が「高度を5桁、方位を4桁」のつもりでいたら、正しい情報伝達にならない。つまり、データ・フォーマット（データの記述形式）を決める作業が必要になるということだ。

　こういった、情報をやりとりする際に関わってくるさまざまな規約のことをプロトコルという。ソフトウェアを開発するだけでなく、機器と情報をやりとりするためのインターフェイスとプロトコルの仕様も決めておかなければ、コンピュータが仕事をすることはできない。外交で使用する議定書のこともプロトコルというが、それとちょっと似ている。

9.3 軍用コンピュータをめぐるあれこれ

9.3.1 ダウンサイジングと分散化

今でこそ、コンピュータは極めて安価な製品になったが、昔は事情が違った。しかも、半導体などの技術が未熟だったから、大柄で消費電力も大きい。そのため、各自の机の上に専用のコンピュータを置くなんて夢のまた夢、という時代が長かった。民生品でも軍用品でも同じだ。

だから、かつての基本的な考え方は集中処理だった。つまり、航空機や軍艦の中心部にコンピュータを1台据えて、それがすべての処理を司る形だ。それ故に「セントラルコンピュータ」という用語ができる。

ところが、この方法は抗堪性の観点から見ると難点がある。1台しかないコンピュータがダウンしたり、あるいは破壊されたりすると、それだけで全体が機能を停止してしまうからだ。これはコンピュータ・ネットワークにもいえることで、かつてのパソコン通信サービスみたいにすべてのユーザーが同じサーバ（サービスを提供するコンピュータのこと）を共有する形だと、そのサーバがダウンしたらサービスが全滅する。

実は、米国防高等研究計画局（DARPA）がインターネットの原型となるネットワークの開発に乗り出した背景にも、同じ懸念があった。そこで、複数のコンピュータで処理を分担する。ネットワークも、ある経路が使えなくなったら別の経路で代替する。そういう抗堪性の高さを具現化しようということで、DARPAが資金を出して実験を始めたのがARPANETである。

コンピュータ本体については、1980年代の半ばぐらいから「ダウンサイジング」が流行語になった。つまり、従来よりもコンピュータを小型にしましょうという話で、それを後押ししたのがパーソナルコンピュータ（PC）の普及と低価格化であることは論を待たない。

民間でPCが普及するようになると、市場が大きくなり、需要が増える。そこで、低価格化が進み、さらに性能向上のペースも上がる。後は同じサイクルの繰り返しだ。「ムーアの法則」、つまり「ひとつのLSIに集積できるトランジスタの数は、18ヵ月ごとに2倍になる」なんてことがいわれたが、それはすな

わち、複雑な回路をひとつのLSIにまとめることができて、高性能化と価格低下を両立させられるという意味になる。

そもそも、コンピュータはソフトウェア次第でさまざまな用途に化ける機械だから、本質的に軍用と民生用の垣根はない。したがって、民生用のコンピュータで技術の進歩がどんどん進めば、それは軍用のコンピュータにも影響する。そのため、軍用コンピュータの世界でも民生用のコンピュータと同様、小型化と高性能化が進むことになる。

さらに、ネットワークの技術が進歩したことで、複数のコンピュータをネットワークにつなぎ、互いに情報をやりとりしながら仕事をする形態も実現可能になった。それが分散処理システムだ。

9.3.2 分散処理とデータバス

分散処理システムでは、複数のコンピュータが互いに通信する必要がある。そこで、「データバス」というものが必要になる。バス、英語のスペルはbusだが、乗合自動車のことではなくて、母線という意味。以下の図を御覧いただきたい。

つまり、データバスがすべてのシステムを結ぶ幹線となり、レーダー、射撃管制システム、ミッション・コンピュータ、電子戦装置、兵装管制、といった個別機能を担当する機器をぶら下げる形になる。そのデータバスを通じて、相互にデータや指令をやり取りする形をとれば、一撃ですべての機能が全滅する可能性は低くなる。ただし、データバスがやられてしまったのでは話にならないので、データバス自体も多重化する必要がある。

たとえば、艦艇を例にとると、艦対空ミサイル、対艦ミサイルや巡航ミサイル、砲や機関砲、対潜魚雷、対空捜索レーダー、対水上レーダー、電子光学センサー、ソナー、指揮管制装置といった、さまざまな兵装やセンサーがそれぞれ、自己の機能を司るコンピュータを備える。そして、それらが互いにネットワークを通じてデータをやり取りしながら、ひとつの戦闘単位として機能する。

アメリカ製の軍用機を例にとると、米軍における各種の標準規格を規定しているMil Spec（Military Specification）の中で、MIL-STD-1553Bというデジタル・データバスについて規定している。そして、たとえば戦闘機が搭載しているコンピュータやその他の各種サブシステムは、このMIL-STD-1553Bデータバスを介して、互いに情報をやり取りする。パソコン同士を結ぶLANみたいなものと考えればよい。

兵器の話ではないが、最近の鉄道車両の中には同様の考え方を取り入れたものがある。編成全体に多重化したデータバスを通して、さまざまな機器をそこ

にぶら下げることで配線の集約化・シンプル化を図っている。その分だけ機器構成が単純になるし、電線の数が減ってコストダウンと軽量化につながる。

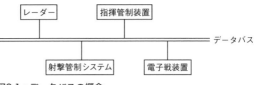

図9.1：データバスの概念

ここまでは単一のプラットフォームの中で完結する話だが、異なるプラットフォーム同士の情報交換については、データリンクを使用する。それについては第10.7章で詳しく解説しよう。

9.3.3 振動・衝撃・EMPなどへの備え

といったところで、軍用のコンピュータに求められる条件についてまとめておこう。

分かりやすいところでは、堅牢性・耐衝撃性や、核爆発の際に発生する電磁パルス（EMP）への対策が挙げられる。「娑婆」とは運用環境が違うので、衝撃・振動・傾斜、あるいは核爆発や電子戦に起因する電磁波によって、簡単に動作障害を起こすようでは困る。ただし最近では、使用する半導体やその他のパーツは民生品を活用して、それをプラットフォームに装備する段階で、振動・衝撃・EMPなどへの対策などを取り入れる形が普通だ。業界用語でいうと、「実装で工夫する」というやつだ。

たとえば、米海軍の新型水上戦闘艦・ズムウォルト級では、レイセオン社が電子機器モジュラー収容（EME）と呼ばれる電子機器搭載用ラックを開発した。ひとつのサイズは長さ35フィート×幅12フィート×高さ8フィート、衝撃・振動・電磁波などへの対策や温度管理機構を組み込んだモジュールに民生品ベースの電子機器を収めて、それをラックに搭載する仕組み。ひとつのEMEに235個のモジュールを搭載でき、そのEMEを1隻につき16基設置する。機器の交換はモジュール単位で行なう。

軍用のコンピュータに話を限らず、民生品でも似たような事例がある。パナソニックの「タフブック」やNECの「シールドプロ」といった、頑丈系ノートPCがそれだ。使用しているCPUやドライブなどは他のノートPCと基本的に同じだが、匡体に工夫をして耐衝撃構造を取り入れたり、あるいは内部に水分や埃が侵入しないように防塵・防滴構造にしたり、といった工夫によって、殴っても落としても水を浴びても壊れないノートPCを実現している。海外だと、ゼネラル・ダイナミクス社やDRSテクノロジーズ社が、同種の製品を手掛けている。

興味を引かれたのは、アビオニクス製品を初めとする各種電子製品を手掛けている（株）ナセルが「国際航空宇宙展2016」に出展していた、スウェーデンのMildef社製コンピュータ製品。たとえばWindowsが動作するノートPCやタブレットがあるが、周辺機器接続用のコネクタには一般的なものと違うものがある。お話を伺ったところ、「電気的には民生品と同じ仕様ですが、コネクタを防水仕様にしたり、簡単に抜けない構造にしたりといったところが防衛省の独自仕様です」という。

電気的・ソフト的な部分が同じなら、Windowsからは同じインターフェイスに見える。しかしコネクタは独自にタフに作ってあるから、野戦環境でも耐えられるというわ

図9.2：Mildef AB製の「パンサー DS11」なる堅牢軽量タブレット。左に出ているケーブルはRS-232Cシリアル・インターフェイスだが、民生用PCで馴染みのRS-232Cとはコネクタの形状が違う

けだ。ノートPCには、クライアント用に加えて、4個のストレージデバイスを内蔵できる「サーバ用」もあった。

また、軍用品ではリアルタイム性の要求にも違いがある。さまざまな処理が積み重なり、順番に処理することになったときに、後回しになった処理がいつ実行されるか分からないのでは困るからだ。「100ミリ秒後に実行せよ」と指示した処理は、ちゃんと100ミリ秒後に実行してくれないと困る。特に武器管制の分野では、こうした問題が大きい。

最近ではCPUの処理能力が飛躍的に上昇しているので、望むタイミングよりも実行が遅れることは少ないと考えられる。しかし、それは「遅れない」というだけの話であって「リアルタイムの処理」とは異なる。指定した通りのタイミングで動いてくれるようにするには、そのための仕掛けが必要になる。

このほか、セキュリティ対策や低消費電力・低発熱といった条件もあるが、

これは民生品でも程度の差はあれ要求されるものだから、軍用品に固有の要求とはいえない。

9.3.4 相互運用性と相互接続性

ウェポン・システムのコンピュータ化が進むにつれて問題になってきたのが、相互運用性（interoperability）や相互接続性（interconnectivity）だ。しばしば使われる言葉だが、意味をちゃんと説明しないで用いられることも少なくないので、ここでキッチリ定義しておこう。

まず「相互接続性」だが、「異なる機器やシステム同士をネットワーク経由、あるいは直接つないだ状態で、データや指令のやりとりができる状態」と定義できる。先にインターフェイスやプロトコルの話をしたが、これらが双方の機器、あるいはシステムで一致していなければ、相互接続性は実現できない。

パソコンに周辺機器を接続する場面で、IEEE1394インターフェイスにUSB対応の機器を接続しようとしても無理だが、これは相互接続性がない一例となる。USBみたいにコネクタの種類が幾つもあると、電気的仕様が同じでも物理的に相互接続性がないことも起きる。反対に、コネクタの形状が同じでも、電気的特性や通信の手順・仕様が異なれば、やはり相互接続性は成り立たない。

一方、「相互運用性」とは、「異なる機器やシステム同士をネットワーク経由、あるいは直接つないだ状態で、果たすべき機能を正常に実現できる状態」と定義できる。つまり、データや指令をやりとりするだけでなく、それによって対空戦、対潜戦、あるいは意志決定支援などといった機能が正常に動作すること、という意味になる。

だから、相互運用性を実現するには、前提条件として相互接続性が実現できていなければならない。逆に、相互接続性を実現していても、相互運用性まで実現できているとは限らない。

これだけだと分かりにくいので、インターネットの電子メールに例えてみよう。インターネットでは、さまざまなオペレーティング・システムを用いるコンピュータが接続していて、電子メールをやりとりするためのソフトウェアは多様だ。しかし、プロトコルは同じだから、電子メールのやりとりはできる。つまり、相互接続性は実現できている。

ところが実際電子メールをやりとりしてみると、受け取ったメッセージが文字化けしていて読めなかったり、添付して送ったファイルを取り出せなかったりすることがある。これでは電子メールとしての機能を果たせているとはいえない。つまり、相互接続性は実現できているが、相互運用性は実現できていない状態といえる。

実際、異なる種類の電子メールソフト同士でメッセージをやりとりすると、ときどき、こういうトラブルが起きる。最近、筆者のところには銀行を騙ったフィッシング詐欺のメールが来るのだが、日本の銀行を騙っているのに本文が文字化けしている。そこで調べてみると、文字コードの設定が「簡体字中国語」になっていたというオチだ。

同じことが、ウェポン・システムの世界にもいえる。無線通信でもデータリンクでもデータバスでも、まず相互接続性を実現しなければ、自国内、あるいは同盟国同士の共同作戦で支障をきたす。ところが、実際には相互接続性だけでは不十分で、接続によって実現したシステム全体が意図した通りに機能しなければならない。

9.3.5　相互接続性と相互運用性の検証

たとえば、航空自衛隊の戦闘機が米空軍のAWACS機からデータリンク経由で情報を受け取ろうとした場合、双方で同じデータリンク機器、たとえばLink 16用の端末機を搭載する必要がある。それはJTIDSかも知れないし、MIDSかも知れない。しかし、JTIDSでもMIDSでも、Link 16を使用して通信するところは同じだから、これらは相互接続できる。やりとりする情報についても、Jシリーズ・メッセージという形で規定があるので、それに合わせて記述したデータならやりとりできる。

ところが、受け取ったデータを扱うミッション・コンピュータが、Jシリーズ・メッセージを正しく解釈して処理しなければ、受け取ったデータは宝の持ち腐れになる。敵の所在に関する座標の情報を間違って解釈してしまい、戦闘機を間違った場所に誘導するようでは困る。

こうした問題を事前にいぶりだして解決するため、米軍では毎年、CWID（Coalition Warrior Interoperability Demonstration）というイベントを実施している。実戦を想定した演習シナリオの中にさまざまな機材を持ち込んで、相互運用性について実地検証を行なうのが目的だ。そこに、メーカーが開発中の機材を持ち込むことがよくある。また、ノースロップ・グラマン社では、データリンク機器の相互接続性をシミュレーションによって検証するため、TIGER（Tactical Data Link Integration Exerciser）という製品を用意している。

イギリスでは、軍とメーカーが共同で、ネットワーク環境を主体とする実証実験の場としてNITEworks（Network Integration Test and Experimentation Works）を運営している。これは、イラク戦争の際に米軍から借りて使用したFBCB2（→12.3　陸上における指揮管制・指揮統制）を使いこなせなかったという反省から、ネットワーク環境における実証実験や問題解決を図る仕組みを設け

たもの。軍の施設だけでなく、民間企業が持つシミュレーション施設や米軍のシミュレーション施設などもネットワークでつないで、さまざまな実験を行なえる体制を整えている。

　これはもともと、2003年にBAEシステムズ社のBMEC（Battle Management Evaluation Centre）が中心になって2003年7月に設置したもので、3年間の評価フェーズに続いて本格運用に移行した。EADS社（現エアバス）、EDS社、ゼネラル・ダイナミクス社、LogicaCMG社、MBDA社、QinetiQ社、レイセオン社、タレス社、ノースロップ・グラマン社など、大手の防衛関連メーカーが参画している[33][34][35]。NITEworksでは、軍の部門やメーカーから課題・提案を集めて、その中からどれを採用するかを決定した上で、必要なら予算をとって、実験や実証を行なう形をとっている。

　そして、米軍のMIL規格、あるいはNATOの標準化合意（STANAG）といった形で標準化仕様を規定することで、同盟国同士で相互接続性や相互運用性を確保できるようにしている。

9.4 軍用コンピュータとCOTS化

9.4.1 COTS化の背景事情

　ウェポン・システムの世界ではドンガラよりもアンコがどんどん進歩して、入れ替わる形が一般化した。そして、そのアンコの中核を構成するのはコンピュータと通信機能である。いずれも、根本的な部分では軍用と民生用の違いはなく、しかも民生用の製品は進歩の速度が速い。

　ハイテク兵器というと、金に糸目をつけずに最先端技術を注ぎ込んでいる、というイメージがある。そうした先入観からすると意外に思われるかもしれないが、軍用品のコンピュータは、単にクロック周波数やメモリ搭載量といったスペックだけ見ると、民間で使われているパソコンよりもはるかに見劣りすることが多くなってきた。イージス艦の艦載コンピュータでも、1980年代からずっと同じものを使っていることがある。

　こうしたギャップが生じるのは、以下のような理由による。
・開発に時間がかかるため、スペックが開発開始の時点で固定されてしまい、完成する頃には時代遅れになる
・スペックが民生品と比べて低くても、それで用が足りていれば困らない
・処理能力だけでなく、振動・衝撃・電磁パルス（EMP）などへの対策が必要

　しかし、需要が限られる軍用品のために昔と同じ製品を作り続けてくれるメーカーは少なく、しかもコストが高い。そうなると、いくら軍用品に独特の要求があるからといっても、軍用仕様のコンピュータを使い続けるのは難しい。

　昔は、費用に関する制約が少ない軍用品で最新技術を惜しげもなくつぎ込んで開発を進めておいて、それが後から民間にスピンオフする形が普通だった。しかし、情報通信技術の世界では、すっかり立場が逆になっている。むしろ、民生分野における性能の向上が、軍用品にも恩恵をもたらしているといっても過言ではない。

　それであれば、使えるものなら民生品のコンピュータや通信機器を使ってみては？　ということで、ウェポン・システムの世界では民生品、あるいは民生

技術を活用する事態が一般化した。それが、いわゆる既存民生品（COTS）だ。対義語として、既存軍用品（MOTS）がある。

9.4.2　SMCS NGとCCSv3におけるCOTS化

　たとえば、コンピュータについて考えてみよう。

　コンピュータ、ソフトなければただの箱である。その代わり、しかるべきソフトウェアさえあれば、同じコンピュータが軍用にも民生用にもなる。それなら、必要とされる処理能力を備えた民生用のコンピュータを持ってきて、ウェポン・システムとしての機能を実現するためのソフトウェアを動かせばよい。先に述べた「軍用品ならではの課題」さえクリアできれば、民生品を使ってもよいわけだ。実際、そうした事例が多発している。

　本書の先祖筋にあたる拙著『戦うコンピュータ』（2005年、毎日コミュニケーションズ）で、もっとも話題になった話がこれで、お題は英海軍の原潜が使用する指揮管制装置・SMCS NGだった。まず、2004年にトラファルガー級攻撃型原潜・HMSトーベイから導入が始まり、2008年12月に全艦への導入が完了した。

　潜水艦の指揮管制装置とは、ソナーやレーダーなどで得られた情報を取り込んで、艦の戦闘行動を司り、指揮官や乗組員の意思決定、あるいは戦闘指揮を支援するシステムだ。そこでSMCS NGではコンピュータは民生品、兵装やソナーは既存品を使っている。SMCS NGと兵装を結ぶインターフェイスは新設計する必要があったが、それでもコストダウンになるという話だった。

　ハードウェアはWindowsが動作するPCで、ソフトウェアは従来のSMCSから移植してきて、Windows上で動作するようにした。処理装置と記憶装置は、10基の19インチ幅4Uラック×10基に分けて格納している。また、信頼性向上のために2基のPCが同時並列稼働しており、どちらか一方がダウンしても、残ったPCが処理を引き継げる設計になっている。いわゆる待機二重系だ。

　ちなみに、グラフィックス・カードはマトロックス製のP650、ディスプレイは18インチの液晶ディスプレイ×2面構成、ネットワークは光ファイバー・ベースのイーサネット（伝送速度100Mbps、信頼性向上のために二重化構成をとる）だ。おそらく、光ファイバーを使用しているのは電磁波障害対策だろう。

　ところが、導入開始から導入完了までの4年間で、すでに変化が生じているのがCOTS品らしいところ。まず、当初のCPUはPentium 4/2.8GHzだったが、4年も経てば陳腐化どころか入手不可能なので、別の製品（おそらくはCore 2 Duoあたり）に切り替わった。オペレーティング・システムも、当初のWindows 2000からWindows XPに更新した。

図9.3：Windows 2000（後にWindows XP）ベースの戦闘指揮装置を導入した、英海軍のトラファルガー級攻撃型原潜

実は、ハードウェアどころか、担当メーカーからして変わっている。導入開始当初はアレニア・マルコーニ・システムズ（AMS）社だったが、同社がBAEシステムズ社に買収されたため、導入完了のプレスリリースはBAEシステムズ社から出された。

もともと、英海軍は1992年から、Ada言語で書かれたSMCSを配備していた。ところが、既存の攻撃型原潜・スウィフトシュア級とトラファルガー級をアップグレードする際に、「いまさらSMCSでもないだろう」という話が出た。すでに新型の攻撃型原潜・アステュート級に搭載する新型の戦闘指揮装置としてACMSの開発を始めていたためだ。ちなみに、ACMSはサン・マイクロシステムズ社のSPARCマシンを使うので、これもまたCOTS化の一例となる。

そこで2000年11月に、市販のパソコンをベースとするシステムにSMCS用のソフトウェアを移植する方針が決まり、2001年7月から開発を始めた。オペレーティング・システムの選択については議論があったが、LinuxやSolarisを退けてWindows 2000の採用を決定。そして、2003年11月にSMCS NGのシステム・ソフトウェア（SMCSリリース7.3）を納入、2004年4月から6週間がかりで、HMSトーベイに導入した。

このSMCS NGは「指揮管制」、つまり艦の頭脳の部分を担当する。それとは別に、ソナーの音響情報処理をCOTS化する話も持ち上がった。これは、米海軍が先行してソナー音響処理をCOTS化するA-RCIという計画を進めており、それと同じ方向に向かったもの。イギリスにおける計画名称はDeRSCIという。「COTS化したソナー音響処理能力の迅速導入」というぐらいの意味だ。

そして、その音響情報処理と指揮管制の機能を組み合わせて実現する戦闘システムの総称が、共通戦闘中核システム（CCCS）。これが後に、共通戦闘システム（CCS）という名称になった。CCSには複数のバージョンがある。

・CCSv1：機材は従来のままで、ネットワークだけギガビット・イーサネットとTCP/IPの組み合わせに変更
・CCSv2：従来は機能別・用途別に分かれていたコンピュータ・コンソールを共通化
・CCSv3：CCSv2に対してオープン・アーキテクチャ化を適用

CCSv3の機器構成は以下のようになっている。
・共通電子機器キャビネット×7
・セカンダリ・データ・ディスプレイ×10
・コンソール・スイッチ×4
・電子機器エンクロージャ×2
・多機能ディスプレイ・コンソール×17

電子機器はできるだけコンパクトにまとめたいが、当然、発熱への対処が必要になる。そこでCCSv3の場合、イギリスのAish Technologiesという会社が開発したキャビネットを使っている。匡体内部で空気を循環させて、それを水冷と併用する仕組みだ。冷却器を循環させるのは、外部環境からの影響を避けるため。つまり、塵埃や、火災などの際に発生するであろう有毒ガスなどが入り込まないようにする狙いによる。

当初の計画では、アステュート級攻撃型原潜の4番艦・HMSオーダシアスでCCSv2、5番艦・HMSアンソンでCCSv3を導入する計画だった。しかし計画が前倒しされ、3番艦のHMSアートフルからCCSv3の導入が実現した。だからCCSv2は艦隊には配備されていない。このCCSの開発にも、「9.3.5 相互接続性と相互運用性の検証」で名前が出たNITEworksが関わったそうだ。

CCSが面白いのは、VMwareの仮想化環境を使っているところ。つまり、ひとつの物理的なコンピュータで、複数のコンピュータが動いているのと同じ状態を作り出している。そして、音響情報処理・指揮管制・電子海図（WECDIS）の機能に、それぞれ個別の仮想マシンを割り当ててある。分かりやすくいうと1台のコンピュータで3台分の仕事をさせているわけだ。

当然、それに見合った処理能力とメモリ容量を備えたハードウェアが必要になる。CCSv3ではブレード・サーバを使っているが、これは「箱」ではなく「板」状の小型サーバPCをキャビネットに複数収容したもので、小型化と高性能を両立しやすい。複数のコンピュータに負荷を分散すれば、複数の仮想マシンを動かすだけの処理能力を実現できるし、系統多重化によって冗長性を持たせることもできる。

動作する仮想マシンは機能ごとに分かれているが、仮想化により、物理的なハードウェアの数は集約できる。また、仮想化により、負荷がかかっているところにコンピュータの処理能力を回して有効活用できる利点もある。そして、どれかひとつの仮想マシンがダウンしても、他の機能には影響は及ばない。もちろん、仮想マシンを動作させているホスト側がダウンすれば全滅だが、それは冗長化で対処する。もし必要とあらば、ハードウェアの数を増やさずに、追加の仮想マシンをインストールして実行することもできるだろう。

9.4.3 イージス戦闘システムにおけるCOTS化

おなじみのイージス戦闘システムでも、COTS化が進んでいる。

当初のベースライン1では、32ビットの軍用コンピュータ・AN/UYK-7を、指揮決定システム（CDS）と武器管制システム（WCS）に4台ずつ配備していた。AN/UYK-7は1970年代に開発された大型コンピュータだから、処理能力は現代の水準から見ればタカが知れている。後のベースラインでは、性能向上型のAN/UYK-43やAN/UYK-44に変わったが、これらも軍用として開発されたコンピュータだ。

図9.4：古いイージス戦闘システムで使っているAN/UYQ-21コンソール。これは単なる端末機

こうしたシステムは集中処理の考えで作られているため、戦闘情報センター（CIC）などに設置する操作用のコンソール、つまりAN/UYA-4やAN/UYQ-21は、AN/UYK-7やAN/UYK-43といった大型コンピュータを操作して、その結果を受け取って表示するだけの「端末機」だ。

その後、全面的にCOTS化したベースライン7が登場したが、ここで「COTS化」と「分散処理化」という二大変化が起きた。その中核が、ロッキード・マーティン製のAN/UYQ-70だ。AN/UYQ-70はそれ自身が処理能力を持つコンピュータであり、民生品を転用したCPUと、UNIX系のオペレーティング・システムで動作する。そのAN/UYQ-70を複数台並べてネットワーク化して、処理を分担する仕組みになっている。COTS化と分散処理化により、イー

図9.5：ベースライン7の主役で、ベースライン9になっても少しだけ残されている、AN/UYQ-70。これは分散処理対応のコンピュータ

ジス戦闘システムのベースライン7.1では、従来の軍用規格型コンピュータを全廃してしまった。

そのことは、イージス戦闘システムのシステム構成図を見ると容易に理解できる。初期のベースラインと異なり、ベースライン7は「意志決定ネットワーク」「対空戦ネットワーク」「ディスプレイネットワーク」といった具合に、ネットワーク、すなわち複数のコンピュータの集合体で構成している。

余談だが、AN/UYQ-70には面白い特徴がある。それは、用途に合わせてさまざまな派生型が存在する点だ。中核となるCPUやオペレーティング・システムは共通化しておいて、そこに組み合わせるディスプレイ、キーボードやトラックボールといった入出力装置、機器を格納するケースやラックを用途に合わせて変えることで、水上戦闘艦、潜水艦、航空機など、多様なプラットフォームや用途に対応させている。乱暴な説明をすれば、同じ基板を使ってデスクトップPCとサーバPCとノートPCを用意するようなものだ。

AN/UYQ-70に代表される汎用コンソールには、冗長性というメリットもある。以前であれば、センサー情報の表示・武器管制といった用途ごとに専用のコンソールを用意していた。

しかし、コンソールのハードウェアを同一にして、ソフトウェアの変更だけで異なる用途に対応できれば、故障や損傷で使えないコンソールが発生しても、

図9.6：ベースライン9の標準品となったCDS。カバーがかけてあるが、中央部にはキーボードが付いているはず。その右側にトラックボールがある。マウスではなくトラックボールを使うのは艦艇用コンソールの通例だが、おそらく艦の揺れに対処するためだ

生き残ったコンソールで代替できる。

そして最新のベースライン9では、またハードウェアが新しくなった。今回はコンピュータ本体にあたる共通処理装置（CPS）と、ディスプレイ・キーボード・トラックボールといった入出力装置を一体化した共通表示装置（CDS）の組み合わせに変わった。つまり、一体型PCからデスクトップPCに変わったようなもの。CICに設置するのはCDSだけで、CPSは別の場所で専用ラックに収納する。

こういう構成になった理由はおそらく、コンピュータ本体と入出力装置を個別に整備、あるいは換装できるようにしたかったためだろう。一体型だと総取り替えだが、別体になっていれば個別に取り替えられる。

ちなみに、海上自衛隊の「あたご」型イージス護衛艦はベースライン7.1を装備して竣工したが、弾道ミサイル防衛対応改修に際してベースライン9に更新する。だから、改修が終わるとCICの光景は一変しているはずだ。

9.4.4　その他のCOTS化事例

もっとも話題になったので、SMCS NGについて詳しく書いてみたが、これ以外にも市販のパソコンをベースとするコンピュータを導入した事例はたくさんある。海上自衛隊の「ひゅうが」型護衛艦が登場したとき、CICの公表写真でディスプレイに表示していたのはWindows XPのログオン画面だった。（もうサポート期限切れだけど大丈夫?）

海外に眼を転じると、スウェーデンのサーブ・システムズ社が手掛けている艦載指揮管制装置、9LVシリーズが典型的なCOTS製品だ。もともとセルシウステック・システムズ社が開発した製品で、1996年に登場した「9LV Mk.3」の時点ですでにCOTS化していた。IBM社のRISCワークステーション・RS/6000モデル370をベースとして、オペレーティング・システムもIBM製のUNIX・AIX 3.2とした。ユーザー・インターフェイスも民間向けのUNIXマシンと同じで、X-WindowとOSF/Motifの組み合わせ。ソースコードは、Ada（150万行）とC（50万行）で記述した。

9LVシリーズには、CPUにMC68020（古いMacintoshと同じもの）を使い、4MBのRAMを搭載してIEEE802.3イーサネットでネットワークを構成する、「9LV200 Mk.3」という製品もあった。これもプログラム言語はAdaを使う。

陸の上では、米陸軍のM1A2 SEP戦車が登場当初に、CPUとして米モトローラ製のPowerPC 603e（80MHz）を使用していた事例がある。その話をしたら「変な機能拡張をインストールすると爆弾マークが出るの?」といった人がいたが、たぶんMacOSではないからそんなことはない。

そして、パナソニック製の頑丈ノートPC・タフブックが、世界各地の軍や警察で大人気だ。たとえば、UAVが撮影した静止画や動画を受信するための端末機として、タフブックがよく使われている。また、UAVの地上管制ステーションがタフブックということもある。ボーイング社が2009年にスキンイーグルUAVの記者説明会を行なった際に、テーブルの上に何気なく置かれていたのが、スキンイーグルの管制に用いると思われるタフブックだった。

　このタフブック、海上自衛隊でも護衛艦の艦橋などに設置している事例がある。具体的な用途は不明だが、イーサネットのケーブルをつないでいるので、何らかの形で艦内LANに組み込まれているのは確かなようだ。

　E-8ジョイントスターズでも、当初は軍仕様のコンピュータを使用していたが、途中から米レイセオン社の手でCOTS化した。1980年代半ばの時点でE-8Aが搭載していたのは、米ロームRolm社のホークHawkというコンピュータが7台で、コンソールには米モトローラ社のMC68020を使用していた（処理能力は1MIPS ＝ 秒間100万命令。ちなみにこの数字は、Macintosh IIが搭載していたMC68030/16MHzの半分）。

　これを1988年に、米DEC社のVAX6200をレイセオン社が軍用に手直しした、モデル860に換装した（処理能力7.6MIPS）。その後、E-8AからE-8Cにアップグレードした際に、モデル860×3台の構成からモデル866（VAX6600の軍用版、処理能力56MIPS）×5台に変更した。

　その後、1992年になって新たな能力向上構想が持ち上がり、レイセオン製のモデル920に変更した。ここでCPUがCOTS化されて、米DEC社（当時）のAlphaプロセッサを使用した。これで100MIPS分の処理能力が上乗せされたという。その後の1999年に、コンパック製AlphaServer GS-320に換装した。

9.4.5　オペレーティング・システムのCOTS化

　ハードウェアの話だけでなく、オペレーティング・システムもCOTS化している。先に挙げたSMCS NGに限らず、Windowsで動作している軍用コンピュータは幾つもある。もちろん、Linuxや、あるいは各種のUNIX系オペレーティング・システムが動作している軍用コンピュータもたくさんある。

　Windowsの使用例としては、米陸軍のFBCB2やBFT、米海兵隊のC2PC、仏陸軍の戦闘管制システムTACTISなどがある。また、Linuxの使用例としては、米空軍の防空指揮管制システムBCS-F、MQ-8ファイアスカウトの管制に使われているレイセオン製のUAV管制用コンピュータTCS、タレス・ネーデルランド製の艦載指揮管制システムTACTICOSなどがある。そのTACTICOSもイージス戦闘システムのベースライン7以降と同様、複数のコンピュータをネッ

トワーク化した分散処理型の構成を取っている。

　これは最近の話だが、とある米艦の機関操縦室に設置してあるダメージ・コントロール用のコンピュータがWindows XPだった。漂流騒ぎでWindows化を諦めたのかというと、そういうわけではなかったようだ。すでにWindows XPはサポート期限切れだが、そこはどう対処するのだろうか。

　戦闘指揮装置とは関係ないが、コンピュータによる自動化を推進して乗組員を削減する「スマート・シップ」構想が、米海軍で1996年にスタートした。これはその後、名称を統合艦制御（Integrated Ships Control）と改めたもので、艦橋の運用、艦の状況把握、機関や燃料の制御、ダメージ・コントロール、艦内通信といった分野を合理化して人員削減を図るのが狙い。まず、タイコンデロガ級イージス巡洋艦を対象にして試験導入した。

　ところが、実験艦になったイージス巡洋艦、USSヨークタウン（CG-48）が、Windows NTベースのコンピュータを使った試験運用を行なっている最中にゼロ除算エラーに見舞われて、艦が一時的に機能停止して漂流する騒ぎを起こしたものだから、変なところで注目を集めてしまった。もちろん、実験で不具合が出るのは当たり前で、むしろどんどん出た方がいい。実運用に入ってからトラブルが出る方が困るのだ。

　この漂流騒ぎの後でいったんは水面下に隠れた感があるスマート・シップ構想だが、ズムウォルト級駆逐艦では全艦コンピュータ環境（TSCE）と題して、艦内の各所で使用しているコンピュータ・システムを一元的に連携動作させるシステムを取り入れた。主契約社はレイセオン社だ。

　従来なら、艦橋で行なう操舵や速力制御は統合艦橋システム、主機や補機や空調などの管理は機関操縦室の管制システム、ダメージ・コントロールは応急指揮所（今は機関操縦室に併設することが多い）の管制盤といった具合に、用途別・目的別にバラバラにシステムを構築して機能させていた。それを同じネットワークにつないで相互に連携させて、艦を構成する各種のシステムをまとめて面倒見ましょう、というのがTSCEの考え方だ。

　たとえば、被弾損傷で浸水が発生すれば、これはダメージ・コントロールの領域だ。しかし、浸水を抑えるために速度を落として欲しいということになれば、これは艦の操縦に関わる領域だ。そして消火のために特定の区画を閉鎖するとか換気を止めるとかいう話になれば、これは機関操縦室の領域になる。

　こういう具合に、異なる領域の話でも相互連携が必要になる場面は考えられるから、そこでTSCEは威力を発揮する可能性がある。そしてもちろん、省力化・省人化は乗組員の削減と人件費の低減につながる。実際、ズムウォルト級の乗組員は100名そこそこ（航空要員を除く）で、アーレイ・バーク級と比べると半分以下だ。

> **コラム**
>
> ## プログラム言語のCOTS化
>
> 　実は、ハードウェアやオペレーティング・システムだけでなく、プログラム言語も民生品と同じものを使う事例が出てきている。
>
> 　たとえば、F-22Aのソフトウェアは軍用プログラム言語としておなじみのAdaで書かれていたが、F-35はC⁺⁺だ。また、X-45やX-47といったUCAV実証機の開発計画では、Javaでソフトウェアを記述していて、まるでWebアプリケーションの開発である。
>
> 　特に武器管制の分野ではリアルタイム性が求められる。つまり、実行のタイミングに厳格なのだ。確かに、たとえば「0.5秒後に撃て」と指令したら、指令した通りのタイミングで撃ってくれないと命中は覚束ない。だから、リアルタイム性を備えたソフトウェアやプログラム言語が必要、ということになっている。しかし、実際に既製品のオペレーティング・システムやプログラム言語が使われている事例があるから、この問題については解決が図られているということなのだろう。

　もっとも、被弾損傷時などのダメージ・コントロールみたいに、とにかく頭数が欲しいといわれている場面も存在する。そこをどう解決するかが、こうした自動化艦のポイントだろう。商船と違い、軍艦では被弾損傷を前提にして物事を考えないといけないのが難しい。

9.4.6　市販アプリケーション・ソフトの活用

　真偽の程は不明だが、1991年の湾岸戦争の際に「ペルシア湾岸方面に展開した米軍からマイクロソフトのサポート担当窓口に、Multiplanの使い方についての問い合わせがあった」という話を小耳に挟んだことがある。もっとも、今の米軍でもMicrosoft Officeは標準ソフトウェアになっているから、そういうことがあっても不思議はなさそうだ。

　実際、米軍では会議などのプレゼンテーションだけでなく、出撃前のブリーフィングまでMicrosoft PowerPointを活用している。以前ならスライドにして壁のスクリーンに映写していたが、今では大画面のディスプレイを備えたパソコンとPowerPointがあれば用が足りる。もっとも、PowerPointに依存しすぎて、画像を大量に貼り付けた大容量データが行き交うことになり、ネットワークの負荷を増やしているという話もあるから笑えない。

　また、米海軍で司令官に対する状況説明にPowerPointを使用する際に、さ

まざまなコンピュータに分散している情報を集めて、PowerPointスライドの作成を支援するシステムを開発したことがあった。データを手作業でまとめてスライドに仕立てるのでは時間がかかるが、マイクロソフトの.NET FrameworkとWebサービスを組み合わせて構築したIIDBT（Integrated Interactive Data Briefing Tool）により、自動的に収集したデータをPowerPointスライドにコピー＆ペーストすることで、最新のデータに基づく状況説明資料を迅速に作ってしまうのだという。[36]

このように、目的に適った機能を備えていれば、市販のアプリケーション・ソフトをそのまま軍用にしてしまう事例はたくさんある。なにもMicrosoft Officeに限らず、オラクルのデータベースも、SAPやオラクルのERP（Enterprise Resource Planning）ソフトウェアも、RSAセキュリティの暗号化ソフトウェアも、WindowsサーバのActive Directoryも、みんな軍用で使われている。「タフブック」の軍事利用にばかり囚われている場合ではない（笑）

9.4.7　システムのオープン・アーキテクチャ化

こうしたCOTS化の流れと切り離せないのが、オープン・アーキテクチャという考え方だ。コンピュータの世界では、ハードウェアにもソフトウェアにもアーキテクチャという言葉があり、「システムの基本設計」という意味がある。

手元のパソコンを例にとって考えてみよう。パソコンにさまざまな周辺機器を接続する際には、USBを初めとする、さまざまなインターフェイスを使用する。これらは業界の標準規格・公開仕様だから、さまざまなメーカーが対応機器を製造できる。接続した周辺機器を利用するために必要なソフトウェアも、マイクロソフトやアップルといったオペレーティング・システムの開発元が仕様を策定・公開しているので、それに則って開発すればよい。こうして、ユーザーは多様な周辺機器を活用できる。

これと同様の考え方を軍用コンピュータに取り入れて、能力向上や新機能の追加を容易にしようというのが、オープン・アーキテクチャ化という考え方だ。ときどき「OA」と略記されるが、Office Automationと紛らわしいので、本書ではオープン・アーキテクチャと書く。

オープンではないアーキテクチャの場合、ハードウェアでもソフトウェアでも独自規格で固めて、内容も固定的にしてしまう。そのため、後になって陳腐化した機能だけを新しいものと取り替えたり、新しい機能を追加したり、といった作業が難しい。ウェポン・システムの運用期間が長くなると、これでは具合が悪い。そこで、長期的な運用に際して必要となる交換・追加を容易にしたいという考え方が、オープン・アーキテクチャ化の背景にある。

そうなると、軍用品と同様の機能を実現できる民間の公開規格・標準規格があれば、それを使ってしまえという発想も出てくる。

その典型例が、ネットワークで使用するデータ伝送用の通信規約（プロトコル）で、最近の軍用ネットワークでは、インターネットと同じTCP/IPを使用するものが増えている。するともちろん、インターネット上で利用できるTCP/IP用の機能、つまり電子メール、チャット、Webブラウズといった機能も利用できる。それを実現するためのソフトウェアは民生品を活用できるし、仕様を新たに策定する手間はかからない。

さらに、軍用ネットワークでは民間のネットワークに先んじて、IPv6（IP version 6）の導入が進んでいる。「7.6.1 IPv4とIPv6」で取り上げたように、IPv6では接続可能な機器の数を天文学的に増加させた。ネットワークにつないで通信するには、相手を識別するためのアドレス設定が不可欠だから、十分な数のアドレスを揃えられるかどうかは重要だ。

米軍に限った話ではなく、たとえばフランス海軍でも、IP通信網・RIFANの開発計画を進めている。2010年5月に仏国防調達局（DGA）が、カシディアン（現エアバス・ディフェンス&スペース）、DCNS、ロード&シュワルツの3社で構成するコンソーシアムに対して、詳細設計・開発・配備・初期サポートの契約を発注したものだ。

ネットワーク機器についても同様で、民間のコンピュータと同じ技術・製品を多用するようになった。有線のネットワークであればイーサネットや非同期転送モード（ATM）、無線のネットワークであればIEEE802.11無線LANというわけだ。実際、イージス戦闘システムではベースライン7からATMを使用しているし、アーレイ・バーク級イージス駆逐艦の艦内ネットワークはAN/USQ-81（V）GEDMSというギガビット・イーサネットへの更新が進んでいる。M1戦車の最新仕様でも車内ネットワークはギガビット・イーサネットだそうだ。

9.4.8 スマートフォンの軍事転用

ネットワーク化・情報化が進めば、誰もがいつでも、どこでも情報にアクセスしたいというニーズができるのは自然な流れだ。すると、個人で携帯可能な端末機器が必要になる。ネットワークへの接続性やセキュリティはいうまでもないが、個人ごとに支給するとなると、小型軽量、かつ安価であることも重要だ。そこで、端末機器として民生品を活用する傾向が強まっている。

ひと昔前だとPDA（Personal Digital Assistant）という製品カテゴリーがあり、それを活用する事例があった。たとえば、ゼネラル・ダイナミクスC4システ

ムズ社では、マイクロソフトのPocket PC製品として知られたiPAQ 3970を FBCB2（後述）の端末機器に転用した。民間用のiPAQに専用のソフトウェアを追加して、耐衝撃性を備えたカバーの中に格納するつくりだ。また、SINCGARS無線機やGPS受信機と接続できるようになっていた。

ロッキード・マーティン社が2010年6月に発表したTDA（Tactical Digital Assistant）も軍用のPDAで、FBCB2を介して情報を得るツールだった。ただし、これは民生品の転用ではなかったようだ。民生用PDAの要素技術は使っていたかも知れないが。

ところがその後のスマートフォンの普及により、主流はPDAからスマートフォンに変わった。すると当然ながら、軍用品としてスマートフォンを使う動きも出てくる。スマートフォンはGPS受信機を内蔵している場合が多いため、軍事用途との親和性は高い。

たとえばレイセオン社では、iPhoneを利用する軍用ソフトウェアの構想を2009年12月に発表した。挙げていた用途は、文字メッセージの送受信、計画立案、報告、位置情報の送信といったところ。また、同社は2009年10月に、AndroidベースのRATS（Raytheon's Android Tactical System）と称する製品群も発表した。情報配信の手段としては、米軍が全軍で共用する情報管理システムのバックボーンとなるDIBを使う。また、情報の収集・分析を行なうソフトウェアを個々のスマートフォン内部で動作させることもできる。

米軍がiPhoneの採用には消極的だと伝えられたことがある。その理由は、iPhoneがアップルの裁量下にある技術で作られていることと、価格の高さが原因だとされる。むしろ、オープン規格のAndroidの方が好ましい、というのが国防総省の見解だったという[37]。それを受けたのか、レイセオン社はその後もRATSの改良を続けており、2012年にバージョン2を発表した。このほか、「AndroidスマートフォンをJBC-Pの端末にするJBC-P Handheldを米陸軍が開発して、試験に供している」という話が2011年に報じられたこともある。

なお、RATSは官品として使用するスマートフォン向けだが、私物のスマートフォンで軍人向けの情報提供やFAQ（Frequently Asked Questions、よくある質問の意）の検索を行なえるようにする事例もある。各種の申請や手続きに関する情報を載せておくのも役立ちそうだ。たとえば米海軍では、iOS向けとAndroid向けに「New to the Navy」というソフトウェアをリリースしている[38]。直接的に任務遂行に関わるものではないが、軍人向けの勤務環境改善施策とはいえそうだ。

9.4.9 マン・マシン・インターフェイスのCOTS化

第5章で、マン・マシン・インターフェイスの重要性について触れた。実はこの分野でもCOTS化が進んでいる。ひらたくいってしまうと、スマートフォンなど民生用の機器と同じ感覚で操作できる機器が増えてきた。

　たとえば、タレス社の哨戒機向け指揮管制装置・AMASCOS（Airborne MAritime Situation & Control System）という製品がある。これはレーダー、EO/IRセンサー、ESMなどといった各種センサーから入ってきたデータを処理するとともに指揮管制を支援する機材で、洋上哨戒・対潜戦（ASW）・救難など、さまざまな任務をソフトウェアのモード切替だけで実現できるとの触れ込み。

　その画面を触らせてもらったところ、画面上に現われた探知目標のアイコンを長押ししたら、メニューがニュッと周囲を取り巻くように現われた。それを使って、「船舶自動識別システム（AIS）の情報を表示」とか「不審船としてマーク」とかいったことができる。画面の両端にはメニューアイテムが並んでいて、それをタップするだけでセンサーの選択などができる。

　GA-ASI社の新型UAV管制ステーションは、24インチのタッチスクリーン式ディスプレイ×6面と、操縦桿・スロットルレバー・ラダーペダルなどからなる。もちろん機体の遠隔操縦は操縦桿・スロットルレバー・ラダーペダルを使うのだが、飛行経路の指示は画面上の地図で経由したい場所を順番にタップす

図9.7：GA-ASI社の新型GCSデモンストレーター。6面のタッチスクリーン画面には、機体のセンサーが捉えた映像、地図、チェックリストなど、多様な情報が現われる

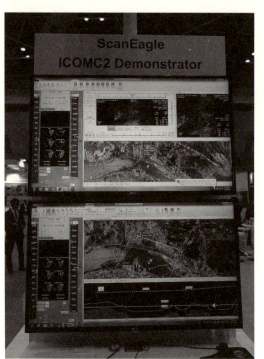

図9.8：インシツ社のICOMC2デモンストレーター。下の画面で、下端に横長で表示しているのが地形プロファイル

るだけだ。もちろん、その地図はスマートフォンと同じ要領で拡大・縮小・移動ができる。そして、飛行経路を指示したら「保存」、続いて「送信」によって、それが機体に送られる。そもそも、これを駆動しているのがPC用のCPUだという。

インシツ社の新型UAV管制ステーションはICOMC2 (Insitu Common Open-mission Management Command and Control) といい、これも地図上で経路を指定できる。面白いのは画面下部に地形プロファイルの表示があるところで、機体の飛行経路に加えて、地上の地形も現れる。「高い山があるところで高度を上げる」とか、「特に監視したい目標があるところで高度を下げる」といった指示は、マウスで飛行経路をドラッグするだけで変えられる。後はそれを機体にアップロードするだけだ。

この辺の思想はメーカーによってそれぞれ異なる。だから、同じようにタッチスクリーンを使っていても、F-35のディスプレイ装置はパッと見ただけでは分かりにくく、訓練と慣れが要る。戦闘機はどっちみち、しっかり訓練を受けたパイロットだけが扱うものだから、導入の敷居を下げたいUAV用GCSとは考え方が違うのだろう。

第 10 章

軍事作戦と通信技術と通信インフラ

　俗に「情報通信技術」という。ところが、「情報」を扱うコンピュータが注目されやすいのと比べると「通信」に対する注目度は高くないように見受けられる。これは軍事の世界も同じで、プラットフォームや兵装に対する注目度は高いが、通信に対する注目度は低い。ところが軍隊組織では、その通信に関する「秘」の度合は極めて高い。無論、重要性が高いから秘密にするのだ。

10.1 軍事通信の概史

10.1.1 狼煙・腕木・伝書鳩

　狭いエリアの話であれば、指令や情報の伝達は口頭で用が足りる。しかし、作戦範囲が広がり、指揮下の部隊が大規模になると、そうはいかない。そこで、さまざまな伝達手段が考案された。

　古典的な手段としては、「狼煙(のろし)」がある。遠方からでも把握できるが、狼煙を上げる・上げないといった程度の使い分けしかできない。1ビットで「1」と「0」しかないデジタル通信みたいだ。

　1794年にフランスでシャウプという人物が、腕木を用いた情報伝達方法を考案した。16km程度の間隔で櫓を建てて、それぞれの櫓の頂部に、3本の材木を組み合わせて構成した「腕木」を取り付ける。腕木の向きを変えることで、92種類のメッセージを表現できた。そして、隣接する櫓同士で見張員が隣の櫓の腕木の状態を確認してから、自分の櫓でも同じ内容に設定する。これを繰り返せば、次々に情報が伝わっていく。1日で640km先まで情報が伝わったというから、案外と馬鹿にできない。

　このほか、発光信号や手旗信号も、見通しが効く範囲内で通用する視覚的伝達手段という点で、狼煙や腕木と共通性がある。信号の内容を事前に決めておけば、表現できる情報の幅も広い。ただ、いずれの手段であっても、視覚に頼るが故の限界がある。つまり、夜間、あるいは悪天候の場合には伝達能力に問題が生じる。

　その点、伝令、早馬、伝書鳩といった手段なら、もっと複雑な内容の指令や情報でも伝達できる。口頭で伝えると記憶間違いや忘却といった

図10.1：フランスのシャウプが考案した、腕木による情報伝達

可能性があるが、文書を持たせれば確実性が高まる。ただし、確実に目的地に届くかというと不安がある上に、途中で敵に捕まったり、殺されたりするリスクもある。伝書鳩は比較的迅速だが、それでも限りがある。

10.1.2　電気通信技術の登場

こういった問題を一挙に解決したのが、電気通信だ。伝達の手段としては有線と無線があり、伝達する情報の種類には電信、電話、コンピュータ同士のデータ通信といったものがある。

技術的に簡便で、もっとも早く実現できたのは、有線通信と電信の組み合わせだ。アメリカの発明家、サミュエル・モースが電磁石の仕組みを利用して発明した「電信機」がそれだ。電信では信号のオンとオフしか表現できないので、モースは「・」と「─」、いわゆるトンツーの組み合わせでアルファベット26文字や数字などを表現する方法を考案した。いわゆるモールス符号だ。

さらに、同じアメリカで1876年に、グラハム・ベルが電話機を発明して特許を申請した。2台の電話機を電話線で結ぶことで音声通話が可能になる。これならモールス符号を覚えなくても情報を伝達できる。

ただ、軍事通信の手段としてみると、電信でも電話でも、有線で通信すると具合の悪い点がある。通信のためには電線を架設しなければならないので、空や海では使えないし、電線が破壊されれば通信が途絶する。実戦では、前進する部隊に通信兵が随伴して、リールから電線を繰り出しつつ野戦電話の回線を架設するわけだが、敵の砲弾が直撃したり、戦車やトラックが踏みつけたりすれば、たちまち使用不可能になってしまう。

その点、電磁波の伝播を利用する無線通信は電線を必要としないので具合がいい。初めて無線電信の実験が行なわれたのは1895年のことで、イタリアのグリエルモ・マルコーニが1,700mの距離で通信に成功した。マルコーニは1899年に、英国海峡越しの無線電信実験にも成功した。その後、技術の進歩によって通信可能な距離が伸びて、1901年にはイングランド西端とカナダのニューファウンドランド島・セントジョーンズ間3,600kmを結ぶ無線電信の実験が成功裏に行なわれた。

同じ1901年に日本海軍がマルコーニの無線電信に目をつけたが、機器の購入費用だけでなく特許料の支払を求められたことから購入を断念。代わりに自主開発の方針を決定、明治33年に開発を開始して、翌年に「三四式無線電信機」を生み出した。ただし、このときにはまだ性能不足だったが、翌年にエドワード七世の戴冠式に向かう途中の遣英艦隊がマルタのイギリス地中海艦隊を訪れた際に、イギリス軍の新型通信機に関する技術情報を得ることができ、これが

改善に役立ったという[39]。

　日露戦争では、こうして実現した「三六式無線電信機」を駆使して、見張りを担当する通報艦と艦隊司令部の間の迅速な情報伝達を可能にした。また、陸上でも有線の電信網を整備しており、間に海を挟む場合には海底ケーブルの敷設も行なわれていた。日本海海戦の勝利は、艦隊運動や砲術だけで決まったわけではなく、情報通信網の貢献も大きい。

　一方のロシア海軍は、手旗信号のように視覚に頼った情報伝達をやっていたので、その差は明白だ。もっともこれには、無線電信機の信頼性に問題があったとか、日本軍に通信を傍受される危険性を考慮したとか、無秩序な発信で混乱を招いた経験があったとかいう事情もあるので、単にロシア軍が旧態依然だったという話でもないが。

　有線通信と同様、無線通信でも電信から電話へと進歩を遂げており、第二次世界大戦ではどこの軍隊でも、程度の差はあれ、無線電信や無線電話を活用するようになった。そしてコンピュータの登場に伴い、データ通信という新顔が加わった。

10.1.3　軍用通信には高い秘匿性が求められる

　軍事作戦における情報伝達では、高い秘匿性が求められる。民間でも、プライバシー保護や業務に関わる秘密保全という事情があるから秘匿性が求められるが、国家の命運がかかっている軍事作戦では「重み」が違う。

　裏を返せば、敵の通信を傍受することで、敵が何を知っているのか、何をしようとしているのか、何か問題を抱えているのか、といったことを、居ながらにして把握できる。それによって対抗手段を講じたり、敵の裏をかいたりできる。

　有線通信であれば、信号が伝わるのはケーブルの内部だけだから、そのケーブルに手を出さない限り、通信を盗聴することはできない。もっとも、ソ連が設置していた海底ケーブルに、アメリカが盗聴器を仕掛けて通信内容に聞き耳を立てていた事例もあるから、油断は大敵だ。

　もっと厄介なのが無線通信だ。無線通信は、空間を電磁波が伝搬することで通信が成り立っている上に、その電磁波は四方八方に広がっていく。特定の二地点間で行なう通信でも、電波はそれ以外の方向にまで出てしまう。しかも、遠距離の通信を実現しようとして出力を上げたり、あるいは短波通信のように電離層で反射させて遠距離伝達を実現したりすると、ますます、用のないところまで電波が伝わるリスクが増える。電波は空中を伝わっていくものだから、電波に戸は立てられない。

そこで、敵がやりとりする無線通信の内容を傍受して、やりとりしている内容を知ろうという考え方が登場した。第一次世界大戦でイギリスがドイツに対してやったように、わざと相手が使用している海底ケーブルをちょん切ってしまい、無線通信を使用せざるを得ないようにした（つまり盗聴しやすくした）事例もある。また、民間の電信会社を使ってやりとりされる外国政府の公電を傍受して、他国の手の内を知ろうとする試みも一般化した。日本がワシントン軍縮会議や太平洋戦争前の日米交渉でアメリカに手の内を読まれた事例が有名だ。

10.1.4 無線通信と情報収集

敵の通信を傍受する情報収集活動のことを、COMINTという。戦史をひもとくと、このCOMINTが大々的に活用された事例がたくさんあることは、本書の読者の皆さんなら御存知だろう。ただし、COMINTの活用が一般化すれば、通信を傍受されても内容が分からないようにしようということで、通信内容を暗号化するようになる。すると今度は暗号解読という話が出てくる。

暗号解読ができないと、せっかく通信を傍受しても内容が分からない。そこで登場する代替手段として、通信トラフィック分析がある。これは、発信者や宛先のコールサイン（呼出符号）、通信が発生する時間帯や頻度といった情報を蓄積して、誰がいつ、どの程度の通信を行なったのかを解析する手法のことだ。通信の内容を直接知ることができなくても、トラフィックの状況から敵の意図を推測できるのではないか、という考えによる。

この統計分析によってトラフィックのパターンと敵の作戦行動の関連性が分かると、「そろそろ敵が大規模作戦を予定しているのではないか」ぐらいの推測はできる。ただし通信トラフィック分析には、「何が起きそうか」は推測できても、「どこで起きるか」の推測が難しい問題がある。

また、無線方向探知（DF）という手法もある。傍受した無線通信の発信源がどちらの方向にあるかを調べるものだ。方向探知器が1ヵ所では方位しか分からないが、離れた場所に2ヵ所の方向探知機を設置すれば、同じ発信源に対してそれぞれ異なる方位が得られる。その線を延ばしていくと、線が交差する場所が発信源の所在地ということになる（ただしこのとき、使用する地図の種類を間違えると、とんでもない結果が出てしまう）。トラフィック分析と方向探知を組み合わせると、指向性に関する予測精度は高くなるかも知れない。

通信傍受への対抗手段としては、通信を止めるのがもっとも効果的だ。実際、部隊の行動や存在を秘匿するために無線の発信を止める、いわゆる無線封止を行なった作戦はたくさんある。

近年では衛星通信の利用が多くなっており、これは電波のビーム幅が狭く直

進性が強いため、傍受可能な範囲は狭い。だからといって、まったく傍受されないわけではない。陸上に設置するマイクロ波通信網にも同じことがいえる。

10.1.5　○○INTいろいろ

図10.2：米空軍のELINT機・RC-135は、相手国にしてみれば、まったくの「招かざる客」(USAF)

図10.3：青森県三沢市にあった「象のオリ」ことAN/FLR-9。これは短波通信を傍受するための施設で、衛星通信の傍受には別の施設を用いた（筆者撮影）

こうした、無線に関わるさまざまな情報収集手段の総称が、SIGINTだ。SIGINTの一種としてCOMINTがあると考えれば、間違いはないだろう。COMINT以外では、レーダーや、そのレーダーを妨害する電波妨害装置なども情報収集の対象になる。こうした電子機器に関する情報収集は、ELINTという。

電波を傍受・解析する手段としては、地上に設置する傍受施設に加えて、車両、航空機、人工衛星、水上艦、潜水艦など、さまざまなプラットフォームが用いられる。この手の「○○INT」にはさまざまな種類があるので、これまで紹介してきたものも含めて列挙しておこう。

- COMINT：通信情報
- SIGINT：信号情報
- ELINT：電子情報
- ACINT：音響情報
- PHOTINT：写真情報
- HUMINT：人的情報（いわゆるスパイ、諜報員）
- GEOINT：地理空間情報

10.2 有線・無線通信の基本と電波の周波数

10.2.1 波形変化と変調

といったところで、軍用の話からはいったん離れて、電気通信の基本となる仕組み・考え方について、かいつまんで解説しておこう。

電気通信とは、電流、あるいは電波を用いて何らかの情報を伝える行為のことだ。最近では光信号を使用する通信が増えており、これにも光ファイバーを使用する有線通信と、空間で光信号を伝搬させる無線通信があるが、光は電磁波の一種といえるので、まとめて取り上げることにする。

有線・無線に関係なく、やりとりしようとする情報を電気信号の変化に置き換えたり、そこから元の情報を取り出したりする、いわゆる変調（modulation）・復調（demodulation）の技術が重要になる。電話より先に電信が登場したのは、電信なら「・」と「―」の2種類だけで用が足りる分だけ実現しやすかったからだ。

伝えようとする情報は、何らかの変化を伴う。たとえば音声であれば、周波数（声や音程の高さ）や音量が変化する。そういった元の情報の変化を、電気信号の変化に置き換えるのが変調だ。変調を行なうには、まず一定の周期で変化する信号（搬送波）を用意した上で、それを伝えたい情報の内容に応じて変化させる。何を変化させるかで、3種類の方法に分かれる。

分かりやすいのは振幅、つまり電気信号の出力を変化させる方法だ。伝えようとする情報の波形変化に合わせて、搬送波の振幅を変化させる。これを振幅変調（AM）という。ラジオ放送でおなじみだ。

周波数を変化させる方法もあり、これを周波数変調（FM）という。周波数の変動幅が広いほど、キメの細かい表現が可能になるが、特に電波では利用可能な周波数の範囲に限りがあるため、その範囲内で変化させる必要がある。

最後に、波形変化がスタートするタイミング、つまり位相を変化させる方法がある。これを位相変調（PM）という。

送信側では、搬送波を生成した上で、電気回路を用いて振幅・周波数・位相のいずれかを変化させて送信する。受信側ではそれと逆の操作を行ない、元の

情報を取り出す。無線機でも放送でも、基本的な考え方は同じだ。

10.2.2 アナログ通信とデジタル通信

ここまでは、伝送しようとする情報をどうやって電気信号にするか、という話だった。もうひとつ、その「元の情報」の違いにより、アナログ通信とデジタル通信という違いがある。

アナログ通信とは、連続的な波形変化を伴う情報といえる。それに対してデジタル通信とは、煎じ詰めると「1」「0」の2種類をやりとりするものだ。アナログ通信と同様に、振幅・周波数・位相のいずれかを変化させることで、「1」「0」の違いを伝えることができる。極端なことをいえば「1」「0」の区別がつけばよいので、電波障害や妨害などによって通信の内容が影響を受けたときでも、元のデータを取り出しやすくなると考えられる。

もっとも、連続的な波形変化を伴うアナログな情報でも、デジタル化してデジタル通信に載せられる。時間を単位にして細切れにして、個々にデータ量を数値化した上で「1」「0」で表わす形に変換すればよい。それが「サンプリング（標本化）」と「二値化」だ。

たとえばコンパクトディスクの場合、周波数44.1kHz、つまり1秒間の信号を44,100個に区切っている。いいかえれば、区切られた個々の信号の長さは1／44,100秒≒0.0000226757秒だ。この周波数のことをサンプリング周波数といい、数字が大きいほど細切れにされる度合が大きい。

その細切れにした個々のデータを数値で表すのがサンプリング。そして、サンプリングした数値を何桁の「1」「0」で表現するかで、どれだけキメの細かい表現ができるかが決まる。1桁しかなければ、使える値は「1」と「0」の種類しかないから、「音が出ている」「音が出ていない」の2種類しか表現できない。しかし、コンパクトディスクでは16ビット、つまり16桁の2進数を使っているから、使える値は2の16乗、つまり65,536段階ある。

10.2.3 ベースバンド伝送とブロードバンド伝送

デジタル・データを変調する際には、「ベースバンド伝送」と「ブロードバンド伝送」という2種類の方法がある。

まずベースバンド変調だが、これはデジタル・データを伝送する際に、データを単純なパルス状の波形に変換して送受信する方式だ。単純に考えれば、「1」なら電圧をオン、「0」なら電圧をオフにすればいい。これがNRZ（Non Return to Zero）である。

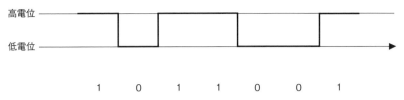

NRZ符号化では、「0」と「1」に、それぞれ決まった電圧を割り当てる

図10.4：NRZの考え方

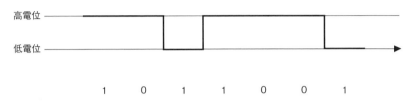

NRZI符号化では、「1」を伝送する際に電圧の変動が発生する

図10.5：NRZIの考え方

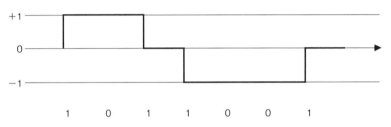

MLT-3では、「1」を伝送する際に電圧変化が発生するが、
3つの値の間で順番に変動が発生する点が特徴

図10.6：MLT-3の考え方

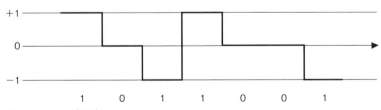

図10.7：AMIの考え方

　NRZのうち、単極性では「0」をゼロ電位、「1」をプラス電位で表現する。複極性では、「0」をマイナス電位、「1」をプラス電位で表現する。回路構成が簡単で帯域の利用効率も良い。ところが、常に「1」と「0」が入れ替わっていればよいが、「1」または「0」が連続すると、区別が難しくなって正確

な伝達ができない。

　そこで登場したのがNRZI（Non Return to Zero Inverted）。「高/低」という2値の電圧変化を使う方法で、「1」なら信号レベルを「高→低」あるいは「低→高」のいずれかに変化させて、「0」なら信号レベルをそのまま維持する。

　3値を使うのがMLT-3（Multi Level Transmission-3 level）で、「高/低」の2値ではなく、「＋/ 0/＿」の3値を使い分ける。「1」なら信号レベルを「＋ → 0」「0 → ＿」「＿ → 0」「0 → ＋」の順に変化させる。「0」なら信号レベルをそのまま維持する。

　同じ3値でも、AMI（Alternation Mark Inversion）では「+1」「0」「-1」の3種類を使用しており、「1」なら「+1」と「-1」に交互に割り当てて、「0」はそのまま「0」に割り当てる。

　このほか、「1」あるいは「0」の信号を、それぞれ決まった方向の電圧変化に割り当てるマンチェスター符号化もある。「1」なら電圧を「低→高」、「0」なら「高→低」として出力するか、あるいはその逆にする。

　このようにさまざまな方式が考案されているが、ポイントは「1」あるいは「0」が連続したときでも正確に検出できるようにすること。「1」と「0」の区別がつけばよいということは、裏を返せば「1」と「0」の区別がちゃんとつかないと収拾がつかなくなるということでもある。

　ちなみに光ファイバーの場合、レーザーで発生させる光信号のオン・オフを使い分ける。光信号は外部からの電磁波による干渉や妨害を受けない分だけ、安定性・確実性が高い。

　もうひとつのブロードバンド伝送は、アナログ信号の変調と同じように、振幅・周波数・位相のいずれか、あるいは複数を組み合わせて変化させるもの。ただし、デジタル通信では変調（Modulation）という言葉を使わず、偏位変調（SK）という。

　振幅変調に対応するのが振幅偏位変調（ASK）、周波数変調に対応するのが周波数偏位変調（FSK）、位相変調に対応するのが位相偏位変調（PSK）だ。細かいことを言い始めると、さらにいろいろなやり方に枝分かれするが、本書ではこれ以上深入りしない。

10.2.4　電波の周波数と波長

　話が前後するが、周波数、つまり信号の変化が発生する周期についても解説しておこう。たとえば交流60Hzの電気であれば、波形変化が毎秒60回のペースで発生する。

　各種の電波機器で利用する周波数の違いについてまとめたのが、「表10.1」

だ。3Hzをスタート点として、周波数が10倍刻みで分類される。昔は「サイクル」という単位を使っていたが、今は「ヘルツ」だ。1サイクルと1ヘルツは等価である。

第二次世界大戦中のレーダーに関する記述で、「メートル波」「センチメートル波」「ミリメートル波」といった記述がよく出てくる。これは、レーダーが使用する電波の波長を意味する言葉で、波長を示す単位が細かくなるほど、周波数が高い。電気信号の伝達速度は一定（約30万km/秒）だから、周波数が高くなるほど、1回の波形変化に要する距離、つまり波長は短くなる。だから、30万kmを周波数で割れば、ひとつの周期あたりの波長を求められる。「表10.1」で、境界となる周波数がすべて「3」で始まる数字になっているのは、そのためだ。

これでお分かりの通り、「センチメートル波のレーダー」といえばSHF、「メートル波のレーダー」といえばUHFの電波という意味になる。そして、電波の送受信に使用するアンテナのサイズは電波の波長によって変化するから、VLFやELFを送信する潜水艦向けの送信所が、どでかいアンテナを収容する

周波数	波長	呼称	用途
3Hz〜30Hz	100,000km〜10,000km	ELF	潜水艦向け通信など
30Hz〜300Hz	10,000km〜1,000km	SLF	
300Hz〜3,000Hz（3kHz）	1,000km〜100km	ULF	
3kHz〜30kHz	100km〜10km	VLF（超長波）	潜水艦向け通信、オメガ双曲線航法
30kHz〜300kHz	10km〜1km	LF（長波）	ロラン双曲線航法、計器着陸システム（ILS）
300kHz〜3,000kHz（3MHz）	1km〜100m	MF（中波）	ラジオ放送、無線航法支援設備（NDB, ADF）、計器着陸システム（ILS）
3MHz〜30MHz	100m〜10m	HF（短波）	ラジオ放送、超水平線レーダー
30MHz〜300MHz	10m〜1m	VHF（超短波）	テレビ放送、ラジオ放送、無線通信
300MHz〜3,000MHz（3GHz）	1m〜0.1m	UHF（極超短波・メートル波）	テレビ放送、無線通信、衛星通信、無線LAN
3GHz〜30GHz	0.1m〜10cm	SHF（センチメートル波）	衛星通信、無線LAN
30GHz〜300GHz	10cm〜1cm	EHF（ミリメートル波）	衛星通信、無線LAN

表10.1：周波数による電波の分類

ために広大な敷地を必要とする。レーダーも同じで、周波数が低いレーダーほどアンテナが大きくなる傾向がある。

10.2.5 ○○バンド

こうした周波数による分類とは別に、NATOが定めている「○○バンド」という分類もあるので、「表10.2」にまとめた。主として、レーダーや電子戦装置が使用する範囲について、範囲分けを行なったものだ。たとえば「Jバンドの戦闘機用レーダー」といえば、10～20GHzの範囲の電波を使っていることになる。ただし、その範囲のすべてではなく一部ということもある。

同じように、通信機器が使用する電波の周波数についても別途、「○○バン

名称	周波数の範囲
Aバンド	～250MHz
Bバンド	250～500MHz
Cバンド	500MHz～1GHz
Dバンド	1～2GHz
Eバンド	2～3GHz
Fバンド	3～4GHz
Gバンド	4～6GHz
Hバンド	6～8GHz
Iバンド	8～10GHz
Jバンド	10～20GHz
Kバンド	20～40GHz
Lバンド	40～60GHz
Mバンド	60～100GHz

表10.2：NATOで使用している、周波数のバンド分け（Military Standard Bands）

名称	周波数の範囲
Iバンド	～0.2GHz
Gバンド	0.2～0.25GHz
Pバンド	0.25～0.5GHz
Lバンド（Long）	1～2GHz（0.5～1.5GHzとする資料もあり）
Sバンド（Short）	2～4GHz
Cバンド（Compromise）	4～8GHz
Xバンド（eXtreme short）	8～12GHz

Kuバンド（Kurz-under）	12〜18GHz
Kバンド（Kurz）	18〜27GHz
Kaバンド（Kurz-above）	27〜40GHz
Vバンド（Very high frequency band）	40〜75GHz
Wバンド（Vの次だからW）	75〜110GHz
ミリメートル波	110GHz 〜

表10.3：IEEEによる周波数のバンド分け（US Industry Standard Bands）。Kurzは短いという意味のドイツ語

ド」と呼ばれる分類があるので、「表 10.3」にまとめた。同じ名前でも対象範囲が異なるので、間違えないように注意する必要がある。

10.2.6　周波数とレーダーの能力の関係

使用する電波の周波数が高い（=波長が短い）ければ、それだけキメの細かい表現が可能になると考えてよい。だから、メートル波レーダー→センチメートル波レーダー→ミリメートル波レーダーの順で高精度になる。

その代わり、周波数が高くなると電波が減衰しやすくなるため、遠距離の伝達に問題が出てくる。これは通信でもレーダーでも同じで、たとえばレーダー

> **コラム**
>
> #### カウンター・ステルスとレーダーの周波数
>
> 　ステルス機といっても、ありとあらゆる周波数帯に対して「見えない」わけではない。航空機にとって脅威となるのは主として、対空捜索レーダーや射撃管制レーダーであり、これらの周波数帯は比較的高いところにある。高い分解能を求められるから当然だ。
>
> 　したがって、ステルス機の設計やレーダー電波吸収材の選定に際しては、これらの周波数帯に最適化するのが自然な流れとなる。裏を返せば、もっと低い周波数帯を使用するレーダーに対しては「見える」可能性がある、ともいえる。実際、ロシアや中国ではステルス機の探知を企図してVHFレーダーを開発・製作している。これで完全に丸見えになるかどうかはなんともいえないが、注意すべき存在であるのは確かだ。
>
> 　ただ、VHFレーダーに最適化したステルス設計を施した結果として、今度は高い周波数帯のレーダーに対応できません、では本末転倒。何事にも完全無欠の解決策は存在しないので、何を優先して何を捨てるか、という優先順位付けやトレードオフの判断は必須だ。

の場合、「周波数が高い電波を使用するレーダーは、高精度だが短い距離でしか使えない」「周波数が低い電波を使用するレーダーは、精度では見劣りするが、遠距離まで届く」という傾向が生じる。

だから艦載レーダーを見ていただければお分かりの通り、広域捜索能力を求められる対空捜索レーダーは周波数が低めで、アンテナが大きい。反対に、高い精度が求められる射撃管制レーダーは周波数が高めで、アンテナは小さい。

弾道ミサイル防衛では、小さな再突入体でも精確に追跡する能力が求められるため、洋上設置型のSBXでも陸上設置のAN/TPY-2（旧称FBX-T）でも、周波数が高いXバンドを使用している。ただしミサイル防衛用のXバンド・レーダーには遠距離捜索能力も求められることから、送信出力を高めて力任せに押し切っている。

10.2.7　見通し線圏内通信・圏外通信と電離層

通信では、見通し線圏内・見通し線圏外という言葉が頻出する。見通し線とは文字通り、目で見通せる直線上の範囲という意味で、英語ではLine-of-Sight（略してLOS）という。電波は基本的には真っ直ぐ進むものだから、電波を用いる通信や探知はすべて見通し線の圏内で完結する……かというと、そういうわけでもない。

そこで関わってくるのが、電離層である。電離層とは地球の周囲を取り巻くイオンと電子の層で、太陽光線に含まれる紫外線や軟X線によって大気が電離して発生する。これには、以下の種類がある。

・D層：高度80km。夜間は消滅する
・E層：高度100〜120km（E1層、E2層、Es層の3種類に分かれる）
・F層：高度300〜500km。昼間はF1層（170〜230km）とF2層（200〜500km）に分かれるが、夜間はF1層の電離弱化とF2層の下降によって、両者が単一の層を形成する。冬季は昼夜を問わずF2層のみとなる。さらに、南極や磁気赤道付近でのみ発生するFs層もある

「表10.1」に挙げた電波のうち、長波はD層かE層、中波はE層、短波はF層で反射される。超短波より上の周波数はすべての電離層を透過する。

だから、短波通信は地表と電離層の間で電波を反射させることで、（十分な送信出力があれば）水平線より先まで電波を届かせることができる。ただし、上で述べたように電離層の状況は昼夜・場所・季節によって変動するため、電波の届き方に違いが生じる。

これを利用するのが超水平線（OTH）レーダーだ。電離層で電波を反射させれば、水平線の向こう側まで電波が届く。反射波も同じように電離層で反射さ

れて返ってくる。それによって遠距離探知が可能になるという理屈だ。このほか、地表に沿って進む電波を利用するタイプのOTHレーダーもある。

超水平線レーダーの例としては、米軍のAN/TPS-71　ROTHRがある。1980年代末から1990年代にかけて就役したもので、設置場所はヴァージニア州チェサピーク、テキサス州プレモント、米領プエルトリコの３ヵ所だ。アメリカ以外の国では、オーストラリアのJORNも知られている。こちらはクイーンズランド州、西オーストラリア州、北部地域の３ヵ所に設置してある。国土が広い割に人口希薄なオーストラリアでは、こういう遠距離・広域の監視手段が重要だ。

逆に、衛星通信では電離層より上にいる衛星に電波が届かないと仕事にならないので、超短波、ないしはそれ以上の電波を使わなければならない。使用する電波の周波数帯が高いから、データ通信を行なう際の伝送能力も比較的高い。

衛星通信は、見通し線圏外における遠距離通信の主役だ。しかし、コストが高い衛星通信がなければ遠距離通信を行なえないのでは不便なので、航空機や飛行船に中継器を搭載して通信中継を担当させることがある。

米中央情報局（CIA）がナット750を使って情報収集を行なったとき、この遠距離通信能力の欠如が問題になり、通信中継機を飛ばす羽目になった。その問題を解決するために衛星通信機材を搭載した発展型が、御存知、RQ/MQ-1プレデターである。

弾道ミサイルに対する警戒や要撃で使用するレーダーも、宇宙空間から突っ込んでくるミサイル本体や再突入体を追跡しなければならないから、電離層を透過できる周波数帯の電波を使わないと成り立たない。そのことと探知精度の

コラム

衛星通信がなくて困った事例

中東で対ISIL（Islamic State of Iraq and the Levant）航空作戦に参加しているオランダ空軍のF-16は、衛星通信機材を搭載していない。そのため、VHF/UHF通信機による見通し線圏内の通信しかできない。攻撃の際には地上の現場にいる兵士から情報を受け取る必要があるが、シリアでは有志連合諸国の地上軍がいないので、F-16と見通し線通信を行なえる機材を持った味方が地上におらず、結果としてシリアでの任務遂行に制約が生じたという。

これは2016年５月初頭に報じられた話だ。通信機能の有無が、任務遂行の制約になる一例といえる。

観点から、Xバンドを使用するのは前述の通り。

両者の中間に位置するのが、超短波や極超短波で、見通し線圏内の近距離通信やレーダーに使用する。

10.2.8　レーダーやソナーとシグナル処理

「10.2.2 アナログ通信とデジタル通信」で、データをデジタル化する方法について説明した。実は、通信だけでなく、レーダーやソナーにも関わってくる作業である。

レーダーなら、アンテナが電波を受信することで探知が成立する。ソナーなら、ハイドロフォンやトランスデューサーが音波を受信することで探知が成立する。どちらにしても、センサーから出てくる電気信号はアナログ信号である。

しかし、当節のコンピュータはデジタル・コンピュータだから、データをデジタル化しなければならない。そこで、アンテナやハイドロフォンやトランスデューサーから出てきた電気信号に対してサンプリングと二値化の処理を行ない、デジタル・データに変換する。それによって、コンピュータがデータを扱えるようになる。

そして、現代のセンサーの能力を左右するのは、コンピュータによるデータ処理の良し悪しである。人間がスコープに現われる波形を眼で見て調べたり、ソナーから入ってくる音を耳で聴き分けたりする代わりに、コンピュータがデジタル化したデータを解析する。それを受け持つソフトウェアの良し悪しが問題になるわけだ。

一例として、イージスBMDを挙げてみよう。実は、イージス艦のBMD対応改修ではAN/SPY-1レーダーに手を入れて、レーダーのシグナル・プロセッサを増強した。シグナル・プロセッサは、アンテナが受信した電波を解析して、本物の探知を拾い出したり、妨害やノイズを排除したりする機材だ。

ところが、当初に使用していたイージスBMDシグナル・プロセッサはシグナル処理能力に限りがあった。BMD任務を担当している間はすべての処理能力をBMDに回す必要があり、対空戦のための余力がなくなる。そこで海上自衛隊は僚艦防空機能を持つ「あきづき」型護衛艦を建造して、BMD任務を遂行しているイージス艦に対して、横合いから防空の傘を差し伸べられるようにした。だから「あきづき」型とイージス艦は、BMD任務の最中には相合傘である。

ところが、ロッキード・マーティン社が開発したマルチミッション・シグナル・プロセッサ（MMSP）を導入すると事情が変わる。その名の通りにマルチミッション、つまり対空戦とBMDの両方に対応できる処理能力を持っている

ので、どちらか一方に専念しなければならないということはない。すると、防空とミサイル防衛の両方に対応できる、いわゆる統合防空・ミサイル防衛（IAMD）が実現する。

これを実際のシステムとして具現化したのが、イージス戦闘システムのベースライン9.0cである。レーダーはAN/SPY-1シリーズのままだが、MMSPの導入によって能力強化を実現したところがポイントだ。

コラム

アレイ・レーダーの素子とモジュール

　フェーズド・アレイ・レーダーというかAESAレーダーというか、とにかくこの手のレーダーでは多数の送受信モジュールを束ねることになるので、小型で効率のいいパワー半導体デバイスが不可欠になる。従来はガリウム砒素（GaAs）が主流だったが、最近、窒化ガリウム（GaN）に主流が移りつつある。大手各社が製品化と生産技術の改善（歩留まりの向上）に血道を上げているが、メーカーによっては「実績があって枯れているGaAsで行く」といっているところもあるのが面白い。

　その送受信モジュールを束ねる構成の故に、アレイ・レーダーはスケーラビリティがある。つまり、束ねるモジュールの数を増減させることで、探知距離が長いが大型のレーダーを作ることも、探知距離が短いが小型のレーダーを作ることもできる。設置スペースや消費電力の問題、そして艦載レーダーだと重心が上がる問題も出てくるので、小型のレーダーに対するニーズもあるのだ。

　モジュールといっても送受信モジュール1個ずつの単位で増減させるのでは煩雑すぎるから、複数の送受信モジュールを束ねてユニット化した上で、そのユニットをいくつ組み合わせるか、という形にするのが普通だ。交換や修理の際にも、そのユニット単位で取り替えればいい。

10.3 衛星通信をめぐるあれこれ

10.3.1 人工衛星の種類と軌道

　有線通信ならケーブルの途中に増幅装置を組み込むことで、遠距離通信が可能になる。日露戦争の頃からすでに、海底ケーブルによる国際通信が可能になっていた。

　では、無線通信はどうするか。短波通信は電離層で電波を反射させることで遠距離通信が可能だが、周波数が比較的低いこともあり、伝送能力には制約がある。また、反射によって遠距離伝送を実現することから、電波が届かない地域（スキップ・ゾーン）ができる難点もある。そうした事情もあり、現在では見通し線圏外の遠距離通信では衛星通信が主役だ。

　世界初の通信衛星は、1962年7月10日に打ち上げられたAT&Tのテルスターで、これは遠地点が約5,600km、近地点が約950km、軌道傾斜角45度の楕円軌道を使う周回衛星だった。静止型の通信衛星は、NASAが1964年8月に打ち上げたシンコム3が最初だ。翌1965年には、国際電気通信衛星機構がインテルサットを打ち上げた。その後、多くの国において、国家、あるいは民間企業の手で通信衛星を打ち上げるようになって現在に至る。

　人工衛星は、地球上から見た場合の位置の違いにより、「周回衛星」と「静止衛星」という区分がある。よく誤解されるが、静止衛星は赤道の真上にしか占位することができない。赤道上空・高度が約35,786kmの位置で地球の自転と同期して移動しているため、地上からは静止しているように見えるという話だ。だから、地球上の任意の地点を静止衛星で常時見張る、なんていうことはできない。

　静止衛星には、「軌道位置」という言葉がつきものだ。東経○度、あるいは西経○度という形で表わし、たとえば東経135度の静止軌道上であれば「135E」（EはEastの頭文字）、西経50度の静止軌道上であれば「50W」（WはWestの頭文字）といった表記を行なう。場所が限られている以上、同じ軌道位置に多数の衛星が同居することはできず、必然的に場所の奪い合いと調整が発生する。

この軌道位置をどこに取るかで、衛星がカバーできる範囲が決まる。太平洋上にいる衛星が大西洋やヨーロッパに向けた通信を取り扱うことはできないし、逆も同様だ。したがって、全世界をカバーする衛星通信網を静止衛星で構成しようとすると、複数の衛星を配備する必要がある。これは通信衛星に限らず、DSPやSBIRSのような弾道ミサイル早期警戒衛星でも同じだ。

　一方、周回衛星はその名の通り、地球の周囲をグルグル回っている。その際に取る軌道の高度、軌道傾斜角（南北方向に対する角度）、離心率（軌道が真円か楕円か）といった項目の違いにより、さまざまな種類の軌道がある。

　まず高度については、以下の分類がある。
・LEO（Low Earth Orbit）：高度500〜2,000km、周期は数十分〜2時間程度
・MEO（Medium Earth Orbit）：高度2,000〜35,786km（8,000〜20,000kmとする場合もある）、周期は数時間〜10時間程度
・HEO（High Earth Orbit）：高度35,786kmを超えるもの
・GEO（Geosynchronous Earth Orbit）：静止衛星。GSO（Geostationary Orbit）ともいう

もちろん、高度が低いほど周期は短く、カバーできる範囲は狭い。

　軌道傾斜角については、以下の分類がある。軌道傾斜角によって、打ち上げの難易度やカバー範囲が違ってくる。
・傾斜軌道：軌道傾斜角が赤道に対して傾いている軌道。
・極軌道：惑星の極、または極近傍の上空を通過する軌道（軌道傾斜角は90度に近い）
・極太陽同期軌道：極軌道に近く、赤道を常に同じ現地時間で通過する軌道
・巡行軌道：惑星の自転と同方向に周回する、軌道傾斜角90度以下の軌道
・逆行軌道：軌道傾斜角が90度を超える軌道のこと。つまり、惑星の自転方向とは逆向きに周回することになる。これを使用することは、まずない

　離心率については、常に同じ高度で周回する円軌道と、高度が変化する楕円軌道に大別できる。

10.3.2　静止衛星と周回衛星

　通信衛星を打ち上げる場合、用途やカバーすべき範囲、求められる能力を勘案して、静止衛星にするか周回衛星にするか、周回衛星ではどの軌道を使うか、といったことを決める。

　静止衛星を使用する場合、軌道高度が高い分だけカバー範囲は広いが、それでも世界全体をカバーするには最低3基が必要になる。また、軌道の位置が赤道上空なので、北極や南極をカバーするのが難しい。

そこで米空軍では、極地をカバーするために別途、IPS（Interim Polar System）や、その後継となるEHF通信衛星・EPS（Enhanced Polar System）を配備している（軌道はHEO）。極地で運用する可能性があってEHF衛星通信を使う資産というと、真っ先に思いつくのはB-2A爆撃機だが、まさかそれだけのために衛星を打ち上げるわけではあるまい。

弾道ミサイル早期警戒衛星は常に同じ範囲を見張り続ける必要があるので、DSPは静止衛星だ。その後継となるSBIRSでは、静止衛星（SBIRS-GEO）だけでなく、極地の監視を強化するために周回衛星（SBIRS-HEO）を加えた。

通信衛星として使用する場合、軌道高度が高い静止衛星は伝送遅延が大きくなる難点がある。衛星中継で音声や映像が少し遅れるのは、そういう理由があるからだ。軌道高度が約36,000kmとして計算すると、片道で0.12秒、往復で0.24秒かかる計算で、それはそのまま遅延に直結する。

一方、周回衛星はカバー範囲に関する制約がないほか、軌道高度が低いから送信出力を低くできる。衛星携帯電話でLEOを使用するのは、小型の端末機では高い送信出力を実現するのが難しいからだ。静止軌道上の衛星に届くほどの出力を持つ携帯電話機を作ると、大きくなり過ぎるし、バッテリがもたない。このほか、周回衛星の方が極地をカバーしやすい。

その代わり、衛星の数はたくさん必要になる。たとえば、イリジウム衛星携帯電話は高度780kmのLEOを使い、当初は77基の衛星を配備する計画だった（原子番号77はイリジウムのことで、これがサービス名称の由来。実際は66基）。また、複数の衛星が連携して通信サービスを提供する必要があるため、異なる衛星の間で通信を引き継いだり中継したりする仕組みも必要になる。

通信衛星に限らず、ひとつの用途のために複数の衛星群を用いる場合、それらを総称して星座（constellation）と呼ぶ。衛星がらみのニュースや報道発表では、よく見かける言葉だ。ただし「星座」では訳語として違和感があるので、筆者は「衛星群」と訳している。

ついでに余談をひとつ。通信衛星と似た機能を持つ衛星として、放送衛星がある。さらに、通信衛星を使用して放送を行なう、いわゆるCS放送もある。どちらも地表に向けて電波を送信するのに何が違うのかと疑問に思われそうだが、実は放送衛星と通信衛星ではビームの形状に違いがある。放送衛星は広い範囲の不特定多数を対象とするため、ビームのカバー範囲が広い。それに対して、通信衛星は特定のユーザーを対象とするため、ビームのカバー範囲が狭い。

10.3.3　衛星通信に使用する周波数帯

通信衛星とは煎じ詰めると、トランスポンダー（中継機）を人工衛星に積み

込んだものだ。送信元の地上局から衛星に向かって通信を送り（アップリンク）、それを衛星のトランスポンダーが増幅して、受信側の地上局に送る（ダウンリンク）流れになる。増幅機能を持たないで中継だけを行なうパッシブ型と、増幅も行なうアクティブ型があるが、普通は後者である。

衛星通信で使用する主な周波数帯は、「表 10.3」で示した周波数一覧のうち、Cバンド・Xバンド・Kuバンド・Kaバンドの4種類となっている。周波数帯が高いほど伝送能力も高いが、信号が減衰しやすくなるので、遠距離の伝送は難しくなる。なお、Xバンド（8～12GHz）は軍用通信衛星専用だ。

軍用の通信衛星では、秘匿性だけでなく、データ通信能力の強化が求められている。その背景には、衛星を介する通信量が劇的に増大しており、まさに「いくらあっても足りない」状況になっている事情がある。イラク戦争（2003年3～4月）の時点で秒間3.2ギガビット（GB/sec）の通信量が発生していたが、動画による実況中継を多用している現在では、はるかに多くのデータが行き交っているはずだ。2003年の時点で「2010年頃には通信量が14GB/secに増大する」と予想されていたが、実際にはこの数字を上回っているとみて間違いなかろう。

10.3.4　バスとペイロード

人工衛星は、「バス」と呼ばれる衛星の入れ物に、用途ごとに必要となる各種の機材（ペイロード）を組み合わせて構成する。ロケットを噴射して軌道位置を保持したり、ペイロードに電力を供給したりする機能はバスの担当になる。

衛星メーカーはたいてい、さまざまな用途に対応できる汎用品の「バス」を用意しており、そこにさまざまなペイロードを組み合わせることで、軍用の通信衛星を作ったり、民間向けの放送衛星を作ったり、偵察衛星を作ったりしている。こうした事情から、バスのメーカーとペイロードのメーカーが異なる場合も多々ある。

通信衛星は、トランスポンダーを初めとする通信用の機材をバスに組み込むことで実現する。ちなみに、トランスポンダーの単位は「本」で、「○バンドのトランスポンダーを△本」という形で表記する。

図10.8：三菱電機は「国際航空宇宙展2016」で、DS2000バスに関する展示を行なっていた

> **コラム**
>
> ## 衛星の引っ越し
>
> 　静止衛星はたいていの場合、いったん打ち上げて所定の軌道に据え付けたら、寿命を全うするまでその場所から動かない。ところが何事にも例外はあるもので、先に取り上げたスカイネット衛星群のうちスカイネット5Aは、2015年の春から秋にかけて、東経6度から東経97度に移動する作業を実施した。アジア太平洋地域での衛星通信需要が増大したため、そちらのエリアをカバーするために衛星を移動したわけだ。もちろん、移動するにはバスが備えているロケットを吹かして動かす必要があるし、複雑な操作が必要になったと思われる。

10.4 軍用通信衛星いろいろ

10.4.1 主な米軍の通信衛星

といったところで、主な軍用通信衛星について紹介しよう。実際には軍が民間用の通信衛星を借り受けて利用している事例も多いが、軍用衛星に限定して話を進めることにする。

米軍の場合、国防総省が統括する形で四軍が共用する通信衛星と、海軍が独自に運用している通信衛星に大別できる。ただし、前者の打ち上げと管制は米空軍宇宙軍団（AFSPC）が担当している。なお、以下に示す衛星は、特記がなければすべて静止衛星だ。

・IDCSP（Initial Defense Communications Satellite Program）：1966年から1968年にかけて、合計19基を打ち上げた。パッシブ式で重量45kg

・DSCS（Defense Satellite Communications System）：アクティブ式で重量560kg、SHFを使用する。さらにDSCS II、DSCS IIIと発展した

・MILSTAR（Military Strategic/Tactical Relay System）：重量10,500ポンド（4,767kg）、1994年2月にMILSTAR-1を打ち上げた。伝送能力75～2,400bps・192チャンネルのLDR（Low Data Rate）ペイロードを搭載、EHFを使用する。ロッキード・マーティン・スペース・システムズ製

・MILSTAR II：MILSTARの改良型で、伝送能力4,800～1,544kbps・32チャンネルの通信を可能にしたMDR（Medium Data Rate）ペイロードを搭載するとともに、小型化と高性能化を図った改良型。MDRはLDRとの互換性もある。ボーイング製

・WGS（Wideband Global SATCOM）：当初の名称はWideband Gapfiller Satellite。2004年から2009年9月にかけて、ブロックIを3基打ち上げた。その後も打ち上げが続き、2016年12月に8号機が上がったところ。ボーイング702バスにXバンドとKaバンドのトランスポンダーを装備する構成で、Xバンドで同時に8本、Kaバンドで同時に10本の異なるビームを送信できる。全部で19ヵ所の異なる範囲と通信できる設計で、伝送能力は衛星1基で2.1Gbps～3.6Gbps。これはDSCS IIIと比べると10～12倍の能力とされる。

ブロックIIとして3基の追加打ち上げを予定しているほか、その後の改良計画も動き始めている。同盟国が一部の費用を負担して相乗りしており、オーストラリア・ニュージーランド・カナダ・デンマーク・ルクセンブルク・オランダといった国が関わっている

・AEHF(Advanced EHF)：旧称MILSTAR-3。担当メーカーは米ロッキード・マーティン社で、2007年から打ち上げを開始する予定だったが、遅れた。2010年8月14日に1号機(SV-1)、2012年5月4日に2号機(SV-2)、2013年9月18日に3号機(SV-3)が上がり、さらに3基の打

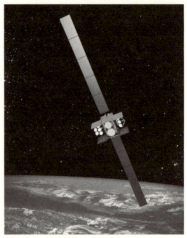

図10.9：WGS衛星（USAF）

ち上げを予定している。処理能力はMILSTARの5～10倍、伝送速度は8.2Mbps、同時に50チャンネルの通信を処理できる。AEHFに対応する端末機としては、ボーイング製のFAB-Tや、レイセオン製のSMART-などがある

このほか、TSAT（Transformational SATCOM）の計画があった。1Gbps級の伝送能力を持つ衛星通信網を整備する構想で、静止軌道上に配置した衛星同士の通信にはレーザー通信を用いることになっていた。しかし、開発に難航して経費が高騰したことから、2009年に中止が決まり、代わりとしてAEHFを増勢することになった。

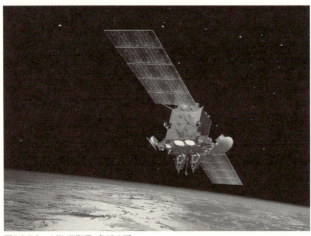

図10.10：AEHF衛星（USAF）

10.4.2　米海軍の通信衛星

一方、米海軍は全世界に艦隊を展開していることから、もともと通信衛星に対する需要が多い。そうした事情もあってか、独自の通信衛星を打ち上げて運用している。高い伝送能力が求められる衛星は全軍で共用して、低速でもいいので独自に通信能力を確保したい部分については自前の衛星を使う構図になっている。

・FLTSATCOM：1号機（FLTSATCOM-1）が1978年2月に打ち上げられた後、合計5基（そのうち、FLTSATCOM-5は予備）を1981年までに打ち上げた。軌道位置は西経100度、西経23度、東経72.5度、東経172度の4ヶ所。衛星の寿命が7年しかないので、その後も代わりの衛星を打ち上げて通信網を維持した

・UFO（UHF Follow-On）：FLTSATCOMの後継機で、能力と寿命を倍増した。担当メーカーは米ヒューズ社（現在は米ボーイング社）で、1993年3月から打ち上げを開始、11基を打ち上げた。ブロックⅠ（F1～F3）は重量2,600ポンド（1,180kg）でUHF/SHF対応、ブロックⅡ（F4～F7）は重量3,000ポンド（1,362kg）でUHF/SHF/EHF対応、ブロックⅢ（F8～F10）は重量3,400ポンド（1,544kg）でUHF/EHF/GBS（後述）対応、ブロックⅣ（F11）は重量3,000ポンドでUHF/EHF対応。現在は運用離脱が進んでいる

・MUOS（Mobile User Objective System）：UFOの後継機で、ロッキード・マーティン・スペース・システムズ社が2004年9月に最初の2基と地上側機材を受注した。2016年末の時点で5基を打ち上げて所要の数がそろった。A2100バスにKaバンドのトランスポンダーを搭載して、携帯電話でもおなじみのW-CDMA（Wideband Code Division Multiple Access）を用いて通信する。使用する周波数帯は240～320MHz、伝送能力は2.4kbps・9.6kbps・16kbps・32kbps・64kbpsのいずれか。従来

図10.11：UFO衛星（DoD）

図10.12：昔は「艦載用衛星通信アンテナ」の代名詞だったOE-82C/WSC-1（V）

図10.13：左端の大きなドームが、米海軍のUHF通信衛星とのやりとりに使うAN/USC-42衛星通信アンテナ。これは「いずも」の右舷前方に付いているものだが、右舷後方に、もう1基ある

型の端末機器に加えて、JTRS（後述）でMUOSを使用するためのソフトウェア・MUOS User Entry Terminal Waveformを、ゼネラル・ダイナミクスC4システムズ社が開発している

UHF通信衛星用のアンテナというと、かつてはお盆型（?）のOE-82C/WSC-1（V）がおなじみだった。アップリンクは292〜312MHz、ダウンリンクは248〜272MHzの電波を使う。

しかし近年では、アンテナをドームに収めたAN/USC-42が増えてきている。海上自衛隊の「こんごう」型護衛艦みたいに、艦橋前面に付いていたOE-82Cが後日にAN/USC-42に替わった事例もある。

10.4.3　欧州諸国の通信衛星

　アメリカ以外の国では財政的な理由もあり、特定の軍種が専用の通信衛星を持つような贅沢な事例は滅多に存在しない。国ごとに、あるいは複数の国が相乗りする形で、軍用の通信衛星を保有・運用する形が一般的だ。そうした衛星のうち主要なものを、「表10.4」にまとめた。

　なお、イギリスのSkynetシリーズは、軍用といってもいささか特殊な存在だ。PFI（Private Finance Initiative）の仕組みを使い、民間企業（当初はパラダイム・セキュア・コミュニケーションズ社。現在はエアバス・ディフェンス＆スペース社）が資金を調達して製造・打ち上げた衛星を、軍が借り上げて利用する形を取っている。衛星の能力に余裕があれば、その余力を使ってアルバイトを行なえる。イギリス以外のカスタマーとしては、オーストラリア、カナダ、フラ

国別	名称	トランスポンダー	打ち上げ
NATO	NATO IV A / IV B	Xバンド×3, UHF×2	1991, 1993
イギリス	Skynet 4A/4B/4C	Xバンド×3, UHF×2	1988-1990
イギリス	Skynet 4D/4E/4F	Xバンド×3, UHF×2	1998, 1999, 2001
イギリス	Skynet 5A/5B/5C	Xバンド, UHF(合計15本)	2007/3, 2007/11, 2008/3
イギリス	Skynet 5D	Xバンド, UHF	2012/12/19
ドイツ	COMSATBw-1, COMSATBw-2	UHF×5, SHF×4	2009/10, 2010/5
イタリア	SICRAL 1	UHF, SHF, EHF	2001/2
フランス	SYRACUSE 3A	SHF, EHF	2005/10
フランス	SYRACUSE 3B	SHF×9, EHF×6	2006/8
イタリア	SICRAL 1B	UHF×3, SHF×5, EHF×1	2009/4
イタリア・フランス	SICRAL 2 (SYRACUSE 3C)	UHF, SHF（フランスはSHFのみ）	2015/4/26
イタリア・フランス	Athena-Fidus	Kaバンド, EHF	2014/2/6

表10.4：欧州諸国が運用する軍用通信衛星の例

ンス、ドイツ、オランダ、ポルトガル、アメリカがある。

イタリアとフランスは、以前はそれぞれ独自に軍用通信衛星を打ち上げていたが、2010年代に入ってから相乗りを決めた。それがSICRAL 2やAthena-Fidusだ。相乗りする方が安上がりというだけでなく、担当メーカーが両国にまたがる多国籍企業で、相乗りしやすい環境にあったこともあるだろう。

10.4.4　民間の衛星を借りる事例も多い

軍隊であっても、民間の商用通信衛星を借り上げて利用する事例は多い。衛星通信技術そのものに軍民の差はないから、秘匿性さえ確保できれば、民間の衛星を借りても支障はないわけだ。

たとえば2011年に、オーストラリア国防省がインテルサット22号機（IS-22）の借り上げ契約を締結した。もともと部分的に借り上げる契約を締結していたが、それを拡大して、22号機が提供する通信機能をまるごと、総額4億7,510万豪ドルで借り上げることにしたものだ。

日本でも、海上自衛隊がスカパーJSAT（旧・宇宙通信）のスーパーバード衛星を利用している。また、これから導入するXバンド通信衛星はイギリスのSkynetと同様にPFIの枠組みを利用することにして、2013年1月15日に、（株）ディー・エス・エヌが事業契約を締結した[40]。この会社はスカパーJSAT（株）、日本電気（株）、NTTコミュニケーションズ（株）の3社が共同出資し

衛星	周波数帯	端末機
スーパーバードB2	Xバンド	NORA-1
スーパーバードD	Xバンド	NORA-7
	Kuバンド	NORQ-1
FLTSATCOM/UFO	UHF	USQ-42

表10.5：海上自衛隊で使用している通信衛星と端末機の組み合わせ例

て設立した。

　自前の軍用衛星があるアメリカやフランスでも民間の衛星を追加で借り上げており、たとえばフランスではエアバス・ディフェンス＆スペース社（旧EADSアストリウム）の商用衛星を使って、民生用のKuバンド・Kaバンド・Cバンドと、軍用のUHF・Xバンドの通信サービスを提供している。

　韓国では2006年にムグンファ5衛星を打ち上げたが、これは民間の商用衛星に軍が相乗りして資金を出す形。軍民のどちらにとっても、費用の負担を軽減できるのでメリットがある。

　また、イリジウムを初めとする衛星携帯電話サービスも、軍の利用が多い分野だ。料金の問題、あるいは他の代替手段があるといった理由から、民間向けにはあまり普及していない衛星携帯電話だが、インフラが整っていない場所でも通信を確保したい軍隊にとっては有用だ。というと話が逆で、民間向けでは需要が乏しいので、軍隊を初めとする官公庁需要に活路を見出したものだ。

　前述したように、衛星携帯電話は周回衛星を使用するが、衛星が回っている軌道の多くは海の上。そこは人が住んでいないエリアが多くを占めるのだから、ことに民需では売上につながらないエリアの上空に衛星を飛ばしている時間が長いことになる。それでは割に合わない。

10.5 マルチバンド通信機とソフトウェア無線機

10.5.1 無線通信と変調と電気回路

「10.2 有線・無線通信の基本と電波の周波数」で解説したように、音声通話でもデータ通信でも、送信しようとする情報は、電磁波の周波数・振幅・位相を変化させる、いわゆる変調操作を経て伝達している。変調の手法、あるいは変調した結果のことをwaveformと呼ぶ。

変調した電磁波から元のデータを取り出す復調操作は、電気回路によって実現する。これは、ラジオ受信機の組み立てキットを作った経験がある方なら理解しやすいと思う。ラジオ放送には複数の種類があるから、対応する放送の種類に合わせた電気回路が必要だ。

ところが、「電気回路によって変調や復調を行なう」ということは「変調や復調の方法を変えようとすると、電気回路を変えなければならない」ということでもある。ラジオ放送みたいにAM・FM・短波の3種類（デジタル放送は除く）しかなければ併設しても大したことにはならないが、軍用通信は種類が多いから大変だ。

ちなみに、英語では無線機のこともラジオという。ラジオと書かれているからラジオ放送受信機のことだと思うと大間違いなので、御用心。

10.5.2 マルチバンド通信機とは

通信手段が多様化すると、その分だけ使用する通信機材の種類も増える。すると、用途ごとに別々の無線機を持って歩くことになり、特に歩兵にとっては大きな負担となる。車両・航空機・艦艇なら問題は緩和されるが、場所を取らない方が嬉しいことに変わりはない。

ひとつの無線機で複数の通信に対応できれば、この問題を緩和できる。AMラジオとFMラジオを別々に持つ代わりに、1台のAM/FM兼用ラジオで済ませるようなものだ。ところが、ひとつの機材に複数の機能を詰め込もうとすると、その分だけ回路が大型化・複雑化する。エレクトロニクスが進歩した現在

では、昔と比べると無線機の小型軽量化と高性能化が進んでいるし、マルチバンド化も容易になった。

たとえば、アメリカのハリス社が製造している携帯通信機・AN/PRC-117FファルコンIIIは、VHFとUHFにまたがった30〜512MHzの周波数帯に対応している。音声通話とデータ通信が可能なので、コンピュータ同士のデータ通信を行なえるし、IW (Integrated Waveform) という機能が加わったことでUHF衛星通信にも対応した。VHF/UHF通信は見通し線の範囲内にいる相手と、衛星通信は見通し線の範囲外にいる相手と通信する際に使用する。

さらに、AN/PRC-117Fには車載用のアダプタがあり、これを組み合わせると車載用

図10.14：背負式通信機の例。上半分がハリス製のRT-1796マルチバンド通信機で、ラッチで固定した下半分はバッテリのようだ

通信機に化ける。車載用アダプタにはアンプ（増幅器）が組み込まれているので、携帯しているときよりも高い送信出力を確保できる。こうすることで、車載用と携帯用に別々の無線機を用意する必要がなくなり、開発・製造・調達が楽になる。

陸上で使用する無線通信だけでなく、衛星通信でもマルチバンド化した機材が必要になる。「10.3 衛星通信をめぐるあれこれ」で解説したように、衛星通信といっても一種類ではないからだ。使用している周波数帯も衛星の種類もいろいろあり、個別に端末機を用意していたら機材が増える。そこでボーイング社が開発したのが、マルチバンド衛星通信端末機・FAB-T。陸上施設や艦上だけでなく、RQ-4グローバルホークのように航空機に積み込んだ事例もある。

10.5.3　ソフトウェア無線機とは

最近、ソフトウェア無線機（SDR）という言葉を耳にする機会が増えている。米軍のJTRS（「ジッター」と読む）が有名だが、日本でも海上自衛隊のヘリコプター護衛艦「ひゅうが」型で部分的に導入している。また、陸上自衛隊の野外通信システムを構成する広帯域多目的無線機もソフトウェア無線機だ。ちなみに、この無線機は略して「広多無」（こうたむ）というそうだが、もうちょっと格好のいい略称はできなかったものか。

閑話休題。「ソフトウェア」といえば一般的な解釈はコンピュータを動作させるためのもの。それが無線機とどう結びつくのか、いまひとつピンと来ないかも知れない。しかも、英文を直訳すると「ソフトウェアで定義する無線機」？　ますます意味不明だ。ところが、これは今後の軍用通信技術と切り離せない重要な話なのだ。

機材を別々にする場合でも、あるいはマルチバンド化する場合でも、周波数や変調方式が異なると、いちいち電気回路を変えなければならない。対応する通信の種類が増えるほど、開発・製造が大変になり、コストも上がってしまう。その問題を解決するには、ひとつの電気回路で複数の周波数帯、複数の変調方式に対応すればよい。そこで、ソフトウェア無線機が登場する。いったい、何がソフトウェアなのか。

ソフトウェア無線機では、変調を行なう部分をDSPというプロセッサによって行なう。このプロセッサはソフトウェアによって制御するようになっており、ソフトウェアの内容次第でさまざまな種類の電気信号を送り出すことができる。考え方はパソコン用のCPUと似ているが、用途が絞られている点が違う。

もう20年以上前の話になるが、DSPを使ってサウンド・モデム・音声通話の機能を一度に実現したノートPCがあった。ソフトウェアの内容次第で、音を鳴らしたり、デジタル・データを電話回線でやりとりできる音声信号に変換したり、マイクに向かって喋った内容を電話回線に載せたりする。この場合、DSPは「音」の信号を処理している。

この考え方で行くと、DSPと組み合わせるソフトウェアの内容を変えて無線通信の制御に使えば、変調方式を変えることも、出力する電気信号の周波数を変えることもできる（もちろん、DSPが備える機能の範囲内でだが）。これが、ソフトウェア無線機の基本となる考え方だ。

たとえば、UHFを使った衛星通信と無線通信、それとデータリンクを、ひとつの機器で実現したいと考えた場合、それらの通信に合わせた変調・復調処理を行なうプログラムを書いて、DSPに与える。DSPはそれを受けて、衛星通信を行なうようにという指示があれば衛星通信用の、データリンクを行ないたいという指示があればデータリンク用の、それぞれ変調や復調を行なう。DSPを複数用意するか、ひとつのDSPで複数の処理を同時に行なえるようにすれば、

異なる種類の通信を同時に行なうこともできる。

　ソフトウェア無線機のいいところは、新方式の通信規格と従来方式の通信規格の両方に対応して、段階的な移行を図れる点にある。しかも、その際にハードウェアの数は増えない。たとえば、次の第11章ではデータリンクについて取り上げるが、データリンクをソフトウェア無線機で実現すれば、既存の古いデータリンク機器と新型の高速データリンク機器の両方を相手にできる機器を実現できる。

　と、これだけ書くと簡単そうだが、例によって例のごとく、ソフトウェアを書いて、テストして、問題点をつぶしていく作業は時間がかかる。そうした事情もあり、JTRSの開発は難航してスケジュールは遅延、経費も当初の予定より上昇するというお約束のパターンを辿った。それでも、対応システムの配備は進んできている。

10.6 スペクトラム拡散通信

10.6.1　直接拡散

　無線通信につきものの盗聴・混信・干渉を防ぐ手法として、スペクトラム拡散通信が考え出された。通常は比較的狭い周波数の幅しか用いていないのに対して、スペクトラム拡散通信では広い範囲の周波数を用いることから、「拡散」という言葉を用いる。

　まず、直接拡散という方式がある。IEEE802.11無線LANで使用していることから、日常生活でもおなじみだ。基本的な考え方は、通信を広い範囲に「薄める」というものだ。乱暴な例えをすれば、インクを上流側から川に流して薄めた状態で下流に流し、それを下流側で回収して元のインクだけを取り出す、といった感じになる。

　ただし電気通信の場合、薄めた形で伝わってきたシグナルの中から本当に必要なものだけを取り出さなければならない。そこで、拡散符号という「1」と「0」の集合体を用いる。送信しようとするデータに対して拡散符号を乗じることで、データが広い周波数帯に拡散して「薄まった」状態になるので、それを発信する。受信した側では、送信側で使用したものと同じ拡散符号を使用して、受信したシグナルの中から元のデータを取り出す。

　双方の当事者が正しい拡散符号を知らなければ、元のデータを復元することはできない。また、広い範囲の周波数に薄めた状態でデータを送信するから、その中の一部だけを傍受しても、全体像を知ることはできない。それにより、混信や盗聴を抑えられるという理屈だ。ただし実際の運用では、さらに秘匿性を高めるために暗号化を併用する。無線LANでも暗号化は必須である。

10.6.2　周波数ホッピング

　一方、周波数ホッピングとはその名の通り、通信に使用する周波数を次々に変動させる方法のことだ。一部の瞬間だけを取り出すと、特定の範囲の周波数帯しか使用していないが、次々に周波数が変動することから、全体で見ると広

い範囲の周波数帯に拡散していることになる。

　ホッピング、つまり周波数跳飛のパターンは、疑似乱数ジェネレータ（PRNG : PseudoRandom Number Generator）という計算式によって決定する。これは乱数を次々に出力する計算式で、最初に与える初期値によって、発生する乱数のパターンを決められる点に特徴がある。その乱数に合わせて周波数を変化させる仕組みだ。

　同じ種類の疑似乱数ジェネレータを使用していて、最初に与える初期値が同じなら、発生する乱数のパターンも同じになる。だから、通信しようとする双方の当事者同士が、疑似乱数ジェネレータに同じ初期値を設定しておけばよい。双方の当事者が同じ初期値をセットすることで同じ周波数跳飛のパターンを作り出すことができれば、周波数の変化が同調して「線がつながった」状態になる。ただし実際には、通信を開始するタイミングを揃えなければ周波数跳飛のタイミングが揃わないのだが、その辺の話については割愛する。

　周波数ホッピングは、軍用通信機では後述するLink 16データリンクやHave Quick無線機、民生用ではBluetoothなどで使われている。

10.7 米陸軍に見る通信インフラの構築

10.7.1 陸軍の通信網は対象が幅広い

といったところで、米陸軍を例にとって、どういうメカや技術を使って、どういう考えの下に通信インフラを構成しているのかを見てみることにしよう。

海軍や空軍では、単位は「艦艇」や「航空機」といったプラットフォームである。だから、「プラットフォームの中」と「プラットフォームの外」の2種類を考えれば、大枠はカバーできる。

ところが陸軍では、戦車を初めとする車両が基幹プラットフォームではあるものの、さらにその下に「個人」という単位が加わる。また、車両とは別に固定設置の「指揮所」もある。そして、個人と車両と指揮所が相互に通信できなければならない。

また、陸軍のネットワークでは、必要に応じてその場で無線ネットワークを構築する、いわゆるアドホック・ネットワークの機能が求められる。戦況に応じて、新たな部隊が配属されたり、配置替えや損耗によって第一線から退く部隊が出たりして、「出入り」が激しくなるためだ。しかも、何もインフラがない場所で通信網を構築しなければならない。

こうした事情があるため、使用する通信手段は多彩になる。近距離通信から遠距離の衛星通信まで同じ方式でカバーするのは無理があるからだ。そこで、まずは全軍規模のネットワークに関する話から始めて、その後で個々の構成要素を見ていくことにする。

米陸軍で全軍規模のネットワーク化構想がスタートしたのは、1990年代のこと。そこで出てきた名前がLandWarNetだ。これはアメリカ本土の基地施設から最前線の小部隊までを包含する、TCP/IPを使用する戦場用ネットワークを構築するもの。そのインフラとなるシステムがWIN-Tである。

10.7.2 基幹通信網を構築するWIN-T

もともとWIN-Tは、有人・無人の各種プラットフォームやセンサーをネッ

トワーク化する総合戦闘システム・将来戦闘システム（FCS）の基幹通信インフラになるはずだった。大風呂敷を広げすぎたFCS計画は2009年に中止が決まったが、その遺灰の中からWIN-Tだけが生き残った。

　まず、2004年末にWIN-TブロックⅠの担当メーカーを選定、2005年にプロトタイプが稼働開始、2005年末から低率初期生産、2009年以降に全規模生産というスケジュールを組んだ。担当メーカーはゼネラル・ダイナミクスC4システムズだが、その後の組織再編で、現在はゼネラル・ダイナミクス・ミッション・システムズとなっている。続いて2006年にWIN-TブロックⅡ、2008年にWIN-TブロックⅢと段階的に開発を進めて、2010年代にフル稼働とする構想だった。

　ただし、WIN-Tの完成までには時間がかかるとみて、既存のCOTS製品・COTS技術を用いるJNTCを、「つなぎ」として導入することになった。JNTCの主要な構成要素が、旅団、あるいは大隊司令部のレベルで情報交換を可能にするネットワーク・JNNで、有線・無線・衛星といった通信手段を用いてTCP/IPネットワークを構築する。実現する通信機能として、「一般型の電話網」「VoIP（いわゆるIP電話）」「通常IP通信網（NIPRNet）」「秘話IP通信網（SIPRNet）」「テレビ会議」が挙げられた。

　陸軍では、戦線で移動する地上部隊に随伴できないと困るので、データ通信用の無線機や衛星通信端末機などの機材一式をHMMWVに搭載する。JNNの担当はWIN-Tと同じゼネラル・ダイナミクスC4システムズ社で、2004年夏から第3歩兵師団がテストを開始、続いて実戦配備に移行した。

　ところが、2007年9月になって、（米軍の装備開発ではよくあることだが）計画の内容を見直してWIN-T計画に一本化、開発・導入を4段階に分けて進めることになった。個々の段階をインクリメントと呼び、以下のような内容になっている。

　・WIN-Tインクリメント1：JNNの看板を架け替えたもの。2009年の時点で米陸軍部隊の半分以上に行き渡った

　・WIN-Tインクリメント2：衛星通信や無線通信によって、師団～旅団～大隊～中隊のレベルまで、移動中でも利用できる広帯域通信網を実現する。2010年2月に低率初期生産を開始、2015年3月の時点で12個歩兵旅団戦闘団と4個師団本部に導入した。同年6月に全規模量産に移行しており、7個師団本部と14個旅団戦闘団への導入を予定

　・WIN-Tインクリメント3：インクリメント2では限定的だった通信能力・秘話能力・移動中の通信能力を強化する

　・WIN-Tインクリメント4：衛星通信に対する保護の強化と、高速化による伝送能力強化を目指す

ある日を境に全軍の通信機を一斉に新型に置き換えられれば話は簡単だが、それは無理な相談だ。段階的な移行にならざるを得ないので、移行の過程では新旧の多様な変調方式を使い分ける必要がある。だから、WIN-Tを構成する新型の通信機が、JTRSのようなソフトウェア無線機になるのは必然である（→10.5 マルチバンド通信機とソフトウェア無線機）。

なお、移動中の衛星通信を可能にしようとしているのはWIN-Tに限った話ではない。たとえば、タレス社ではSatmoveという衛星通信端末機を開発した。これはAESAレーダーの技術を応用したアンテナを使う製品で、軍用のXバンド対応製品と、軍民共用のKaバンド対応製品がある。後者は13Mbpsの伝送能力があるというのがメーカー側の説明。

10.7.3 個人レベルの通信機

次に、個人レベルの通信機の話を。

個人レベルといっても種類はいろいろだが、ひとりひとりが携帯して分隊・小隊ぐらいのレベルで相互連絡に使用するものがボトムになる。これは要するに片手で持てる（handheld）トランシーバーだ。米軍だと、ハリス製のAN/PRC-152ファルコンⅢが馴染み深い。これは30〜512MHzの周波数帯を使用するHF/VHF通信機で、音声通話に加えてデータ通信も行なえる。また、単チャンネル陸上・航空通信システム（SINCGARS）や衛星通信にも対応できる。ただし個人携帯用だから、小型で送信出力はあまり大きくない。

AN/PRC-117と同様に車載用アダプタの用意があり、それを組み合わせることで車載式通信機に化ける。それがAN/VRC-110で、アンプ×1基とAN/PRC-152用のアダプタ×2基で構成。降車時にはAN/PRC-152を外して持ち出せる。

同様に見通し線圏内で使用するVHF/UHF通信機としてレイセオン製のAN/PSC-5があるが、こちらの方が大型だ。これもSINCGARSやHave Quck、衛星通信に対応する。その後、JTRS HMS（後述）の一員として、ゼネラル・ダイナミクス製AN/PRC-154ライフルマン・ラジオが登場した。

対して、小隊長や中隊長が使う、隊長同士、あるいはより上級の部隊との連絡に使用する通信機はもっと大型の背負式（manpack）で、隊長に随伴する通信兵が持ち歩く。もちろん、こちらの方が高機能で、遠距離の通信が可能である。この手の製品としては、ハリス製のAN/PRC-117ファルコンⅢシリーズが知られている。ハリス社はHF専用の背負式通信機AN/PRC-150も手掛けているが、これはHFだから遠距離通信が主眼となる。低速ながらデータ通信も可能で、伝送能力は9,600bps。

先に話が出た陸自の広帯域多目的無線機も、車載用と、携帯用I型（manpack）、携帯用II型（handheld）といったモデルがあるのは同じだ。

もともと、この手の個人用通信機はHF/VHF/UHFとAMや/FMの組み合わせで動作していたが、近年では高速なデータ通信の需要が増えている。そこで、米軍が個人用通信機で使用するウェーブフォームとして導入したのがSRW。1.755～1.850GHzの電波を使い、伝送能力は16kbps～1Mbps、センサー情報を12kmまでの範囲で伝達できる。新型のAN/PRC-154はいうまでもないが、以前からあるAN/PRC-117GファルコンIIIも、後日の改良でSRWに対応した。

対して、背負式通信機など、もっと大型の通信機で使用するウェーブフォームがWNW。2MHz～2GHzの電波を使い、伝送能力は28.8kbps～1.137Mbps、テストでは32kmの距離で通信に成功している。

10.7.4　車両間通信とJTRSシリーズ

続いて、戦車や歩兵戦闘車といった各種AFVのネットワーク化だが、その発端となったのがM1A2戦車とM2A3歩兵戦闘車が搭載したIVISである。IVISは大隊ないしはそれ以下のレベルで運用する、車両同士の情報共有システムだ。無線機には既存のSINCGARS通信機を使い、そこにIVIS用の機材を追加する形で実現した。ただ、IVISは搭載する車両が限られることから、より広い範囲をカバーできる汎用的な車載通信機が求められた。

そこに将来戦闘システム（FCS）の話が出たが、これは車両だけでなく個人、さらにはUGVや無人センサー群までみんなネットワーク化して巨大なSystem of Systemsを構成しようという大風呂敷だった。当然、それを支える通信インフラが必要になるわけで、その総称がNIKである。NIKの構成要素としてさまざまな新型通信機を開発することになった。

前述したように、陸戦の通信インフラでは機材も通信規格も多様だから、ソフトウェア無線機（SDR）の有用性が高い。そこで登場したのがJTRSシリーズの一群で、以下のような顔ぶれとなっている。

・JTRS HMS：個人、UAVやUGV、無人センサーで使用するもので、SRWで通信する。個人携帯用のAN/PRC-154と、より大型の背負式通信機・AN/PRC-155がある。無人のヴィークルやセンサーで使用するのはSFFと称する小型の通信モジュールで、データ通信専用だからマイクやスピーカーは必要なく、外見はただの箱である。「表10.6」に示すように、さまざまな派生型が存在、あるいは構想された。

名称	用途
SFF-A	UGS/IMS（2チャンネル, 225～400MHz）
SFF-B	個人携帯用通信機の指揮官向け（2チャンネル）
SFF-C	個人携帯用通信機AN/PRC-154（単チャンネル）
SFF-D	FCSクラスI/II UAV（1チャンネル, 225～400MHz）
SFF-E	FCSクラスIII/IV UAV（2チャンネル）
SFF-F	SUGV（Small Unmanned Ground Vehicle）
SFF-G	NLOS発射指令受信用
SFF-H	UGS（Unattended Ground Sensor）用ゲートウェイノード
SFF-J	NLOS発射機用
SFF-K	射場計測用
SFF-L	指揮官用携帯情報端末機

表10.6：JTRS SFFで構想された派生型一覧

・JTRS AMF：担当はロッキード・マーティン社で、航空機・艦艇・固定施設向け。航空機搭載型（AMF-Small Airborne）はAN/ZRC-1 SAという。搭載機として挙げられたのは、陸軍がAH-64D・CH-47F・UH-60M、空軍がKC-10・KC-135・C-17など。同時に2チャンネルの通信が可能で、WNW・SRW・MUOS・Link 16の同時利用が可能だ。陸上・艦上設置型はAN/URC-147 Maritime/Fixed Station といい、搭載対象としては空母・イージス巡洋艦・イージス駆逐艦・原潜、それと海軍・空軍の陸上施設が挙げられている。同時に4～8チャンネルの通信が可能で、伝送能力は100Mbps超、MUOSやUHF衛星通信にも対応する。

・JTRS GMR：車載用。ボーイング社が開発を担当して評価試験に持ち込むところまで話が進んだが、スケジュール遅延・経費高騰・不具合発生に見舞われて、2011年10月に中止となった。現場の兵士からは「紙の重さ以上の価値はない。製図板に戻ってやり直すべき」と酷評されたという。

・AN/VRC-118 MNVR：JTRS GMRがこけた後で、ハリス社が代替製品として開発を進めている新型車載用通信機。ウェーブフォームにはSRWまたはWNWを使う。2016年に低率初期生産（LRIP）への移行が決定、まず第82空挺師団の第1旅団・第3旅団に配備する分が発注された。

10.7.5 見通し線圏外通信

現場レベルのネットワーク同士を衛星通信でつなぐことで、見通し線以遠の遠距離通信も可能になる。それが、後述するGIGにつながる。いいかえれば、現場から見たWIN-TはGIGへの窓口ということになる。

衛星通信の端末機としては、ゼネラル・ダイナミクスSATCOMテクノロジーズ製のSTT（Satellite Transportable Terminal）やUHST（Unit Hub SATCOM Truck）があり、いずれもKuバンドとKaバンドを使用する。さらに、民間の商用通信衛星を利用するCSTP（Commercial Satellite Terminal Program）という計画の下、2006年10月にWWSS（World-Wide Satellite Systems）も発注した。

また、すでに名前が出てきた通信機の中には単体で、あるいは別の端末機を組み合わせることで衛星通信を行なえるものがあるから、それも見通し線圏外通信に利用できる。

衛星を介さない無線通信機材の例としては、ハリス社が開発したHNR（Highband Networking Radio）通信機、HDT（Highband Digital Transceiver）モデム、HRFU（Highband RF Unit）アンテナがある。ウェーブフォームにHNWを使い、54Mbpsの伝送能力を持つ無線通信網を実現する。衛星通信に依存する度合が高まっているのが昨今の趨勢だが、そうなると衛星通信が敵の攻撃対象になる可能性も高まる。そこで米軍には、衛星通信が使えないときの代替手段が必要という認識がある。

10.7.6　他軍種とのやりとり

航空機の搭乗員が地上の兵士と通信する場面で使用するSINCGARS通信機・AN/ARC-210は、改良によって対応可能な変調方式を増やしてSRWなどの新世代変調方式を利用できるようにした。それでも登場してから時間が経っているため、更新の話が出てきた。そこで出てきた名前がSANR。MNVRと同様にWNWを使用する。ただし、具体的な調達計画になるまでには、まだしばらく時間がかかると思われる。

このほか、海軍や空軍と情報交換するための手段として、Link 16データリンクがある。これについては後で詳しく解説する。

10.8 米海空軍にみる通信インフラの構築

10.8.1 艦隊用の通信手段いろいろ

　海軍と空軍をひとまとめにしたのは、いずれも最小単位が「プラットフォーム間」の通信になるためだ。そして、近距離の見通し線圏内ならVHF/UHF通信機、見通し線圏外ならHF通信機や衛星通信、という使い分けになるところも共通している。それに、どちらも飛行機を使っている。

　米海軍ではFORCENet、米空軍ではC2 Constellationと異なる名称が出てくるものの、つぎはぎではなく統一したプロトコルとアーキテクチャに基づき、GIGの窓口となる全軍規模のネットワークを構築するところも似ている。

　米海軍ではNTDSに代表されるように、早い時期から複数のプラットフォームをネットワーク化する動きがあった。防空戦闘を初めとして、ネットワーク化や自動化を切実に必要とする場面が多かったためだ。

　当初、戦闘艦同士はLink 11やLink 14、戦闘艦と航空機の間ではLink 4で接続したほか、対潜ヘリコプターを搭載する水上戦闘艦は、艦載ヘリとの間で戦術情報をやりとりするためのデータリンク機器を装備した。その後、データリンクの性能・秘匿性・相互接続性を実現するため、Link 16やLink 22を導入した。これらのデータリンクについては、次の第11章で詳しく解説する。

　そこで問題になるのが潜水艦だ。VLFなら最大20m程度、ELFなら最大100m程度の深度まで海中に透過するが、周波数が低いからデータ伝送能力に限りがあり、限られた量の文字をやりとりするのが関の山だ。一方、VHF/UHFや衛星通信を利用するには、少なくとも潜望鏡深度まで浮上して、潜望鏡（アンテナを併設している場合がある）や通信マストを海面上に突き出す必要がある。それでは探知される危険性があるし、探知を避けようとすれば間欠的な通信になってしまう。

　しかし、通信が困難だからといって、潜水艦をネットワーク中心戦から外すわけにもいかない。そこで米英両国が考案したのが、RTOFという通信ブイ。これは、240～320MHzのUHF帯で通信するアンテナを納めた直径45cm・長さ3mのブイを水面に送り出して、潜水艦とは光ファイバー・ケーブルで接続す

> **コラム**
>
> ## イントラネットはNMCIからNGENに
>
> 　米海軍では、第一線の艦艇部隊で使用するネットワークとは別に、海軍・海兵隊の部内で用いられていた種々雑多なネットワーク、ソフトウェア、データベースの統合を実施した。それがNMCI（Navy/Marine Corps Intranet）で、67,000種類もあったレガシー・アプリケーションを7,000種類を下回るところまで整理統合できたという。これを艦隊などの第一線部隊と接続することで、全軍規模のネットワークとしている。
>
> 　ただ、NMCIも登場してからしばらく時間が経つため、後継としてNGEN（Next Generation Enterprise Network）の計画が進んでいる。主契約社はヒューレット・パッカード社だ。

る。電波を発することに変わりはないが、潜水艦は潜望鏡深度よりも深いところに潜っていられるし、いざとなればブイを切り離して逃げることもできる。ブイにはGPS受信機やESMの機能も組み込んであり、測位やレーダー逆探知も可能だ[41][42]。

　RTOFの担当メーカーはイギリスのウルトラ・エレクトロニクス社とキネティック社で、ウルトラ社は2004年4月に「英国防省から600万ポンドの契約を受注した。英海軍のアステュート級と米海軍の潜水艦に導入する」と発表していた。米海軍も2007年からRTOFのテストを始めたが、こちらはUHFだけでなく、SHF/EHFを使用する構想もあると伝えられた[43]。現用中のUHF用曳航アンテナについては、AN/BRC-6 XSTAT（Expendable Submarine Tactical Transceiver）の存在が伝えられている。

　なお、VLFやELFのアンテナも、波長が長いことから、セイルに納まるマストに取り付けられるサイズでは済まない。そこで曳航式のアンテナを使うことになり、たとえば米海軍のシーウルフ級はELF受信用にOE-315曳航アンテナを使っているという。

10.8.2　艦内ネットワークを統合するCANES

　米海軍の艦内ネットワークについては、以前から艦内LANを構築して各種システムを連結していた。しかし、使用するシステム、コンピュータ、ネットワークの種類がいろいろあり、合理的な状況とはいえなかった。そこで、CANES計画がスタートした。

　メーカーに対して提案要求を発出した結果、ノースロップ・グラマン社とロ

ッキード・マーチン社の2チームが、システム開発・実証（SDD）フェーズに駒を進めることになり、2010年3月に契約を締結した。どちらも以下に示したように、複数の企業からなるチームで対応した。

・ノースロップ・グラマン社スペース＆ミッション・システムズ部門：副契約社はIBMグローバル・ビジネス・サービス、アトラス・テクノロジーズ、ビーティ・カンパニー・コンピューティング、ジュノー・テクノロジーズ、シージージー・テクノロジーズ、センタービームの各社

・ロッキード・マーチン社MS2タクティカル・システムズ部門：副契約社はゼネラル・ダイナミクス、ヴィアサット、ハリス、アメリカン・システムズなど11社

その後、2010年8月に予備設計審査（PDR）、2011年1月10日にマイルストーンB承認、2011年5月に最終設計審査（CDR）と作業を進めた。SDDフェーズに続いて実施した審査の結果、米海軍は2012年2月1日にノースロップ・グラマン社の採用を決定した。そして本格的な開発作業が始まり、2012年9月12日から10月10日にかけて、運用評価試験隊（COTF）によるラボ試験を実施した。この結果を受けて同年12月14日にマイルストーンC承認が実現、低率初期生産（LRIP）への移行が決まった。

このCANESによって統合するシステムとしては、以下のものが挙げられている。

・CENTRIXS-M
・ISNS（統合艦上ネットワーク）
・NTCSS（海軍戦術指揮支援システム）
・SCIネットワーク（機密・区画化情報網）
・CSRR（潜水艦向け共通通信室）
・SubLAN（潜水艦内LAN）

従来の艦内ネットワークでは、指揮・統制（GCCS-M）、ISR（DCGS-N）、兵站（NTCSS）といった具合に、別々に分かれたシステムが混在していた。これを統合するとともに、コンピュータ機材を共通化して、ITインフラの整理統合を実現するのがCANESの狙い。それにより、システム管理の負担軽減と経費節減を狙っている。ただし、主機管制系や、リアルタイム性を求められる戦闘システム系は対象外となっている。

もちろん、例によってCOTS製品を活用することになっている。すると気になるのは製品寿命の短さだが、最初からそのことを織り込んで、イージス戦闘システムでも名前が出てきたACBとTIの登場となる。つまり、ハードウェアの更新は4年ごとに、ソフトウェアの更新は2年ごとに、それぞれ実施する構想だ。

Consolidated Afloat Network Enterprise Services (CANES)

Today　　　　　　　　　　　CANES

- **CANES is the Navy's Afloat IT execution strategy**
  - Transforms the network into a platform enabling significant operational capabilities
  - Replaces operationally ineffective and unaffordable networks
  - Aligns multiple programs, capabilities, requirements and resources into single PoR

- **CANES replaces five existing shipboard network systems**

- **CANES provides extensive network capabilities**
  - Data, transport, voice and video services, systems management, cyber security
  - Enables insertion of next generation of C2 and ISR capabilities

Afloat networks have lost agility, security, maintainability and interoperability

図10.15：CANESでは、さまざまな種類が入り乱れた「温泉旅館型ITインフラ」を再開発してスッキリさせる（US Navy）

Consolidated Afloat Network Enterprise Services (CANES)

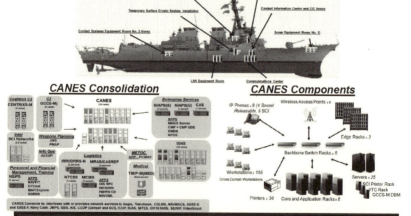

DDG represents a baseline for open, scalable design shared by all platforms

図10.16：CANESでは、従来はバラバラに存在していた各種システムを整理統合する（US Navy）

10.8.3　ISR資産の活用からスタートした米空軍

　一方、米空軍のC 2 Constellationは、20世紀の末頃に話が始まった。1998年にNATO軍がコソボ紛争に介入して、米軍を含む複数の国の部隊が共同作戦を展開したときに、「個々のISR資産は情報を集める仕事をこなしていても、得られた情報を有効に活用する部分に問題がある」という話が露見したのが発端だ。

　情報の収集・分析から作戦行動への反映までの過程で、情報の共有、情報面の優越、作戦行動の同期化（各自がてんでバラバラな行動を取らないという意味）を図る仕掛けが必要という認識が生まれたのだという。そのため、まずISR資産と指揮統制部門が導入対象に挙げられ、2004会計年度（FY2004）の時点で、以下の機材、あるいはシステムの名前が出てきた。

- RC-135リベットジョイント（ELINT収集）
- E-3セントリー（早期警戒・指揮管制）
- E-8ジョイントスターズ（戦場監視・指揮管制）
- 航空作戦センター（AOC、指揮管制）
- DCGS（情報管理）

　これらのプラットフォームやシステムをネットワーク化した上で、情報の収集・分析・共有を実現するためのアプリケーション・ソフトウェアを実行して、日々の航空作戦の内容を指示する航空任務命令（ATO）をAOCに送信する。それを実現するのが戦術戦闘管制中核システム（TBMCS）である。

　また、C2 ConstellationのサブセットとしてConstellationNetがあり、これが各地の米空軍基地同士をネットワークで結んで、情報交換を行なえるようにした。

10.8.4　GIGに直接アクセスする戦略爆撃機

　一方、現場レベル、つまり実際に戦闘行動を担当する航空機については、Link 16端末機の導入によってネットワーク化を図るほか、それ以外にも用途に応じてさまざまなネットワーク機材を導入している。これについては後で詳しく取り上げる。

　対象となるプラットフォームの単位は異なるが、まずは航空機同士、航空機と地上の施設、あるいは地上の施設や組織同士を結ぶネットワークを構築する。それらを互いに接続・拡張する形でC2 Constellationに発展させて、それを上位のGIGにつながる窓口とする。この辺の流れは、陸軍・海軍と軌を一にして

いる。

　注目したいのがB-2Aスピリット爆撃機で、EHF通信機器を導入する作業が進んでいる。まずインクリメント１としてEHF衛星通信端末機を導入するとともに、１ダースほどあるコンピュータをIPU（Integrated Processing Unit）に集約、機内に光ファイバー網を整備する。続くインクリメント２で端末機とアンテナを新型化して、AEHF衛星との組み合わせによる秘話通信を実現する。最後のインクリメント３でGIGへのアクセスを可能にする。つまり、B-2Aは飛行中にGIGにアクセスして、GIGで動作する各種のシステムを通じてさまざまなデータを取り出せるようになる[44]。戦略爆撃機は国家の中枢に直接関わる重要な資産だから、こういうシステムを整備する必然性があるのだろう。

　さらに、B-1BとB-52Hについてもノースロップ・グラマン社がCLIPの開発を進めており、これを導入することでGIGへのアクセスが可能になる。

10.9 コンピュータと通信の保全

10.9.1　暗号化の基本概念

　次に、軍事通信とは切っても切れない縁がある、暗号化の話を取り上げてみよう。

　暗号化とは、情報を当事者以外は分からない形に変換する行為を意味する。誰に傍受されるか分からない状況下で、高い秘匿性を求められる情報のやりとりを行なう軍事・外交の世界では、昔から必須のツールだ。

　暗号化にはさまざまな手法があるが、現在はコンピュータを利用する暗号化が主流だ。デジタル・コンピュータ同士の通信なら、情報は「1」「0」が並ぶビット列としてやり取りしているが、そのビット列を一定のルールに基づいて、別のビット列に変換する操作が暗号化ということになる。

　暗号化に際しては、「鍵」と「アルゴリズム」が必要になる。これは、第二次世界大戦中に用いられたドイツのエニグマ暗号機を引き合いに出すと、理解しやすい。エニグマは、タイプライターのキーを叩いて平文を入力すると、ローターの回転によって別の文字列の並びに変換して、順番にランプが点灯する形で出力する。それを書き取って、電信で送信する。しかし、すべてのエニグマ暗号機が同じルールで変換を行なった場合、暗号機が敵手に落ちると、すべての暗号文を解読できてしまう。

　そこで、「使用するローターの組み合わせ」「使用するローターの並び順」「ローターの開始位置」を毎日変えて、さらにプラグボードによる文字列の入れ替えを行なった。使用する機械は同じでも、これらの可変要素を変更することで、出力される暗号文は異なったものになる。いいかえれば、エニグマ暗号機だけ手に入れてもダメで、傍受した暗号文に対応する可変要素を突き止めなければ、暗号文の解読はできない。

　3個のローターなら、配置の組み合わせは6パターンある。これが、5個のローターから3個を選んでセットする方法だと60パターンに増える。さらに、その3個のローターの開始位置も、最初にローターを回すことで自由に指定できる（$26 \times 26 \times 26 = 17,576$パターン）。ということは、ローター3個なら$17,576 \times$

6＝105,456パターン、ローター5個のうち3個なら1,054,560パターンとなる。これを総当たりで突き止めるのは大変だ。

エニグマの場合、「ローターの回転とローター内部の結線による文字の変換」と「プラグボードによる文字の入れ替え」という動作が、「アルゴリズム」に相当する。そして、そのアルゴリズムを動作させるための可変要素である「使用するローターの組み合わせ」「使用するローターの並び順」「ローターの開始位置」「プラグボードの結線」が、「鍵」に相当する。

コンピュータ・ベースの暗号も同じで、暗号化に用いる計算式は公開されていることが多い。アルゴリズムの内容を公開すると、危険そうに見える。しかし、こうすることで多くの人に動作を検証してもらい、弱点を見つけやすくできるという考えがある。

そして、使用する鍵はユーザーごとに異なるため、鍵が分からなければ解読はできない。そして、順列組み合わせによって存在し得る鍵の数をべらぼうに多くすることで、現実的な時間では解読できないから安全である、という考え方だ。

余談だが、「解読」とは正規の当事者以外の第三者が暗号文の復元を試みる行為を指す。一方、正規の受信者が暗号文を平文に戻す操作は「復号化」という。

10.9.2　共通鍵暗号と公開鍵暗号

暗号化のうち、分かりやすいのは暗号化と復号化で同じ鍵を使用する、いわゆる「共通鍵暗号」だ。「共有鍵暗号方式」「秘密鍵暗号方式」「対称鍵暗号方式」といった呼び名もある。よく知られている共通鍵暗号アルゴリズムには、DES（Data Encryption Standard）、3DES（トリプルDES）、AES（Advanced Encryption Standard）、RC4、RC5などがある。

共通鍵暗号では、データの暗号化と復号化に使う鍵が同一なので、暗号化に使用した鍵を安全な形で相手に渡さなければ、暗号文の秘匿性を確保できない。これを鍵配送問題という。

一方、公開鍵暗号では暗号化に用いる鍵と復号化に用いる鍵が異なる。よく知られている公開鍵暗号には、RSA（Rivest Shamir Adleman）、楕円曲線暗号、EPOC、PSEC、NTRU、エルガマルなどがある。

公開鍵暗号で用いる鍵には、「秘密鍵」と「公開鍵」の2種類があり、この2つを合わせて「鍵ペア」と呼ぶ。鍵ペアには、以下の2種類の使い方がある。

・公開鍵で暗号化して、正しいペアの秘密鍵で復号化する
・秘密鍵で暗号化して、正しいペアの公開鍵で復号化する

前者は、暗号化したデータをやりとりする際に使用する。まず、データを受け取る側（仮にアリスとする）がデータを送る側（仮にボブとする）に、自分の公開鍵を渡しておく。ボブは、受け取ったアリスの公開鍵でデータを暗号化して、アリスに送る。アリスは、受け取ったデータを自分の秘密鍵で復号化する。

ポイントは、公開鍵が第三者の手に落ちても、それはデータの復号化に使用できない点にある。つまり、公開して不特定多数が手に入れても差し支えない鍵なので、公開鍵という。そういう性質を持つ鍵だから、安心して相手に渡すことができるし、秘匿手段を講じる必要もない。なお、鍵の使い方が逆になる後者の利用場面については、後述する。

こうして並べてみると、鍵配送問題と無縁の公開鍵暗号の方が、都合がいいように見える。しかし、公開鍵暗号は共通鍵暗号と比較すると処理が遅い傾向があるため、一般的には共通鍵暗号と公開鍵暗号を併用する。

つまり、データの暗号化には共通鍵暗号を使い、そこで使用した鍵情報だけを、公開鍵暗号で暗号化する。鍵だけならデータ量は少ないので、処理が遅くても問題にならない。データを受信した側では、自分の秘密鍵を使って共通鍵を復号化してから、それを使ってデータを復号化する。

10.9.3　デジタル署名の基本概念

共通鍵暗号と公開鍵暗号を使い分けることで、安全性と処理速度の両立が可能になる。あとは、自分が使用する鍵ペアのうち秘密鍵の安全性さえ確保すれば、データの秘匿性は高い確率で護られる。

しかし、それだけでは話は十分ではない。データの改竄や、送信元の偽造という問題が残っている。その問題を解決するために、デジタル署名という技術を使う。

データの改竄を検出するには、一方向ハッシュ関数と呼ばれる計算式を使う。よく知られている一方向ハッシュ関数には、SHA-1とMD5がある。これらはデジタル・データに対して計算処理を行なうもので、データの長さに関係なく、一定の長さの値（ハッシュ値）を出力する。

ハッシュ値は、対象となるデータがちょっとでも変化すると、まるで異なった値になる特徴がある。だから、受信者が受け取ったデータのハッシュ値を計算して、送信者から知らせてもらったハッシュ値と一致していれば、改竄はされていないと判断できる。

ところが、そのハッシュ値をどうやって知らせるかが問題になる。ハッシュ値を平文で送ったのでは、データの改竄ついでにハッシュ値まで書き換えられてしまう可能性がある。それでは意味がない。

そこで公開鍵暗号が登場する。先に述べたように、公開鍵暗号で使用する鍵ペアには、「秘密鍵で暗号化したデータは、正しいペアをなす公開鍵でなければ復号化できない」という性質もある。

ということは、アリスが自分の秘密鍵でハッシュ値を暗号化してボブに渡して、ボブは事前に入手しておいたアリスの公開鍵でそれを復号化できれば、受け取ったハッシュ値は本物だと判断できる。正しくない秘密鍵で暗号化されていれば、公開されているアリスの公開鍵では復号化できないはずだ。これで、送信元がニセモノかどうかの判断ができる。

そして、復号化して取り出したハッシュ値を、受け取ったデータから求めたハッシュ値と比較する。両方のハッシュ値が一致していれば、改竄はされていないと判断できる。

これら一連の仕組みを「デジタル署名」と呼び、送信者が秘密鍵で暗号化して添付したハッシュ値のことを「デジタル署名データ」と呼ぶ。

念を押すと、デジタル署名で暗号化するのは、データそのものではなく、そのデータから算出したハッシュ値だ。データそのものを暗号化するには、送信者は事前に受信者の公開鍵を入手しておく必要がある。デジタル署名とデータ自体の暗号化では、公開鍵と秘密鍵の所有者や使い方が逆になっている点がポイントだ。

10.9.4　デジタル署名とデジタル証明書

こうした事情により、公開鍵暗号による暗号化やデジタル署名を利用するには、当事者がそれぞれ独自の、公開鍵と秘密鍵のペアを持つ必要がある。また、その鍵ペアが確かに本物で、誰かが偽造したものではないということを確認する仕組みも必要になる。

そこで登場するのが、公開鍵基盤（PKI）という仕組みと、その手段であるデジタル証明書だ。鍵ペアを生成するだけなら誰でもできてしまうので、最初にユーザー本人が鍵ペアを生成したら、それに対して「本物です」という証明を施す仕組みを意味している。

公開鍵基盤を実現するには、証明機関（CA。認証局ともいう）が必要になる。ユーザーが鍵ペアを作成したら、そのうち公開鍵を証明機関に送り、証明機関が持つ鍵ペアを使ってデジタル署名を施す。すると、公開鍵に対して出自の証明と改竄検出が可能になり、ニセの公開鍵を排除できる。つまり、デジタル証明書とは「身元証明付きの公開鍵」のことだ。デジタル署名に使用する鍵の真正を証明するため、別のデジタル署名を使うという構図になる。

だから、公開鍵基盤が信用できるかどうかは、一にも二にも、証明機関が信

用できるかどうかにかかっている。軍や政府機関で公開鍵基盤を実現する際には、自前の証明機関を設置・運用するのが普通だ。だから、米軍のWebサイトにアクセスする際に、米軍の証明機関がデジタル署名を施した公開鍵の提出を求められる場合がある。

コラム

忘れちゃいけない発電機

　コンピュータでも通信機器でも、電源がなければ動作できない。だから、電源を供給する源である発電機は、「戦うコンピュータ」を支える重要なデバイスだ。「たかが電気」どころか、電力の供給は当節の軍事作戦にとって死活的に重要である。

　我々の日常生活であれば、電力は電力会社から供給を受けられるという前提だが、軍事でそれが通用するのは本国の基地施設ぐらいのもの。車両も艦艇も航空機も前哨地も、みんな自前の発電機を持ち歩いている。

　艦艇だと、静粛性を重視してガスタービン発電機を使うことがあるが、普通はディーゼル発電機だ。車両は走行用エンジンで発電機を回すのが普通だが、それだと停車中に電源を必要とするときに走行用エンジンを回し続けることになって不経済だ。そこで、補助発電機を別に用意する車両が出てきている。

　ちなみに、トルコで2016年7月にクーデター未遂事件があったとき、インジルリク空軍基地では地元電力会社からの送電が途絶えてしまい、非常用発電機で急場をしのぐ騒ぎがあったそうだ。

第 11 章

ネットワーク化と情報の共有

　通信技術の発達とウェポン・システムのコンピュータ化は、ウェポン・システム同士が通信しながら機能する使い方に発展する。そこで必要になるのが、ウェポン・システム同士を結んでデータをやりとりする手段、すなわちデータリンクだ。
　そこでこの章では、データリンクの基本、データリンクの種類、導入状況、といった情報についてまとめてみた。

11.1 情報の優越と通信の関係

11.1.1 情報の優越を得るために必要なもの

　情報の収集・伝達を迅速・確実なものにするには、何が必要だろうか。
　まず、情報を収集する手段が必要になる。斥候を徒歩で送り込んで偵察させた場合、人間の目玉（別名Mk.Iアイボール）で見える範囲のことしか分からない。そこで、さまざまな種類のセンサーが考案された。つまり、夜間でも視覚的に状況を確認できるようにする各種の暗視装置、距離を精確に計ることができる測距儀または測遠機（光学式とレーザー式）、自己の位置を正確に知ることができるGPSなどの測位システム、レーダー、ソナーといった類のものだ。
　また、そのセンサーを目的地に送り込む手段も必要になる。人間が担いで移動するのでは、速度の面でも地形的制約の面でもハンデがあるので、車両、航空機、艦船、人工衛星など、さまざまな手段を使い分ける。
　ただし、人間の目で確認する必要性が全くなくなったわけではない点に注意したい。もちろん、さまざまなテクノロジーを活用するのは結構だが、最終的にそれを見て判断するのは人間だし、機械には「どうも怪しそうだ」といってカンを働かせるような器用な真似はできない。だから、過酷な環境下で地べたを這い回って偵察と情報収集を担当する、米海兵隊フォース・リーコンのような部隊の必要性はなくならない。
　また、情報を手に入れた後には情報の伝達という問題が出てくる。
　徒歩の斥候を送り出した場合、その斥候が歩いて戻って来なければ、斥候が得た情報は手に入らない。進出距離が長くなるほど、その問題は大きい。軍事作戦のスピード化が進んでいる昨今では、伝達に手間取っている間に情報が古くなってしまう。「どこそこに敵がいます!」という報告を受けて、いざ行ってみたらもぬけの殻、逆に味方が手薄にした場所になだれ込んでいた、なんていうことになったらシャレにならない。
　だから、情報を迅速かつ正確に伝達するための通信手段は極めて重要だ。せっかく情報を手に入れても、それをすぐに指揮官に伝えて活用しなければ、意味がない。

11.1.2　コンピュータ同士の直接対話

　そこで、第10章で取り上げた電気通信技術の活用という話になる。といいたいところだが、これにもひとつ問題がある。無線電話、あるいは有線電話による情報伝達は20世紀に入ってから当たり前になったが、有線電話は電線が切られれば使えないし、無線電話は妨害や盗聴の問題がある。さらに、自然現象によって無線通信が妨げられる場合もある。

　しかも、人間が音声でやりとりしている限り、言い間違いや聞き間違いという問題がついて回る。組織の中で複数の人が関わって口頭で情報を伝達すると、伝言ゲーム化するリスクもある。それを防ぐために音標アルファベット（フォネティックコード）のようなものが考え出されたが、完全ではない。

　折から、情報の収集・蓄積・分析に、コンピュータを多用するようになった。といっても、コンピュータに情報を入力しなければ何もできないのだが、そこで通信技術の話が関わってくる。

　口頭で聞いた情報を手作業でコンピュータに入力するのと、コンピュータ同士が直接データをやりとりするのと、どちらが間違いが少ないだろう？　といえば、おそらくは後者だ。つまり、人間が情報をやりとりした後でそれをコンピュータに入力するのではなく、コンピュータ同士が直接データ通信を行なう。多くの場合、その方が速くて確実だ。

11.2 ネットワークの接続とやりとり

11.2.1 ネットワークは階層構造で考える

　そこで、コンピュータ・ネットワークの階層構造について、かいつまんで説明しておこう。

　データリンクも含めて「ネットワーク」について取り上げようとすると、さまざまなシステム名称や頭文字略語の氾濫になって、分かりにくいこと甚だしい。それを理解するには、ネットワークの階層構造について知り、個々の技術やシステムが、どこの階層に当てはまるのかを知る必要がある。

　コンピュータ・ネットワークの世界には「階層モデル」という考え方があり、全部で7つの階層に分けることになっている。しかし、本書の読者の皆さんがそこまでする必要はなく、「通信線をつなぐ機能」「その上でデータを運ぶ機能」「運ばれたデータによって実現する何らかの機能」と、3段階に分けて考えればよいだろう。

　この仕組みは、陸上の輸送サービスになぞらえると分かりやすい。陸上でモノを運ぶためのルートには、鉄道・自動車・自転車・バイク・徒歩・馬匹などがあるが、このうち鉄道は専用の線路を、それ以外は道路を使う。つまり、「通信線（物理媒体）」が2種類ある。

　道路を使って移動する場合、その道路の配置や、交差点につけられた名称を参考にして、目的地まで移動する。その移動手段には、自動車・自転車・バイク・徒歩など、多様な種類がある。つまり、「運ぶ機能」がいろいろあり、人間を運ぶ場合と貨物を運ぶ場合で、使用する手段が異なる。

　そして、人やモノを移動することで実現する機能にも、いろいろある。人の移動なら、通勤・通学・レジャーなど、モノの移動なら郵便・宅配便・その他の各種貨物輸送など、といった具合だ。

　これらの組み合わせによって、「人が通勤のためにバスで移動する」とか「クリスマス・プレゼントを宅配便のトラックで運ぶ」といった具合に、いろいろな組み合わせができる。実はコンピュータ・ネットワークの世界も同じなのだ。

11.2.2　軍用ネットワークのTCP/IP化

コンピュータ・ネットワークの場合、通信線にあたる部分には、有線と無線がある。前者は銅線と光ファイバーに大別でき、さらに細かい規格がいろいろ分かれる。後者も同じで、使用する電波の周波数やウェーブフォームの違い、そして空間波無線か衛星通信かの違いがある。いずれにしても、双方の当事者が同じ方式を使用していれば、「線をつなぐ」ことはできる。

移動手段にあたるのは、いわゆるプロトコルだ。実は、プロトコルというと通信規約すべてを意味してしまうので、移動手段にあたる部分については特に「トランスポート・プロトコル」と呼んで区別する。インターネットで用いるTCP/IPが典型例だ。

インターネットに接続するには、アナログ電話回線とモデムの組み合わせ、ISDN、ADSL、光ファイバー、無線LAN、携帯電話などがあるが、接続手段が違っていても、TCP/IPがデータを運んでいることに変わりはない。実現する機能にあたるのは、さまざまな通信用のアプリケーションだ。インターネットでいえば、電子メールやWWW（World Wide Web）がそれだ。

では軍用のネットワークはどうか。通信手段がいろいろあるのは、民間のコンピュータ・ネットワークと同じだ。移動手段にあたるトランスポート・プロトコルは、かつては独自仕様を用いることが多かったが、最近ではTCP/IPが増えている。そして、実現する機能としては、位置情報のやりとり、動画や静止画のやりとり、指揮管制とそのための指令伝達、などがある。

昔は、軍用のデータリンクというと階層化がなされていないものが主流だった。すると何が困るかというと、伝送媒体の変更がきかない。インターネット接続には有線LANも無線LANも携帯電話も衛星も使えるが、これは階層化がきちんとできていて、伝送媒体だけ取り替えがきくようになっているからだ。それができない軍用データリンクでは、伝送速度を高めたり伝送媒体を増やしたり、といった作業が面倒になる。

11.2.3　アドホック・ネットワーク

陸上に固定設置している指揮所などの「不動産」であれば、そこに設置するネットワークの内容は固定的といってよい。ところが戦場に出ると事情が異なり、場所は固定されていないし、ネットワークに参加する顔ぶれも固定されていない。だから、アドホック・ネットワークと呼ばれる仕組みが必要になる。

つまり、その場その場でネットワークを構築して、必要に応じてネットワー

クに加入したり退出したりする仕組みが必要になる。しかも軍事作戦の根幹となるネットワークだから、信頼できる、本当に参加しなければならないメンバーだけがネットワークに加入できるような仕組みを構築しなければならない。

そして、戦場で構築するようなネットワークであれば当然、有線ではなく無線である。家庭やオフィスで無線LANにクライアントを追加する場合、SSIDの設定と暗号化キーの設定は最低限必要になるし、アクセスポイントの設定次第では、さらにクライアントのMACアドレスも登録しなければならない（MAC = Media Access Control。媒体アクセス制御）。

しかし、その場合にはSSIDも暗号化キーもMACアドレスも固定されているし、接続作業を実施する前に確認できる。ところが戦場でアドホック・ネットワークを構築する場合には、その場で呼びつけた戦闘機をいきなりネットワークに加入させるような事態が普通に起こり得る。したがって、軍用のアドホック・ネットワークでは「必要に応じて加入・退出ができて」「その際に正しいユーザーかどうかを認証する」仕組みが必要になる。これは口でいうよりも難しい仕事だし、もっとも機微に触れやすい部分でもある。

11.3 データリンクとは?

11.3.1 データリンクが必要になる理由

　軍事の世界では、ウェポン・システム同士を結ぶデータ通信のことを、特にデータリンクと呼んで区別する。同じプラットフォームやシステム同士で行なう場合もあれば、異なるプラットフォームやシステム同士で行なう場合もある。

　先に「11.1 情報の優越と通信の関係」で述べたように、人間同士の口頭でのやりとりをコンピュータとデータ通信の組み合わせに置き換えることで、迅速かつ確実な情報のやりとりを期待できる（保障まではできないが）。少なくとも、やりとりにかかる手間や、データの読み取り・入力でミスが入り込む可能性は減るはずだ。

　そこで、特に時間的な余裕がない防空戦の分野で、データリンクの導入が先行した。飛行機の速度は艦艇や車両と比べて桁違いに速いから、迅速に対応行動を取らないと致命的な事態になる事情による。

　たとえば、米空軍の半自動式防空管制組織（SAGE）や、米海軍が艦隊防空のために導入した海軍戦術データシステム（NTDS）がそれだ。SAGEの開発と導入は1950年代、NTDSの評価試験が始まったのは1961～1962年だから、ずいぶんと昔の話になる。

　対空捜索レーダーが脅威の飛来を探知したときに、その情報を指揮所に伝達して要撃の指示を出し、戦闘機や地対空/艦対空ミサイルによる迎撃を行なうという一連の流れでは、複数のシステムが関わっている。そのため、異なるシステム同士で迅速かつ確実に情報の受け渡しを行なうために、データリンクが取り入れられた。

　実際、NTDSの狙いは、目標情報を音声で伝達して手作業でプロットする代わりに機械化する点にあった。こうすることで、艦艇と早期警戒機と戦闘機がデータリンクを通じて情報を共有しながら、防空戦を展開できる。

　SAGEの場合、脅威の方位や高度に関する情報をデータリンク経由で戦闘機に送信すると、戦闘機が搭載するコンピュータは機体を指示された地点まで、自動的に飛ばして行く。日本で防空指揮のために導入した自動警戒管制組織

（BADGE）、あるいはその後継として2009年7月からBADGEを置き換えた自動警戒管制システム（JADGE）も、考え方は同じだ。これらのシステムと戦闘機を結ぶデータリンク機器は、F-4EJならJ/ARR-670、F-15JならJ/ASW-10、F-2ならJ/ASW-20となる。

　NATO諸国では、NATO自動警戒管制システム（NADGE）などで使用するデータリンクとしてLink 1を導入した。NADGEと同種のシステム（GEADGE・UKADGEなど）も、同じLink 1を使用する。管制/報告センター（CRC）と、合同航空作戦センター（CAOC）・セクター作戦センター（SOC。空自では防空指令所と呼ぶ）でデータ交換を行なうもので、伝送速度は1,200bpsまたは2,400bps。使用するSシリーズ・メッセージはSTANAG 5501で規定しており、用途は対空監視データとリンク管制用メッセージに限定される。

　これらの防空用データリンクは用途が限定的だが、最近の戦闘機が装備するデータリンク機材は、通信相手も用途も多様になっている。また、既存の機体に対して能力向上のためにデータリンク機材を後付けする事例もある。データリンクを導入することで、戦闘を有利に、かつ効率的に運ぶことができるという考えがあるからだ。

　なお、いきなり大規模なデータリンク網を構成するのは現実的ではなかったため、データリンクはボトムアップ式に発達した事例が大半を占める。つまり、個別の小部隊で使用する戦術情報交換用のデータリンクからスタートして、それが段階的に、規模の大きな部隊の中で使われるようになってきた。最終的に行き着くところは、本国から全世界をカバーする大規模ネットワークということになる。

11.3.2　データリンクに求められる条件

　初期の防空用データリンクは伝送能力に限りがあったため、文字情報として扱える方位・距離・高度など、限定的な情報だけをやりとりしていた。しかし、通信技術の進歩とデータリンクの利用拡大により、データリンクを通じてやりとりできる情報の種類は多様化した。

　そこで注意しなければならないのは、伝送速度が高ければえらい、という単純な話ではないということ。要は必要な情報をやりとりできればよいので、単に速ければいいというわけではない。そこがインターネット接続サービスと違う。

　たとえば、敵情に関する情報をやりとりするためのデータリンクであれば、方位・距離・高度・識別といった文字情報が主体になるから、むやみに高い伝送能力は求められない。一方、偵察機が備えるカメラから動画をライブ配信す

る場合には、データ量が多いから高い伝送能力が求められる。

　もちろん、作戦情報をやりとりするわけだから、秘匿性も重要になる。承認されたノード（ネットワークに接続する個別の機器のこと）以外はネットワークに接続できないようにするとか、やりとりするデータを暗号化するとか、データの改竄や送信元のなりすましに対処するための仕組みを用意するとかいった話が重要になる。

　面白いことに、軍用ネットワークのTCP/IP化が進んだため、インターネットと同じ電子メールやチャットといった機能を用いる場面が増えてきた。そのため、以前と比べると音声で会話する場面が減って、指揮所が静かになったともいわれている。米空軍では、MQ-1プレデターやMQ-9リーパーといったUAVのオペレーターが、音声ではなくチャットでやりとりしているという。チャットだとやりとりの記録を残せる利点があるが、キーボードのタイピングが遅いと困りそうだ。

11.3.3　データリンクと相互運用性

　最近では、複数の国の部隊が一緒になって国際共同作戦を実施する場面が多い。たとえば、アデン湾の海賊対策作戦では、多くの国が部隊を派出している。同じ国の中でも、異なる軍種が組んで統合作戦を行なうことも多い。

　そこで問題になるのが、相互運用性だ。国ごと、あるいは軍種ごとに互換性のないデータリンクを使用していると、データの交換が不可能になる。それでは円滑な作戦行動を阻害するため、国が異なっても（正規の相手であれば）接続して情報をやりとりできるように、最初からシステムや体制を整備する必要がある。

　具体的にいうと、まず使用するハードウェアや通信規格を共通化する必要がある。後述するLink 16はNATO加盟国などの標準データリンクになっているから、Link 16用の端末機を備えていれば、異なる国の部隊同士でも互いに接続してデータをやりとりできる。

　しかし、そうやって確保した通信路を使ってデータをやりとりするには、どの種類の情報をどういう形で記述するかという約束事、つまりデータ・フォーマットも決めておかなければならない。同じように敵情について通知するのでも、あるシステムが「方位・距離・高度」の順にデータを記述しているのに対して、別のシステムが「距離・高度・方位」の順に記述していたら、互換性がない。それをそのままやりとりすると、データの勘違いが生じて厄介なことになる。

　そのほか、秘匿性に対する配慮も必要になる。軍隊では"need to know"と

いう言葉がよく出てくるが、情報を知っていなければならない立場の人とそうでない人を完全に区別して、前者には完全な情報を渡し、後者には一切の情報を渡さないようにしなければならない。

これが、国際共同作戦で話をややこしくする原因になる場合がある。先に挙げた海賊対策作戦が典型例だが、同盟関係にない国同士で共同作戦を行なう場面があるからだ。そこで秘匿性の高いデータリンクを使用するのは、機密漏洩につながるのでよろしくない。

だから、ソマリア沖で海賊対策任務に就いている各国の艦隊は、当初から多国籍での共同作戦で使用する前提で用意した、CENTRIXSというシステムを使用している。同盟国限定で機密の度合が高いLink 16を使わなくても済むように、別途、機密度の低い情報共有手段を用意したわけだ。なにしろ、この任務には中国の軍艦も参加している。いくらなんでも米艦と中国艦がLink 16で情報をやりとりするわけにはいかない。

こうした多国籍の共同作戦を想定して、米軍では多国間情報共有システム(MNIS) を整備している[45]。多国籍の合同作戦において、参加している各国の部隊同士が情報を共有して、足並みを揃えて行動できるようにするのが目的だ。そして、現場の指揮統制網のレベルで機密情報を安全に共有するCENTRIXS、国家レベルでの情報共有を図るGriffin、同盟国同士での相互運用性・協議・手順・規約の開発をサポートするCFBLNetといった機能を用意している。

11.3.4　海賊対策に海保を出しづらい意外な理由

そのアデン湾の海賊対策任務では、NATOやEU、あるいはその他の諸国が軍艦を派遣している。これに対して日本国内で海上自衛隊を派遣する話が出たときに、「海上保安庁の巡視船を派遣すればよい」という主張がなされた。ところが、情報共有という観点からすると、この言い分には問題がある。

海賊対策任務に従事している各国の艦艇は、速やかな情報交換と状況認識を実現するために、前項で述べたようにデータリンクを用いた情報交換体制を構築している。もちろん、各国海軍の艦艇が装備しているのは海軍向けのシステムだから、そこに海上保安庁の巡視船を派遣すると、巡視船だけが機材の不備によって情報を受け取れない事態になる。逆に、巡視船が何かを発見した際に、その情報を速やかに他国の艦艇と共有することもできない。

また、得た情報を処理・分析・表示するための機材、あるいは情報処理の能力についても、軍艦と巡視船では大きな差があるといわざるを得ない。巡視船の中にはOICと呼ばれる指揮所を設けたものもあるが、(求められる機能や任務

が違うのだから当然だが）会議室に毛が生えた程度のもので規模も小さく、軍艦のCICとはレベルが違う。

　海賊対策任務に限らず、人やプラットフォームを派遣すれば任務を担当できると安易に考えてしまいがちだが、情報通信技術への依存度が格段に高まっている現在では、そちらの問題を無視して考えることはできない。

11.4 データリンクでできること

11.4.1 データリンクのメリット

　後述するように、データリンクにはさまざまな種類がある。しかし、データリンクは「機能」に過ぎないから、それを実戦で役立てるには、どういった場面でデータリンクを利用するかを考えなければならない。

　では、データリンクを導入することで得られるメリットとは何か。まず、分かりやすいのは情報の共有だ。たとえば、あるプラットフォームがセンサーを使って得た情報を、データリンク経由で他のプラットフォームに転送することで、同じ共通戦況図（COP）を共有できる。

　また、センサー能力に劣るプラットフォームが、優れたセンサーを持つプラットフォームから情報を受け取ることで能力不足を補う使い方もある。広い範囲に散在するセンサーやプラットフォームがデータリンクによって情報を共有すれば、単一のセンサーやプラットフォームではカバーできない広範囲をカバーできる。

　情報共有のメリットが活きる事例としては、艦隊防空戦がある。戦闘機・早期警戒機・防空艦と艦対空ミサイルといった具合に、さまざまなシステムを組み合わせてひとつの任務を遂行するため、それらが同一の情報に基づいて連携する必要があるからだ。特に早期警戒機をデータリンク網に加えると、艦のレーダーを停止させたままでも早期警戒機のレーダーによって敵情を把握できる。うかつにレーダー電波を出すとESMで逆探知される怖れがあるから、艦側でレーダーの使用を封止したままでも情報を受け取ることができれば、メリットが大きい。

　極めつけが弾道ミサイル防衛システムで、DSPやSBIRSのような早期警戒衛星、AN/TPY-2やイージス・アショアのような地上設置レーダー、イージス艦のAN/SPY-1レーダー、パトリオット用のAN/MPQ-53を初めとする迎撃ミサイルのレーダーなど、多数のセンサー群から得たデータをネットワーク経由で収集・融合しながら戦闘指揮を行なっている。

11.4.2　LoRとEoR

米海軍で1995年9月に、アーセナル・シップという構想が披瀝された。アーセナルといってもサッカーのチームではなくて「武器庫」のこと。つまり、センサーや射撃指揮装置を省略する一方で、垂直発射システムを装備して、艦対空ミサイルや巡航ミサイルを合計500発搭載する。つまり「武器庫」に徹した軍艦のことだ。

では、それらのミサイルを撃つために必要な情報はどうするかというと、センサーや指揮管制装置を備えた他の艦、たとえばイージス艦から、Link 16データリンク経由で受け取る仕組み。つまり、アーセナル・シップではデータリンクが情報・指令の伝達手段として機能する。自らセンサーや指揮管制システムを持たない分だけ乗組員の数は少なくて済むし、艦の建造コストも安く、それでいて火力は確保できるという触れ込みだった。

もっとも、特定の艦に大量のミサイルを集中搭載するということは、その艦が損傷、あるいは沈没したときに失われる火力も大きくなるため、冗長性に欠けるという指摘があった。その他あれこれの事情もあり、結果としてアーセナル・シップの構想は流産したが、データリンク機能の充実によってこうした考え方が生まれたということは記憶しておきたい。

そして、「センサーが別のところにいるシューターに発射の指令を出す」という形が、別のところで復活した。それがイージスBMDでいうところのLoR (Launch on Remote) である。つまり、飛来する弾道ミサイルに近いところにいるイージス艦やAN/TPY-2レーダーがミサイルの探知・追尾を行ない、予想落下点に近いところにいる別のイージス艦などの資産に要撃の指令を出す形態だ。探知・追尾と交戦が別々のプラットフォームになる。

逆に、後方にいるイージス艦などが撃った迎撃ミサイルを、飛来する弾道ミサイルに近いところにいるイージス艦が引き継いで誘導する形も考えられており、こちらをEoR (Engage on Remote) という。

そのLoRやEoRと同じ考え方を空対空戦闘に持ち込み、「撃てば誰かが誘導してくれて当たる」といっているのが、防衛省の「将来戦闘機ビジョン」で話が出てくる、「クラウド・シューティング」である。まさか、アーセナル・シップならぬアーセナル・ファイターが出現することはないだろうけれど。

11.4.3　CECとNIFC-CAとDWES

ただし、データリンクによって情報の共有を実現しても、その情報に基づい

てどういった戦闘指揮を行なうかは、また別の問題だ。それは人間や指揮管制装置が解決しなければならない仕事となる。たとえば、データリンクで結ばれた複数の艦が交戦しているときに、二重撃ちや撃ち漏らしを避ける手立てが必要だ。

それには、全体で共有した情報に基づいて目標の割り当てを行なう仕組みが必要になる。たとえば、さまざまな方向から航空機や対艦ミサイルが飛来した場合、要撃するのにもっとも都合がいい位置にいる味方の艦、あるいは航空機を選び出して「この目標を要撃せよ」と指示する。すると、ネットワーク化された複数のプラットフォームが、あたかも単一のシステムであるかのように機能する。

こうした考え方を具現化したのが、共同交戦能力（CEC）だといえる。艦載用の共同交戦プロセッサ・AN/USG-2と、航空機搭載用の共同交戦プロセッサ・AN/USG-3が主な構成要素で、レイセオン社が手掛けている。E-2Cの場合、ホークアイ2000（HE2K）からAN/USG-2（A）を導入した。高度な機能を実現するだけに、CECには厳しい輸出制限が課せられていたが、まずイギリス、続いてオーストラリアや日本向けの輸出が実現した。

そのCECのシステムを活用して、自艦のレーダーで探知できる範囲よりも遠くまで交戦可能範囲を広げようという話が出てきた。それがNIFC-CA（「ニフカ」と読む）である。NIFC-CAのCAはカウンターエア、つまり対空戦のことだ。狙いは、ネットワーク化と統合化した射撃指揮によって、迎撃側のリーチを水平線以遠まで延ばす点にある。そのNIFC-CAでキーとなる装備が、RIM-174　SM-6艦対空ミサイルである。

従来のSM-2はセミアクティブ・レーダー誘導だから、命中直前に艦のミサイル誘導レーダーで目標を照射してやる必要があった。だから、SM-2で交戦できる範囲は艦上のミサイル誘導レーダーが届く範囲に限られる。ところが、SM-6はAIM-120　AMRAAM空対空ミサイルの誘導システムを流用することで、自らレーダーを内蔵した。自前のレーダーを持っているから、目標の位置を入力して撃ってやれば、後は自分で目標を探して自律誘導してくれる。すると、ミサイル誘導レーダーの有効範囲に縛られない交戦が可能になる。

ただし、水平線以遠にいる脅威の存在を知る手段も必要になる。そこで登場するのが、E-2Dアドバンスト・ホークアイ早期警戒機。これが「眼」となって脅威の飛来を探知して、情報をイージス艦に送る。すると、CECの枠組みに基づいて最適なところにいる艦を選び出して、SM-6に目標情報を入力して発射・交戦させるというわけだ。2016年には、E-2Dの代わりにF-35を使う実験も行なわれた。

ちなみにミサイル防衛の場合、分散重み付け交戦スキーム（DWES）という

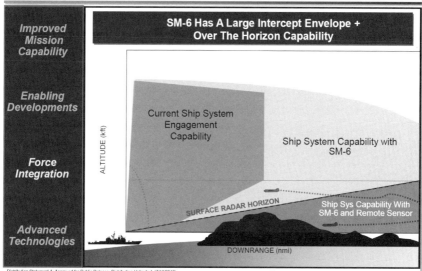

図11.1：自らレーダーを内蔵するSM-6とNIFC-CAのコンビは、交戦可能範囲を水平線の向こう側まで広げる（US Navy）

仕組みがあって、これが複数のイージス艦に対する目標の割り当てを差配する。DWESの機能を持つ艦は1隻いればよく、その艦が他の艦に対してデータリンク経由で指令を飛ばす形になる。

11.4.4　発射後の兵装に対する指示・誘導

その他のデータリンクの使い方として、プラットフォームと兵装の間でデータや指令をやりとりする用法がある。ミサイルのシーカーが得たデータをプラットフォームに送り返して判断を仰いだり、プラットフォームからミサイルに対して修正指令を送ったり、あるいは目標の変更を指示したり、といったものだ。

データリンクがあれば、発射後でも最新の情報を送り込むことができるので、近年のミサイル業界におけるひとつのトレンドになっている。発射後に状況が変わり、「もっと優先度が高い目標が現われた」「狙っていた目標が消えてしまった」ということになっても、任務割り当ての変更ができれば兵装が無駄にならない。また、移動目標に向けて逐次指示を出しながら誘導するようなこともできる。

データリンクを備えた兵装の事例を、古い方から順番に、いくつか取り上げてみよう。

・**AGM-84E　SLAM**：型式でお分かりの通り、ベースモデルはAGM-84ハープーン空対艦ミサイルだが、ミサイルの先端にカメラを追加したほか、AGM-62ウォールアイ滑空爆弾から転用したデータリンク機器を追加して、長射程の対地攻撃ミサイルに転用した。このデータリンクは、ミサイルから送られてくる映像を見ながら誘導の指示を出すために使う。湾岸戦争では、1発目のSLAMが命中して開いた穴に2発目のSLAMが飛び込んで、パイロットが目を丸くした、なんていうこともあった。

・**BGM-109トマホーク**：1993年に初度運用能力（IOC）を達成したブロックIIIからGPS誘導を導入したが、これは固定目標の攻撃しかできない。2004年にIOCを達成したブロックIV（タクティカル・トマホーク）から双方向データリンクを追加装備して、発射後の目標再設定が可能になった。副次的メリットとして、目標に突入する瞬間までミサイルとのコンタクトを維持できるため、ミサイルから送ってきたデータを爆撃損害評価（BDA）に利用することもできる。トマホークでは特に、この機能のことを兵装命中評価（WIA）と称している。

・**AMSTE**：Affordable Moving Surface Target Engagementの略で、ノースロップ・グラマン社が開発してデモンストレーションを行なった。データリンク機能を追加した特製のJDAMを投下して、E-8ジョイントスターズ（J-STARS）が移動する目標とJDAMを追跡しながら、飛翔中のJDAMに対して「チョイ右、チョイ左、そのまま真っ直ぐ……」といった具合に針路修正の指示を出す仕組み。

・**AGM-154C-1 JSOW**：Link 16経由で目標データを受け取る仕組みを持ち、攻撃用共通武器データリンク（SCWDL）と称している。発射後の目標再設定と移動目標攻撃能力の実現を企図したもの。JSOWはGPS誘導だから、目標の緯度・経度を入力してから発射するが、それでは固定目標しか狙えない。データリンク経由で指示を出せば、移動目標の攻撃が可能になる。

最後のJSOW-C1が使用しているのが、ロックウェル・コリンズ社が開発したTacNetウェポン・データリンク。ミサイル側に搭載する端末機は重量2.4kg、サイズは長さ129.5mm×幅116.8mm×高さ101.6mmとコンパクトなもの。これでLバンド（969～1206 MHz）とUHF（225～400MHz）のデュアルバンドに対応しており、前者はLink 16、後者は見通し線内限定のUHFデータリンクに使う。AGM-154C-1の発射母機はF/A-18E/Fスーパーホーネットで、機上のMIDS JTRSとの間でLink 16を使ったやりとりを行なう[46]。2016年7月に運用評価試験を完了したところで、近いうちに艦隊向けの配備が始まる見込み。

JSOWやJDAMは無動力の滑空式だから不可能だが、トマホークのように動

力付きのミサイルで、かつ燃料に余裕があれば、とりあえず目標地域の上空にミサイルを飛ばしておいて、後から攻撃目標を指示する使い方も可能になる。移動式ミサイル発射器みたいに、突発的に出現する上に緊急度が高い目標、いわゆる"time critical target"を攻撃する際には便利だ。

これまでに紹介したもの以外では、ボーイング社が開発したWDLN（Weapons Data Link Network）やWDLA（Weapon Data Link Architecture）がある。このWDLNは、GBU-39/B SDBと組み合わせたデモンストレーションを2006年に実施したことがある[47]。

11.4.5 攻撃ヘリとUAVの連携

同じように「データを受け取ったり指示・誘導を送ったりする」使い方でも、相手が変わることがある。それが米陸軍が推進中のMUM-Tだ。これは「有人機と無人機のチーム化」という意味である。

普通、UAVが搭載するセンサーの映像は地上の管制ステーションで受信する。その受信機能をヘリに載せてしまえということでロッキード・マーティン社がAH-64向けに開発したのがVUIT-2。「UAVからの動画伝送/相互運用（レベル2）」という意味の頭文字略語だ。VUIT-2はUAVだけでなく、ROVERと同様に戦闘機のターゲティング・ポッドからデータを受け取ることもできる。

VUIT-2の狙いは、UAVを攻撃ヘリの眼として使うことにある。つまり、UAVから送ってきた動画を見ながら攻撃計画を立てたり、これから攻撃に行く地域に対して斥候代わりにUAVを先行させたりするわけだ。攻撃ヘリの搭乗員が安全なところから、UAVを使って目標の情報を得られる利点がある。

しかも、UAVに指示を出したりデータを受け取ったりするのは攻撃ヘリ自身だから、誰かに中継してもらう必要はなく、センサーとシューターは直結される。すると、目標を発見してから攻撃するまでの時間を最小限にできる。

動画送信用データリンク（VDL）にはTCDLを使用する。戦術用途のCDLだからTactical CDLというわけだ。UAVの側では、MQ-5ハンター、RQ-7シャドー、MQ-8ファイアスカウト、MQ-4Cトライトンといった機体に導入事例がある。

TCDLについては2016年6月に、MQ-4CからP-8Aポセイドン哨戒機への動画伝送に成功した、との発表があった。動画の伝送を行なうには高い伝送能力が必要だから周波数帯は高く、たとえばRQ-7用のTCDLではKuバンドを使用する。伝送能力は10.7Mbpsで、額面上の数字はIEEE802.11b無線LANに近い。

AH-64では、まずTCDLによる動画データ受信を実現した（レベル2・UASコントロール）。続いて、UAV管制機能の開発と実装を進めている（レベル4・UASコントロール）。AH-64E（旧称AH-64DブロックIII）でVUIT-2のフル実装を

予定している由。その際、データのやりとりに使うTCDLに加えて、指令を送るための機材としてUAS向けTCDLアセンブリ（UTA）を追加する必要がある。これはUAVの操縦指令だけでなく、UAVが搭載するセンサーに指令を出すこともできるので、たとえばセンサー・ターレットの向きなどを指示できる。

11.4.6　対潜ヘリとデータリンク

　対潜戦を行なう駆逐艦やフリゲートが、自艦装備のセンサーだけでなく、対潜ヘリコプターを装備する形は一般的なものとなっている。ヘリコプターを搭載することで、艦載兵装のカバー範囲よりも遠方まで迅速に進出して捜索・攻撃を行なう手段を実現できるが、その際には艦側との連携が必須となる。

　そのため、艦載用の対潜ヘリはデータリンク機能を備えて、乗艦している駆逐艦やフリゲートと情報交換を行なうのが普通だ。こうすることで、ヘリが搭載するセンサーで得たデータを艦側に送信したり、艦側から最新の戦術情報を受け取ったりできる。

　もっとも、やりとりする情報が少なければ、データリンクの能力ばかり高めても意味がない。無指向性ソノブイなら「○番のソノブイがシグナルを感知した」という程度になるだろうし、指向性ソノブイならさらに方位の情報が、アクティブ式ソノブイなら距離の情報も加わる。しかし、文字情報のやりとりで済むレベルだ。

　米海軍の艦載型対潜ヘリには、LAMPS Mk.I（SH-2シースプライト）、LAMPS Mk.III（SH-60Bシーホーク）、LAMPS Mk.IIIブロックII（MH-60Rオーシャンホーク）があり、この順番でヘリコプター側の処理能力強化と、データリンク機能の強化を図っている。

　LAMPS Mk.Iでは、ヘリが装備するソノブイなどのセンサーで得た情報は、AN/AKT-22送信機で艦側に送信するだけだった。言い方は悪いが、猿回しの猿みたいなもので、ヘリは艦からの指令を受けて、データを集めて送ったり、指示された場所に移動して攻撃したりする。

　LAMPS Mk.IIIでは通信をデジタル化して、艦側のAN/SRQ-4とヘリコプター側のAN/ARQ-44を組み合わせるCバンドのデータリンクとなった。ソノブイに加えてレーダーやESMの情報も送れるようになったが、同時送信は不可能で、順番に送る必要がある。

　LAMPS Mk.IIIブロックIIになると、ハリス製のHawklinkというデータリンク装置を導入した。これはKuバンドを使用するデータリンクで、艦側にはAN/SRQ-4端末機を、ヘリにはAN/ARQ-58端末機を搭載する。HawklinkのブロックIアップグレードでは、伝送速度は21Mbps、伝送距離は100浬となって

いる。

こうした考え方は、海上自衛隊の対潜ヘリが使用するデータリンクでも変わらない。ただし機種が米海軍と異なる（HSS-2→SH-60J→SH-60K）ほか、搭載するセンサーは国産品だから、内容や機能には違いがあるはずだ。

11.4.7　バイスタティック探知とセルダー

センサー同士でネットワークを組むと、それまで不可能と思われていたことが可能になるという例をひとつ。

アクティブ方式の探知を行なうセンサーは通常、単独で機能することを前提としている。たとえばレーダーなら、送信機と受信機は一体で、同じプラットフォームに載せた状態で機能する。そして、自分が出した電波の反射波を自分で受信して、方位や到達時間情報を基にして敵の位置を把握する。これはアクティブ・ソナーでも同じだ。

ところが、ステルス性を備えた相手を探知しようとすると、このことが仇になる。対レーダー・ステルスであれば電波を、対ソナー・ステルスであれば音波を、発信源に向けて返さないようにすることが、ステルス技術の基本となる考え方だ。それを実現する方法として、電波や音波を吸収する素材を使う方法と、形状に工夫をして明後日の方向に反射させてしまう方法がある。いずれにしても、電波や音波が発信源に向けて返らなければ、アクティブ探知は成立しない。

そこで、バイスタティック探知が登場する。これは、送信機と受信機を別々の場所に設置して、両者をネットワーク経由で連携動作させる手法だ。こうすれば、送信側から見て明後日の方向に逸らされた電波や音波を、別の場所に設置した受信機で探知できる可能性が出てくる。

ただし、実際にこの方法で探知できるかどうかは、電波や音波を逸らす方向と、送信機・受信機の相対的な位置関係に依存する。そのため、反射する方向と受信機の位置関係によっては、探知できないこともある。それを補うには、受信機の数を増やしてマルチスタティック探知を行なう必要がある。

また、送信機と受信機が別々になるので、「受信機が受信したシグナルが、どの送信機がいつ送信したシグナルか」という情報を考慮に入れなければ探知が成立しない。それだけ、目標の位置を割り出す際の計算が複雑になる。

対ステルス・レーダーを実現する方法として、携帯電話の基地局や放送局みたいな、既存の電波発信源を利用するアイデアもある。たとえば、BAEシステムズ社が2002年に発表した「セルダー」（celldar。携帯電話を意味するcellularとradarを組み合わせた造語）がそれだ。

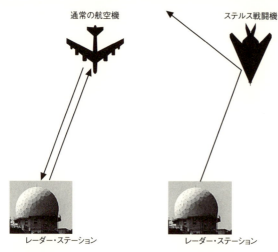

図11.2：ステルス技術のポイントは、レーダー電波を発信源に送り返さないこと。その手法として、「吸収」と「逸らし」がある

携帯電話は、電波を発信する基地局を各地に設置してネットワーク化することで機能している。だから、その基地局から出した電波が何かに当たって反射したときに、それを発信元、あるいは別の基地局で受信することで、「何かがいる」ことが分かる。

すると、その電波を発信した基地局に関する情報と、どこの基地局でどちらの方向から来た電波を受信したかという情報を突き合わせることで、バイスタティック探知と同じことができる。組み合わせる基地局の数を増やせば、マルチスタティック探知も可能だ。携帯電話の基地局はもともとネットワーク化されているし、広い範囲に散らばって設置されているから、マルチスタティック捜索にはおあつらえ向きといえる[48]。

この場合、新たに用意するのは受信機と管制システムだけなので、この手の探知装置をパッシブ・レーダーと呼ぶこともある。パッシブといっても、探知対象が出す電波を受信するESMとは意味が違うので注意したい。ただ、発信源が他人任せだから、そのことが配備・運用に際しての足枷になるのは否めない。都市部なら放送局も携帯電話の基地局もたくさんあるだろうが、人が住んでいない山岳地帯で同じ状況

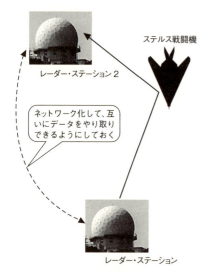

図11.3：発信機と受信機を異なる場所に配置してネットワーク化することで、ステルス技術を打ち破れる可能性が出てくる。いわゆるバイスタティック探知、あるいはマルチスタティック探知のことだ

は期待できない。

　いずれにしても、ステルス機の探知につなげられる可能性があるが、探知するだけでは話は終わらない。敵のステルス機を探知したら、今度は排除しなければならない。しかし、マルチスタティック探知を初めとするカウンター・ステルス技術を対空ミサイルの小さな弾体の中に押し込めるのは、いささか無理がありそうだ。

　だから、ミサイルが独力で交戦するのではなく、ミサイルもネットワークに組み込んで、外部から敵の位置を知らせて誘導する仕組みを作り込む必要があると思われる。レイセオン社はすでにAIM-120D AMRAAMやAIM-9XブロックIIで双方向データリンクを組み込んでいるが、これはひょっとすると、カウンター・ステルスのシステムにミサイルを組み込む狙いによるのかもしれない。

11・4　データリンクでできること

11.5 草創期のデータリンク

11.5.1 Link 11（TADIL-A/B）

まず米海軍の各種データリンクを例に取り、いわば「神代の時代のデータリンク」についてみていこう。温故知新である。

Link 11（TADIL-A）は1961年に登場したデータリンク装置で、NTDSや航空戦術データシステム（ATDS）と組んで使用する。米軍ではMIL-STD-188-203-1A、NATOではSTANAG5511で規定している。なお、フランス軍が導入したリンクWも、基本的にはLink 11と同じものだ。そのLink 11のメッセージを衛星経由でやりとりするのがS-TADIL-A、陸上通信線あるいは短波経由でやり取りするのがLink 11B（TADIL-B）だ。

Link 11の端末機には、送受信に対応するものと受信専用のもの（ROLE）がある。端末機の例としては、DRSテクノロジーズ製のCP-2635（C）/Aがある。

通信には短波（2〜30MHz）、あるいは超短波〜極超短波（225〜400MHz）を使う。Link 11でやりとりする情報は、Mシリーズ・メッセージとしてSTANAG 5511（US MIL-STD 6011）で規定しており、その分類は「表 11.1」にまとめた。Link 11Aの伝送能力は、HF/UHF使用時で1,364bps、UHF使用時で2,250bps。Link 11Bの伝送能力は1,200kbpsで、オプション仕様で600kbpsと2,400kbpsを用意している。ただし、多重通信時には1,200bpsの倍数となる。

Link 11のネットワークに参加するプラットフォームをPUという。双方向通信に参加できるPUの数は、通常は20程度、最大でも62と少ない。動作モードは2種類ある。

・ロール・コール：PUのうちひとつが統制艦（NCS：Net Control Station）となって、他のPU（NPS：Net Picket Station）を順番に呼び出してデータを送信させる。

・ブロードキャスト・モード：EMCON状況下で使用するモードで、特定のPUが他のPUに対して一方通行でデータを送りつける。送信元のPU以外は電波を発しない。

Link 16を装備しない艦艇ではLink 11の運用を継続するため、改良が必要に

なった。そこで1990年代の末に導入したのが先進戦術データリンク（ATDL）[49]。Link 11の接続性・信頼性向上を図り、次世代のLink 22につなげる改良プログラムである。以下のシステムを対象として導入した。

・NILE（NATO Improved Link-11）
・CSDTS（Common Shipboard Data Terminal Set）
・CDLMS（Common Data Link Management System）
・MULTS（Mobile Universal Link Translator System）
・MULTOTS（Multiple Unit Link-11 Test and Operational Training System）

パトリオットやHAWKといった地対空ミサイルと、防空用レーダーの間で情報をやりとりするときには、短波・極超短波・衛星・有線のいずれかを使用して、Link 11用のメッセージをやりとりするATDL-1（Army Tactical Data Link 1）を使う。ただし、同じHAWKでも海兵隊では、GBDL（Ground Based Data Link）、IBDL（Inter Battery Data Link）、PPDL（Point to Point Data Link）を使用している。ナイキは手段が異なり、伝送速度750bpsのMBDL（Missile Battery Data Link）を使用していた。

M.1	参照点（DLRP）の座標
M.2	空中目標の座標
M.3	水上目標の座標
M.4	ASW目標の座標
M.5	ESM探知の座標
M.6	ECM目標の座標
M.7	戦域ミサイル防衛
M.9	情報源を伝達
M.10	航空管制
M.11B	航空機の状況伝達
M.11C	対潜哨戒機の状況伝達
M.11D	敵味方識別装置の情報伝達
M.11M	諜報状況の伝達
M.13	国籍情報の伝達
M.14	武器・交戦状況の伝達
M.15	指揮統制についての伝達

表11.1：Link 11がやりとりする、Mシリーズ・メッセージの種類

11.5.2　Link 22

　Link 22は、NATO向けのLink 11後継データリンクで、STANAG 5522とSTANAG 4539 Annex Dに規定がある。Link 16との互換性を持たせるために、Link 16と同じメッセージ・フォーマットを使用する。
　Link 22が通信に使用するのは、短波（3～30MHz）または超短波～極超短波（225～400MHz）。伝送能力はHF使用時で3.6kbps、UHF使用時で10kbps。Link 16と同様にTDMA方式を使用している。HFでは一般的な短波通信と同様に見通し線圏外の通信も可能だが、伝送能力は低くなる。
　Link 22は二段構えの構成をとっており、まず500浬の範囲内で最大125ユニットの参加が可能なスーパー・ネットワーク（SN：Super Network）を構築する。そのスーパー・ネットワークを、300浬の範囲をカバーする最大8個のサブネットワークに分割して運用する。個々のサブネットワークの範囲内では、同じ周波数帯で固定周波数、あるいは周波数ホッピングによる通信を行なう。

11.5.3　Link 14

　NTDSのような戦術情報処理機能とLink 11を持たない艦に対して、NTDS装備艦からデータを送り出すためのデータリンク。短波、超短波、極超短波のいずれかを使い、テレタイプを使った文字列データの形で情報を送信するのがLink 14だ。その際に使用するメッセージ・フォーマットは、STANAG 5514で規定している。伝送速度は75bpsと低い[50]。

11.5.4　Link 4（TADIL-C）

　Link 4は、1950年代末に登場した航空機管制用のデータリンクで、MIL-STD-188-203-3に規定がある。また、メッセージ・フォーマットについてはSTANAG 5504で規定している。超短波（225～400MHz）で時分割多重（TDM）による通信を行ない、伝送速度は5,000bps。
　Link 4Aは、艦艇や航空機が相互にデジタル・データの伝送を行なうもので、音声通信の代替用という位置付けになる。戦闘任務だけでなく、空母に着艦する際の自動着艦用指示送信にも用いる。Link 4Aは最大で100機の航空機を管制できる。
　メッセージひとつあたりの長さは、艦艇から航空機に送信する管制メッセージ（Vシリーズ・メッセージ）が14ms（ミリ秒）、航空機から艦艇に応答する応

答メッセージ（Rシリーズ・メッセージ）が18msとなっており、これらを複数のタイム・スロットに分割して割り当てる。

　艦艇から航空機に対して管制メッセージを送信する際には、70個のタイム・スロットに分割して、そのうち56個のタイム・スロットを使って管制メッセージを送る。それに対する応答メッセージは、90個のタイム・スロットに分割して、そのうち56個を使って送る。残りの34個は伝送遅延の吸収などに用いる。

　そのLink 4Aを補完するのが戦闘機同士のデータ通信に使用するLink 4Cだが、Link 4AとLink 4Cは独立しており、この2種類を相互に接続することはできない。Link 4CはFシリーズのメッセージ・フォーマットを使用するとともに、若干のECCM性を持たせている。Link 4Cのネットワークには、最大で4機の戦闘機が参加できる。導入事例としてはF-14トムキャットがある[51]。

11.5.5　Link 10とSTDL

　イギリスでは、Link 11と同じ位置付けのデータリンクとして、フェランティ社が独自にLink 10を開発した。

　同じなのは位置付けだけで、Link 11との互換性はない。そのため、Link 10を装備したNATO加盟国の艦艇では、Link 11用の端末機を別に設置している場合がある。なお、フェランティ社での社内名称はLink X、輸出向けの名称はLink Yとなっている。

　使用する周波数帯は、Link 11と同様に短波、あるいは超短波・極超短波の組み合わせだが、処理能力や情報量はLink 11よりも見劣りする。伝送速度300～1200bps、PUの数は24程度。ただし、Link 10 Mk.2では伝送速度を4,800bpsに高めた。

11.6 西側諸国の標準・Link 16

11.6.1 Link 16とは機能の総称

続いて、西側諸国で標準となっている戦術データリンク・Link 16について解説する。

Link 16は、戦術情報交換用データリンク（TDL）の一種だ。TDLといってもどこかのテーマパークとは関係ない。米軍ではMIL-STD 6016、NATOではSTANAG 5516に、Link 16に関する規定がある。なお、Link 16とは米海軍における呼称で、米空軍ではTADIL-Jという。後者のうち最後の「J」は、三軍の統合ネットワークを意味する"Joint"の頭文字だ。ただ、いちいち「Link 16/TADIL-J」と表記すると長いので、本書ではLink 16で通す。

Link 16の前には、Link 11やLink 14といったデータリンクが、艦艇や、その艦艇と組んで行動する航空機で使われていた。しかし、これらのデータリンクは開発した時期が旧いせいもあり、文字情報など限られた種類のデータを、低速でやりとりできるだけだった。それと比較すると、Link 16は伝送能力が向上しているだけでなく、堅牢性や耐妨害性も向上している。

11.6.2 JTIDSとMIDS

データリンクでは、通信してデータをやりとりするための機材、つまりターミナル（端末機）が必要になる。Link 16端末機としてポピュラーなのは、統合戦術情報配信システム（JTIDS、「ジェイチーズ」と読む）や多機能情報配信システム（MIDS、「ミッズ」と読む）といった機器だ。

たとえていえば、「相手の番号をダイヤルすると回線がつながって、話ができる仕組み」として「電話」があり、その「電話」を実現するための機器として「電話機」があるようなものだ。電話サービスに相当するのがLink 16、その電話サービスを利用するための電話機に相当するのがJTIDSやMIDSということになる。

Link 16は三軍統合データリンクだから、端末機は車両・航空機・艦艇・指

揮所など、さまざまな場所に設置する。そのため、設置する場所や求められる機能に応じて、さまざまな種類の端末機がある。求められる機能が限られているのにフル仕様の大型で高価な端末機を設置するのは無駄だし、逆に、フル機能が必要なのに限定的な機能しか持たない端末機を設置するのでは困る。

　最初に登場したLink 16用端末機がJTIDSで、機能の違いによって複数の「クラス」がある。ただ、JTIDS端末機は大型かつ高価で、搭載可能なプラットフォームが限られた。たとえば、米海軍の空母とイージス艦と強襲揚陸艦（LHA/LHD）は、転送機能付きのJTIDSクラス2H端末機を搭載した。航空機だと、指揮中枢となるE-3セントリーやE-2ホークアイがJTIDS端末機を搭載したが、戦闘機でJTIDS端末機を搭載したものは限られる。

　しかし、情報共有を図る観点からすれば、すべての戦闘機にLink 16を行き渡らせたい。そして、電子技術の進歩によって小型・高機能化が進んだため、JTIDS端末機がMIDSに代替わりして現在に至っている。もちろん、同じLink 16用の機器だから、JTIDSとMIDSは相互に通信できる。そのMIDSには、以下に示すように複数のバリエーションがある。

・AN/USQ-140（V）MIDS-LVT：その名の通りに小型化を図った端末機で、航空機に加えて陸上の指揮所で使用する事例もある。MIDS-LVTには、「表11.2」に示すように複数のバリエーションがある。伝送能力は50kbps。AN/URC-138（V）1（C）というモデルもある。

・MIDS-FDL：その名の通り、戦闘機搭載用。音声伝達機能などを省いた機能限定版で、その分だけ小型軽量かつ安価。別名MIDS-LVT（3）。

・AN/URC-138（V）1（C）：スペースの余裕が少ない、戦闘機やヘリコプターに搭載する小型端末機。別名SHAR Link 16小型データリンク端末。

・AN/USQ-190（V）MIDS-JTRS：次世代の三軍統合ソフトウェア無線機・JTRSを使用する端末機。

当初、アメリカ以外の国への輸出は許可されていなかったが、現在では輸出が許可された。MIDS JTRSには通信機能を追加する将来余裕を確保してあり、追加対象のひとつとして後述のTTNTが挙げられている。

・MOS：MIDS-LVTを艦載化したもので、艦の指

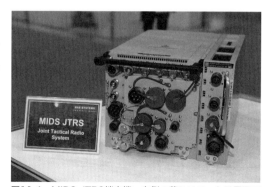

図11.4：MIDS-JTRS端末機。右側の薄いユニットは電源で、プロセッサ本体は左側の大きいユニット

名称	型式	説明
MIDS-LVT（1）	AN/USQ-140（V）1 RT-1840	TACANと音声通信に対応する航空機搭載用
MIDS-LVT（2）	AN/USQ-140（V）2 RT-1785	音声通信非対応、TACAN対応。陸上用だが、航空機搭載事例もある
MIDS-LVT（3）	AN/USQ-140（V）3	
MIDS-LVT（4）	AN/USQ-140（V）1 RT-1841	音声通信対応、TACAN非対応
MIDS-LVT（5）	AN/USQ-140（V）5 RT-1841	
MIDS-LVT（6）	AN/USQ-140（V）1 RT-1842	音声通信非対応、TACAN対応
MIDS-LVT（7）	AN/USQ-140（V）1 RT-1843	TACANも音声通信も非対応のベアボーン・モデル
MIDS-LVT（11）	AN/USQ-140（V）11 RT-1868	音声通信対応。MIDS-LVT（2/11）と表記することもある。パトリオット地対空ミサイル向け

表11.2：MIDS-LVTのバリエーション

揮管制装置と接続するためのソフトウェアを追加する等の変更が加わっている。機能的にはJTIDSクラス2H端末機と同等。

なお、Link 16はNATOを初めとする西側諸国の共通データリンクだから、JTIDSやMIDSも同盟国に輸出されている。ただし、すべての同盟国が同じものを手に入れているわけではない。いいかえれば、JTIDS端末機やMIDSの輸出が許可されているかどうかは、その国とアメリカ、あるいはNATOとの関係を推し量るバロメーターになる。

11.6.3　Link 16が通信を行なう仕組み

Link 16では、通信に参加するプラットフォームのことをJUと呼ぶ。指揮・統制機能を持つC2 JUと、指揮・統制機能を持たないNon-C2 JUの2種類があり、どちらになるかはプラットフォーム次第。たとえば、AWACS機なら指揮・統制機能が必要だろうし、そこから指示を受けて動く戦闘機なら指揮・統制機能は不要だ。

Link 16の伝送速度は、音声通話では2.4〜16kbps、データ通信では31.6kbps・57.6kbps・115.2kbps・238kbpsのいずれかとなっていた。その後、1.137Mbpsのモードや2Mbpsのモードも加わった。

いずれにしても、いまどきのインターネット接続回線と比較すると低速に感じられるが、1970年代の後半から技術開発を進めてきていたことと、軍用として求められる秘匿性・耐妨害性を実現した上でこれだけの性能を出しているこ

とを考えると、そう馬鹿にしたものでもない。要は、必要な戦術情報をやりとりできるだけの性能があればよいのである。

周波数帯はUHF（Lバンド）で、範囲は960～1,215MHz（969～1,206MHzとする資料もある）、ただし1,008～1,053MHzと1,065～1,130MHzについては、IFFと干渉するために使わない。この周波数範囲を51分割して、1秒間に77,000回（77,800回とする資料もある）の周波数跳飛を行なっている。「10.6 スペクトラム拡散通信」で解説したように、周波数ホッピングのパターンは疑似乱数ジェネレータ（PRNG）に与える初期値で決まるから、通信するJU同士で同じ初期値を共用しなければならない。

とりあえず、これで「線がつながった」状態にはなるが、そこで同じネットワークに参加している複数のJUが同時に送信を開始すると、会議で多くの人が一斉に喋り始めたときと同様に、収拾がつかない。そこで、Link 16では時分割多元接続（TDMA）を利用して、順番に喋らせている。つまり、JUごとにタイム・スロットを割り当てる方法だ。会議で事前に決めた順番通りに発言させて、それ以外のときは黙って待つものだと考えればよい。ひとつのタイム・スロットは、12秒のフレームを1,536分割した0.0078125秒となっている。

そして、JU同士がLink 16を介してやりとりする情報については、情報の種類ごとにフォーマットを決めたJシリーズ・メッセージがある。それに加えて、不定形のテキスト・メッセージや音声の送受信も可能だ。ただし、使用する端末機によっては、一部の機能が省かれている。JTIDSを開発した時点では、まだJシリーズのメッセージ・フォーマットが確定していなかったため、暫定版のメッセージ・フォーマットとして暫定版JTIDSメッセージ仕様（IJMS）を規定していたという。

メッセージの暗号化については、機器本体とは独立した秘話データ通信ユニット（SDU）を用意しており、これをLink 16端末機に取り付けて暗号化機能を持たせている。

11.6.4　衛星を用いるS-TADIL-J

Link 16ではUHFを使用するため、見通し線範囲内の通信しか行なえない。その問題を解決するため、衛星通信を使用するS-TADIL-J（Satellite-TADIL-J。旧称SATLINK-16）や、中継・転送機能付きの端末機を組み合わせている。S-TADIL-Jは、通信範囲拡大計画・JREの一環という位置付けだ。イージス艦のBMD対応改修ではデータリンク機器にJRE対応改修を実施して、BMDSを構成する広域ネットワークに対応させた。

これは、Link 16の通信をFLTSATCOM・UFO・MUOSといったUHF通信

衛星に中継させることで、通信可能な範囲を見通し線の圏外まで拡張するもの。1994年に米海軍SPAWARが開発に着手して、1996年に運用試験を開始した。ネットワークに参加できるユニット数は最大16、伝送速度は2,400bpsまたは4,800bps。衛星通信用の端末機はAN/WSC-3やAN/USC-42ミニDAMAを用いる。

衛星と複数の端末機が同時に通信する際に必要となる多元接続方式には、要求時割付多元接続（DAMA）を使用する。これは、必要に応じて端末機が通信の開始を要求して、それを受けて帯域を割り当てて通信可能にする方式だ。

S-TADIL-Jがあれば大規模な見通し線圏外ネットワークを構築できるため、BMDでは不可欠な構成要素となっている。その際、通信可能距離の延伸と統合作戦能力強化を実現するJREAP-Cを導入して能力向上を図っている。

一方、英海軍では独自に、見通し線通信しか行なえないLink 16の難点を解消する目的で衛星戦術データリンク（STDL）を開発した[52]。SHF帯の衛星通信を使い、TDMA方式によって多元接続を行なう。伝送速度が低くなるとフレームあたりの時間が増すが、両者の組み合わせは19.2kbps/640ms・9.6kbps/1.28s・4.8kbps/2.56s・それ以下/5.12s、のいずれか。もっとも速い192.kbpsの場合で、1フレームあたりのタイム・スロットは32、同時に16のユニット（SatU）がネットワークに参加できる。

動作モードは、ネットワーク・モード（通常の双方向データリンク）、グループ・リンク・モード（同じエリアにいる複数のグループ同士をSTDLでつなぐ）、ブロードキャスト・モード（一方通行）の3種類。Link 16メッセージをやりとりするものの、英海軍の独自仕様なので、S-TADIL-Jとの互換性はない。軽空母、42型ミサイル駆逐艦、23型フリゲート、攻撃型原潜、45型ミサイル駆逐艦がSTDLを装備したが、23型については若干の機能制限が存在する。

メッセージの種類	内容
STM 01	ネットワーク構成
STM 02	搬送状況の要求
STM 03	過負荷
STM 04	搬送状況の通知（STM 02に対する応答）
STM 05	ネットワーク構成に関する要求（SatUの追加/削除）
STM 06	インターリーブと遅延時間
STM 08	BCTE（Baseband Control and Traffic Exchange）の制御

表11.3：STDLでやりとりするメッセージの種類

11.6.5　C2P・NGC2P・CMN-4

前述したように、米海軍ではLink 11やLink 4など、複数の種類のデータリンクを併用していた。これらをLink 16ベースのシステムに一本化する処理装置の開発計画がC2Pで、1982年に計画がスタートした。

その後継機がNGC2Pで、接続性やスループットの向上を企図した。2008年夏に全規模量産の承認が降りて導入を開始、2012年に艦隊すべてに行き渡らせることとしていた[53]。その後の2013年に、アップグレード作業の契約をノースロップ・グラマン社に発注した。これはLink 22への対応を図る等の機能向上が目的だ[54]。NGC2Pでは、同じLink 16でも相手によって通信手段を使い分ける。見通し線圏内の通信ならJTIDSやMIDS、見通し線圏外の通信なら衛星経由のS-TADIL-Jといった具合だ。

そのNGC2Pと組み合わせて使用するプロトコルがJREAP。JREAPは、一般的には見通し線の圏内でしか使えない戦術データリンクの遠距離伝送を可能とするために、他のネットワーク媒体にメッセージをカプセル化する手法で、米軍規格のMIL-STD-3011とNATO規格のSTANAG5518で規定している。イージスBMDでは、情報交換にJREAPを利用しているという。

カプセル化とは、あるネットワークでやりとりしているデータ一式を、別のネットワークのペイロード（積荷）として扱うもの。たとえていえば、宅配便の荷物を遠距離都市間輸送するためにコンテナに詰めるようなものだ。目的地に着いてコンテナを開けると、宅配便の荷物が出てくる。それと似ている。

JREAPには、衛星などでマルチポイント通信（同時に三者以上が通信する）を行なうJREAP-A、ポイント-ポイント通信（一対一の通信）を行なうJREAP-B、そしてTCP/IPネットワークを使用するJREAP-Cがある。近年、軍用ネットワークのTCP/IP化が進んでいるため、JREAP-Cの出番が増しているものと思われる。

このように、さまざまな改良計画があるものの、ずっと現行のLink 16で対応できるかどうか分からないし、伝送能力向上の必要性も考えられる。少なくとも、そのための備えは必要である。だからといって、まったく新しい戦術データリンクを開発したのでは費用も時間もかかる上に、同盟国との相互運用性という問題も出てくる。同盟国も同じ新型端末機を装備しなければ「圏外」になってしまう。

そこで考え出されたのがCMN-4。要するにリンク・アグリゲーションで、Link 16を4本、束にして使うものである。4本を束ねて同時並行使用するから、伝送能力は4倍になる。CMN-4対応端末機同士は4倍速の高速伝送が可

能になるし、CMN-4非対応端末に対しては従来のLink 16を単一で利用すれば接続は確保できる。これを、Link 16端末機のメーカーであるDLS（Data Link Solutions）とヴィアサットの2社が、MIDS JTRS端末機に導入することになっている。ちなみに、DLSはロックウェル・コリンズ社とBAEシステムズ社が協同設立したデータリンク専門メーカーだ。

11.7　1990年代以降のデータリンク

11.7.1　戦車大隊向けのIVIS

　米陸軍では1990年代の前半に、M1エイブラムズ戦車とM2ブラッドレー歩兵戦闘車に装備する車両間情報システム（IVIS）を登場させた。個々の戦車が互いに、自車の位置や敵情をSINCGARS通信機経由でやりとりして、車内に設置したディスプレイに表示する。IVISは58両編成の戦車大隊を対象とする情報共有システムで、旅団レベルで使用するFBCB2（第12章を参照）と比較するとカバー範囲が狭い。

　M1A2以降、M2A2 ODS（Operation Desert Storm）、M2A3以降がIVISを備えている。さらに、IVISを利用して戦闘を指揮する"神の車"ことM4指揮車の構想があったが、途中で流産してしまった。

　IVISの狙いは、伝達ミス、あるいは判断ミスによって状況認識の誤りを避けることにある。音声通話だけだと、指揮官は部下が無線機で報告してくる情報を基にして、頭の中で状況を組み立てなければならないから、伝達ミスや錯誤の可能性が高まる。実際、湾岸戦争では多国籍軍が同士討ちで少なからぬ被害を出しているが、これは夜間に赤外線センサーの不鮮明な映像に頼って敵味方識別を行なうことの難しさを示している。

11.7.2　既存無線機を使うIDM

　同じように、空の上で限定的なデータリンク機能を実現したのが、改良型データモデム（IDM）だ。IVISと同様、音声通話用の無線機を利用してデータ通信を行なっている。もともと、AGM-88 HARM対レーダー・ミサイルを使って敵防空網制圧（SEAD）を行なうために開発された機器で、センサーとなる航空機とシューターとなる航空機がデータ交換を実現する手段だった。

　モデムと聞くと、アナログ電話回線と組み合わせてデータ通信を可能にする機器を思い出す方が多いだろう。IDMの考え方はそれと同じだ。伝送能力こそ限られるが、既存の音声交話用通信機を活用して、安上がりにデータ通信機能

を実現できる利点がある。たとえば、米サイメトリクス製のIDM・MD-1295/Aの仕様書を見ると、使える機器と伝送能力は以下のようになっている。

・接続可能な通信機：AN/ARC-164 SINCGARS、AN/ARC-182、AN/ARC-186、AN/ARC-210、AN/ARC-222。HF・VHF・UHF・SATCOMと、 最大4基の通信機と接続可能
・伝送能力：75/150/300/600/1,200/2,400bps（アナログ・ポート）、75/150/300/600/1,200/2,400/4,800/8,000/9,600/16,000bps（デジタル・ポート）
・チャンネルの帯域幅：20kHz
・暗号化：KY-58暗号機用のポートを装備。暗号化したときの伝送能力はデジタル・ポートと同様
・ミッション・コンピュータ用のインターフェイス：MIL-STD-1553データバス

これで重量14ポンド、つまり6.4kgほどだ。機器は標準仕様のSEM-Eに合わせた基盤×4枚で構成、データの変調はDSP×2個、送受信はGIPを使用する。静止画データのやりとりも可能で、40秒ほどあれば地上と航空機の間で、圧縮した静止画データ×20枚をやりとりできる。

これが導入してみたら役に立つということで利用が拡大、AH-64D、F-16C/D（ブロック40/42以降）、EA-6B、英空軍のトーネードGR.4、OH-58D、E-2C、E-8といった導入事例がある。もっとも、近年ではもっと高性能のデータリンク機器が出てきているから、これからIDMの利用が広まるかどうかは分からない。

11.7.3　ISR用のCDLとTCDL

米軍では1979年に、相互運用データリンク（IDL）計画を立ち上げた。これはU-2偵察機に装備するデータリンクだが、それを基にしてさまざまなセンサーとシューターが共通して利用できる、相互運用性を備えたデータリンクの開発を企図した。それが共通データリンク（CDL）だ[55]。

Link 16は戦術データリンク、つまり地上部隊・艦艇・航空機といったユニットの位置情報や現況情報をやりとりする。それに対してCDLは、静止画や動画など、ISR資産が扱う種類の情報をやりとりする。同じ「データリンク」でも中身はまるで違う。そこで個別の機種ごとに専用のデータリンクを開発すると、相互接続性・相互運用性を損ねる上にコストもかかる。そこで、同じウェーブフォームを共用して、全二重通信（送受信を同時に行なえる）に対応して耐妨害性も備えたデータリンクとしてCDLを開発した。

最初に話が出た1970年代末期には、一対一の通信しか行なえなかったが、

1990年代の半ばには、TCP/IPベースのネットワークを機番とするネットワーク中心戦のベースに発展した。そして複数の改訂が入り、2002年11月にRev.F（リビジョンF）仕様をリリース。これがNATOの標準化仕様STANAG 7085 Implementation #1となった。

CDLが実現できる機能の例として、以下のものが挙げられている。
・ISR資産が捕捉したデータの送信（片方向または双方向）
・ISR資産からシューターへの目標データ引き渡し（ハンドオフ）
・陸上・艦上・機上の端末機を介した通信中継による、ネットワーク広域化

いずれをとっても、相互運用性を備えて多様な機器・多様なプラットフォームに対応していなければ実現できない話である。そして用途の関係から、伝送能力はダウンリンクを重視しており、具体的には以下のようになっている。
・アップリンク（地上→航空機）：200kbps〜45Mbps
・ダウンリンク（航空機→地上）：10.71Mbps、44.7Mbps、137Mbps、274Mbps、548Mbps、1.096Gbps

CDLには多重化機能があるので、複数のチャンネルからの入力をひとまとめにしてやりとりできる。

通信対象となる航空機の速度や高度によって、当然ながら、必要とされる通信能力に違いが生じる。そこで、CDLでは5種類の「クラス」を規定している。
・クラスI：航空機向け、速度マッハ2.3・高度80,000フィートまで
・クラスII：航空機向け、速度マッハ5・高度150,000フィートまで
・クラスIII：航空機向け、速度マッハ5・高度500,000フィートまで
・クラスIV：衛星向け、高度750nmまで
・クラスV：衛星向け、さらに高い軌道高度の衛星と通信するための中継用

CDLが関わるプラットフォームとしては、RC-135V/Wリベットジョイント、RQ-4グローバルホーク、MQ-1プレデター、RC-12ガードレール、U-2ドラゴン・レディ、イギリスのセンティネルR.1といったものがある。いずれも、電子光学センサー、SAR、ELINT/SIGINTといった、重要かつ量が多いデータを扱う機材を備えている。そして、これらの機体がCDLを使って別のところにデータを送るデモンストレーションを実施した事例は多い。CDL用の端末機については、例を「表11.4」にまとめた。

なお、2016年9月にBAEシステムズ社が、CDLの改良型・NTCDLの契約を8,470万ドルで受注した。NTCDLは従来のCDLと比較すると、同時に複数の情報源からデータを受け取る能力を強化したものだとされている[56]。

名称	説明
MIST（Modular Interoperable Surface Terminal）	陸上設置型クラスI端末機
CDL-N（Common Data Link-Navy）	艦載型クラスI端末機で、先進戦術航空偵察システム（ATARS）や戦闘群向けパッシブ水平線延伸システム（BGPHES）をサポートする。旧称CHBDL-ST（Common High Bandwidth Data Link Surface Terminal）
AN/USQ-167 CDLS（Common Data Link System）	米海軍が初めて導入したCDL端末機
シニア・スパン	衛星通信対応端末機で、Iバンドを使用してDSCS II/III経由で通信する（Span Airborne Data Link）
シニア・スパー	衛星通信対応端末機で、Kuバンドを使用する
ミニCDL200	L-3コミュニケーションズ製の小型端末機で、重量は2ポンドを切る。Kuバンド衛星通信で伝送速度は44.73Mbps。ROVERとの組み合わせも可能

表11.4：CDL端末機の例

　このほか米軍では、比較的簡素な機器を使い、かつ既存のCDLとの互換性を備える、戦術共通データリンク（TCDL）を開発した。これはKuバンドの電波を用いて全二重通信を行なう。通信の向きによって周波数を分けており、アップリンク（送信側）が15.15〜15.35GHzで200kbps、ダウンリンク（受信側）が14.40〜14.83GHzで1.544Mbps〜10.71Mbps、通信可能な距離は最大200kmとなっている。CDL並みの45Mbps・137Mbps・274Mbpsを実現する計画もあるようだ。L-3コミュニケーションズ製ミニTCDL端末機の仕様を見ると、Xバンドにも対応しており、アップリンクは10.14〜10.44GHz、ダウンリンクは9.75〜9.95GHzを使用する由。

似て非なるもの・SCDL

　CDLやTCDLに加えて、監視・管制データリンク（SCDL）というものもあるからややこしい。これは航空機のセンサーで得た移動目標データを地上・艦上の端末機に送信するためのもの。つまり用途が限定的なのである。SCDLのCはControlであってCommonではないから、CDLとは意味も位置付けも異なる。

　使用する電波の周波数が高いTCDLは、見通し線圏内の通信しか行なえない。そこで、WGS通信衛星と組み合わせて見通し線圏外でも高速なデータ通信を行なえるようにしたのが多用途TCDL（MR-TCDL）で、ノースロップ・グラマン社が開発した。導入例としてはE-6Bマーキュリーがある。核戦争時の指揮統制機を務めるため、優先的に

ネットワーク環境を強化したようだ。

　本書で取り上げているさまざまなデータリンクのうち、正直いって、もっとも分かりにくかったのがCDLだ。その理由は、特定の端末機に限定せず、同じウェーブフォームを利用していれば多様な端末機を使えるようにした点にあるように思える。また、見通し線通信だけでなく衛星通信も利用できるから、これがまた話を複雑にする。

11.7.4　CAS用のデータリンク機材いろいろ

　状況認識データリンク（SADL）は、近接航空支援（CAS）で用いるデータリンクで、地上から攻撃の指示を出す前線航空統制官（FAC）と上空の戦闘機や攻撃機を結ぶデータリンクだ。狙いは、CASで地上の友軍を誤射・誤爆しないようにする点にある。

　なお、かつてはこの手の管制官をFACといっていたが、米空軍では2003年9月3日付で統合終末攻撃統制官（JTAC）に改称した。JTACの人数が足りない場合には、JTACの眼や耳となる補佐役として、統合火力支援担当官（JFO）をつける場合もあるようだ。

　高速で飛行する航空機から地上にいる敵と味方を見分けるのは、簡単なことではない。敵と味方が接近した状態で撃ち合っているから、近接航空支援における誤爆・誤射の事例は多い。そこで、地上にいるFACやJTACから上空の友軍機に対して、迅速に最新の状況を送る目的で開発したのがSADL。導入事例としては、A-10Cがある。A-10Aに精密攻撃（PE : Precision Engagement）改修を施した機体だ。

　PE改修の内容について、少し詳しく書いてみよう。第一段階の改修がインクリメント3.1で、コックピットにCICU（Central Interface Control Unit）と5インチの多機能ディスプレイ（MFD）×2基、DSMS（Digital Stores Management System）を導入するとともに、配線を引き直して直流発電機を倍増、さらにHOTAS化も実施した。ターゲティング・ポッドはスナイパーXRとライトニングATに対応しており、ROVERも追加搭載した。SADLが加わったのは、次のインクリメント3.2改修。PE改修の仕様が確定した後で追加された。このほか、インクリメント3.3で最新の航空管制規格に対応するとの話も伝えられた。

　地上にいる個々の兵士、あるいは車両は、EPLRS（→4.4.8 測位システムとISR）を導入すれば、GPS受信機を使って得た自己の位置情報を報告できる。それをとりまとめてSADL経由で上空の友軍機に送信すると、コックピットのディスプレイに友軍の位置情報が現われる。その情報を参照しながら目標指示を行なうことで、友軍を誤爆しないようにしようというわけだ。SADLとLink

図11.5：SADLの画面表示イメージ。上空の戦闘機が、地上にいる敵と味方の位置関係を把握するために用いる (USAF)

16の相互接続を可能にする中継機器や、上位の指揮所から衛星通信経由で送られてきた情報・指令をLink 16やSADLに再送信する中継機器もある。

同様の機能を実現する製品として2016年に登場したのが、ヴィアサット社が開発したBATS-D[57]。個人携帯用の無線機に似た外見を持つデジタル通信機器で、地上にいる友軍・敵軍の位置情報をLink 16経由で上空の戦闘機に伝達する。Link 16を使用する分だけ、汎用性や対応プラットフォームの幅の広さという点で有利ではないかと考えられる。

ヴィアサット社はその後、HHL16（Hand Held Link 16）という携帯式データリンク端末機を開発、2016年3月にネバダ試験場で米四軍と特殊作戦部隊による運用評価試験を実施した。JTACが、頭上を飛んでいる戦闘機のパイロットとの間でデジタル・データリンクを実現するための機材で、さらに機材の改良と評価試験を進めていく予定になっている[58]。

一方、米国防高等研究計画局が進めているのがPCAS（常続近接航空支援）。もともとA-10向けとして開発がスタートしたが、その後、機種に関係なく使える汎用品にする計画に変わった。地上の兵士は専用ソフトウェア・PCAS-Groundを動作させるタブレットPCを持ち歩き、そこで敵位置などのデータを入力する。それがデータリンク経由で、機上の搭乗員が持つ端末機に送られる。そちらではPCAS-Airというソフトウェアが走っていて、地上から来たデータに基づいて目標指示を行なう仕組み。担当メーカーはレイセオン社だが、UAVの活用も計画に入っていることから、その分野に強いオーロラ・フライト・サイエンス社が副契約社として参画する。

空地間でデータリンクを活用して、データ共有・状況認識・目標指示の改善を図る製品としては、ロックウェル・コリンズ社のFireStormもある。

11.7.5 CAS機とJTACを結ぶROVER

CASがらみの機材としては、動画送受信機材のROVERもある。これは、CASを担当する航空機のターゲティング・ポッドが備えるEO/IRセンサーの映

像を、地上にいるJTACに実況中継するものだ。ROVERが初登場したのは2005年秋のことで、イラクに派遣した米海軍のF-14トムキャットが最初に装備した。航空機の側では、AN/AAQ-33スナイパーやAN/AAQ-28ライトニングといったターゲティング・ポッドがROVERに対応している。

地上の受信側では、L-3コミュニケーションズ社が受信機を手掛けている。L-3社の資料を見ると、JTAC用のROVER4受信機は受信用のアンテナと端末機、データを表示するためのノートPC（おなじみのタフブック）で構成している。このほか、トランシーバー型のコンパクトな個人携帯用受信機としてTactical ROVER-eとTactical ROVER-Pがある。データ表示にはタブレットPCを使うようだ。

対応する周波数帯は、ROVER 4がKuバンド、Cバンド・アナログ、Cバンド・デジタル、Sバンド・アナログ、Lバンド・アナログ。ROVER 6はUHF、Lバンド、Sバンド、Cバンド、Kuバンドとなっている。

また、2009年6月にハリス社も、ROVER受信機RF-7800Tを発表した。こちらはLバンド（1.71-1.81GHz）、Sバンド（2.2-2.5GHz）、Cバンド（4.4-5.8GHz）の3種類を使用できる。

近接航空支援では攻撃開始前にJTACが「○○を狙ってくれ」と指示するが、勘違いや伝達ミスなどによって、違った目標を狙ったり、友軍を間違って狙ったりする可能性は残る。そこでROVERがあれば、正しい目標を狙っているかどうか、JTACはその場で確認できる。ひょっとすると「ちょっと待て、そちらで狙っているのは俺だ！」とかいうことも起きるかもしれない。

11.7.6 F-22のIFDLとF-35のMADL

F-22は編隊内データリンク（IFDL）を備えるので、同一編隊を構成する機体同士の情報交換が可能だ。ある機体が敵機を捕捉したら、その情報を他の機体に転送・共有したり、複数の機体同士で目標の割り当てを行なって二重撃ちを防いだりできる。効率の良い交戦が可能になるだけでなく、レーダー電波の放射を抑制できることから、ステルス状態の維持にも役立つ。

ただし「編隊内」だから、他の資産との連携手段としてLink 16端末機も備えている。当初は受信専用だったが、ブロック3aアップグレードで送受信とも可能にする計画になっている。

フロリダ州のティンダル空軍基地に駐留するF-22Aの訓練部隊が2005年4月に、テキサス州ルーク空軍基地に駐留するF-16の訓練部隊と模擬空戦を行なった際に、F-22Aの飛行隊に所属するマックス・マロスコ少佐が、こんなコメントをしていたそうだ。

「F-22Aは大幅に自動化が進んでおり、パイロットの負荷を減らして全体状況の把握に集中させてくれる」「データリンク技術によって、無線機で会話しなくても、ウィングマンが何をしようとしているのかを把握できるし、皆が何をしようとしているのかをコックピットにいながらにして掌握できる。だから、少ない手間で大成功を収めることができる」「F-22が備える先進的なアビオニクスは、パイロットのミスを減らし、少ない手間で物事を順調に運ぶのに役立っている」

一方、F-35はノースロップ・グラマン製の通信・航法・敵味方識別（CNI）パッケージを装備するが、これはソフトウェア無線機を利用して他のプラットフォームと通信する機能を持つ。対応するウェーブフォーム（通信の種類）は27種類あるが、その一環となるのが多機能先進データリンク（MADL）で、2008年11月に導入を決定、米空軍の電子システムセンター（ESC）が窓口となって開発した。

MADLはLink 16と同様に周波数ホッピングを使用する通信システムで、傍受可能性低減（LPI）と探知可能性低減（LPD）の機能も盛り込む。使用する電波の周波数帯はKuバンドで、Link 16のUHFよりも高いところにある。一般的な傾向として、周波数帯が高い方が伝送能力が向上するが、電波が減衰しやすくなるので遠達性の面では不利だ。

敵に傍受される確率を下げるには、四方八方に電波を放射しないで、通信する相手がいる方向にだけ集中的に電波を送信する方法が考えられる。もちろん、

コラム

MiG-31の編隊内データリンク

ソ連でMiG-31フォックスハウンドを開発した際に、ヴィンペル設計局が開発したR-33（NATOコードネームAA-9エイモス）空対空ミサイルとセットで、RP-31/N-007ザスロン・レーダーを導入した。狙いは広い範囲をカバーできる防空能力の実現だが、その一環としてMiG-31同士を結ぶデータリンク機能を備えた。複数のMiG-31が共同で要撃任務を実施する際には、その中の1機が任務全体を指揮する役割を受け持ち、データリンクを通じて他のMiG-31に対して要撃の指示を出す仕組みだ。4機のMiG-31が200km間隔で横に並んだ編隊を組むことで、800～900kmの幅をカバーできるとされる。

ソ連空軍にもツポレフTu-126モス、あるいはイリューシンA-50メインステイといった機体はあるが、能力や数の面でハンデがある。しかも、ソ連は東西に長い国土をカバーする防空網を構築しなければならない。そこで、MiG-31が自ら管制役を買って出たわけだ。

その方向に敵の傍受ステーションがあるかもしれないから完璧な方法ではないが、傍受の確率を下げることはできる。そこにスペクトラム拡散通信を併用することで、さらに傍受の確率は低くなる。ちなみに、MADL用のアンテナを手掛けているのはEMSテクノロジーズという会社で、F-22が装備するIFDL用のアンテナもこの会社が作っている。

だからというわけではないが、MADLはF-35だけでなく、将来的にはF-22やB-2にも搭載する構想があった（ただしF-22についてはキャンセルになったようだ）。自ら電波を放射することを避けたいステルス機だからこそ、傍受されにくく、かつ高性能のデータリンクを必要とする。自機のレーダーを使わなくても、外部から情報を受け取れる方が有利だからだ。

11.7.7　TTNT・FAST・RCDL

その他の新世代高速データリンクの例として、以下のものがある。
・TTNT（Tactical Targeting Network Technology）
・FAST（Flexible Access Secure Transfer）
・RCDL（Radar Common Data Link）

TTNTは、ロックウェル・コリンズ社が主体となって開発したデータリンクで、2009年1月に最終設計審査（CDR）を済ませて量産に入っている。端末機は目下のところ、MIDS JTRSにTTNTの機能を追加する形で実現している。伝送能力は2Mbps～数十Mbpsといったところで、データの伝送にはTCP/IPを使っている。メーカーでは、高速飛行中でも通信を維持できるところをアピールしており、マッハ8まで対応できるといっている。米海空軍がTTNTの採用を決定しており、米海軍ではF/A-18E/FにTTNTを追加する構想を明らかにしている[59]。また、無人戦闘用機システム実証（UCAS-D）計画の下で開発したX-47Bも、外部との指令・情報のやりとりにTTNTを使用した。

ところが、TTNTは高性能な分だけ機器が高価になる問題がある。そこで、スペックを抑えて安価に実現する狙いからBAEシステムズ社が開発したのがFASTで、Link 16端末機のコンポーネントを交換する方法で1.1Mbpsの伝送能力を実現する。そのため、Link 16との互換性を維持しながら高速化できるとの触れ込みだ[60]。

変わり種は、AESAレーダーをデータリンクに応用するRCDLで、米空軍が構想した。AESAレーダーはアンテナ・アレイの制御次第で、特定の方向にだけ集中的にビームを出すことができるから、それをCDLと組み合わせてデータリンクを実現できるのではないか、という考え方が根底にある。デモンストレーションでは伝送速度10Mbpsを達成しており、将来的には数百Mbpsまで高

速化できるとみられていたが、現時点で導入に向けた具体的な動きはみられない。

11.7.8　日本ではJDCS（F）

　防衛省では、自衛隊デジタル通信システム（戦闘機用）ことJDCS（F）の開発・導入計画を進めている。

　MIL-STD-1553Bデータバスを備えるF-15Jの近代化改修機（形態2型）はMIDS-FDLを導入するが、その他の機体との能力差が開いてしまう問題がある。そこで、平成22年度予算で約29億円の予算をつけてJDCS（F）の開発を開始した。導入対象はF-2とF-15Jの非近代化改修機とされている。

　すでに開発は完了して導入のフェーズに移っており、2016年5月に機材一式を1億2,948万1,200円で発注したほか、初度費11億2,914万円を計上した。JDCS（F）の導入によって戦術情報の交換能力が向上するため、空対空戦闘・空対地戦闘のいずれにおいても、効率と精確さの向上を期待できる。

　しかし、MIDS-FDLとJDCS（F）の二本立てになったことで、相互接続性のない二系統のデータリンクを構築することの是非については、議論の余地があるだろう（陸自・海自も巻き込んでJDCS（F）を全面展開するというなら、多少は話が違ってくるのだが）。そこでゲートウェイという話が出てくる。

11.8 異種ネットワークの相互接続

11.8.1 相互接続にはゲートウェイ

　ときには、異なる種類のネットワーク同士を相互接続しなければならない場面も出てくる。最初から相互接続性・相互運用性を備えたシステムを実現していれば話は簡単だが、昨今では「かつての敵国同士」あるいは「同盟関係にない国同士」が共同作戦をとる場面も考えられるからだ。また、通信分野の技術革新や能力向上要求により、新旧のネットワークが混在する場面も出てくる。そこで別々のネットワークを構築してしまうと、全軍規模の情報共有を実現できない。

　そのような場面で、異なる種類のネットワーク、あるいはネットワーク上で何らかの機能を提供するシステムを仲介して相互接続する機材のことを、ネットワークの世界ではゲートウェイという。

　ゲートウェイの仕事は複数ある。まず、伝送媒体が異なれば、それぞれの伝送媒体に対応する通信手段が必要になる。たとえば、同じように無線を使用するデータリンクでも、周波数も変調方式も違う、さまざまな種類のネットワークがある。それらを相互接続しようとすれば、個別にアンテナや送受信機が必要だ。

　実は、話はそれだけでは終わらない。「線がつながった」状態になったら、今度はそこでやりとりされる情報の変換が必要になるからだ。たとえばLink 16にはJシリーズという形でメッセージに関する規定があるが、他のデータリンクなら、同じ種類のデータ（たとえば自機や敵機の位置情報）でも記述形式が異なるかも知れない。すると、一方のデータを読み取って、他方のデータ形式に書き替えて送り出す作業が必要になる。

　これらの動作を整理してみよう。仮に、「データリンクA」と「データリンクB」があり、前者から後者にデータを送る場面を想定する。

1. まず、データリンクA用の端末機でデータを受ける
2. データリンクAのルールに基づいて書かれたデータを取り出す
3. データリンクBのルールに合わせた記述形式に書き替える

4. データリンクBの端末機でデータを送り出す

と、こういう話になる。通訳が、英語でしゃべっているのを右の耳で聞いて、それを頭の中で日本語にしてから、左側にいる人に向けて話すようなものである。

11.8.2　米国各社のゲートウェイ機器

そうしたゲートウェイの一例として、米レイセオン社が開発したMAINGATE（Mobile Ad-Hoc Interoperable Network GATEway）がある。同社がDARPAと組んで開発して、米陸軍の訓練・教義軍団（TRADOC）が2010年に実施した実験イベント・AEWE（Army Expeditionary Warrior Experiment）に持ち込んだ。

MAINGATEは、さまざまなメーカーの製品を持ち込んで相互接続を実現することで、本来は互換性がない製品を組み合わせてひとつのネットワークで接続する機能を実現する。これにより、既存の装備を互いにネットワーク化して相互接続性・相互運用性を実現するのが、デモンストレーションの眼目だった。最終的な目的は、そのネットワークを通じて、静止画・動画の伝送、音声通話の中継、分隊レベルまでの状況認識と指揮統制網の実現、といった機能を実現することだ。

似たような機材を実戦投入した事例として、ノースロップ・グラマン社が米空軍に納入した戦場航空通信ノード（BACN）がある。通信の中継だけでなく、異なる規格のネットワーク同士を変換する機能を備えた機材を用意している。対応可能な通信の種類としては、SINCGARS、DAMA衛星通信、EPLRS/SADL、Link 16、VHFのAM/FM通信、UHFのAM通信といったものが挙げられている。TCDLやTTNTを取り込めるとの話もある。

BACNでは、機材を搭載するプラットフォームを有人機とUAVの二本立てにしている。具体的には、有人のボンバルディア製グローバルエクスプレスを使うE-11Aと、無人のRQ-4グローバルホークを使うEQ-4Bだ。機体のシリアルナンバーも判明しているので、ついでに書いておこう。

・E-11A：11-9001、11-9355、11-9358、12-9506
・EQ-4B：04-2017（2011年に事故減耗）、04-2018、04-2019、04-2020

同社はその後、BACNで得た経験を活用してスマートノード（Smart Node）というポッドを開発した。これもやはり、CDL、Link 16、EPLRS/SADL、AN/PRC-117などの各種通信機による通信を空中で中継するもので、ポッド化することで搭載プラットフォームの選択肢を広げている。

一方、Link 16とIFDLの中継を目的としてボーイング社のファントム・ワー

クスが開発したのがタロンヘイト（Talon HATE）というポッド。これはMIDS-JTRSにIFDLの機能を追加することで実現しており、ソフトウェア無線機の本領を発揮した一例といえる。設計は2014年9月に確定しており、本書を執筆した2016年初夏の時点では、これから飛行試験を始めようという段階にある。

F-22AはIFDLを使用するが、これはF-22Aの編隊内限定で、他機種も交えた大規模なネットワーク構築はできない。そこでタロンヘイトが登場して、Link 16の端末機を搭載する航空機との間で相互変換・相互中継を実現しようというわけだ。

BACNやスマートノードやタロンヘイトのように、ゲートウェイ機能を航空機に搭載すると、見通し線圏外の通信中継と異種通信規格同士の相互変換をまとめて行なえる利点もある。もちろん、見通し線圏内の伝達で済むのであれば、ゲートウェイ機能を陸上や艦上に設置しても良い。

11.8.3　日本はどうするの?

前述したように、航空自衛隊ではF-15J/DJの非近代化改修機とF-2にJDCS（F）を導入する計画を進めている。すると、機種によってLink 16だったりJDCS（F）だったりと統一がとれていない事態が生じる。さらに、そこにF-35Aの配備が進むとMADLまで加わる。

こうなると、異なるデータリンクの間でデータを相互中継するゲートウェイ機能が必要になるはずだ。一説によるとJADGEシステムにゲートウェイ機能を持たせるというのだが、JADGEシステムで通信できる範囲の外ではどうするつもりだろうか。

第 12 章

ネットワークの構築と指揮統制システム

　第11章ではネットワークについて取り上げた。ネットワークはあくまでインフラであって、それを使って何をするかが問題だ。そこで、この章ではネットワーク中心戦や指揮統制システムといった分野の話題について取り上げる。いわば本書の総仕上げだ。

12.1 状況認識と指揮統制のIT化

12.1.1 指揮管制と指揮統制

軍用の各種情報システムについて書かれたものを見ると、「指揮管制システム」という言葉と「指揮統制システム」という言葉が入り乱れている。どちらも英語で書けば Command and Control System だが、その Control の意味するところが違うわけだ。

基本的な傾向としては、指揮管制といった場合には個別の武器やプラットフォーム、指揮統制といった場合には組織が対象になるといえそうだ。軍隊の根幹をなすのは統制だが、それを具現化する手段が指揮統制システムで、典型的な用途は作戦・戦役・戦争に対する指揮の支援ということになる。

さて。指揮管制や指揮統制に際して求められる機能には共通する部分がある。つまり、こういう話である。

- 脅威（敵軍の規模・能力・所在）に関する情報の取り込み
- 指揮下部隊の規模・能力・所在に関する情報の取り込み
- 敵の予測可能行動や実際の動向に関する判断
- それに対して、指揮下部隊をどう動かすかという意思決定
- 意思決定に基づく指令の発出

規模や内容には違いがあるものの、個人レベルでの撃ち合いから国家同士の戦争に至るまで、「状況を認識した上で対応行動に関する意思決定を行ない、実施する」という根幹は似ている。昔はそれを人間の五感と脳味噌に頼って実施していたが、それでは能力的に限界がある。そこでコンピュータやセンサーや通信網を活用することで、より的確かつ迅速な状況認識・意思決定・指令の下達を実現する方向に話が進んだ。それが、コンピュータを中核とする指揮管制システムや指揮統制システムということになる。

12.1.2 コンピュータと戦術指揮の関係

一例として、戦術指揮とコンピュータの関わりについて、少し掘り下げてみ

よう。これは、いわゆる戦闘指揮システム（BMS）の領域だ。MはManagementだから「管理」という訳語がポピュラーだが、「戦闘管理システム」ではどうもピンと来ない。そこで「戦闘指揮」と意訳した。

さて。たとえば中隊長・大隊長・連隊長といったあたりのレベルで戦闘を指揮する場面では、以下のような流れをとると考えられる。

1. 各種のISR資産から得た情報に基づき、作戦計画を立案する
2. 指揮下にある個々の部隊に対して、任務を割り当てる
3. 指揮下の部隊を、しかるべき場所に配置する
4. 任務の発動を指令する
5. その後の状況の進展を見ながら、必要に応じて指示を出す

米空軍のジョン・ボイド大佐が提唱したOODAループ（Observe-Orient-Decide-Act、監視・状況判断・意志決定・行動を繰り返すループのこと）を実地の用語に噛み砕くと、こんな内容になるだろうか。

昔なら、これらの作業を頭の中と紙の上で行なっていたが、現代ではコンピュータ化している。それにより、扱うことができる情報の量を増やしたり、情報や指令を処理・伝達する速度を高めたり、人力で行なっていた作業を自動化したり、といったメリットを得られる。また、コンピュータとデータ通信網の組み合わせがあれば、紙に書いたものを行き来させるよりも速く、口頭でやりとりするよりも確実に、情報や指令をやりとりできる。

つまり、最終的な意志決定と任務の遂行を行なうのは人間だが、その意志決定や任務遂行を迅速・精確・確実なものにするために、コンピュータと情報通信網が支援する、という構図になる。

コンピュータが関わってくる具体的な仕事としては、「ISR資産から得た監視情報の提示」「それによる意志決定の支援」「任務割り当てと作戦計画の立案支援」「交戦と武器の操作」といったところが挙げられる。最後の「交戦と武器の操作」は人間の手で行なう場合が多いが、イージス戦闘システムを自動モードで作動させた場合のように、目標が消滅するか兵装を撃ち尽くすまで、自動的に交戦を続ける場合もある。

ともあれ、OODAループを回そうとしたときに、それを阻害する要因を取り除くのがコンピュータの仕事であり、逆に阻害要因を増やしてしまうのは良くない。

たとえば、最初の「監視」についていえば、コンピュータの支援によって重要な情報を選り分けて分かりやすく提示してくれるのはよい。しかし、生のデータが大量に流れ込んできて収拾がつかない状況を作り出すのは問題だ。かといって、選り分けの際に重要な情報まで切り捨ててしまうのでは、これまた問題がある。

二番目の「状況判断」では、対空戦における脅威度判断が典型的な事例といえる。さまざまな方面から多数の経空脅威が飛来した場合、どれがもっとも脅威度が高いか、どの順番に要撃交戦するべきか、といった判断をコンピュータが支援してくれれば助かる。

意志決定についてはコンピュータ任せにはできないので、あくまで決定するのは人間であり、それを支援するために材料を提示するのがコンピュータの仕事となるし、そうあらねばならない。

12.1.3　情報の共有とCOP

過去の時代と異なり、現在の軍事作戦は諸兵科連合から統合軍、多国籍作戦へと変化してきている。

たとえば陸軍であれば、歩兵・機甲・砲兵といった複数の兵科が共同で行動するし、その陸軍部隊に対して空軍が近接航空支援（CAS）を行なったり、海軍が敵の目標に巡航ミサイルを撃ち込んだりといった支援も加わる。多国籍の共同作戦を行なうことも多い。そこで問題になるのは、一緒に作戦行動をとっている兵科、軍種、あるいは国ごとの軍の間で、状況認識に相違が生じることだ。さまざまなISR資産から多様な情報を、リアルタイムに近い速さで得られても、その情報を関係者が共有できなければ、状況認識の足並みが揃わない。

その、関係者が共有する作戦状況データのことを、共通戦況図（COP）と呼ぶ。つまり、関係者全員が同じ作戦地図を見ている状況、といえる。全員が同じ地図で同じ状況を見ていなければ、作戦行動がギクシャクする。それを実現するには、データ通信網とコンピュータが不可欠だ。

しかし一方では、軍事作戦には機密保持も必要だから、"need to know"、つまり「情報は、それを知っているべき人にしか知らせない」という考え方も必要になる。つまり、必要なところには漏れなく情報を配信する一方で、必要のないところには何も出さない、というメリハリが必要になる。COPを扱う指揮統制システムには、情報の共有とアクセス権制御の仕組みも必要になる。

企業情報システムにおける情報共有でも、同じ考え方を使う。それを実現する手段として、ファイル共有やWebアプリケーションなどといった形で情報を共有する手段を整備するとともに、セキュリティ・レベルやアクセス権の設定によって、アクセスする必要がない人はアクセスさせないようにしている。そういったところに共通性があることから、軍の情報システムでもCOTS化を図り、企業向けに開発・販売されているグループウェアを活用する事例がある。

12.2 海上・空中における指揮管制・指揮統制

12.2.1 情報と指揮の集中化とCIC

では、具体的な指揮管制システムや指揮統制システムの事例を見ていくことにしよう。システム化が比較的早かったのは海・空の分野なので、そちらから話を始めることにする。

先に述べた情報共有は兵科・軍種・国といった大きな単位だったが、もっと小さな単位でも、情報共有の必要性が生じる場合がある。その典型例として、戦闘艦における戦闘情報センター（CIC）の設置が挙げられる。

帆船時代の海戦では、交戦は目に見える範囲内で完結していたから、指揮官は艦橋に陣取って指示を出すだけで事足りた。敵の状況も味方の状況も、自分の眼で見れば確認できる。ところが20世紀に入ってから、砲煩兵器の射程は伸びて、航空機や潜水艦が作戦に加わり、通信技術の発展によって離れた場所から情報が入ってくるようになった。状況を把握する対象の範囲が一挙に広がり、艦橋から目視できる範囲の話だけでは済まなくなった。しかも、航空機はスピードが速いし、潜水艦は襲撃してくる前に先制発見したい。

そうなると、指揮官は広い範囲を対象として立体的に状況を認識するよう求められる。しかも、入ってくる情報は断片的なものが多い。そうした情報を頭の中で組み合わせて状況を認識するのは、骨が折れる作業だ。一方で、兵器やプラットフォームの性能が上がったことで状況の変動が早まったから、迅速な状況認識と意志決定を求められる。戦史をひも解いてみれば、大量の情報が錯綜する中で情報の判断を誤った事例は幾つ

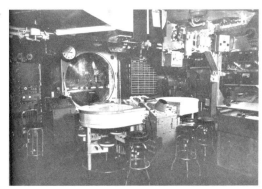

図12.1：米海軍の軽空母「インディペンデンス」のCIC（US Navy）

もある。

そこで米海軍では第二次世界大戦中から、艦内の情報中枢となるCICを設置するようになった。CICには通信機器、レーダー・スコープ、海図、プロッティング・ボード（透明なプラスチック板）などを設置して、入ってきた情報を読み上げるとともに、海図やプロッティング・ボードに書

図12.2：イージス駆逐艦「ベンフォールド」のCIC（対空戦区画）

き込んでいく。状況が変化したら、古い情報を消して新しい情報に更新する。

さて。指揮官が艦橋に陣取っていた時代とCICに陣取る現代では何が異なるか。それは、「情報の集中」→「整理統合」→「状況の表示」→「作戦行動の指示」という流れと、それを支援する機材の充実にある。CIC以前の時代には、中間の「整理統合」と「状況の表示」に弱みがあった。それは、状況認識の誤り、ひいては作戦行動の失敗につながる。

情報を指揮中枢たるCICに集中して、適切な判断と意志決定を可能にすることで作戦を成功させた事例としては、マリアナ沖海戦における米海軍の防空戦がある。戦闘の経緯についてはよく知られているから省略するが、情報と指揮・統制という観点から要点を整理すると、以下のようになる。

- 敵機の飛来を探知（レーダー）
- 得られた情報を整理して、状況を正しく認識（CIC）
- 情報の確実な伝達による確実な要撃（無線電話）

では、最新の水上戦闘艦が備えるCICはどうなっているか。例として、アーレイ・バーク級イージス駆逐艦（ベースライン9）のCICの配置を要約すると、

図12.3：海上自衛隊の護衛艦「こんごう」が、イージスBMDの要撃試験を行なったときのCICを撮影した写真。肝心なところはぼかされているが、雰囲気は伝わってくる（US Missile Defense Agency）

こうなる。
- 艦首側の壁に、全体状況を表示する大型ディスプレイ
- 艦首側の壁に面した右端にトマホーク巡航ミサイルの管制用コンソールを設置
- 大型ディスプレイの手前に、指揮官用コンソールを設置
- 左舷側には対空戦（AAW）を扱うコンソールを設置
- 右舷側には対水上戦（ASuW）を扱うコンソールを設置
- 艦尾側の壁に面して対潜戦（ASW）を扱うコンソールを設置

ただし、コンソールのハードウェアは大半が同じCDSで、動作するソフトウェアや画面表示の内容が異なるだけである。

アーレイ・バーク級は旗艦機能を持っていないから、艦長と作戦士官（Operations Officer。海自でいうところの船務長）が指揮の中心になる。旗艦機能を備えた艦だと、さらに指揮官用のコンソールやディスプレイが増える。

CICは情報が集中する場所で、かつ指揮中枢でもある。だから、艦長だけでなく、対水上・対空・対潜など、任務分野ごとの責任者もすべてCICに陣取り、最新の状況に基づいて指令を出す。みんな同じCICに集中しているから、関係者は同じ情報を共有できる。

型番	名称	搭載艦艇
NYYA-1	-	たかつき
OYQ-1	WES（Weapon Entry System）	たちかぜ
OYQ-2	TDS（Target Designation System）	あさかぜ
OYQ-3	TDPS（Tactical Data Processing System）	しらね型
OYQ-4	CDS	さわかぜ
OYQ-4	OYQ-4-1: TDS	はたかぜ型
OYQ-5	TDPS	はつゆき型
OYQ-5	TDS-3	いしかり（DE-229）、ゆうばり型
OYQ-5	TDS-3-2	たかつき型FRAM後（たかつき、きくづき）
OYQ-6	CDS	あさぎり型1～3番艦、はるな
OYQ-7	CDS	あさぎり型4～8番艦、ひえい、あぶくま型
OYQ-8	-	1号型ミサイル艇
OYQ-8B	-	はやぶさ型ミサイル艇
OYQ-9	CDS	むらさめ型、たかなみ型
OYQ-10	ACDS	ひゅうが型

表12.1：海上自衛隊の艦艇が装備する、指揮管制システムの例

12.2.2　陸上の防空指揮管制

では陸上はどうか。迅速な対応を求められたために早くからシステム化・コンピュータ化が進んでいた、防空指揮管制を例に挙げて見てみよう。

第二次世界大戦ではイギリスやドイツが爆撃機迎撃のために、レーダー網・指揮所・無線通信による指揮を組み合わせた防空システムを整備することで、大きな成果を挙げた。レーダーが敵機の飛来を探知すると、その情報が指揮所に伝えられ、指揮官はその情報に基づいて戦闘機隊に要撃の指令を出す。先に挙げたマリアナ沖海戦と同じで、無線電話によって迅速かつ的確な指令を出せるかどうかが鍵になる。だからこそ、イギリス軍はドイツ軍の無線通信を妨害するために、贋交信を割り込ませる「コロナ作戦」を展開した。

ただ、第二次世界大戦の頃にはまだ、判断と意思決定はすべて人間の仕事だった。レシプロ機の時代なら爆撃機の飛来速度は時速数百キロというところだから、まだしも時間的な余裕はある。ところが、ジェット機や弾道ミサイルや巡航ミサイルが登場する現代の防空戦では、使える時間はずっと少ない。ステルス性を備えている相手だと、脅威が近くまで来てから突発的に存在に気付く可能性もある。

だから、現代の対空戦ではコンピュータによる脅威判定の重要性が高い。個々のレーダー探知ごとに連続的な追尾を行ない、針路と速度を割り出す。それによって未来位置の予測が可能になり、それを脅威判定のベースとする。もちろん、接近速度が速い脅威や、自国の重要拠点に向けて飛来する脅威の方が優先度が高く、先に叩き落とさなければならない。

特攻機の攻撃に直面した米海軍は戦後、艦対空ミサイル（バンブルビー計画）、早期警戒機、NTDSのような指揮管制システムの開発に走った。米空軍は、第二次世界大戦における戦略爆撃の経験と核兵器の登場を受けて、「ボマー・ギャップ」への（後からしてみれば過剰ともいえる）対応に走った。そこで、自国の本土にソ連軍の爆撃機が侵入して来る事態にどう対処しようかと考えた、米空軍の話が出てくる。

12.2.3　SAGEシステムの概要

1949年12月に「バレー委員会」（ADSEC：Air Defense System Engineering Committee）が発足して、北米全体を対象にした防空計画の策定に乗り出した。狙いは、アナログ方式とデジタル方式の両方について、自動化した防空システムを実現するための研究を進めることにあった。その後、1950年代に入ってか

ら国防長官官房（OSD）の武器システム評価グループ（WSEG：Weapons Systems Evaluation Group）やマサチューセッツ工科大学のチャールズ・プロジェクトなども、防空システムに関する研究を実施した。

これらの研究が生み出したのが、デジタル・コンピュータが管制する対空捜索レーダーのネットワークと、自動化した防空指揮システムを組み合わせるコンセプトだ。これに半自動式防空管制組織（SAGE）という名前がついたのは1954年の話。SAGEシステムが目指したのは、コンピュータの導入によって自動化を図った防空指揮管制の実現である。レーダーによって得られた探知データをコンピュータに入れて脅威度の高低・優先度の高低を判断するとともに、戦闘機に対して要撃の指令を出して誘導する。

それを実現するため、アメリカ本土を23のセクターに区切り、セクターごとに指揮施設やレーダー網を設置した。想定する脅威は北極圏を超えて侵入してくる爆撃機なので、それを探知するためのレーダー網はアメリカ北部とカナダに展開しており、北から順に「DEWライン（Destant Early Warning line）」「カナダ中央ライン（Mid-Canada Line）」「パインツリー・ライン（Pinetree line）」という。

レーダーによって得られた情報は、アナログ電話回線とモデムの組み合わせによって、管制センターに2基ずつ置かれたIBM製のコンピュータ・AN/FSQ-7に入る。システム全体で56台のコンピュータがあり、障害発生時のシステム停止を防ぐために二重化構成になっていた。その管制センター同士を結ぶ通信網もあり、こちらもアナログ回線とモデムの組み合わせだ。

そして、管制センターに置かれたコンピュータが敵情の把握と脅威判定を行なう。もしも要撃の必要ありと判断した場合には、F-102やF-106といった防空戦闘機を発進させるが、その戦闘機はデータリンクによってSAGEシステムとつながっており、行くべき場所の指令を受けてオートパイロットで飛んで行くことができる。戦闘機だけでなく、ボマークやナイキ・ハーキュリーズといった大型の地対空ミサイルも指揮下に入れた。

このシステムは、ニュージャージー州のマクガイア空軍基地を皮切りに稼動を開始して、1961年には北米全土をカバーした。ところが、SAGEシステムの配備が完了した頃には弾道ミサイルの時代になり、爆撃機が侵入する可能性が低くなってしまった。

ちなみに、1台のAN/FSQ-7は70個の匡体からなり、58,000本の真空管を使っていたという。消費電力や発熱の大きさは推して知るべしだ。こんな複雑怪奇なシステムでありながら、AN/FSQ-7は年間4時間以内しか停止しなかったというからすごい。

後に、日本やNATOも似たような防空システムを構築しており、日本では

BADGE、NATOではNADGEという名称がつけられた。日本がその後、第二世代のBADGEシステムを経てJADGEシステムに移行したのと同様に、NATOでも、対空戦に加えて弾道ミサイル防衛にも対象を拡大したACCSを導入している。ACCSの担当メーカーは、タレス社とレイセオン社が共同設立した、タレスレイセオンシステムズ社だ。レイセオン社の資料には、同社がBADGEシステムの開発にも関与したとの記述がある。

12.2.4　戦術・戦域レベルの防空指揮管制

SAGEやJADGEみたいな国土防空用の指揮管制システムだけでなく、もっと扱う範囲が小さい、いわば戦術レベルの航空戦向け指揮管制システムもある。具体例としては、米海兵隊で使用している航空戦共通指揮統制システム（CAC2S）が挙げられる。彼我の航空機の位置や動向を把握して、適切なところに味方の戦闘機を誘導する作業を支援するシステムで、ある意味、これも航空管制である。

民航機の管制では衝突回避のための交通整理が主な仕事になるが、航空戦の管制では要撃のための誘導が主な仕事。いささか語弊のある言い方だが、「ぶつけないのが民航機の管制、ぶつけるのが航空戦の管制」といえるかも知れない。

また、米陸軍では航空機と弾道ミサイルの双方に対応できる統合防空・ミサイル防衛（IAMD）指向の防空指揮管制システムとして、IBCSの開発を進めている。センサーには、AN/MPQ-64センティネルのような対空捜索レーダーだけでなく、パトリオット地対空ミサイルのAN/MPQ-53射撃管制レーダーも加える。シューターは、(米陸軍には戦闘機がないので) PAC-2やPAC-3といったミサイルを使う。イージス艦と同じことを陸上で移動しながらやるのがIBCS、といえるかもしれない。

12.2.5　指揮所を空に上げる

ここまで取り上げてきた航空戦関連の指揮管制システムは、陸上にセンサーと指揮管制機能を置いている。ところが、それらをまとめてエアボーンする形が現われた。いわゆる空中警戒管制システム（AWACS）だ。

地上、あるいは海上の艦船に設置したレーダーは、地球の丸みのせいで見通せる範囲が制限され、水上目標なら水平線までが限度になる（だからレーダー・ホライゾンという言葉がある）。また、相手の高度によって探知可能距離が延びたり縮んだりするのは、探知する側からすると面倒だ。陸上に設置するレ

ーダーサイトは山の上に設置して、できるだけレーダー・ホライゾンを遠くにするよう努力しているが、それとて限度はある。だから宮古島のレーダーサイトで尖閣諸島をカバーできず、中国機による領空侵犯を許してしまうようなことが起きた。

そこで「航空機にレーダーを搭載すれば、高いところにレーダーを設置できる分だけレーダー・ホライゾンを拡大できる」という発想が出てくる。これが早期警戒機（AEW）だ。ドップラー効果を利用することで、地面からの反射波と下方の探知目標を区別できるようになったから、さらに有用性が増した。

しかし、単にレーダーを空中に上げるだけでは、そのレーダーと指揮所との情報伝達という問題が残る。それならいっそのこと、レーダーだけでなく指揮所の機能まで一緒にしてしまえ、ということで登場したのが、E-3セントリーやE-767のようなAWACS機だ。E-3を例にとると、背中に取り付けた直径9.14mの回転式レドーム（ロートドーム）の中に、AN/APY-1、あるいはAN/APY-2レーダーを収容している。機内には14名分（この数はモデルによって異なる）の管制用コンソールを設置しており、戦線の後方上空を周回飛行しながら、敵と味方の航空機の動きを把握して、味方の戦闘機に対して指令を出す。

E-3は登場後もブロック20、ブロック30/35、ブロック40/45と段階的なアップグレード改修を実施して能力向上を図っている。しかし外見的な変化は、衛星通信のアンテナがいくらか増えたことと、ブロック30/35から機首両側面にAN/AYR-1 ESM装置のアンテナ・フェアリングが加わったことぐらいだ。改良の多くはアンコ、つまり内部の電子機器だ。たとえば、ブロック30/35からJTIDS端末機を搭載して、Link 16を利用できるようになった。また、ブロック40/45ではコンピュータ機器をゴッソリ入れ替えて能力を高めた。

大事なのは、単にレーダーを空中に上げるだけでなく、そこに指揮管制機能を融合した点だ。地上の指揮管制システムと同様、AWACS機でもレーダー探知のデータはコンピュータに投入して処理するから、そのコンピュータの能力・機能が重要になる。AWACS機の性能というと、ついレーダーの探知可能距離ばかり気にしてしまうが、実はデータ処理能力や管制能力、そして敵味方の識別能力こそ本筋である。

もちろん、管制員の数が多い方が能力が高い。対象を種類ごとに分けたり、セクターごとに分けたりして複数の管制員が業務を分担できれば、それだけトータルの管制能力が増す。ただし頭数だけ増やしてもダメで、管制員の数に合わせてコンソールを増やす必要がある。通信機も同様で、回線を十分に確保しないと、いざというときに通信がつながらない。

高性能のレーダー、識別機能、指揮管制機能通信機能といった要素を併せ持つAWACS機は、現代の航空戦における要石（コーナーストーン）だといえる。

図12.4：米空軍のAWACS機、E-3セントリー。これは古いブロック30/35

図12.5：E-3の機内。多数の管制用コンソールが並んでいるが、これがE-3の中枢機能となる（USAF）

図12.6：E-3の機首側面に加わったESM装置・AN/AYR-1(V)

ゆえに現在の米軍では、戦闘機のパイロットに対して敵機の撃墜許可を出すかどうかは、AWACS機に乗った管制官が決める。戦闘機のパイロットはAWACS機からの指示を受けて敵機のところまで誘導され、AWACS機に乗る管制員から許可が出た時点で、初めて敵機と交戦できる。

12.2.6　AEW&CとAWACSの違い

早期警戒機は空飛ぶレーダーサイト、AWACS機は空飛ぶレーダーサイト+指揮所、と考えれば分かりやすいが、実際にはさらに早期警戒管制機（AEW&C）という区分があるからややこしい。AEW&C機でもレーダーと管制員を乗せていることに違いはないが、それならAWACS機とどう違うのか、という疑問が生じるのはもっともだ。

明確な閾値はないのだが、指揮管制・通信機能の違いがAEW&C機とAWACS機の違い、というのが一般的な定義だ。AEW&C機の方が、乗っている管制員が少ないし、コンソールの数も少ない。したがって、「AEW → AEW&C → AWACS」の順番で能力が向上する、と考えればよい。AWACS機と比べて探知能力や管制能力が見劣りするAEW&C機でも、あるのとないのとでは大違いである。だから最近、AEW&C機を導入する空軍は増える傾向にある（それを使いこなせているかどうかは別問題だが）。

一般的な認識としては、E-3とE-767以外はみんなAEW&C、という分け方をされることが多い。こんなことを書くと、中国やロシアあたりから「うちの機体もAWACSだ」とクレームがつきそうだが、具体的な管制能力を比較できるデータまで出してはくれないだろうから、永遠の水掛け論である。

もともとAEW&C機として開発された機体には、E-2ホークアイがある。また、入手性や兵站支援の観点から、既存の旅客機やビジネスジェット機に、レーダーを初めとするミッション機材を追加搭載した機体が増える傾向にある。たいていの場合、機内に数名分の管制員席とコンソールを設けている。具体的な機体の例を「表12.2」にまとめた。

図12.7：ボーイング737-700にノースロップ・グラマン社のMESAレーダーを搭載した、オーストラリア空軍のE-7ウェッジテイルAEW&C。外から見ても分からないが、管制員用のコンソールは6基ある（USAF）

プラットフォーム	レーダー
ボーイングB.737-700	ノースロップ・グラマン製MESA
サーブ2000	サーブ製エリアイ
サーブ340	サーブ製エリアイ
エンブラエル145	サーブ製エリアイ
ボンバルディアグローバル6000	サーブ製エリアイER
ガルフストリームG550 CAEW	IAI/Elta製EL/W-2085早期警戒システム
A-50I（ベースはイリューシンIl-76TD）	IAI/Elta製EL/M-2075ファルコン

表12.2：AEW&C機の例

　レーダーはロートドームだと嵩張りすぎるせいか、近年の流行りは棒状、あるいは板状のAESAレーダーを搭載する形だ。もっとも、レーダー・アンテナの追加による空力面の影響や重量配分の変動、消費電力の増加といった問題があるので、どの機体にでもポン付けできるわけではない。また、胴体上面や側面にAESAレーダーを搭載すると、前後方向に死角が生じる可能性がある。

　その一例がサーブのエリアイ・レーダーだ。棒状の固定式アンテナを備えるが、古いS100Bエリアイはカバー範囲が左右それぞれ120度ずつしかなく、前後に60度ずつの空白域ができた。常用高度6,000mにおける探知距離は最大450km、戦闘機サイズの目標なら330km、洋上目標なら320kmだ。それに対して、改良型のPS-890エリアイはカバー範囲を左右それぞれ160度ずつに拡大した。使用する周波数帯はSバンド（3GHz）、200個のソリッドステート・モジュールで構成するアンテナの長さは9m、重量は900kgある。

　IAI社が開発したG550 CAEW（Conformal Airborne Early Warning & Control）はその名の通り、胴体両側面にAESAレーダーのコンフォーマル・アンテナを取り付けている。これもやはり前後方向のカバーが難しいので、機首と尾部にをカバーするために別途、アンテナを装備している。

　面白いのはE-2Dアドバンスト・ホークアイで、見た目は従来のロートドームと同じだが、中身はAESAレーダーだ。ただし回転は可能で、重点的に捜索したい方向にアンテナを指向する機能がある。

12.2.7　飽和攻撃とイージス武器システム

　一方、洋上における経空脅威の双璧といえば、航空機と、対艦ミサイルによる飽和攻撃だ。

　1967年10月の第三次中東戦争で、イスラエル海軍の駆逐艦エイラートが、エジプト海軍のミサイル艇が発射したSS-N-2ステュクス対艦ミサイル（ソ連側名

称P-15）によって撃沈された。この「エイラート号事件」が、対艦ミサイルに対する脅威認識の高まりにつながった。

第二次世界大戦で特攻攻撃を経験した米海軍は、戦後にバンブルビー計画を推進して、RIM-8タロス、RIM-2テリア、RIM-24ターターという、いわゆる「3Tミサイル」を揃えていた。ただ、要撃手段ができたものの、命中精度や信頼性は褒められたものではなかった。そして指揮管制という観点からすると、これらのシステムには重大な問題がある。レーダーなどのセンサーで得た目標情報について、人間が脅威判定を行ない、手作業でミサイルの射撃管制システムにデータを入れなければならなかったからだ。

図12.8：AN/SPY-1レーダー

図12.9：AN/SPG-62射撃管制レーダー

これでは時間がかかりすぎるし、判断ミス・入力ミスの可能性もある。そして、誘導方式にセミアクティブ・レーダー誘導を使用しているため、同時多目標処理能力にも限りがある。そこで、経空脅威への対処能力を高めようとしてタイフォン・システムの開発を始めたものの、あまりの複雑さに技術レベルが追いつかず、計画が中止になった。

その遺灰の中から登場したのが、御存知、イージス戦闘システム（ACS）だ。イージスAEGISとは、ギリシア神話に登場する、大神ゼウスが女神アテナに与えた盾・アイギスaigisのこと。つまり、艦隊を護るための盾、という趣旨のネーミングだ。しかもこれ、Advanced Electronic Guidance and Instrumentation System の頭文字略語でもある。なんかこじつけくさいが。

イージス戦闘システムは、艦が搭載するすべてのウェポン・システムを包含する。そのうち、スタンダード艦対空ミサイルを使った対空戦の部分を司るのがイージス武器システム（AWS）。普通、イージス・システムといった場合には前者を指す。

すでに御存知の方が多いと思うが、イージス武器システムのポイントは、交戦の自動化と同時多目標処理機能にある。それを実現するための要素技術が、以下のものだ。

・全周を"同時に見る"ことができるAN/SPY-1フェーズド・アレイ・レーダー
・脅威評価と目標指示の自動化
・慣性航法と指令誘導による中間誘導を取り入れたことで、ミサイル誘導レーダーによる照射を最終段階だけで済ませるSM-2艦対空ミサイル

イージス武器システムは、AN/SPY-1レーダーが捕捉した目標を追跡して、未来位置を予測するとともに脅威判定を行なう。そして、優先度が高いと判断した目標から順に、予測した未来位置をSM-2ミサイルに入力して発射する。SM-2は慣性航法装置によって自動的に飛翔するが、ミサイル発射後に目標が針路を変更した場合には、AN/SPY-1から修正指令を送る。SM-2が目標に接近したら、Mk.99射撃指揮装置からの指令を受けてAN/SPG-62イルミネーターが目標を照射して、SM-2はその反射波をたどって命中する。

その結果、イージス・システムでは同時に空中に上げておけるミサイルの数が劇的に増加した。タイコンデロガ級イージス巡洋艦では同時16目標、アーレイ・バーク級イージス駆逐艦や日本のこんごう型では同時12目標の要撃を可能にしたとされる。

12.2.8　イージス以外の防空指揮管制システム

イージス・システムが企図しているのは艦隊防空、つまり空母や揚陸艦を中核とする艦隊全体に対して、「イージスの盾」を差し掛けることである。しかし実際にはそれだけでは足りず、個々の艦が自艦に向けて飛来する脅威に対処する、個艦防空（ポイント・ディフェンス）も必要になる。常にイージス艦がいるとは限らないし、イージス艦による艦隊防空の内側に、もうひとつの防御の層がある方が心強い。

そこで米海軍が開発・配備しているのが自艦防衛システム（SSDS）だ。主として空母や揚陸艦といった大型の艦が備えている。SSDSは、指揮管制装置を中核として、対空捜索レーダーや艦対空ミサイル、電子戦装置、チャフ発射器といった具合に、探知手段と防御手段をすべて連接している。具体例を挙げるとこんな按配だ。

・対空捜索レーダー：AN/SPS-48三次元レーダー、AN/SPS-49二次元レーダー、AN/SPQ-9Bレーダー、Mk.23目標捕捉システム（TAS。シースパローの目標探知用）

・艦対空ミサイル：RIM-7シースパロー、RIM-162 ESSM、RIM-116 RAM
・砲熕兵器：Mk.15ファランクス近接防御システム（CIWS）
・電子戦兵器：AN/SLQ-32電子戦装置、Mk.36チャフ発射器

考え方はイージスと似ていて、センサーから入ってきた情報に基づいて脅威評価と武器割当を行ない、ミサイルを撃ったり妨害電波を出したりチャフを撒いたりする。ただし、イージスみたいな同時多目標処理能力までは追求していない。

海上自衛隊が導入したATECSも同様に、センサーからのデータ入力を自動化して処理の迅速化・確実化を図るとともに、同時多目標処理能力を改善している。その中核になっているのが、戦術情報処理装置・OYQ-10先進戦闘指揮システム（ACDS）と、そこから艦内広域ネットワーク（SWAN）を介してネットワーク化された各種システムだ。艦対空ミサイルの射撃指揮には00式射撃指揮装置3型（いわゆるFCS-3）、対潜戦にはASWCS、電子戦にはEWCSを使用する。

想定している脅威もシステム構成も異なるが、SAGEでもイージスでもSSDSでもATECSでも、センサーからデータを自動的に受け取ったコンピュータが、脅威判定と武器割り当て、さらに要撃交戦の指示まで担当するところは共通しており、そこがキモとなっている。重要なのは、脅威判定と武器割り当てを担当するソフトウェアと、その動作原理を決めるアルゴリズムだ。

12.2.9 対潜戦の指揮管制

対空戦ほどのスピードは求められないが、対処するには経験と熟練が必要で、それでいてコンピュータ化が難しい分野として、対潜戦（ASW）が挙げられる。その理由は、「目標の探知・追尾が難しい」「それを補うためにさまざまな種類のセンサーを併用する必要がある」「逆探知されるので、アクティブ探知を多用しづらい」といった事情があるからだ。

レーダー電波は海中まで透過しないから、レーダーは使えない。そこで音響による探知（ソナー）や磁気による探知（MAD）を使用する。ところが、水中では音波が常に直進するわけではない。伝播状況は海水の温度や塩分濃度などによって変動する。しかも、アクティブ探知を行なえば相手が先に逆探知して回避行動を取ってしまうため、方位しか分からないパッシブ探知に頼って捜索しなければならないのが普通だ。

だから、何かをパッシブ探知した場面で、とりあえず目標の針路・速力を大雑把に予測する。そして、移動・探知を繰り返しながら徐々に精度を上げていく作業が必要になる。この「とりあえず、エイヤッと決める」のは、コンピュ

ータにはなかなか難しい作業だ。だから、人間でなければ行なえない部分の判断や意志決定は人間に任せて、それをセンサーやコンピュータが支援する、という形にならざるを得ない。

ただし、対潜哨戒機や対潜ヘリがソノブイを配置する際には、事情が異なる。穴が空かないようにブイ・パターンを構成する必要があるが、それにはコンピュータ制御によって機体を精緻に、パターンに沿って飛行させる必要がある。そして、しかるべき位置で順次、ソノブイを投下していくわけだ。こうした作業は、人間による手作業よりコンピュータ制御の方が向いている。

そして「〇番ブイで聴知」とか「△番ブイで探信」とかいった具合に、あの手この手を駆使しながら追い詰めていく。その過程で、もしも敵潜が潜望鏡やシュノーケルを海面に突き出せばレーダーで探知できるかも知れないし、哨戒機や対潜ヘリが上空を通過すればMADで反応が出るかも知れない。そこで、さまざまなセンサーからの情報を取り込んで分析した結果をオペレーターに提示する機能や、水中の音波伝搬状況を予測して提示する水測予察機能といったところでコンピュータを駆使する。

ソノブイにしても、風や波や海流に流されて位置が変わっていくから、どのブイがどこにいるかは常に調べ直す必要がある。昔は、個々のソノブイが出す電波の方に機を飛ばして上空を通過（オントップ）した瞬間にスモーク・マーカーを投下していた。だからソノブイ・オペレーションを長くやっていると海面がスモーク・マーカーだらけになって、訳が分からなくなりそうだ。しかし、今はソノブイ参照システム（SRS）という便利なモノがあって、ソノブイが出す電波の方位を測定して位置を割り出し、画面に表示してくれる。これもコンピュータ向きの仕事だ。

一方、コンピュータを援用して得たデータに基づいて判断を下したり戦術を組み立てたりするのは、人間の仕事である。P-3やP-8やP-1には戦術航法士、すなわちTACCO（Tactical Coordinator）というポジションがあり、そういう仕事を受け持っている。

使うセンサーに違いはあるが、艦艇も事情は似ている。艦載用の対潜戦指揮管制装置として広く使われている製品として、米海軍制式のAN/SQQ-89シリーズがある。最新型はAN/SQQ-89（V）15で、何回もバージョンアップを重ねてきているのでこんな名前になってしまった。この先、（V）16、（V）17……となるのだろうか？

12.3 陸上における指揮管制・指揮統制

12.3.1 電撃戦の本質は情報と指揮統制の優越

続いて、陸上における指揮統制の話に移る。現代のシステムに話を進める前に、第二次世界大戦におけるドイツ軍の電撃戦を例として、ちょっと過去の歴史を振り返ってみよう。

電撃戦と聞くと、いかにも迅速な作戦行動のように見える。実際、第二次世界大戦におけるドイツ陸軍を象徴するのは装甲師団を中核とする機械化部隊だ。もっとも実際には徒歩や馬匹に依存する割合がけっこう高かったのだが、その話は措いておくとして。

ドイツ陸軍の装甲師団では、戦車はすべて無線機を装備しており、無線手が個々の戦車に乗っていた。だから、指揮官が部下に指令を飛ばしたり、部下が指揮官に報告を上げたりするのは比較的容易である。国によっては戦車に無線機がなく、指揮戦車から手・標識・旗などを使って指示を出していたので、指令や情報の伝達に手間取り、結果としてドイツ軍の戦車隊に出し抜かれることになった。いくら優れた戦車砲や装甲防御を備えていても、指令や情報の伝達に手間取れば、能力をフルに発揮できない。

ドイツ陸軍のもうひとつのポイントは、指揮官が自ら装甲車に乗って前線に出ていたことだ。指揮官の横に通信兵がいて、エニグマ暗号機で通信文を扱っている写真が残されている。これが何を意味するかといえば、指揮官が前線の状況を自分の眼で見て把握するとともに、無線を通じて迅速に命令を出せるということだ。結果として情報面の優越を実現して敵に先んじることができる。

また、ドイツ陸軍の装甲師団が強力な敵軍に遭遇した際には、無線で空軍の急降下爆撃機を呼んでいた。これは重砲の代わりに急降下爆撃を用いるという発想によるが、それを実現できたのは、陸軍部隊と急降下爆撃機がその場でコミュニケーションをとれたからだ。

つまり、いわゆるドイツ軍の電撃戦とは、部隊の機械化だけで実現したものではない。情報通信面の優越・連携に根幹がある、という見方もできるわけだ。

12.3.2　陸戦のIT化は遅かった

　ところが戦後になると、陸戦の分野で情報化が進んだ時期は海・空と比べると遅い。1991年1月の湾岸戦争でもまだ、軍団長のレベルですら紙の地図とグリース・ペンシルと無線機で仕事をしていた。なぜか。
　対空戦ではスピードの速さが問題になるため、人間の能力では追いつけない部分をセンサー・コンピュータ・ネットワークによって補う必要性が高かった。だから、早い時期からITとの関わりが生じた。それと比較すると陸戦の場合、車両の移動速度は航空機やミサイルと比べて一桁遅い。また、車両や個人といった小さな単位で動くため、情報化に必要な機器の小型軽量化や通信インフラの整備という課題もあったと考えられる。しかし、さすがに最近では状況が変わってきている。状況認識や指揮・統制の改善を図り、意志決定の的確化・迅速化を支援するため、戦闘指揮システム（BMS）を持ち込むようになった。
　基本的な考え方は海・空と似ている。まず、指揮下の車両や個人が持つ位置報告機能を使って友軍の情報を、ISR資産の情報を使って敵軍の情報を集める。そうしたデータを分析・融合して画面上に表示したり、ネットワーク経由で共有したりする。それにより、「情報の優越」を実現したり、指揮官の意志決定を支援したりできる。それぞれの軍が持つドクトリンや、過去の実戦経験・演習経験に基づいて「こういう場面ではこう動く」という定式のようなものができていれば、それを提示することもできる。
　ただ、陸戦用の情報通信機器を実現しようとすると、陸戦に特有の課題が立ちはだかる。海軍の艦載システムであれば、艦内にコンピュータ・ルームを設置して、そこに機器を据え付ければよい。空調も電源も艦が自前で持っている。規模はだいぶ異なるが、航空機の場合にも事情は似ている。
　ところが陸戦用情報通信機器の場合、利用できるスペースや電力に限りがある。車両でもそんなに空間的な余裕はないし、個人レベルまで情報化しようとすれば個人携帯が可能な機器と高性能のバッテリが必要だ。だから、個人レベルの情報化が進んだのは、民生用情報通信機器が発達を遂げた後の話だ。
　また、陸戦は運用環境が過酷だ。寒冷地から灼熱の砂漠まで広い温度範囲に渡り、水に濡れることもあれば、粉塵だらけということもある。振動や衝撃という面でも条件は悪い。それに耐えられる頑丈な機器を作らなければならない。このことも、陸戦のIT化を遅らせた一因といえる。どんなに便利で高機能でも、嵩張って持ち運びが大変だったり、すぐ故障したりすれば、現場からソッポを向かれる。

12.3.3　部隊の規模と機器の規模

　陸戦用のBMSでは「プラットフォーム内部」「大隊」「連隊・旅団」「師団・軍団以上」といった具合に、組織階梯に応じたシステムを構築して、それらを互いに連結する形でシステムを構成している。そのため、BMSの名前が何か出てきたときに、それが組織階梯の中でどこに対応するものなのかを把握しておかないと、訳が分からないことになる。

　大隊・連隊・旅団・師団・軍団と指揮階梯が上がって行くにつれて、指揮下に置く部隊の規模が大きくなり、それに伴って扱う情報の量も増加するからだ。また、上位の組織になると遠隔地にいる他の部隊や上級司令部、あるいは本国との間で通信を行なう必要も生じる。したがって、指揮階梯が上がるほど、持ち歩く機器のサイズは大きくなり、数も増加する。するとどうなるか。指揮所の内部では有線あるいは無線のLAN（Local Area Network）を構築する。外部とのやりとりにはWAN（Wide Area Network）が必要なので、遠距離用の無線機や衛星通信の端末機やアンテナを用意する。なんのことはない、オフィスのネットワークをそのまま野戦環境に持ち込むようなものである。

　厄介なことに、陸戦では機動力が求められる。しかも、ひとつのプラットフォームの中にすべての機材が収まっている艦艇や航空機と異なり、陸では複数の「箱」に分かれているのが普通だ。だから、現場に着いたら指揮所の設営と併せて迅速に機器を設置・接続する必要があるし、指揮所を撤収して移動する際には、迅速に機器を切り離して移動用のケースやコンテナに収容する必要がある。

　エアバス・ディフェンス&スペース社が開発した陸戦向け通信システム・TACIP（Tactical IP）、別名Fortionの場合、対応する部隊規模に応じて3ランクの製品に分かれている。

　・TACIP Portable：10名未満の小規模部隊、たとえば偵察チームで使用する機材で、バックパックに機材を収納して持ち運ぶ。これでも衛星通信に対応できる。

　・TACIP Command Post：Command Postとは指揮所の意。想定ユーザー数は最大150で、本隊に先行して作戦地域に入る先遣隊、あるいは前方作戦基地（FOB：Forward Operating Base）での利用を想定。

　・TACIP HQ（Headquarters）：想定ユーザー数は150超。大規模な指揮所での利用を想定しており、外部との通信は400Mbps、指揮所内部の通信は1Gbps、さらに内輪向けにWiFiやLTE（Long Term Evolution）第四世代移動体通信も用意する。

もちろん、この順番で能力が向上する一方で、機材は大掛かりになり、可搬性は低下する。しかし、大規模指揮所に求められる能力を実現しようとすれば、機材が大掛かりになるのは致し方ない。

12.3.4　BFTによる友軍の位置把握

　状況認識が大事なのは、陸戦でも同じこと。敵がどこにどれだけいて、その陣容はどうなっているか。それに対して味方の部隊がどこにどれだけいて、その陣容はどうなっているか。そういった情報をリアルタイムで把握できれば、敵の攻撃に対応して味方の配置を変えるとか、敵の弱点を見つけ出して攻撃するとかいったことを実現しやすい。

　こうした状況認識は、空や海では比較的早くから実現できた。データリンクの導入が早かったし、早期警戒機やAWACS機が装備するレーダーを活用すれば、位置関係の把握もやりやすいからだ。

　ところが、陸戦では話が違う。対象が車両どころか個人にまで広がる上に、レーダーだけでは位置の把握ができない。しかも、位置の把握や通信が地形や障害物に邪魔される場合もある。だから、陸戦では往々にして、敵軍どころか味方ですら、展開状況が分からないことがある。

　この問題を解決するために登場したのが、BFTだ。個人や車両が、GPS受信機によって把握した自己位置の情報をネットワークに送信・集積することで、味方部隊の位置に関する情報を把握できる。また、最前線の部隊が火力支援要請を発した場合に、要請元の部隊がどこにいるかを正確に把握できれば、正確な射撃と味方撃ちの回避に貢献する。

　位置報告機能を実現する機材としては、車載用のEPLRSが知られている。当初の伝送能力は57kbpsと低かったが、位置情報は文字情報だから、これでもちゃんと伝わる。EPLRSは見通し線圏内で使用するが、見通し線圏外についてはLバンドの衛星通信を使う。

　その後、改良型のBFT2が登場したが、これはLバンド衛星通信に加えて、見通し線圏内で使用するJTRS通信機を通信手段に加えて選択可能とした。衛星通信の負荷を減らすとともに、見通し線圏内の伝送能力を高める狙いによる。そのほか、メッセージングの迅速化や、追跡可能な対象の増加を実現した。BFT2の担当メーカーはノースロップ・グラマン・ミッション・システムズ社。配備開始予定時期は2011年末となっていたが、2013年にずれ込んだ[61][62]。その後も改良が続けられている[63][64]。

　BFTは半二重通信を使用していたが、BFT2は全二重通信を導入して、送受信を同時に行なえるようになった。また、BFTでは送信したデータをいった

んアメリカ本土のネットワーク・オペレーション・センター（NOC）に送って分類してから再送信していたが、BFT2では衛星から直接相手にダウンリンクするため、経路と遅延時間の短縮を実現した。具体的にいうと、ダウンリンク速度をBFTの40～45倍となる120kbpsに、アップリンク速度と情報更新の頻度を30倍に引き上げた。

一方、EPLRSのメーカーであるレイセオン社はEPLRSの能力向上を図り、EPLRS-XF-Iを2010年6月に発表した。XFとはeXtended Frequencyの略だ。さらにその後も改良を図り、2013年6月にアフガニスタンにおける実戦投入を発表したのがストライカー装甲車向けのEXF1915（別名RT-1915）。EPLRS ES（Enhanced Services）の導入により、それまでは指揮所レベルでしか使えなかった機能を車載化して、小隊から旅団までのレベルまで降ろしてきた。また、伝送速度の改善も図っており、2Mbps超の伝送を実現して現在に至っている。

12.3.5　FBCB2と、その上のシステム

BFTはあくまで、位置報告で得られたデータを描き出す機能である。それに基づいて戦闘指揮を支援するシステムが、FBCB2。その名の通り、旅団（Brigade）、あるいはその下の組織階層での利用を想定している指揮統制システムだ。こうした構成なので、「FBCB2/BFT」というようにワンセットで扱われる場合が多い。

FBCB2は、イラク戦争の頃に使われていた戦術インターネット（TI）を発展させて、さらに後述するABCSと連接したもの。担当メーカーはノースロップ・グラマン社で、後にDRSテクノロジーズ社も加わった。戦車や歩兵戦闘車だけでなく、AH-64D攻撃ヘリやOH-58D観測/攻撃ヘリにもFBCB2の端末機を搭載した。

なお、前述のBFT2は当初、FBCB2の発展型・JCRと組み合わせるつもりだった。ところが、海兵隊が別口で似たようなシステムを開発していたので、統合戦闘指揮プラットフォーム（JBC-P）という名称で一本化することになった。つまり、FBCB2からJCRを経てJBC-Pへという流れになる。このJBC-Pを用いて実現する機能を、統合友軍状況認識（JBFSA）と呼ぶ[65]。

FBCB2やJBC-Pは、どちらかというとローカルなレベルで使用するシステムだから、通信手段も近距離用が主体となる。つまり、SINCGARSやNTDR、「10.7 米陸軍に見る通信インフラの構築」で名前が出てきたWIN-Tなどがそれだ。

では旅団より上のレベルはどうなるか。まず、旅団～軍団レベルでは陸軍戦術指揮統制システム（ATCCS）がある。これを構成する要素は以下の顔ぶれ

となる。
　・機動統制システム（Maneuver Control System）
　・先進野戦砲兵戦術データシステム（AFATDS）
　・前線防空指揮統制情報システム（FAADC2I）
　・全情報源分析システム（ASAS）
　・戦務支援統制システム（CSSCS）

　この中でも比較的知名度が高そうなのは、砲兵隊の射撃指揮に使用するAFATDSだろう。各種のISR資産を通じて入手した敵情のデータに基いて射撃指揮を行なうシステムだ。前線の歩兵部隊などから射撃支援の要請があったときに、砲撃目標の座標を迅速に把握して射撃を行ない、射撃後は直ちに陣地変換する。それを支援するシステムだ。

　話が長くなったが、そのATCCSの上位に位置して陸軍全体の指揮統制を統括するのが、陸軍グローバル指揮統制システム（AGCCS）である。これは後で出てくるGCCSの陸軍パートだ。そして、これらをひっくるめて陸軍戦闘指揮システム（ABCS）と称する。

　ところで。戦車や歩兵戦闘車などが敵と交戦した際に、その情報を砲兵隊やCAS担当の航空機と共有すれば、支援要請が容易になる。もちろん、砲兵隊が最前線に派遣する観測チーム（FIST）からの情報も大事だ。そこで、砲兵隊やCAS担当の航空機に情報を送る目的でFISTやFACやJTACが使用する機材の例として、以下のものがある。

　・FOS（Forward Observer System, 米陸軍）

> **コラム**
>
> ### 陸自版AFATDS
>
> 　陸上自衛隊の場合、AFATDSと同じ位置付けになると考えられるのは、以前であれば野戦特科情報処理システム（FADS：Field Artillery Data-processing System）または火力戦闘指揮統制システム（FCCS：Firing Command and Control System）、今なら野戦特科射撃指揮装置（FADAC：Field Artillery Digital Automatic Computer）となる。ただし、位置付けが同じだからといって、機能的にも同じかどうかは別の問題だが。
>
> 　ちなみに、高射特科の方は師団対空情報処理システム（DADS：Division Air Defence Data-processing System）や、その後継の対空戦闘指揮統制システム（ADCCS：Air Defense Command and Control System）がある。ADCCSには複数のバリエーションがあり、I型は方面隊用、II型は師団用、III型は旅団用との由。ホークについては対空戦闘指揮装置でコントロールする。

- TACP-CASS（Tactical Air Control Party Close Air Support System, 米空軍）
- TLDHS（Target Locator Designator Handoff System, 米海兵隊）
- BAO（Battlefield Air Operation, 米特殊作戦軍団）

FBCB2やJBC-Pは、こういった兵科同士の情報共有を行なう際の基盤にもなる。

12.3.6　英仏などの陸戦用BMS

では、米陸軍以外の陸軍ではどんなシステムを使っているのか。例として、フランスとイギリスとイスラエルの事例を見てみよう。

仏陸軍の陸戦用BMSはSITELという。これはサジェム社（現サフラン・エレクトロニクス&ディフェンス）が開発したTACTIS指揮統制システムを陸軍に導入したもので、端末機はSIT、それを使用するシステムをSITELと呼ぶ。実は、SITの正体はWindowsが動作するパソコンで、そこでBMS用のソフトウェアを走らせている。SITELは大隊以下のレベルで使用するので、位置付けとしてはIVISに似ている。その上位、連隊レベルのBMSはSIR、師団・軍団・軍レベルのBMSはSICFで、こちらはタレス製だ。

SIT端末機を装備する車両としては、ルクレール戦車、AMX-10RC装甲車、AMX-10Pの後継となる8×8装甲車・VBCI（Véhicule Blindés de Combat de l'Infanterie）がある。初期バージョンのSIT V1に続いて、通信機器を更新したSIT NCiや、機器を小型化して個人携帯を可能にしたOff Vehicle SIT V1も登場した。

そして仏陸軍は現在、スコーピオン計画と称する装備近代化計画を進めている。そこで車両だけでなくBMSも更新することになり、SIT、SIR、SIT COMDÉ、SITELといった従来システムを、新しいSICSに置き換えるとしている。ちなみにSCORPIONという計画名称、単なるコードネームかと思ったら頭文字略語だったので驚いた（巻末のリストを参照）。

一方、英陸軍はゼネラル・ダイナミクスUK社を主契約社として、Bowmanデジタル通信システムを導入した。これは単なるデータリンクではなく、通信と指揮・統制の機能を一体化したシステムといえる。車両・ヘリコプター・艦艇・指揮所などが導入対象だ。

無線通信には短波・超短波・極超短波を使い、アナログ通信に加えて伝送速度16kbpsのデータ通信を可能としている。また、既存の電話網や衛星通信機材とはゲートウェイを介して接続する。暗号化に使用する鍵情報はBKVMS（Bowman Key Variable Management System）が管理する。音声通話、大容量データ通信装置（HCDR）、車内用インターコム、戦術インターネットといった、

各種の通信をカバーする。

指揮・統制機能はCBM（L）といい、司るのはComBAT（Common Battlefield Applications Toolset）で、メッセージ送受信、レポート、任務計画支援といった機能を提供する。こうした、戦闘指揮に使用するソフトウェア群のことを、戦闘用情報システム向けアプリケーション群（BISA）と呼んでいる。

味方の位置情報把握については、米軍のBFTと同様に、GPSを用いて割り出した位置情報を個人、あるいは車両からネットワークに自動送信する。そこで使用するのが、自動位置標定・航法・報告システム（APLNR）だ。データを取りまとめて把握した味方の位置情報は、携帯式、あるいは車載式の各種端末機器に表示する。

このBowmanは第12機械化旅団が最初に導入して、2005年11月からスタートしたイラク派遣任務（Operation Telic 6）で実戦投入した。それに続くOperation Telic 7では第7機械化旅団が導入、イギリスに加えてオランダ海兵隊でもNIMCISという名称でBowmanシステムの導入を決定した。

イスラエル陸軍では、ネットワーク化・情報化を図るプログラムとしてDAP構想を推進、Tsayad（狩人の意）と呼ばれるデジタル通信網を整備した。TsayadにはBMSの機能も組み込んでおり、エルビット・システムズ社の指揮所向け戦術指揮統制システム（TORC2H）をベースにしている。TORC2HにはBEST（Battlefield Enhanced Smart Training）という組み込み訓練機能があるので、BMSを利用したシミュレーション演習も実現可能だ。その下の大隊レベル向けBMSは、武器統合戦闘管制システム（WINBMS）という。

プラットフォームを単位にしてみると、メルカバMk.4戦車から戦車同士のネットワーク化が可能になった。その前のMk.3では、戦車内部にイーサネットのネットワークを構築してセンサーやコンピュータを連携させるMa'anakシステムを使っていたが、Mk.4では、それを無線経由で他の車両とも接続した。日本で開発中の新戦車・10式戦車やフランスのルクレール戦車なども、同様に戦車同士が無線ネットワークを構成して、自車位置や目標などの情報共有を実現できる。ただ、戦車だけをネットワーク化しても効果は限定的だから、歩兵・砲兵など、すべての兵科を包含したネットワークが欲しい。

12.3.7　市販BMS製品もある

BMSの分野でも、いちいち独自のシステムを開発させる代わりに既製品のソフトウェアを導入する事例がある。その一例が、デンマークのシステマティック社（Systematic A/S）が手掛けている「SitaWare」で、デンマークやスロベニアなど、複数の国の軍で導入している[66]。

本部向けのSitaWare Headquarters（SitaWare HQ）、中隊・小隊指揮官向けのSitaWare Frontline、分隊長レベルで使用するSitaWare Edgeといった製品からなり、状況認識や指揮統制の機能を提供する。このうちSitaWare EdgeはAndroidで動作するというから、スマートフォンやタブレットで動作させるのだろう。司令部向けや前線部隊向けのソフトウェア開発キット（SDK : Software Development Kit）があり、独自の要求に対応するためのソフトウェアを開発して組み合わせることもできる。

ただ、スロベニア軍が2005～2008年にかけてSitaWareを導入したときには、組み合わせたVHF通信機・タディラン900の伝送能力が4.8kbpsしかなかったためにデータの伝送に時間がかかりすぎて、目論見通りの成果を得られなかった。このままお蔵入りかと思われたが、他のNATO諸国との相互運用性維持、そして指揮統制システムに関するノウハウの喪失に対する懸念、といった事情から改良が決まった。

そこでとられた手は、ハードウェアは既製品のままで、ソフトウェアを変更する方法。そこで導入した新バージョンのSitaWareは従来よりも少ない伝送能力で済むため、5～20秒間隔でのデータ更新が可能になったという。米軍だったら通信機の能力向上で対処しそうなところだが、ソフトウェアに手を入れてネットワークの負担を減らすことができるのならば、それに越したことはない。インターネット上のサービスでもありそうな話だ。

12.3.8 市街戦における個人レベルの位置把握

筆者は以前、映画「ブラックホーク・ダウン」を見に行って、重傷を負った米軍の兵士に応急手当を施す場面で貧血を起こして倒れてしまったことがある（苦笑）。

この一件で問題になった点のひとつに、目標付近にヘリで投入された兵士がバラバラになってしまい、指揮官にとっても現場の兵士にとっても、位置の把握が難しくなった点が挙げられる。地上にいる兵士がまとまって行動できれば各個撃破されにくいし、手持ちの火力を集中できる。ところが、バラバラに散らばってしまうと敵の攻撃に対して脆弱になる上に、AH-6リトルバードから火力支援を受けようとしても、同士討ちのリスクが増大するために迂闊に撃てない。

開けた砂漠であれば無線通信によって位置情報をやりとりするのは比較的容易だが、市街地では無線通信の障害となる建物などが多い。また、建物の中や地下室などに入ればGPSによる測位ができない。そのため、FBCB2とBFTの組み合わせだけでは足りない。

そこで、米国防総省の研究機関、DARPAがITT社に開発させたのが、小部隊向け作戦状況認識システム（SUOSAS）だ。このシステムを使うと、指揮官は手元のディスプレイを見るだけで、部下の誰がどこにいるかを把握できる。2002年にジョージア州フォート・ベニングにある市街戦訓練施設を使って、米陸軍のレンジャー部隊がデモンストレーションを実施した[67]。

SUOSASでは、兵士ひとりひとりに発信器を持たせて位置情報を送信させるだけでなく、ネットワークの構成にも工夫した。いわゆるP2P（Peer-to-Peer）型で、特定の個人や機器に情報を集約するのではなく、個々の発信器同士が互いに情報をやりとりしながら蓄積することで全体状況を組み立てる仕組み。こうすると、特定の兵士がやられたためにネットワーク全体が崩壊する事態を防げる。

SUOSASはデモンストレーションを行なっただけだが、こうした研究開発の成果が後になって、さまざまな分野で活用されているはずだ。

12.3.9　将来個人用戦闘装備と情報化の関係

使用する機器のサイズ・重量・消費電力、あるいは通信機器の能力などといった問題から、各種C4ISRシステムは航空機や艦艇といった大きな単位からスタートして、それが徐々に下に降りてくる形で普及してきた。

最後に行き着く先は、個人レベルまでネットワークに組み込んで最新の情報を受け取れるようにするハイテク個人装備、いわゆる将来個人用戦闘装備だ。これを実現するには、携帯可能なコンピュータやディスプレイ、長時間駆動が可能なバッテリ、市街地や屋内でも使える通信システム、といった前提条件を実現する必要がある。

基本的な考え方はどこの国のシステムも似ていて、無線通信網を通じて最新の情報を受け取り、それを携帯型コンピュータの画面、あるいはHMDに表示する。また、自動小銃や擲弾発射器にはレーザー測距儀などを組み合わせて射撃精度を高めるほか、暗視装置を用意して夜間戦闘能力を向上させる。そういった装備一式を持ち歩き、さらに身体の防護を図るため、戦闘服、ボディ・アーマー、ヘルメットまでシステムの一員となる。具体例としては、以下のようなものがある。

・アメリカ陸軍：Nett Warrior
・イギリス陸軍：FIST（Future Integrated Soldier Technology）
・フランス陸軍：FELIN（Fantassins à Equipements et Liaisons INtàgrés）
・スペイン陸軍：ComFut（Combatiente del Futuro）
・ドイツ陸軍：IdZ-ES（Infanterist der Zukunft Expanded System）

- オランダ陸軍：Improved Operational Soldier System
- ノルウェー陸軍：NORMANS（Norwegian Modular Arctic Network Soldier）
- スウェーデン陸軍：MARKUS
- フィンランド陸軍：Warrior 2020
- ポーランド陸軍：Tylan
- シンガポール陸軍：ACMS（Advanced Combat Man System）
- インド陸軍：F-INSAS（Futuristic Infantry Soldier-As-A-System）
- スイス陸軍：IMESS（Integriertes Modulares Einsatzsystem Schweizer Soldat）

なお、FELINについては前述したスコーピオン計画の話と絡んで、アップデートの話が出ている。日本でも、防衛装備庁（旧・技術研究本部）が開発を進めているが、なかなか実戦配備までは話が進まないようである。

将来個人用戦闘装備の狙いは、いつでも最新の情報にアクセスできる状況の実現と状況認識の改善、武器の命中精度向上、といったあたりになる。そこで問題になるのが、軍隊内部における情報管理のあり方かもしれない。

常識的に考えれば機密保持を優先して、"need to know"、つまり「知る必要がある人にだけ知らせればよい」という考え方をとることになる。作戦の内容を知っているのは指揮官クラスだけ、場合によっては上級指揮官クラスだけで、下っ端の人間は詳しい全体状況まで気にしなくてもよろしい、という話になる。

ところが最近では "need to share"、つまり「必要な情報は関係者同士で共有する」という考え方も出てきた。状況認識の度合が高まるほど「情報の優越」につながり、効率的な戦闘行動が可能になるからだ。また、複数の軍種に

コラム

米海兵隊のソフトウェア集約

米海兵隊では、これまで7種類のソフトウェアに分かれていた状況認識・意思決定支援の機能を集約する、統合戦術共通作戦図ワークステーション（JTCW）の最新版について、2016年6月に発表した。JTCWは、大隊、あるいはGCCS-TCO（GCCS- Tactical Combat Operations）につながっている上級司令部で作戦情報を共有するためのシステムだ。

ボトムアップ式に開発と配備を進めた場合、できるところから手をつける傾向が強まるため、機能が複数のソフトウェアに散らばってしまう傾向がある。そういう問題を解決する動きのひとつがJTCWだ。実現に際してはC2PCの機能強化というアプローチをとった由。2017年春の配備開始を予定している最新版・JTCW 1.3では、ユーザー・インターフェイスの改善を図るとしている。

よる統合作戦や多国籍の共同作戦が一般化したことで、軍種同士・国同士で情報を共有する必要が生じた。作戦の調整に問題が生じて、同士撃ちなどの事故につながるからだ。

　そうなると、機密保持との兼ね合いが問題になるのは容易に理解できる。必要な情報は知らせなければならないが、それが必要でないところまで広まるのは困る。また、情報は与えるだけではダメで、それを有効に活用できなければならない。だから、情報を受け取る現場の兵士一人一人に十分な教育・訓練を施すという課題も出てくる。

12.4 作戦・戦略・国家レベルの指揮統制

12.4.1 最終目標は全軍をカバーするシステム

　軍事作戦とは戦争の一環であり、戦争とは国家が政治的意志を実現する手段だから、意志決定や作戦行動に際しては当然ながら、国家レベルの判断や意志決定も関わってくる。状況の判断・評価に際しては、情報機関が関与する必要もある。

　こうした事情から、軍事組織のIT化は現場レベルだけでは終わらない。当初は現場から始まっても、最終的には最高指揮官から現場の兵士までをカバーする、総合的なシステムを構築するところに行き着く。現場からの情報を必要なレベルまで上げて、判断・評価から意志決定に至り、それをまた現場に対する命令という形で反映させる必要があるからだ。

　ところが現実問題としては、陸軍・海軍・空軍と任務領域別に組織が分かれている。そして、組織の構成も作戦行動の内容も、そこで使用するプラットフォームやウェポン・システムも、軍種によって違いがある。そのため、同一のシステムをすべての軍種に押しつけても、うまくいかない部分が出てくると考えられる。

　そもそもプラットフォームの単位からして違う。また、徒歩ないしは車両の速度で動く陸軍と、極超音速で動く弾道ミサイル防衛ではスピード感というか、時系列の尺度が違う。それを一緒くたにして同じシステムで扱えるのか、という話が出てきても不思議はない。

　しかし、軍種ごとにバラバラな、お家の事情に特化したシステムを構成してしまうと、異なる軍種を組み合わせて統合作戦を展開したり、複数の国の軍隊が共同作戦を行なったりする際に、相互接続性や相互運用性の面で不具合が生じる。

　そこで、トップダウン方式で全体のコンセプトと全軍種をカバーするシステムを整備して、相互接続性・相互運用性を実現するために共通化しておかなければならない部分を最初に規定する。その上で、軍種ごとに異なる部分については、それぞれ独自に開発・実装する、という流れができる。

では、全軍規模のネットワークと指揮統制システムを構築すると、どういうことになるのか。イスラエルは2008年末から2009年初頭にかけて、ガザ地峡でハマス掃討作戦"Operation Cast Lead"を実施した。このときにイスラエル国防軍は、例のTsayadシステムを活用して、陸・海・空軍にまたがる迅速な情報交換体制を構築、目標の発見から攻撃までにかかる時間の短縮を可能にしたという。たとえば、地上で交戦中の陸軍から支援要請が寄せられると、戦闘機や洋上の艦艇に指令が行き、即座に攻撃する、といった具合になる。目標を発見してから攻撃が行なわれるまでにかかる時間は、ときには1分を切ることすらあったという。

12.4.2　ボトムアップ式のネットワーク化

　データリンクやネットワーク化というと、プラットフォーム同士のデータ交換が発端だ。しかし、ネットワークの利用が拡大している昨今では、軍事作戦に関連するあらゆる情報・あらゆる指令が、ネットワークを通じて行き交うようになってきている。

　そこで米三軍におけるネットワーク化の流れを見てみると、陸・海・空に共通する傾向として、現場に始まるボトムアップ式の導入が挙げられる。海軍の場合、戦闘艦同士、あるいは戦闘艦と搭載機を結ぶデータリンクが発端であり、空軍であればSAGE防空システムに源流がある。陸軍でも、戦車や歩兵戦闘車を結ぶデータリンクが発端になった。

　そうやってネットワーク化の利点が認知されてきた後で、全軍をカバーするネットワークと、それを利用する指揮・統制・情報収集・情報配信などのシステムを構築する流れにつながる。その過程で、さまざまな運用環境に合わせて機器やシステムの開発が進み、それを実戦で活用するためのコンセプト作りも行なわれる。また、相互接続性・相互運用性を実現するための仕様標準化が図られる。

　これは、企業の情報システム基盤に当てはめてみると分かりやすい。当初は一部の部署におけるLAN導入からスタートしたものが、情報化が経営と密接な関わりを持つことから、段階的に利用範囲が拡大していって、最終的には全社規模のネットワークとシステムを構築するようになる。それと同じだ。

　そうやって構築した全軍規模のネットワークは、単にコミュニケーションの手段というだけでなく、大量の情報を蓄積しておいて、必要に応じて取り出すことができるリポジトリでもある。リポジトリとはIT業界用語のひとつで、「倉庫」というか「保管・集積場所」というか、そんな意味だと考えていただきたい。

プラットフォーム中心の考え方に立脚すると、個々のプラットフォームが必要な情報を自分で持っていなければならない。ところがネットワーク中心の考え方では話が変わり、個々のプラットフォームごとに情報を抱え込まなくても、ネットワークのどこかに情報があればよいということになる。情報が必要になったときに問い合わせを出して、ネットワーク経由で情報を取り出せばよい。それが「情報リポジトリ」という言葉の意味だ。

12.4.3　内輪で済む往来は内輪だけで

ときには、国家レベルまで話を上げる必要がなく、軍種の内部、あるいはその下にある個々の組織のレベルで話が完結する場合もある。その場合には、個々の軍種ごとに整備したシステムの中だけで話が済む。企業の決裁書類や報告書にしても、すべて社長のところまで上がるわけではない。

たとえば、某国からの弾道ミサイル攻撃に対応するためにBMD対応イージス艦を派遣するかどうかの決定は、最高指揮官レベル、日本でいえば総理大臣のレベルで行なう仕事だ。

しかし、そのイージス艦に護衛艦をつけて任務部隊を編成する部分は、海軍の部内で話が片付く。具体的にどの艦を護衛につけるか、なんていう話まで口を出すのは最高指揮官の仕事ではなく、使える資産について把握している海軍の担当者が決めればよい。そういう細かいところまで最高指揮官がいちいち口を出すのは、典型的なマイクロマネージメントだ。

そして、任務部隊を編成して要撃担当海域まで派遣した後は、イージス艦に搭載したイージス戦闘システムが主役になる。レーダーで飛来する弾道ミサイルを探知して解析値を出してSM-3を発射するのは、このシステムの仕事だ。これは現場のレベルで完結する話になる。

ただしその際に、早期警戒衛星や地上・海上設置のレーダー、あるいは他のイージス艦から、飛来する弾道ミサイルに関するデータを受け取ることになるだろう。それは任務部隊、あるいはその上ぐらいのレベルで扱う話になる。また、他の軍種が管理している資産から情報を受け取るのであれば、他の軍種のシステムも関わってくる。

このように、状況に応じて情報が行き来する組織階層や範囲が違ってくる点に留意したい。内輪だけで済むやりとりもあれば、全体に影響するやりとりもあるのだ。だから、全体をカバーする巨大システムよりも、プラットフォーム→現場の部隊→軍種→国家といったレベルで段階的にシステムを整備して、それらを互いに連接する方が現実的だ。もちろん、その過程で仕様の標準化や相互接続性・相互運用性の確保は図らなければならないが。

12.4.4　情報の収集・分析・配信

と、ここでちょっと脇道に逸れて、指揮統制のベースとなる「情報」に関わる話を。

いくらISR資産を駆使して大量の情報を集めても、それを分析して有効利用できなければ、意味がない。蓄積した生のデータから何らかの意味を読み取らなければ、作戦行動の土台となるインテリジェンスにはならないのだ。そのため、情報を収集する資産だけでなく、その先の部分をカバーするシステムも必要だ。

その一例が、米軍で情報収集・分析・配信を受け持つ分散共通地上システム（DCGS）だ。DCGSはTCP/IPネットワークで動作するシステムで、ネットワーク経由で各種のISR資産と接続して情報を取得するだけでなく、それを分析して、必要とするところに配信する機能も実現する。機材は可搬式だから必要に応じて戦地に展開させることもできる。

ただし米陸軍向けのDCGS-Aについては、固定施設で運用する分には有用性を発揮できているものの、野戦環境下ではまだ問題があるとの認識があり、改良型のDCGS-A2に関する検討に乗り出している状況だという[68]。

また、双方向ではなく一方通行で情報を配信する、いわば放送局のような機能として、統合配信サービス（IBS）がある。さまざまなISR資産から収集した情報を統合情報センター（JIC）に集積・分析した上で、各方面の部隊指揮官に対して配信するシステムだ。以下のシステムを組み合わせた構成になっている。

- ・TDDS（TRE and Related Applications Data Dissemination System）
- ・TIBS（Tactical Information Broadcast Service）
- ・TRIXS（Tactical Reconnaissance Intelligence Exchange System）
- ・TADIXS-B UHFブロードキャスト
- ・SHF/EHF衛星通信

IBSを通じてデータを受け取るには、IBS用の受信機（IBS-R）が必要となる。そのIBSから発展する形で登場したのが、JTTと、その受信機・AN/USC-62（V）だ。IBSやJTTは、弾道ミサイル防衛用のデータ受信手段として知られており、実際、イージス艦のBMD対応改修では意思決定システムにJTTを組み合わせている。（余談だが、同じJTTという名称で、空軍が使用している統合目標指示ツールボックスもある。こちらは、後述するGCCSに組み込まれた目標情報などの配信機能だ）

このほか、軍用あるいは商用の通信衛星を活用してデータや動画の配信を行

なう手段として、グローバル配信サービス（GBS）がある。伝送速度45Mbpsの性能を持ち、最大4GBのファイルを配信可能。2008年10月に、GBSフェーズ2ブロックIIがIOCを達成した[69]。通信手段には、WGSや、Kuバンドを使用する民間通信衛星を使う。

情報の分析については、動画の分析を例にとって「2.2.11 動画の自動分析システム」で解説した。その他の情報についても、収集とともに分析・分類・検索の体制を整えなければならないのは同じだ。得られた分析結果を、上記のような各種システムを通じて配信、あるいは取り出して利用する形になる。

12.4.5　GCCSとGCSS

米軍において、統合軍司令部レベルで使用する指揮・統制システムがグローバル指揮統制システム（GCCS）で、これもTCP/IPネットワークで動作する。GCCSは全軍共用のシステムで、その下に、陸軍向けのGCCS-A（Army）、海軍向けのGCCS-M（Maritime）、空軍向けのGCCS-AF（Air Force）、海兵隊向けのGCCS-MC（Marine Corps）、統合軍向けのGCCS-J（Joint）がぶら下がる。

このうちGCCS-Jは、統合作戦に際しての「情報面の優越」を実現するシステムで、各種の情報を融合してシームレスな指揮・統制機能を実現する[70]。GCCS-Jが対応する任務領域を原文のまま列挙すると、以下のようになっている。

・Force Deployment/Redeployment（戦力の展開/配置替え）
・Force Employment（戦力の利用）
・Force Planning（戦力の計画）
・Force Protection（戦力の保護）
・Force Readiness（戦力の即応体制実現）
・Force Sustainment（戦力の維持）
・Cross-Functional/Infrastructure（職掌の組み合わせ/インフラ）
・Intelligence（諜報）
・Situational Awareness（状況認識）

GCCS-Jのインフラは、ユーザー情報を集中管理するディレクトリ・サービス、アクセス権の管理などを司るセキュリティ・サービス、Webサービス、共同作業を支援するコラボレーション・サービスなどで構成する。そして、データのやりとり・融合・表示を担当する中核システムとしてICSF（Integrated C4I System Framework）があり、市販のPCで利用する。また、外部システムとの情報のやりとりも可能になっている。GCCSに関わるシステムはいろいろあるので、「表12.3」にまとめた。

GCCS-J Global Release	COP、I3（Integrated Imagery and Intelligence）、方向性の決定、戦域ミサイル防衛（TBMD）、動的/静的iCOP（internet COP）、水平統合、情報データベースへのアクセス機能を担当
JOPES（Joint Operation Planning and Execution System）	軍事作戦の計画・実施・モニターを担当する統合軍向けの指揮統制システム。ポリシー・手順・人員・施設といった情報を、自動データ処理（ADP：Automated Data Processing）システムや報告システムから取り込み、意志決定を支援する。また、米輸送軍（USTRANSCOM）への輸送要請を出す機能も担当
SORTS（Status of Resources and Training System）	即応性に関する評価・レポート機能を提供するツール。国家指揮権限者や統合軍司令官に対して、どの部隊・装備を派遣すればよいかを判断するための材料を提供する。

表12.3：GCCS-Jに関わるシステムの例

　指揮・統制・情報を司るGCCSに対して、統合作戦における兵站面の情報支援を担当するのがグローバル戦務支援システム（GCSS）、そのうち統合軍向けがGCSS-Jだ[71]。統合作戦における兵站業務の可視化を実現するためのWebアプリケーションで、戦務支援・指揮統制分野の相互運用性も実現する。このシステムは、物資の流れを監視・表示するとともに、指揮官や担当者の意志決定を支援する仕組みを実現する。物資供給の状態が分からないで作戦計画を立てても画餅と化すのは明白だから、GCSSは重要だ。

12.4.6　GCCSのルーツはJOTS

　GCCSのルーツをたどると、米海軍が1981年に運用を開始したAN/USQ-112統合作戦戦術システム（JOTS）に行き着く。当時の米海軍では、対潜戦・対空戦・対水上戦といった用途ごとに別々の指揮管制システムが存在していた。それを、ヒューレット・パッカード製のコンピュータを使って単一のシステムに統合して、総合的な作戦指揮・意志決定支援のためのシステムにまとめたのがJOTSだ。こうすることで、さまざまな脅威が同時多発的に発生した場合の対応について、効率や確実性を高めることができると考えられる。

　後に、JOTSは以下のように発展する。

・Link 11データリンクを追加して情報交換機能を持たせたAN/USQ-112A・JOTS II

・ネットワーク化したJOTS III

・空母戦闘群の旗艦戦術通信センター（TFCC）と統合、JOTS情報交換サブシステム（JOTSIXS）によってデジタル衛星通信回線CUDIXSと接続したJOTS IV。艦隊以外との衛星通信リンクを実現

・AN/USQ-119A/B/C/D統合海洋指揮情報システム（JMCIS）

　このJOTS～JMCISという流れが、AN/USQ-119E（V）・GCCS-M（海軍版

GCCS)のベースになった。JOTS～JMCISの後釜として登場したGCCSは、文字・静止画・動画などといった各種情報、友軍の状況に関する情報、敵軍の動静に関する情報、作戦計画といった、軍事作戦の実施に際して必要となるさまざまな情報を一元的に扱い、情報の優越を実現するシステムである。作戦の計画・実施・管理を行なうほか、その際に必要となるデータの

図12.10：USSボノム・リシャール（LHD-6）のCICで、GCCS-Mの端末機を操作する乗組員。画面は映っていないが、キーボードの外観から察するに、市販のパソコンを使っているようである（US Navy）

送受信・融合・提示といった機能も実現する。

　GCCSの後継となるのが、国防情報システム庁（DISA）が所管する形で開発したネットワーク化指揮能力（NECC）だ。情報管理を司るDCGSからの情報、あるいはIBS経由で受け取った情報に基づいて状況の判断や意志決定を行ない、それを執行する指揮・統制手段としてGCCSやNECCを用いる、という構図になる。

　ここまでは米軍のシステムについて解説してきたが、基本的な考え方はその他の国も同じだ。たとえばイギリスなら、GCCSに相当するシステムとして統合作戦指揮システム（JOCS）がある。その下に入る軍種ごとのシステムの例としては、海軍分野を例にとると、RNCSS（Royal Navy Command Support System／英海軍）や、MCCIS（Maritime Command & Control System／NATO海軍部隊）がある。

12.4.7　米軍の全軍的情報基盤となるGIG

　そして、米軍で全軍をカバーするシステム基盤がGIGだ。最後のGはGridのことだが、「格子」と解釈すると意味不明になる。送電網のこともGridと呼ぶから、そちらのニュアンスの方が近い。電気の代わりに情報や指令が供給される世界規模のイントラネットだと考えればいい。

　そのGIGを基盤として、軍事作戦に必要な機能を実現する、さまざまなシステムが動作する。もちろん、各種のISR資産を駆使して集めた情報を蓄積してアクセスできるようにしたり、情報担当者がその情報を評価したり、といった使い方もある。具体的には、メッセージの送受信を行なう指揮統制・メッセー

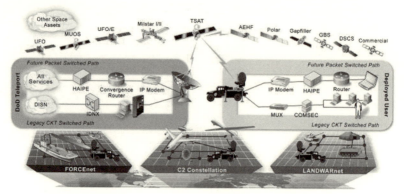

図12.11：全軍のエンタープライズ・ネットワークであるGIGは、衛星通信と光ファイバー網で全世界をカバーする。その下に、各軍種ごとのネットワークが入る（USAF）

ジング・システム（Command and Control and Messaging System）や国防メッセージング・システム（DMS：Defense Messaging System）、前述のGCCSやGCSSが挙げられる。これは、インターネットという基盤の上で、WWW（World Wide Web）や電子メールが機能するのと似ている。

GIGの前に、国防情報システム網（DISN）という、全世界で合計700ヵ所ほどの拠点を接続するネットワークがあった。これを通信量の増大に合わせて高速化したのがGIG-BE（GIG Bandwidth Expansion）で、それを使って軍事作戦に必要な各種機能を実現したシステムがGIG、という関係になる。2003年1月にGIG-BEの計画がスタートして、2004年9月に6拠点に導入してIOCを達成、2005年9月に92拠点に導入してFOCを達成した。GIG-BEの導入により、ネットワークの伝送能力は150Mbpsから10Gbpsに強化された[72]。

ただし、GIG-BEは光ファイバーを利用するネットワークなので、陸上でなければ使用できない。光ファイバー網を整備できるのは陸上の固定施設に限られるから、GIGでは衛星通信も併用している。当初は衛星同士で高速なレーザー通信を行なうTSATを使用する計画だったが、スケジュール遅延とコスト超過が問題視されて2009年にTSATの中止が決まり、代わりにAEHF衛星を充てることになった。ともあれ、そのGIGの下に、陸・海・空軍が運用するネットワークなどが入り、最前線の兵士や各種プラットフォームにまで降りてくる。

他国でも、似たような考え方でシステムを構成している。日本でいえば防衛情報通信基盤（DII）、スウェーデンならNBDといった具合に、全軍ならびに国家レベルの情報通信基盤がある。その下に軍種ごとのシステムが、さらに個別のネットワークがぶら下がって、階層構造を構成している。ちなみに余談だが、日本もイギリスも同じDIIという名称を使っている。

12.4.8　統合作戦と指揮統制システム

米軍では地域ごとに統合軍（Unified Command）を編成している。これは、陸海空軍・海兵隊がバラバラに戦闘に関わるのではなく、統合軍指揮官に指揮権を集中する組織だ。たとえば、中東方面を担当する中央軍（USCENTCOM）を例にとると、最高指揮官として中央軍司令官がいる。その下に、陸軍・海軍・空軍・海兵隊・特殊作戦部隊の指揮官と、指揮下の部隊がいる。太平洋軍・欧州軍・南方軍など、他の統合軍も同じ構成だ。

多国籍作戦では、国ごとに並べるのではなく、軍種ごとに多国籍の編成をとる。たとえば1991年の湾岸戦争では、中央軍陸軍（ARCENT：US Army Central）の指揮下にある第3軍の下で、第XVIII空挺軍団と第VII軍団を置いた。前者は米軍とフランス軍、後者は米軍とイギリス軍の混成だ。国別の指揮官がバラバラにいたわけではなく、指揮官はあくまで1人。これなら指揮系統や責任関係は明確だ。

そうした指揮系統に合わせて、統合軍の司令部、その下に軍種ごとの指揮所を配置して、関係する指揮官全員が同じ情報を共有する。これで、統一した状況認識・単一の指揮系統の下で作戦行動を展開できる。したがって、指揮所に設置するC4Iシステムも、こうした組織形態に合わせて整備することが必要になる。

12.4.9　情報化によって変わる指揮所の姿

こうしたIT化の進展は、指揮所の姿も変えた。

前述のように、1991年の湾岸戦争でも地上線については第二次世界大戦の頃と同様に、紙の上にトレーシング・ペーパーを重ねて、無線を通じて入ってくる敵や味方の情報をグリース・ペンシルで書き込んでいた。ところが、どこの軍種でも現在は、コンピュータとデータ通信網によるC4Iシステムが当たり前になったので、指揮所はさながら「地球防衛軍」のごとき様相を呈してきている。そこで、中東の某国にある合同航空作戦センター（CAOC）を撮影した、米空軍の公表写真を御覧いただこう。

そして、最新の情報はリアルタイムで指揮所まで伝わってくる。湾岸戦争のときには、指揮下の部隊の進撃状況が口頭で、指揮系統を遡る形で最高司令官まで伝えていたので時間がかかり、司令官が「第VII軍団の進撃が遅い！」と癇癪玉を破裂させたが、現在ではそういうことは（たぶん）ないだろう。

その代わり、C4Iシステムを移動・設営するために、大量のコンピュータや

図12.12：地球防衛軍の指揮所…ではなくて、米空軍が中東某所に設置したCAOC（USAF）

図12.13：これも米空軍のCAOC。左手のスクリーンにイラクの地図を表示している様子が分かるだろうか？（USAF）

通信機材、それらを動作させるための発電機まで持って歩かなければならない。もしも互換性がない複数のシステムを持ち歩く羽目になれば、さらに荷物の量が増えてしまう。

実際、指揮車や指揮所の中が無線機だらけになって、その無線機を取っ替え引っ替えしながら、部下や上官と、さながら聖徳太子のようにやりとりしなければならない場面があったとの話も伝えられている。それでは過重負担になってしまうから、それを解決するのもシステム開発担当者の仕事となる。

また、最高指揮官が最前線の細かい状況まで分かってしまうとなると、つい不必要に余計な口出しをする、いわゆるマイクロマネージメントの問題が生じる。状況は見えていても、細かいところは部下に任せてグッと堪えなければならないのだから、却って昔よりも面倒になったかも知れない。

12.4.10　陸海自衛隊の主要システム

締めくくりとして、陸上自衛隊と海上自衛隊における指揮・統制システムの構成についてまとめてみた。

自衛隊の場合、全体を統括するシステムとして1984年に運用を開始した中央指揮システム（CCS：Central Command System）と、その後継として2000年に稼働を開始した新中央指揮システム（NCCS：New CCS）がある。その下に陸海空がそれぞれ固有の統制システムを整備している。

陸上自衛隊の場合、陸幕→方面隊→師団→連隊という順番でそれぞれ指揮統制システムを整備しており、そのうち師団レベルでは師団等指揮システム

（FiCs：Field Command Control System）、連隊レベルでは基幹聯隊指揮統制システム（ReCs：Regiment Command Control System）を使う。これから陸幕と方面隊の間に陸上総隊が新編されるから、指揮統制システムの面でも影響が生じると思われる。

海上自衛隊だと、MOFシステムの名前が知られている。正式には海上作戦部隊指揮統制支援システム（MOF：Maritime Operation Force System）という。その後継が海上自衛隊指揮統制・共通基盤システム（MARS：Maritime Self Defense Force Command, Control and Common Service Foundation System）となる。艦ごとに指揮統制システムの端末機が載っていて、MOFシステムならC2T（Command and Control Terminal）、MARSならMMT（Mobile MARS terminal）だ。

海自ではフネが基本戦闘単位だから、艦ごとにMOFやMARSの端末機を置いて、可能であればそれを艦の指揮管制装置と連接すれば、末端まで情報が流れていくことになる。航空自衛隊も、飛行機という比較的大きい単位だから、そこにデータリンクの端末機を搭載すれば済む。

しかし陸上自衛隊では最小単位が個人だし、普通科・機甲科・特科といった具合に職種が多い。そのすべてをネットワーク化して情報を迅速に行き渡らせるのは大変だが、それをやらないと、情報の面で「圏外」になる部隊が出たり、職種間の連携がうまくいかなかったりする事態が起きないかと心配になる。10

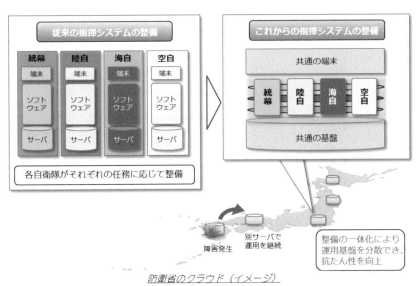

図12.14：防衛省が掲げている、指揮システム更新とクラウド化のイメージ図（平成29年度概算要求資料から）

式戦車同士のネットワーク化は重要な一歩だが、それはゴールではなくて初めの一歩だ。

　なお、防衛省では陸自・海自・空自・統幕で分かれている指揮システムのインフラについて、クラウド化と統合化を図る構想を進めている。つまり、コンピュータ機器・ネットワーク機器・ソフトウェアは共通化して、それを陸自・海自・空自・統幕が共用する形だ。システム共通化により、調達費・維持費・運用費の低減、それとセキュリティ・レベルの統一を期待できるほか、分散環境化による抗堪性の向上も期待できると思われる。

第 13 章

「戦うコンピュータ」がもたらす諸問題

　本書では、21世紀の戦争と20世紀以前の戦争で大きく異なる分野の例として、コンピュータ化・ネットワーク化・無人化といった話を取り上げてきた。なにも戦争に限らず、どんな分野でも同じことだが、新しい技術や思想が持ち込まれることで、良くなることもあれば、新たな問題を惹起することもある。この章では、その新たな問題についてまとめてみた。

13.1 情報の扱いに関する諸問題

13.1.1 画面で見えるものがすべてか?

インターネット上でよく使われるフレーズのひとつに「ググれ」がある。もちろん、検索エンジンのGoogleが語源で、「人に訊く前に、まず自分で検索して調べろ」という意味になる。Googleに限らずbingやその他の検索エンジンでも同様だが、確かにキーワード指定ひとつでいろいろな情報を拾ってくることができる。

そこで問題なのは、「世の中のあらゆる情報はインターネット上に存在する」「それは検索エンジンでキーワード指定すれば見つかる」と思いこんでしまうこと。

実は、インターネット上で公にされていない類の情報はいろいろある。そもそも外部から見えない場所に置いてある情報だってあるし、検索エンジンによる走査とインデックス化を拒否する設定にしているWebサイトもあり得る。当然、そういった情報は検索しても見つからない。当の筆者自身も、表沙汰にするのを差し控えている、あるいは記事にする機会を待っているネタはいろいろ抱えている。

さまざまなセンサーを持ち込んで、さらにネットワーク化した戦闘空間にも同じことがいえる。以前には「戦場の霧」の向こう側にあったものが目の前に、ライブ中継で見せられるようになると、「何でも見える」さらには「見えているものがすべて」と思いこんでしまう危険性があるのではないか。

しかし、センサーが捕捉してネットワークに送り出した情報でなければ、手元のコンピュータ画面で見ることはできない。センサーが捕捉していない映像は見られない。また、UAVが敵地の上空を遊弋しながら動画で実況中継を行なっていても、その動画で分かることと分からないことがある。敵兵が何をしているかは見えても、敵兵の胸の内は分からない。

もちろん、何も見えないよりも、多少なりとも見える情報がある方がありがたいのは事実だ。問題は、見えている情報がすべてだと勘違いすることにある。

13.1.2 人間というセキュリティホール

第7章で、主として技術的な面からサイバー防衛について取り上げた。しかし実際には、技術的な問題よりも人的な問題の方が根深い。いくらシステムを整備しても、人間の「うっかり」がすべてを台無しにしてしまう事例は、探せばいろいろ出てくる。

マルウェアの感染だけでなく、spamメール、あるいはフィッシングを初めとする各種の詐欺にもいえることだが、この種の攻撃では人間の心理を突く攻撃が基本である。たとえば、世間を騒がせている事件や有名人のスキャンダルといった話をネタにして、添付ファイル、あるいは攻撃用Webサイトへのリンクをクリックさせようとする手法が典型例だ。

標的型攻撃では、取引先や顧客からの連絡を装う手法がポピュラーだ。仕事に関連するメールや添付ファイルだと思えば、つい開いてしまうのも無理はない。ある小説の中で、「テスト結果」と書かれたラベルを貼ったUSBメモリを研究機関の駐車場に落としておく手法が出てくるが、これも同じである。

警戒している相手に対しても、さまざまな手法を用いて警戒心を緩ませようとするぐらいだから、「自分だけは問題に巻き込まれっこない」と油断している人になら尚更だ。実のところ、そういう考えを持ってしまっている人は意外と多い。

分かりやすい事例では、無線LANのセキュリティ設定がある。何もセキュリティ設定を行なっていない無線LANは、電波が届く範囲であれば誰でもつなぎ放題であり、それを通じてインターネットに接続できてしまう。そこでさまざまな「悪さ」を行なうと、攻撃を受けた側からは、(本当の攻撃者ではなく) 無線LANの持ち主から攻撃を受けたように見える。これも、意図せずに攻撃のお先棒を担いでしまう一例だ。

「自分のところには、盗まれて困るようなデータはないから」といって無線LANのセキュリティ設定をサボる人がいるが、それは自分が不正侵入の標的にされる事態しか考えていない。昨今では、自分の情報が盗まれることだけでなく、自分のネットワークが攻撃の手段に使われることを心配しなければならない。

似たような話で、ソフトウェアの脆弱性を放置して、アップデートしないままでいるユーザーも案外といる。自分が被害を受けるかどうかというだけの問題ではなくて、自分が他人に対する攻撃のお先棒を担がされるかも知れないというリスクもあるのだが、そこまで考えが及ばないわけだ。

こうした人的なセキュリティ対策だけは、政府やソフトウェアの製造元がい

くら頑張っても、どうにもならない。ユーザー一人一人の自覚を促さなければどうにもならない。

13.1.3　ロシアの情報暴露事案と保全教育

以前からずっと「人間がセキュリティホール」だと書いてきたが、それを地でいく事態が発生するのだから笑えない。

ウクライナ情勢が悪化して、ロシア軍が秘密裏に介入している可能性が取り沙汰されていたときに、ロシア軍の兵士が「ロシア政府の言い分に従うならば、そこにはいないはずの場所」で撮影した自撮り写真を画像投稿サイトにアップロードしてしまう事案が2014年8月に発生した[73]。

これが、写真の背景でバレたのなら分かりやすいが、真相は違う。スマートフォンの内蔵カメラで撮影した写真に、自動的にジオタグ（撮影地点の緯度・経度情報）がつけられていたのが原因だったところが、いかにも現代の事件らしい。

おそらく、自撮り写真を撮って公開するときに背景ぐらいは気をつけていたのだろうが、ジオタグまでは考えが及ばなかったわけだ。コンピュータやスマートフォンを使いこなすことができても、それらの機械が何をやっているかをちゃんと理解していなかったことが、結果的に保全担当者の心胆を寒からしめることになった。

また、2016年7月には、ロシアの対内保安機関である連邦保安庁（FSB：Федеральная служба безопасности）の新人職員・数十名が、卒業祝いに車列を組んで行なったドライブの模様を撮影、その動画をインターネット上で公開してしまい、お叱りを受ける事案もあった。

情報機関や治安部門や特殊作戦部隊で仕事をするのであれば、匿名の、灰色の存在にならなければならないというのは常識だと思ったのだが、なんでもインターネット上で公開してしまうのが当然という世代になると、どうも意識が違うようである。

コンピュータを初めとする情報機器を使いこなせる兵士は、「ネットワーク化によって必要な情報を得て、自分で考えて行動できる」という観点からすると望ましいように見える。しかし一方で、保全に関する意識が足りない兵士もいるわけで、これは情報化、ネットワーク化の足を引っ張る原因になり得る。

ロシア以外の国でも、軍の備品や装備や教範の類をネットオークションなどに出してしまう事案は起きている。インターネット時代には、保全に関する教育のやり方・考え方も見直さなければならないようである。

13.2 ハードウェアに関する諸問題

13.2.1 コスト上昇とスケジュール遅延の多発

近年、多くの国では新装備の開発計画を進める過程で、コスト上昇やスケジュール遅延の問題に見舞われている。航空機・AFV・艦艇・ミサイルといった大型プログラムでは、当初に予定した通りの日程と予算で済む事例の方が珍しいぐらいだ。どうして、こんなことになるのだろうか。

もちろん、開発を進めてみたら予定外のトラブルが発生した、あるいは予見不可能な外的要因によって足を引っ張られた、という事例もあるのだが、会計監査当局などによる調査報告書で、以下のような問題を指摘される事例もまた多い。

・重要な要素技術の熟成が済まないうちに、見切り発車した
・最初の要求仕様が、そもそも非現実的なまでに高レベルだった
・当初に行なったコストやスケジュールの見積もりが甘すぎた
・開発が始まってから要求仕様がコロコロ変わり、対応するために余分な手間がかかった
・年度あたりの支出を削減するためにスケジュールを引き延ばした結果、トータルで高くついてしまった
・コストが上昇したために調達数を削減した結果、量産効果を発揮しにくくなって、単価がさらに上昇した

特に開発遅延の原因になりやすい部分として、ソフトウェアの開発と、さまざまなサブシステムを組み合わせてひとつのシステムにまとめ上げる、いわゆるシステム・インテグレーションが挙げられる。

つまり、性能や精度を高めるためのハイテク化や、情報の優越を実現するためのシステム化・ネットワーク化が、装備品の開発を難航させる原因を作っているといえる。しかし、だからといって昔のローテク兵器の時代に戻すことはできない。現状に問題があるからといって、現状を否定するだけでは能がない。現状に対してどう向き合って、折り合いをつけて対処するかを考えなければならない。

アメリカ議会は2009年5月に、調達改革法（Weapon Systems Acquisition Reform Act）を成立させた。この法律で盛り込んだ主な改革ポイントは、以下の通りだ。

・要素技術の熟成度を定期的に審査して、未成熟なうちに見切り発車する事態を避ける
・コストとスケジュールの見積もりを担当する独立組織を設置する
・国防総省が調達関連の業務を外部に委託しすぎて、本来必要とされる能力・ノウハウを喪失している問題を解決するため、自前の調達担当要員を増強する
・システム全体のとりまとめを官側がメーカー側に丸投げしてしまう、いわゆるLSI（Lead System Integrator）方式を改めて、官側で進捗を管理する方式に戻す

もっとも、スケジュールやコストの見積もりが甘すぎて問題になるのであれば、その、甘すぎた見積もりを基準にして「これだけ遅延した」「こんなにコストが上がった」と論じることに、果たして妥当性があるのかという疑問はあるが……。

13.2.2　SWaPの問題

SwaPといっても「入れ替え・差し替え」を意味する英単語ではなくて、大きさ（Size）、重量（Weight）、それと（and）消費電力（Power）の頭文字をまとめたものだ。

昔の真空管時代に比べれば、コンピュータの性能は劇的に向上して、しかも発熱や消費電力は減少している。それでも、性能向上の要求があれば発熱や消費電力の増加要因になるし、無線通信みたいに、どうしても送信出力に見合った電気を食う分野もある。

実際、「10.7.4 車両間通信とJTRSシリーズ」で取り上げたJTRS GMR車載通信機は、発熱が多いせいで、評価試験の際にオーバーヒートしてダウンした。もともと軍用車両の中はさまざまな機器が詰まっているから空間的余裕はないし、艦艇みたいに水冷という手も使えない。しかも、熱帯や砂漠といった高熱の場所での運用も考えなければならない。

航空機だと、空間的余裕が少ない。小型のUAVだと、電力消費の問題が深刻になる。機体に合わせてエンジンも小さくなっているから、発電能力が少ないのだ。充電池に頼らなければならない電動式UAVも事情は同じである。

こういう事情があるので、電子機器を手掛けるメーカーはおしなべて、「SWaPの小ささ」をアピールするようになってきている。しかし、電子機器

メーカーがいう「小さい」と、プラットフォームのメーカーが求める「小さい」が噛み合うかどうかは別の問題。ひょっとすると、「もっとSWaPを抑えてくれないと困る」とクレームがつく事例もあるかも知れない。

13.2.3　個人の荷物増大と電源の問題

そのSWaPの問題がもっとも深刻なのは、自分の身体ですべての装備を持って歩かなければならない歩兵であろう。武器弾薬、衣料、糧食を初めとして、歩兵が持ち歩かなければならない荷物は増加する一方だ。最近ではボディ・アーマーや抗弾プレートの装備が一般化しているし、さらに通信機、GPS受信機、暗視装置、ライフル・スコープ、コンピュータなど、持って歩かなければならない電気製品が増える一方だ。

そのため、一人の歩兵が持ち歩く各種装備の重量は、なんと50kgに達しているという（筆者の体重より重い!）。そして、電気製品を持ち歩く場面が増えたため、その50kgあまりのうち一割をバッテリが占めているという。しかも、それぞれの機器が専用のバッテリを必要とするから、予備を共通化するというわけにはいかない。

これは民間レベルでも容易に理解できる話だ。仕事であれプライベートであれ、お出かけの際には携帯電話やスマートフォン、タブレットPCやノートPC、携帯音楽プレーヤー、デジタルカメラ、ICレコーダーなど、多数の電気製品を持ち歩いている人は少なくないだろう。そしてそれらの電気製品がバッテリ切れにならないように、予備のバッチリパック、あるいはモバイルバッテリを持ち歩くことになり、荷物がますます重くなる。

解決策としては、「バッテリの集合化」と「エネルギー密度の向上」が考えられる。前者は、ひとつのバッテリからすべての機器に電力を供給しようという考え方で、少なくとも種類が違うバッテリをいくつも持ち歩く負担は軽減できるはずだ。

そこで米陸軍が打ち出した研究計画がCWB（Conformal Wearable Battery）。つまり、個別の機器ごとに専用のバッテリを用意する代わりに、身につけられるバッテリを用意して、そこに電源を集中してしまおうというもの。厚さ1.78cmの板状バッテリを用意して、ボディ・アーマーの抗弾ベストと入れ替える形で身につけるようにしている。現時点で140W/hの出力を持つバッテリができており、重量は1kg足らず。これで陸軍が要求する「72時間の任務」に対応できると考えている。

それとは別件でSWIPES（Soldier Worn Integrated Power Equipment System）という計画があり、すでに量産配備も始めている。個別に予備バッテリを持ち

歩くと10個で15〜25ポンドぐらいになるが、その代わりに、重量2ポンド・150Whまたは3ポンド・400Whのバッテリ×2個を、IOTV（Improved Outer Tactical Vest）に装着していく方式。メリットのひとつとして挙げているのが通信機で、「バッテリを交換すると暗号鍵の再設定が必要になるが、SWIPESなら48時間の連続稼動が可能なので、その間は暗号鍵の再設定が不要になる」としている。

これと比べると風変わりなのがEHAP（Energy Harvesting Assault Pack）計画。これは兵士の背中とリュックサックの間にラック＆ピニオン駆動の発電機を組み込み、歩いてリュックサックが上下に揺れると、その動きを使って発電するもの。発生した電力はバッテリの充電に使う。動作原理上、電圧や電流が安定しないだろうから、機器の駆動に直接使うのは難しいわけだ。まだ研究段階で、実用レベルというわけではない。

違うアプローチをとっているのがオランダ軍で、軽油を使う円筒形の携帯発電装置・E-Lighterを開発している。1.3リットルの軽油で48時間の稼働が可能とのこと。

13.3 COTS化に関する諸問題

13.3.1　COTS品は陳腐化が早い

　COTS化、あるいはオープン・アーキテクチャ化は、コスト低減や迅速なアップデートにつながって「いいことずくめ」のように見えるが、実はそんなに単純な話でもない。従来とは異なる問題が出てくる点は認識しておきたい。

　まず、COTS品は陳腐化が早い。「9.4.2 SMCS NGとCCSv 3におけるCOTS化」で取り上げたSMCS NGが典型例で、導入開始から導入終了までの4年間で、すでに仕様が変わってしまった。Windowsは数年ごとにバージョンアップするし、CPUもどんどん世代が交代していくからだ。互換性は維持されているからソフトウェアはそのまま使うのだろうが、異なる種類の製品が入り乱れる問題は残る。また、古いスペアパーツの供給が途絶える問題もある。

　そのため、COTS品では「最初に導入したものを最後まで使い続ける」という考え方は捨てて、定期的な換装・更新を最初から織り込んで、維持管理やアップグレードの計画を立てる必要がある。その一例が、「8.1.6 スパイラル開発が現在の基本」で取り上げたTIとACBだ。そうなると、COTS化とオープン・アーキテクチャ化は必然的にワンセットになる。ハードウェアでもソフトウェアでも自由に入れ替えが効くようにしておかなければ、陳腐化対処も不具合対処も機能追加も成り立たないからだ。

　また、オープン・アーキテクチャ化して組み合わせの自由度を持たせるということは、異なるシステムを組み合わせたときのすり合わせ、つまりシステム・インテグレーションに関する研究とノウハウが重要になることを意味する。ありていにいえば「相性問題への対処」という話だ。

　パソコンを使い込んだ方なら経験があると思うが、ちゃんと動くはずの周辺機器やソフトウェアがトラブルを起こして、「これは相性だな」といわれることがある。そんな事態を回避するためのノウハウが、ウェポン・システム開発の場面でも必要になるのではないか。

13.3.2　COTS化と武器輸出管理

　政治的観点からすると、COTS化は武器輸出管理の問題を引き起こす。COTS品の利用拡大は、軍用品と民生品の境界を曖昧にするからだ。「武器」と「武器でないもの」を明確に区別できる種類の品物であれば、販売や輸出に規制をかけるのは比較的容易だ。規制をかいくぐろうとして隠蔽策を講じる場面は当然ながらあるが、それはまた別の問題である。ところがCOTS化が進むと、民生品のつもりで販売したものが武器に転用される場面が発生する。

　先に挙げた頑丈ノートPC・タフブックもそうだし、ゲーム機PlayStationのコントローラが地雷処理機材のコントローラに化けた事例もある。PlayStation 3で用いられているCellプロセッサはAMD製のOpteronプロセッサとの組み合わせにより、核実験のシミュレーションに使用するスーパーコンピュータ・Roadrunnerの中核となった。そして、そういった情報通信機器こそが「戦うコンピュータ」の中核となっている。

　こうした民生用ハイテク製品は悪用も可能だ。有名な事例として、即製爆弾（IED）を無線でリモコン起爆させるために、携帯電話を改造して使用している事例があるのはすでに述べた通りだ。

　また、民生品のつもりで輸出したものが輸出先で兵器に転用される事態は、IT分野以外でも多発している。有名な例としては、日本製の四輪駆動車やピックアップトラックがある。中国で民間機向けとしてエンジンを輸出したら、その飛行機が軍事転用された事例もある。中国は天安門事件以来の武器禁輸をかいくぐろうとして、軍民両用品を隠れ蓑に使おうと躍起になっているから、この手の事案はなくなるはずがない。

　現実問題として、「民生品として売ったものが、買い手によって軍事転用される」事態を物理的に阻止するのは難しい。コンピュータのハードウェアに「軍用ソフトウェアを識別したら動作を停止する」なんていう仕掛けを作り込むことはできない。

　したがって、昔のように「民生品は輸出しますが武器は輸出しません」という政策を成り立たせようとしても現実的ではない。かつてはCOCOM、現在ならワッセナー・アレンジメントといった形で「好ましくない国に対するハイテク製品や高度技術の輸出を規制する」枠組みはあるが、普通に民生品として売っている製品になると、流通を完全にコントロールするのは無理である。

　今後も、民生品のつもりで輸出したものがいつの間にか軍事転用されて問題化する事例は、増えることはあっても減ることはないだろう。

13.4 無人化に伴う諸問題

13.4.1 無人ヴィークルに対する批判と法的問題

次に、「戦うコンピュータ」という言葉がもっともしっくり来そうな分野、つまり無人ヴィークルについて。

MQ-1プレデターやMQ-9リーパーに代表されるような武装UAVの話を聞くと、事情を知らない人が「機上コンピュータが勝手に交戦している」と勘違いしてしまうのも無理はない。実際、この手の武装UAVが「ロボット兵器」と呼ばれることもあるし、それがまた、自律的に判断・意思決定して行動するものだというイメージを増幅しそうだ。しかし実際には、機上のセンサーが撮影した映像を地上の管制ステーションに送り、そこでセンサー担当のオペレーターが映像を見た上で、攻撃の可否を判断している。

そもそも、映像を見ただけで正しい攻撃目標なのかどうか、攻撃すべき敵なのか、といったことを判断するのは難しい。人間がやっても難しいのだから、いわれたとおりの仕事しかできないコンピュータなら尚更だ。そこでコンピュータに判断を委ねて交戦させれば、とんでもないことになる。

また、法律や交戦規則（RoE）にまつわる問題も考慮に入れる必要がある。コンピュータが勝手に攻撃の可否を判断するのでは、誤認識によって問題を引き起こす可能性があるし、そこでどうやって交戦規則を守らせるかという問題もある。だから、いわゆる"man-in-the-loop"、つまり判断や意思決定に人間を介在させる運用は必須だ。

ところが、オペレーターが現場の映像を見て攻撃の可否を判断する形を取っていても、「違法行為の疑いがある」という批判が出てくることがある。2010年4月30日付の「毎日新聞」が、そういう論調の記事を掲載していた。

しかし、敵味方の識別や民間人の巻き添え回避が求められるのは、UAVだろうが有人機だろうが同じことだ。アフガニスタンでMQ-9リーパーを運用している英空軍は、2010年5月19日付のプレスリリースで、「MQ-9に適用される交戦規則は、有人機に適用するものと同じだ」と説明している[74]。

そもそも、高速で飛行するジェット戦闘機のコックピットから目視するのと、

低速な上に高解像度のカメラを備えたUAVのセンサー映像を見るのと、どちらの方が識別能力が高いだろうか? 実のところ、敵味方の識別を精確に行なおうとすれば、上空の飛行機が有人か無人かを議論するよりも、地上に敵味方識別のための要員を置く方が良い。常にそれができるわけではないから悩むのだが、ここでも結局「最後に頼りになるのは人間」という話に行き着く。

ただ、センサー映像が鮮明になって識別能力が高まったことで、オペレーターの心理に悪影響を及ぼす問題が生じている。この話は筆者が過去にあちこちで書いてきていることである。2015年にはとうとう、このテーマで「ドローン・オブ・ウォー」という映画まで作られた。

13.4.2　人間が得意なこと、コンピュータが得意なこと

そこで筆者の口癖「コンピュータはカンピュータにはなれない」が出てくる。生身の人間は、目視して確認するだけでなく、「殺気を感じる」とか「怪しいと感じる」とか「ピンと来る」とかいったやり方も併用して物事を判断している。米陸軍がIED対策の一環として「第六感」を活用する研究に乗り出したのも、生身の人間だから通用する手だ。

それと同じことをコンピュータに要求できるかといえば、それは無理だ。何らかの理論に基づいてプログラムした通りに動作するのがコンピュータだから。

その代わり、いったん「交戦する」と決めて指令を出せば、その交戦という限られた分野で人間より上手に仕事をできることもある。典型例がファランクスCIWSで、「飛来するミサイルの探知→機関砲を指向して交戦→弾道の追跡と修正」というシーケンスを、迅速かつ精確にこなす。同じことを人間ができるかといえば、これは無理がある。

そのファランクスCIWSも、オペレーターが判断を間違えて友軍の攻撃機や軍の高官が乗ったヘリがいるところで自動交戦させると、撃ち落としてはならないものをきちんと撃ち落としてしまう。ベオグラードではJDAMが、間違った座標の入力を受けた結果、間違った目標（中国大使館）を精確に誤爆した。

つまり、人間が得意なこととコンピュータが得意なこと（向いていること、でもよい）を正しく判断して、正しい役割分担を実現しなければならない。そうしないと「戦うコンピュータ」は、人類にとって却って危険な存在になってしまう。

参考資料

MDS命名法

　以下に示すのは、米軍が1960年代に導入した、MDS（Mission Design Series）という命名ルールだ。航空機、ミサイル、各種電子機器の三分野について規定しており、形式を見ただけで、それが何者で、どのような働きをするものかが分かる優れものだ。

航空機

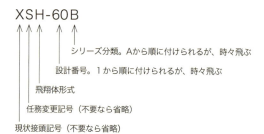

　航空機の場合、本来の用途は「基本任務記号」で識別する。用途が異なる派生型ができた場合に、任務変更記号を付け加えて対応する。いずれの場合でも、試験機・試作機・原型機などでは現状接頭記号が加わる。飛翔体形式が加わるのは固定翼機以外だ。

現状接頭記号	任務変更記号	基本任務記号	飛翔体形式
G:恒久飛行停止	A:攻撃	A:攻撃	無印:固定翼航空機
J:特別試験（臨時）	C:輸送	B:爆撃	G:グライダー
N:特別試験（恒久）	D:司令	C:輸送	H:ヘリコプター
X:試作/実験	E:特殊電子装備	E:特殊電子装備	S:宇宙機
Y:原型	F:戦闘	F:戦闘	V:V/STOL機
Z:計画	H:捜索救難	O:観測	Z:飛行船
	K:給油	P:哨戒	
	L:極地	R:偵察	
	M:多用途/特殊作戦	S:対潜	
	O:観測	T:練習	
	P:哨戒	U:汎用	
	Q:標的	X:研究	
	R:偵察		
	S:対潜		
	T:練習		
	U:汎用		
	V:高官輸送		
	W:気象		

航空機の命名に関する項目一覧

ミサイル/ロケット/標的機/宇宙機など

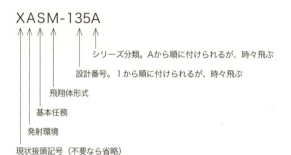

ミサイルの場合、同じミサイルでも発射環境が変わる場合がある。その場合、基本任務と飛翔体形式は変えずに発射環境の文字だけを変える場合と、発射環境を「B」として、最初からマルチプラットフォーム対応にしてしまう場合がある。

現状接頭記号	発射環境	基本任務	飛翔体形式
C:キャプティブ	A:航空機	C:輸送	B:ブースター
D:ダミー	B:マルチプラットフォーム	D:デコイ	M:ミサイル/標的
J:特別試験（臨時）	C:棺桶式発射器	E:電子/通信	N:探査機
M:整備	F:携帯式	G:対地・対艦攻撃	R:非誘導ロケット
N:特別試験（恒久）	G:滑走路	I:対空/対衛星要撃	S:衛星
X:試作/実験	H:サイロ収容	L:発射探知/監視	
Y:原型	L:サイロ発射	M:科学/修正	
Z:計画	M:車載	N:航法	
	P:ソフトパッド	Q:標的	
	R:水上艦	S:宇宙支援	
	S:宇宙	T:練習	
	U:潜水艦/水中	U:水中攻撃	
		W:気象	

ミサイルの命名に関する項目一覧

電子機器

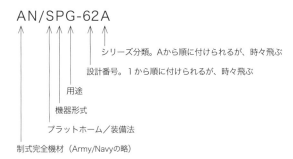

電子機器の場合、シリーズ分類の代わりに「(V)〇〇」(〇〇の部分は数字)となり、改良型では数字が増えていく。例として、F-16の射撃管制レーダー「AN/APG-68 (V) 9」などがある。

プラットフォーム/装備法	機器形式	用途
A:航空機	A:赤外線	A:補助部品
B:潜水艦	B:標的	B:爆撃
C:航空可搬	C:有線	C:通信
D:無人機	D:放射能測定	D:方向探知/偵察/監視
F:地上固定	E:Nupac	E:射出/投下
G:地上全般	F:写真	G:火器管制/灯火指揮
K:水陸両用	G:テレグラフ/テレタイプ	H:録音/再生
M:地上車載	I:インターフォン	K:コンピュータ
P:携帯可搬	J:電子機械	M:整備/支援
S:水上	K:テレメーター	N:航空支援
T:地上	L:カウンターメジャー	Q:特殊/目的組み合わせ
U:汎用部品	M:気象	R:受信/パッシブ探知
W:水面	N:空中音響	S:探知/測距/方位/捜索
Z:有人/無人組み合わせ	P:レーダー	T:送信
	Q:ソナー	W:自動操縦/遠隔操作
	R:無線機	X:識別/認識
	S:特殊/各種組み合わせ	Y:監視/管制
	T:有線電話	
	V:視覚/可視光線	
	W:兵器	
	X:ファクシミリ/テレビ	
	Y:データ処理	

電子機器の命名に関する項目一覧

統合弾薬命名法

　弾薬・発射器・信管の類については、MDS命名法とは別に統合弾薬命名法が規定されている。こちらは「○○U-△△A/B」といった構成で、「△△」は数字。それに続いて、最初のモデルは省略、2番目以降はシリーズ分類のアルファベットが入る。最後は搭載形態で、航空機に固定設置するものは「/A」、航空機から投下するものは「/B」、飛行不可能な地上品目は「/E」。たとえば航空機から投下する誘導爆弾はみんな「/B」だ。「GBU-24」なら、最初のモデルは「GBU-24/B」、その改良型は「GBU-24A/B」となる。

　識別記号と識別内容の種類は多岐にわたるが、紙数の関係もあるので、頻出するものだけを表にまとめた。弾薬同士の組み合わせ事例もあり、たとえばクラスター爆弾「CBU-○○/B」なら、「SUU-△△/B」ディスペンサーの中に「BLU-××/B」子爆弾を入れて構成する。

識別記号	識別内容
BD	訓練弾
BL	爆弾・地雷・機雷
BR	爆弾架
CB	集束爆弾
CP	射撃諸元算定装置
FM	信管
GA	機関銃・機関砲
GB	誘導爆弾
GP	ガンポッド
KM	改造キット
LA	ミサイル/ロケット弾発射器
MJ	チャフ/フレアー
PG	機関銃弾・機関砲弾
SU	兵装投下用コンテナ
WD	ミサイル弾頭
WG	ミサイル誘導パッケージ

統合弾薬命名法の項目一覧

データリンク機器の導入事例まとめ

すべてを網羅するのは無理な相談だが、メジャーなプラットフォームについて分かる範囲で、データリンク機器の搭載状況についてまとめてみた。

機種	データリンク	備考
F-14D	JTIDSクラス2H	
F-15C/D	JTIDSクラス2	第366航空団所属機
F-15C/D	MIDS-LVT（3）	
F-15J/DJ	MIDS-LVT（3）	近代化改修機、いわゆるF-15MJ
F-15E	MIDS-LVT（3）	
F-16C/D-30/32	SADL, IDM	
F-16C/D-40/42/50/52	MDIS-LVT（6）, IDM	CCIP改修機で導入
F/A-18C/D/E/F	MIDS-LVT（1）, MIDS-JTRS	
F-22A	Link 16, IFDL	
F-35A/B/C	Link 16, MADL	
A-10A+/A-10C	SADL	
B-1B	JREAPに加えてLink 16を導入	FIDL（Fully Integrated Data Link）計画を推進中。2014年1月から改修機のデリバリーが始まっており、最終的には66機がFIDL改修を受ける予定[75]。
B-52H	CONECT	デジタル通信機材を搭載してNCW環境に対応させるもので、2015年に全規模量産（FRP）改修を始めた。最終的には76機を改修する。
B-2A	MIDS-LVT（7）	
E-2C	JTIDSクラス2H	
E-2D	MIDS-LVT（1）	
E-3B/C（ブロック20/25）	JTIDSクラス1H	
E-3B/C（ブロック30/35）	JTIDSクラス2, MIDS-LVT（5）	
E-3G（ブロック40/45）	MIDS JTRS	
EC-130E　ABCCC	JTIDSクラス2, SADL	
RC-135	JTIDSクラス2, TCDL	
E-8C	JTIDSクラス2, TCDL	
P-8A	CDL端末機	
MQ-4C	CDL端末機	
先進戦闘指揮システム（ACDS）	JTIDSクラス2H	ACDSは、空母・イージス艦・強襲揚陸艦（LHA/LHD）の指揮管制装置
AH-64D	IDM	
AH-64E	VUIT-2, UTA	
パトリオット地対空ミサイル	JTIDSクラス2M（AN/MSQ-116）, PADIL	

タイフーン (EF2000)	MIDS-LVT (1)	
トーネードECR	MIDS-LVT	独空軍のASSTA3改修機
セントリー AEW.1 (E-3D)	Link 16端末機	英空軍
JAS39A/Bグリペン	TIDLS	
JAS39C/Dグリペン	MIDS-LVT (4)	
サーブ340AEW&C	MIDS-LVT	
ラファール	MIDS-LVT (1)	

Link 16などのデータリンク機器導入例

　このほか、これらの航空機を指揮する航空作戦センター（AOC）や管制/報告センター（CRC）、管制/報告エレメントも、JTIDSクラス２端末機やMIDSを備える。米海兵隊では、戦術航空統制センター（TACC）と戦術航空作戦センター（TAOC）にJTIDSクラス２H端末機を導入しており、後者の形式はAN/TYQ-23（V）1。さらに戦術航空作戦モジュール（TAOM）ことAN/TYQ-23（V4）や、AN/TYQ-82戦術データ通信プラットフォームの導入事例もある。

　パトリオットを装備する高射隊の内輪で指揮・統制、情報報告、目標情報のやりとり、追跡情報の更新、メンテナンス用の監視に使用するのはPADIL。短波・極超短波・衛星・有線のいずれかを使用するもので、伝送速度は32kbps[76]。

　英海軍ではシーキングや42型ミサイル駆逐艦などにLink 16端末機を搭載している。プラットフォームによって、JTIDS端末機・MIDS-LVT・AN/URC-138を使い分けている。

　また、Link 16を使用していない同盟国との間でミサイル防衛関連などのデータ交換を行なうため、TIBS（Tactical Information Broadcast System）の用意がある。その他のデータリンク手段として、F-16、F/A-18、AH-64などで使用している以下のデータリンクがあるが、これらはLink 16に置き換える方向[77]。

　・AFAPD（Air Force Application Program and Development）
　・MTS（Marine Tactical System）
　・TACFIRE（Tactical Fire）
　・ATHS（Automatic Target Handover System）

　海上自衛隊では、はつゆき型・しらね型以降のいわゆる「システム艦」で、Link 11・Link 14・Link 16といったデータリンクを用いている。ただし旧い艦はLink 11とLink 14だけで、Link 16を導入したのは13DD「すずなみ」と、ひゅうが型、いずも型、イージス艦ぐらい。また、はつゆき型・いしかり・ゆうばり型はLink 14のみで、Link 11が加わったのはあさぎり型以降となっている。なお、陸上の指揮施設と艦隊を結ぶ指揮統制網については、「12.4.10 陸海自衛隊の主要システム」を参照されたい。

頭文字略語集

軍事はIT業界と並んで、頭文字略語がやたらと多い。そこで、C4ISR分野に関わるものを中心として頭文字略語のリストをまとめてみた。ただし紙数の関係もあり、メジャーなものや特定のシステム名称、組織名称はあまり含まれていない点、御容赦いただきたい。

略語	正式名称	日本語訳
AASM	Armement Air-Sol Modulaire	（仏）空対地モジュラー化兵装
AAW	Anti Air Warfare	対空戦
ABCCC	Airborne Battlefield Command and Control Center	（米空軍）機上戦場指揮管制センター
ABCS	Army Battle Command System	（米陸軍）陸軍戦闘指揮システム
ABL	Airborne Laser	（米）機上レーザー
ACB	Advanced Capability Build	（米海軍）新機能ビルド
ACCS	Air Command and Control System	航空戦指揮統制システム
ACDS	Advanced Combat Direction System	先進戦闘指揮システム
ACINT	Acoustic Intelligence	音響情報
ACIS	Amphibious Command Information System	（米海軍）両用戦指揮情報処理システム
ACM	Air Combat Maneuver	空戦機動
ACMI	Air Combat Maneuvering Instrumentation	空戦機動計測
ACMS	Astute Combat Management System	（英海軍）アステュート級向け戦闘管制システム
ACO	Automated Conboy Operation	（米陸軍）自動化車両隊運用
ACS	Aegis Combat System	イージス戦闘システム
ACTD	Advanced Concept Technology Development	先進概念技術実証
ACTES	Air Combat Training Evaluation System	空戦訓練評価システム
ACTUV	Anti-Submarine Warfare Continuous Trail Unmanned Vessel	（米）対潜戦向け継続追跡用無人船
ADS-B	Automatic Dependent Surveillance - Broadcast	
AEHF	Advanced Extremely High Frequency	（米）先進EHF通信衛星
AEGIS	Advanced Electronic Guidance and Instrumentation System	（米海軍）先進電子誘導・計測システム
AESA	Active Electronically Scanned Array	アクティブ電子走査アレイ
AEW	Airborne Early Warning	空中早期警戒機
AEW&C	Airborne Early Warning and Control	空中早期警戒管制機
AFATDS	Advanced Field Artillery Tactical Data System	（米陸軍）先進野戦砲兵戦術データシステム
AFFTC	Air Force Flight Test Center	（米空軍）飛行試験センター

435

AFISRA	Air Force Intelligence, Surveillance and Reconnaissance Agency	（米空軍）空軍情報収集・監視・偵察局
AFSPC	Air Force Space Command	（米空軍）宇宙軍団
AGCCS	Army Global Command and Control System	（米陸軍）陸軍グローバル指揮統制システム
AGS	Advanced Gun System	（米海軍）先進砲システム
AGS	Alliance Ground Surveillance	（NATO）同盟地上監視（システム）
AIS	Automatic Identification System	船舶自動識別装置
ALGS	Autonomics Logistics Global Sustainment	世界規模の自律兵站支援
ALIS	Autonomic Logistics Information System	自律兵站情報システム
ALTB	Airborne Laser Test Bed	（米）機上レーザー試験機
AM	Amplitude Modulation	振幅変調
AMDR	Air and Missile Defense Radar	（米海軍）防空・ミサイル防衛用レーダー
AMRAAM	Advanced Medium Range Air-to-Air Missile	（米）先進中射程空対空ミサイル
AMSTE	Affordable Moving Surface Target Engagement	（米）低価格移動水上目標攻撃
ANS	Autonomous Navigation System	（米）自律航法システム
AoA	Angle of Attack	迎角
AOC	Air Operation Center	航空作戦センター
APAR	Active Phased Array Radar	アクティブ・フェーズド・アレイ・レーダー
APKWS	Advanced Precision Kill Weapon System	（米）先進精密破壊武器システム
APLNR	Automatic Position Location and Navigation and Reporting	（英陸軍）自動位置標定・航法・報告システム
APMI	Accelerated Precision Mortar Initiative	（米海兵隊）改良型精密迫撃砲構想
A-PNT	Assured Positioning Navigation and Timing	（米）確実性を備えた測位・航法・測時
ARAI	Automatic Receiver Aircraft Identification	（米空軍）自動受油機識別
ARBS	Angle Rate Bombing System	角度変化率爆撃システム
A-RCI	Acoustic Rapid Commercial Off-The-Shelf Insertion	（米海軍）音響処理迅速COTS化
ARGUS-IR	Autonomous Real-time Ground Ubiquitous Surveillance - Infrared	（米）自律リアルタイム地上赤外線映像監視（システム）
ARGUS-IS	Autonomous Real-time Ground Ubiquitous Surveillance-Imaging System	（米）自律リアルタイム地上光学映像監視（システム）
ARV-L	Armed Robotic Vehicle-Assault（Light）	（米陸軍）武装強襲無人車両（軽量型）
ASARS	Advanced Synthetic Aperture Radar System	（米空軍）先進合成開口レーダー
ASAS	All Source Analysis System	（米陸軍）全情報源分析システム
ASDIC	Allied Submarine Detection Investigation Committee	聯合国の潜水艦探知に関する調査委員会
ASK	Amplitude Shift Keying	振幅偏位変調
ASPJ	Airborne Self-Protection Jammer	航空機搭載自衛ジャマー
ASRAAM	Advanced Short Range Air-to-Air Missile	先進短射程空対空ミサイル
ASSTA3	Avionics Software System Tornado Ada 3	（独）トーネード向けアビオニクス用Adaソフトウェア・システム その3
ASTOR	Airborne Stand-Off Reconnaissance / Airborne Stand-Off Radar	（英）機上遠隔監視／機上遠隔監視レーダー
ASuW	Anti Surface Warfare	対水上戦
ASW	Anti Submarine Warfare	対潜戦
ASWCS	Anti Submarine Warfare Control System	（日）対潜戦管制システム
ATARS	Advanced Tactical Airborne Reconnaissance System	（米海軍）先進戦術航空偵察システム

ATCCS	Army Tactical Command and Control System	（米陸軍）陸軍戦術指揮統制システム
ATDL	Advanced Tactical Data Link	先進戦術データリンク
ATDS	Airborne Tactical Data System	（米海軍）航空戦術データシステム
ATECS	Advanced Technology Combat System	（海上自衛隊）先進技術戦闘システム
ATF	Advanced Tactical Fighter	（米）先進戦術戦闘機
ATFLIR	Advanced Targeting Forward Looking Infra-Red	（米海軍）先進目標指示・前方監視赤外線センサー
Athena-Fidus	Access on THeatres for European allied forces NAtions-French Italian Dual Use Satellite	（仏伊）軍民両用・欧州同盟国向け戦域アクセス
ATHS	Automatic Target Handoff System / Automatic Target Handover System	（米空軍）自動目標情報引渡システム
ATIMS	Advanced Tactical Information Management System	（米海兵隊）先進戦術情報管理システム
ATIRCM	Advanced Threat Infrared Countermeasures	（米陸軍）先進赤外線脅威対策
ATL	Advanced Tactical Laser	（米空軍）先進戦術レーザー
ATM	Asynchronous Transfer Mode	非同期転送モード
ATO	Air Tasking Order	航空任務命令
AUV	Autonomous Underwater Vehicle	自律潜水艇
AWACS	Airborne Warning And Control System	空中警戒管制システム
AWS	Aegis Weapon System	イージス武器システム
BACN	Battlefield Airborne Communications Node	（米空軍）戦場航空通信ノード
BADGE	Base Air Defense Ground Environment	（日）自動警戒管制組織
BAMS	Broad Area Maritime Surveillance	（米海軍）広域洋上監視
BATS-D	Battlefield Awareness and Targeting System - Dismounted	戦場状況認識・目標指示システム（降車歩兵向け）
BCIS	Battlefield Identification System	戦場敵味方識別システム
BCS3	Battle Command Sustained Support System	戦闘指揮/維持支援システム
BCS-F	Battle Control System-Fixed	（米空軍）固定式戦闘指揮システム
BDA	Bombing Damage Assessment	爆撃損害評価
BFT	Blue Force Tracker	（米陸軍）友軍追跡装置
BGAN	Broadband Global Area Network	（米）広帯域・汎地球通信網
BGPHES	Battle Group Passive Horizon Extension System	（米海軍）戦闘群向けパッシブ水平線延伸システム
BISA	Battlefield Information Systems Applications	（英陸軍）戦闘用情報システム向けアプリケーション群
BLOS	Beyond Line-of-Sight	見通し線以遠
BMD	Ballistic Missile Defence	弾道ミサイル防衛
BMDS	Ballistic Missile Defense System	弾道ミサイル防衛システム
BMS	Battle Management System	戦闘指揮システム
BT	Bathy Thermograph	自記温度計
BTID	Battlefield Target Identification	戦場向け敵味方識別
C2	Command and Control	指揮・統制
C2BMC	Command, Control Battle Management and Communications	指揮・統制・戦闘管制・通信
C2P	Command and Control Processor	（米海軍）指揮統制処理装置
C2PC	Command and Control Personal Computer	（米海兵隊）指揮統制用パーソナルコンピュータ

C2T	Command and Control Terminal	（日）指揮統制端末
C3	Command, Control, Communication	指揮・統制・通信
C3I	Command, Control, Communication and Intelligence	指揮・統制・通信および情報
C4	Command, Control, Communication and Computers	指揮・統制・通信およびコンピュータ
C4I	Command, Control, Communication, Computers and Intelligence	指揮・統制・通信・コンピュータおよび情報
C4ISR	Command, Control, Communication, Computers, Intelligence, Surveillance, and Reconnaissance	指揮・統制・通信・コンピュータ・情報・監視および偵察
CA	Certificate Authority	認証局, 認証機関
CAC2S	Common Aviation Command and Control System	（米海兵隊）航空戦共通指揮統制システム
CAISI	Combat Service Support Automated Information Systems Interface	（米）戦務支援用情報システム・インターフェイス
CALI	Common Afloat Local Area Network Infrastructure	（米海軍）共通艦上通信網
CaMEL	Carry-all Mechanized Equipment Landrover	（米）機械化装備輸送車
CANES	Consolidated Afloat Networks and Enterprise Services	（米海軍）統合艦上通信網/エンタープライズ・サービス
CAOC	Combined Air Operation Centre	合同航空作戦センター
CAPTOR	Encapsulated Torpedo	（米海軍）カプセル入り魚雷
CAS	Close Air Support	近接航空支援
CAST	Convoy Active Safety Technology	（米）車両隊向けアクティブ安全技術
CBM	Condition Based Maintenance	状況に立脚した整備
CBM（L）	Command Battlespace Management（Land）	（英陸軍）陸戦向け戦闘空間指揮統制
CBT	Computer-Based Training	コンピュータによる学習
CCCS	Common Core Combat System	（英海軍）共通戦闘中核システム
CCD	Charge Coupled Device	電荷結合素子
CCD CoE	Cooperative Cyber Defence Centre of Excellence	
CCE	Common Computing Environment	共通コンピューティング環境
CCID	Coalition Combat Identification	聯合戦闘任務・敵味方識別
CCIP	Common Configuration Implementation Program	（米空軍）共通仕様化適用計画
CCIP	Constantly Computed Impact Point	連続算出命中点
CCRP	Constantly Computed Release Point	連続算出投下点
CCS	Common Combat System	（英海軍）共通戦闘システム
CCS	Communication Countermeasures Set	（米海軍）通信妨害セット
CCS	Counter Communication System	（米）対通信システム
CCS-C	Command and Control System-Consolidated	（米空軍）統合指揮統制システム
CDL	Common Data Link	（米）共通データリンク
CDR	Critical Design Review	最終設計審査
CDS	Combat Direction System	戦闘指揮システム
CDS	Command and Decision System	（米海軍）指揮決定システム
CDS	Common Display System	（米海軍）共通表示システム
CEC	Cooperative Engagement Capability	（米海軍）共同交戦能力
CENTRIXS	Combined Enterprise Regional Information Exchange System	（米海軍）複合型エンタープライズ地域情報交換システム
CENTRIXS-M	CENTRIXS (Combined Enterprise Regional Information Exchange System) - Maritime	（米海軍）複合型エンタープライズ地域情報交換システム（海洋型）

CIA	Central Intelligence Agency	（米）中央情報局
CIC	Combat Information Center	戦闘情報センター
CINS	Communications, Intelligence and Networking Systems	（米海兵隊）通信・情報網システム
CIWS	Close-In Weapon System	近接防禦システム
CLIP	Common Link Integration Processing	（米空軍）共通データリンク統合処理
CMN-4	Link 16 four-channel Concurrent Multi-Netting with Concurrent Retention Receive	（米）Link 16同時多重通信・同時受信保持
CMS	Combat Management System	戦闘管制システム
CMWS	Common Missile Warning System	（米陸軍）共通ミサイル警報システム
CNI	Communication, Navigation, Identification	通信・航法・敵味方識別
COCOM	Coordinating Committee for Export to Communist Area	対共産圏輸出統制委員会
COE	Common Operating Environment	コンピュータ・システム共通運用基盤
COMINT	Communication Intelligence	通信情報
CONECT	Combat Network Communications Technology	（米空軍）戦闘用通信網技術
COP	Common Operating Picture	共通戦況図
COTF	Commander, Operational Test and Evaluation Force	（米海軍）運用評価試験隊
COTM	Communications-On-The-Move	移動中通信
COTS	Commercial Off The Shelf	既存民生品
CPOF	Command Post of the Future	（米）将来型指揮所
CPS	Common Processing System	（米海軍）共通処理システム
CPU	Central Processing Unit	中央情報処理装置
CRC	Control and Reporting Center	管制/報告センター
CRE	Control and Reporting Element	管制/報告エレメント
CREW	Counter RCIED Electronic Warfare	無線遠隔起爆式IED向け電子戦機材
CRS-I	Common Robotic System - Individual	（米陸軍）個人向け共通ロボットシステム
CSD	Communications at Speed and Depth	（米海軍）潜没航行中通信
CSRR	Common Submarine Radio Room	（米海軍）潜水艦向け共通通信室
CSSCS	Combat Service Support Control System	（米）戦務支援統制システム
CTOL	Conventional Take-Off and Landing	通常型離着陸機
CTP	Common Tactical Picture	共通戦術状況
CUDIXS	Common User Digital Information Exchange Subsystem	（米海軍）ユーザー共用デジタル情報交換サブシステム
CW	Continuous Wave	連続波
CWID	Coalition Warrior Interoperability Demonstration	（米）聯合作戦相互運用性実証
DAB	Defense Acquisition Board	（米）国防調達会議
DAGR	Defense Advanced GPS Receiver	（米）国防先進GPS受信機
DAGR	Direct Attack Guided Rocket	直接攻撃用誘導ロケット弾
DAMA	Demand Assignment Multiple Access	要求時割付多元接続
DAP	Digital Army Programme	（イスラエル）陸軍デジタル化計画
DARPA	Defense Advanced Research Projects Agency	（米）国防高等研究計画局
DAS	Defensive Aids Subsystem	自衛サブシステム
DCGS	Distributed Common Ground System	（米）分散共通地上システム
DCS	Defense Communications System	（米）国防通信システム
DDoS	Distributed Denial of Service	分散サービス拒否
DEAD	Destruction of Enemy Air Defense	敵防空網破壊

Dem/Val	Demonstration/Validation		実証/検証
DeRSCI	Delivery of Rapid Sonar Commercial Off-The-Shelf Insertion		（英海軍）ソナー COTS化の迅速導入
DF	Direction Finding		無線方向探知
DFC	Digital Fuel Control		デジタル燃料制御
DGA	Direction générale de l'Armement		（仏）国防調達局
DIB	DCGS Intelligence Backbone		（米）DCGSインテリジェント基幹網
DII	Defense Information Infrastructure		（日）防衛情報通信基盤
DIRCM	Directed Infrared Countermeasures		指向性赤外線対策
DISA	Defense Information Systems Agency		（米）国防情報システム庁
DISN	Defense Information System Network		（米）国防情報システム網
DLRP	Data Link Reference Point		データリンク参照点
DME	Distance Measuring Equipment		距離計測装置
DMON	Distributed Mission Operations Network		（米空軍）分散任務作戦網
DMS	Defense Messaging System		（米）国防メッセージング・システム
DMT	Distributed Mission Training		分散任務訓練[環境]
DRR	Due Regard Radar		
DSCS	Defense Satellite Communication System		（米）国防衛星通信システム
DSMAC	Digital Scene-Matching Area Correlater		デジタル映像照合・地域相関
DSP	Defense Support Progran		（米）国防支援計画
DSP	Digital Signal Processor		デジタル・シグナル・プロセッサ
DT	Developmental Test		開発試験
DTM	Data Transfer Module		データ転送モジュール
DWES	Distributed Weighted Engagement Scheme		（米）分散重み付け交戦スキーム
EA	Electronic Attack		電子攻撃
ECCM	Electronic Counter Countermeasures		電子戦対策
ECM	Electronic Countermeasures		電子戦
EGNOS	European Geostationary Navigation Overlay Service		
EHF	Extremely High Frequency		
ELF	Extremely Low Frequency		
ELINT	Electronic Intelligence		電子情報
EMCON	Emission Control		電波放射管制
EME	Electronic Modular Enclosure		電子機器モジュラー収容
EMP	Electromagnetic Pulse		電磁パルス
EMPAR	European Multi-function Phased Array Radar		欧州多機能フェーズド・アレイ・レーダー
ENVG	Enhanced Night Vision Goggle		（米陸軍）強化型暗視ゴーグル
EO/IR	Electro-Optical/Infrared		電子光学/赤外線
EOD	Explosive Ordnance Disposal		爆発物処分
EO-DAS	Electro-Optical Distributed Aperture System		電子光学分散開口システム
EoR	Engage on Remote		遠隔交戦（指令）
EOTS	Electro Optical Targeting System		電子光学目標指示システム
EP	Electronic Protection		電子保護
EPAWSS	Eagle Passive/Active Warning Survivability System		（米空軍）イーグル向けパッシブ/アクティブ警報生存システム
EPLRS	Enhanced Position Location Reporting Systems		（米陸軍）拡張位置標定報告システム

ERGR	Explosion Resistant GPS Receiver	（米）耐爆GPS受信機
ES	Electronic Support	電子支援
ESC	Electronic Systems Center	（米空軍）電子システムセンター
ESM	Electronic Support Measures	電子支援対策
ESSM	Evolved Sea Sparrow Missile	発達型シースパロー・ミサイル
EW	Electronic Warfare	電子戦
EWCS	Electronic Warfare Control System	（日）電子戦管制システム
FAA	Federal Aviation Authorities	（米）連邦航空局
FAADC2I	Forward Area Air Defense Command Control and Intelligence System	（米陸軍）前線防空指揮統制情報システム
FAB-T	Family of Advanced Beyond line-of-sight Terminals	（米）見通し線圏外通信用先進端末群
FAC	Forward Air Controller	前線航空統制官
FADEC	Full Authority Digital Engine Control	
FBCB2	Force XXI Battle Command Brigade and Below	Force XXI戦闘指揮・旅団以下向け
FBL	Fly-by-Light	
FBW	Fly-by-Wire	
FBX-T	Forward Based X-band Transportable	（米）前方配備Xバンド・レーダー
FCC	Federal Communications Commission	（米）連邦通信委員会
FCS	Fire Control System	射撃管制システム・射撃統制システム
FCS	Future Combat System	（米陸軍）将来戦闘システム
FDDS	Flag Data Display System	（米海軍）指揮データ表示システム
FDP	Forward Distribution Point	前線分配ポイント
FEL	Free Electron Laser	自由電子レーザー
FIST	Fire Support Team	火力支援チーム
FLIR	Forward Looking Infra-Red	前方監視赤外線センサー
FLM	Focused Lethality Munition	重点破壊兵装
FLTSATCOM	Fleet Satellite Communication	（米海軍）艦隊衛星通信
FM	Frequency Modulation	周波数変調
FOC	Full Operational Capability	全規模運用能力
FOPEN	Foliage Penetration Radar	（米）森林貫通レーダー
FORESTER	Foliage Penetration Reconnaissance, Surveillance, Tracking and Engagement Radar	（米）森林貫通偵察・監視・追尾・交戦用レーダー
FRP	Full Rate Production	全規模量産
FSD	Full Scale Development	全規模開発
FSK	Frequency Shift Keying	周波数偏位変調
FWS-I	Family of Weapon Sight - Individual	（米）個人用武器照準器ファミリー
GATR	Guided Advanced Tactical Rocket	誘導機構付き先進戦術ロケット弾
GB-GRAM	Ground-Based GPS Receiver Application Module	（米）地上配備GPS受信機アプリケーション・モジュール
GBI	Ground Based Interceptor	（米）地上配備迎撃ミサイル
GBS	Global Broadcast Service	（米）グローバル配信サービス
GBSAA	Ground Based Sense and Avoid	地上設置型探知・回避技術
GCCS	Global Command and Control System	（米）グローバル指揮統制システム
GCS	Ground Control Station	地上管制ステーション
GCSS	Global Combat Support System	（米）グローバル戦務支援システム

441

GEDMS	Gigabit Ethernet Data Multiplex System	（米海軍）ギガビット・イーサネットデータ多重通信システム
GEE	Ground Electronics Engineering	
GEOINT	Geospatial Intelligence	地理空間情報
GFCS	Gun Fire Control System	砲射撃管制システム
GIG	Global Information Grid	（米）グローバル情報基盤
GIP	Generic Interface Processor	汎用インターフェイス・プロセッサ
GLONASS	Global Orbiting Navigation Satellite System	（露）汎地球周回航法衛星システム
GMTI	Ground Moving Target Indicator	地上移動目標識別
GPR	Ground Penetration Radar	地表貫通レーダー
GPS	Global Positioning System	（米）汎地球測位システム
HALE UAV	High Altitude Long Endurance UAV	高々度・長時間滞空UAV
HARM	High-speed Anti Radiation Missile	（米）高速対レーダー・ミサイル
HCDR	High Capacity Data Radio	（英陸軍）大容量データ通信装置
HEL TD	High Energy Laser Technology Demonstrator	（米陸軍）高出力レーザー技術実証機
HF	High Frequency	短波
HMD	Helmet Mounted Display	ヘルメット装備ディスプレイ
HMMWV	High Mobility Multi-purpose Wheeled Vehicle	（米陸軍）高機動多用途装輪車両
HNW	Highband Networking Waveform	
HOTAS	Hands on Throttle and Stick	
HUD	Head Up Display	ヘッド・アップ・ディスプレイ
HUMINT	Human Intelligence	人的情報
HUMS	Health and Usage Monitoring System	動作状況・運用状況監視システム
HVU	High Value Unit	高価値目標
IAMD	Integrated Air and Missile Defense	統合防空・ミサイル防衛
IBCS	Integrated Air and Missile Defense Battle Command System	（米陸軍）統合防空・ミサイル防衛向け戦闘指揮システム
IBS	Integrated Broadcast Service	（米）統合配信サービス
ICADS	Individual Combat Aircrew Display System	（米）個別戦闘搭乗員向け表示システム
ICD	Interface Control Document	インターフェイス管理文書
IDECM	Integrated Defensive Electronic Countermeasures	（米空軍）統合自衛用電子戦機器
IDL	Interoperable Data Link	（米）相互運用データリンク
IDM	Improved Data Modem	（米）改良型データモデム
IED	Improvised Explosive Device	即製爆弾
IEEE	Institute of Electrical and Electronics Engineers, Inc.	国際電気電子技術者学会
IFDL	Intra-Flight Data Link	（米空軍）編隊内データリンク
IFF	Identify Friendly or Foe	敵味方識別装置
IHADSS	Integrated Helmet and Display Sighting System	（米陸軍）統合ヘルメット表示照準システム
IJMS	Interim JTIDS Message Specification	暫定版JTIDSメッセージ仕様
IMO	International Maritime Organization	国際海事機関
INS	Inertial Navigation System	慣性航法システム
INS-R	Inertial Navigation Systems Replacement	（米海軍）代替版慣性航法システム
IOC	Initial Operational Capability	初度運用能力
IR	Infrared	赤外線
IRCM	Infrared Countermeasures	赤外線シーカー妨害

IRNSS	Indian Regional Navigation Satellite System	（印）インド地域衛星航法システム
IRS / IRU	Inertial Reference System / Inertial Reference Unit	慣性参照システム／ユニット
IRST	Infra-Red Spot Tracker / Infrared Search and Track	赤外線捜索・追跡
ISAR	Inverse Synthetic Aperture Radar	逆合成開口レーダー
ISNS	Integrated Shipboard Network System	（米海軍）統合艦上ネットワーク
ISR	Information, Surveillance and Reconnaissance	情報収集・監視・偵察
ISTAR	Intelligence, Surveillance, Target Acquisition and Reconnaissance	情報収集・監視・目標捕捉・偵察
ITAWDS	Integrated Tactical Amphibious Warfare Data System	両用戦統合戦術情報処理システム
IVIS	Inter Vehicle Information System	（米陸軍）車両間情報システム
IW	Information Warfare	情報戦
IWBU	Internal Weapons Bay Upgrade	（米空軍）機内兵器倉アップグレード
JADGE	Japan Aerospace Defense Ground Environment	（日）新自動警戒管制システム
JASSM	Joint Air-to-Surface Standoff Missile	（米）統合空対地スタンドオフ・ミサイル
JASSM-ER	Joint Air-to-Surface Standoff Missile - Extended Range	（米）統合空対地スタンドオフ・ミサイル（射程延伸版）
JBC-P	Joint Battle Command - Platform	（米陸軍）統合戦闘指揮プラットフォーム
JBFSA	Joint Blue Force Situational Awareness	（米）統合友軍状況認識
J-CORTEX	Japan-Cyber Operations Research, Training and Experimentation	（日）サイバー作戦向け研究・訓練・実験環境
JCR	Joint Capabilities Release	（米）統合能力リリース
JDAM	Joint Direct Attack Munition	（米）統合直接攻撃弾
JDCS（F）	Japan self defense Digital Communication System (Fighter)	（日）自衛隊デジタル通信システム（戦闘機用）
JETS	Joint Effects Targeting System	（米陸軍）統合打撃目標指示システム
Jfast	Joint Flow Analysis System for Transportation	（米）統合輸送状況分析システム
JFO	Joint Fires Observer	統合火力支援担当官
JHMCS	Joint Helmet-Mounted Cueing System	（米）統合ヘルメット装備型キューイング・システム
JIC	Joint Intelligence Center	（米）統合情報センター
JLENS	Joint Land Attack Cruise Missile Defense Elevated Netted Sensor	（米）対地攻撃巡航ミサイル防備用統合ネットワーク化センサー
JMCIS	Joint Maritime Command Information System	（米海軍）統合海洋指揮情報システム
JMPS	Joint Mission Planning System	（米）統合任務計画立案システム
JNN	Joint Network Node	（米陸軍）統合通信ノード
JNTC	Joint Network Transport Capability	（米陸軍）統合ネットワーク通信能力
JOCS	Joint Operations Command System	（英）統合作戦指揮システム
JORN	Jindalee Operational Radar Network	（豪）ジンダリー実働レーダー網
JOTS	Joint Operational Tactical System	（米海軍）統合作戦戦術システム
JOTSIXS	JOTS Information Exchange Subsystem	（米海軍）JOTS情報交換サブシステム
JPADS	Joint Precision Airdrop System	（米）統合精密空中投下システム
JPALS	Joint Precision Approach and Landing System	（米）統合精密進入・着陸システム
JRE	Joint-Range Extension	（米）統合通信可能距離延伸計画
JREAP	Joint Range Extension Application Protocol	（米）統合通信可能距離延伸計画向け通信規約
JSOW	Joint Stand-Off Weapon	

J-STARS	Joint Surveillance Target Attack Radar System	（米）統合監視/目標攻撃用レーダー・システム
JTAC	Joint Terminal Attack Controller	統合終末攻撃統制官
JTAGS	Joint Tactical Ground Station	（米）統合戦術地上局
JTCW	Joint Tactical Common Operational Picture Workstation	（米海兵隊）統合戦術共通戦況図ワークステーション
JTIDS	Joint Tactical Information Delivery System	（米）統合戦術情報配信システム
JTRS	Joint Tactical Radio System	（米）統合戦術無線機
JTRS AMF	Joint Tactical Radio System Airborne and Maritime/Fixed Station	
JTRS GMR	Joint Tactical Radio System Ground Mobile Radio	
JTRS HMS	Joint Tactical Radio System Handheld, Manpack, Small Form Fit	
JTT	Joint Tactical Terminal	（米）統合戦術端末機
JTT	Joint Targeting Toolbox	（米空軍）統合目標指示ツールボックス
JU	Joint Tactical Information Distribution System Unit	（米）統合戦術情報配信システム参加ユニット
LADAR	Laser Detection and Ranging	レーザーによる探知・測距
LAIRCM	Large Aircraft Infrared Counter Measures	（米空軍）大型機赤外線対策
LAMPS	Light Airborne Multi-purpose System	（米海軍）軽量航空多機能システム
LANTIRN	Low Altitude Navigation and Targeting Infra-Red for Night	（米）夜間低高度航法・目標指示
LASER	Light Amplification by Stimulated Emission of Radiation	放射の誘導放出による光増幅
LaWS	Laser Weapon System	（米海軍）レーザー武器システム
LBR	Laser-Guided Rocket	レーザー誘導ロケット弾
LCOP	Logistics Common Operating Picture	（米）共通兵站状況図
LCS	Littoral Combat Ship	（米海軍）沿岸戦闘艦
LEMV	Long Endurance Multi-Intelligence Vehicle	
LF	Low Frequency	長波
LGB	Laser Guided Bomb	レーザー誘導爆弾
LIDAR	Laser Imaging Detection and Ranging	レーザー映像による探知・測距
LLDR	Lightweight Laser Designator Rangefinder	（米陸軍）軽量レーザー目標指示器/測遠機
LMRS	Long-term Mine Reconaissance System	
LoR	Launch on Remote	遠隔発射（指令）
LORAN	Long Range Navigation	
LOS	Line-of-Sight	見通し線
LPD	Low Probability of Detection	探知可能性低減
LPI	Low Probability of Intercept	傍受可能性低減
LRAS3	Long-Range Advance Scout Surveillance System	（米）長距離先進観測/監視システム
LRIP	Low Rate Initial Production	低率初期生産
LRLAP	Long Range Land Attack Projectile	（米海軍）長射程対地攻撃砲弾
LRS&T	Long-Range Surveillance and Track	（米）長距離監視・追跡
LRU	Line Replaceable Unit	列線交換ユニット
LS3	Legged Squad Support System	（米）歩行式分隊支援システム
LVC	Live, Virtual and Constructive	
MADL	Multifunction Advanced Data Link	多機能先進データリンク
MAINGATE	Mobile Ad-Hoc Interoperable Network GATEway	

MALE UAV	Medium Altitude Long Endurance UAV	中高度・長時間滞空UAV
MANPADS	Man Portable Air Defence System	携帯式地対空ミサイル
MAV	Micro Air Vehicle	超小型航空機
MAWS	Missile Approach Warning System / Missile Attack Warning System	ミサイル接近警報システム／ミサイル攻撃警報システム
MCM	Mine Countermeasures	対機雷戦
MCS	Maneuver Control System	（米陸軍）機動統制システム
MD	Missile Defence	ミサイル防衛
MESA	Multi-role Electronically Scanned Array	多用途電子走査アレイ（レーダー）
MF	Medium Frequency	中波
MFCS	Missile Fire Control System	ミサイル射撃統制装置
MFD	Multi Function Display	多機能ディスプレイ
MFR	Multi Function Radar	多機能レーダー
MGV	Manned Ground Vehicle	（米陸軍）有人車輌群
MIDS	Multifunctional Information Distribution System	多機能情報配信システム
MIDS-FDL	Multifunctional Information Distribution System Fighter Data Link	多機能情報配信システム・戦闘機用
MIDS-JTRS	Multifunctional Information Distribution System Joint Tactical Radio System	多機能情報配信システム・JTRS型
MIDS-LVT	Multifunctional Information Distribution System Low Volume Terminal	多機能情報配信システム・小型版
MILES	Multiple Integrated Laser Engagement System	（米）多重統合レーザー交戦システム
MILES IWS	MILES Individual Weapon System	（米）個人携行武器用MILES
MILSTAR	Military Strategic/Tactical Relay System	
MIRACL	Mid-Infrared Advanced Chemical Laser	（米海軍）中波長赤外線・先進化学レーザー
MMS	Miniature Munition Store Interface	（米）兵装用小型化インターフェイス
MMSP	Multi-Mission Signal Processor	（米）マルチミッション・シグナル・プロセッサ
MNIS	Multinational Information Sharing System	多国間情報共有システム
MNVR	Mid-Tier Networking Vehicular Radio	（米陸軍）中位ネットワーク用車載通信機
MOF	Maritime Operations Force	（日）MOFシステム
MOS	Multifunctional Information Distribution System On Ship	多機能情報配信システム・艦載型
MOTS	Military Off-The-Shelf	既存軍用品
MP-RTIP	Multi-Platform Radar Technology Insertion Program	マルチプラットフォーム・レーダー技術追加計画
MPS	Mission Planning System	（米）任務計画立案システム
MR-TCDL	Multi Role Tactical Common Data Link	（米）多用途戦術共通データリンク
MSLITE	Mission Simulator Live Intercept Training Environment	（米空軍）ミッション・シミュレータによる要撃実任務訓練環境
MSS	Mission Support System	
MTC	Mission Training Center	（米空軍）任務訓練センター
MTI	Moving Target Indicator	移動目標表示
MTRS	Man Transportable Robotic System	（米陸軍）個人携帯ロボットシステム
MTS	Movement Tracking System	（米）移動追跡システム
MTS	Multi-spectral Targeting System	多スペクトル目標指示システム
MTT	Moving Target Tracker	移動目標追跡

参考資料

MULE	Multifunction Utility/Logistics Equipment Vehicle	（米陸軍）多機能汎用/兵站車両
MUM-T	Manned-Unmanned Teaming	（米陸軍）有人機と無人機のチーム化
MUOS	Mobile User Objective System	（米海軍）移動体ユーザー向けシステム
MWR	Missile Warning Receiver	ミサイル警報用受信機
NADGE	NATO Air Defense Ground Environment	NATO自動警戒管制システム
NASA	National Aeronautics and Space Administration	（米）航空宇宙局
NAVFLIR	Navigation FLIR	（米海軍）航法用FLIR
NAVSTAR	Navigation System with Time And Ranging	（米）測時・測距機能付き航法システム
NBD	Network Based Defence	（スウェーデン）ネットワーク基盤の国防
NCR	National Cyber Range	（米）サイバー演習場
NCTR	Non-Cooperative Target Recognition	非協力的目標識別
NCW	Network Centric Warfare	（米）ネットワーク中心戦
NEC	Network Enabled Capability	（英）ネットワーク中心（戦闘）能力
NECC	Net-Enabled Command Capability	（米）ネットワーク化指揮能力
NGC2P	Next Generation Command and Control System	（米）次世代指揮統制システム
NGIMG	Navigation-Grade Integrated Micro Gyroscopes	（米）航法グレードの統合超小型ジャイロ
NIFC-CA	Naval Integrated Fire Control-Counter Air	（米海軍）統合火力管制・対空版
NIK	Network Integration Kit	（米陸軍）ネットワーク化キット
NIMCIS	New Integrated Marines Communications and Information System	（蘭）海兵隊向け新型統合情報通信システム
NIPRNet	Non-secure IP Router Network	（米）通常IP通信網
NITEworks	Network Integration Test and Experimentation Works	
NLOS	Non Line-of-Sight	見通し線圏外
NMRS	Near-Term Mine Reconnaissance System	
NNSS	Navy Navigation Satellite System	（米）海軍衛星航法システム
NTC	National Training Center	（米陸軍）国家訓練センター
NTCDL	Network Tactical Common Data Link	（米海軍）ネットワーク化戦術共通データリンク
NTCSS	Navy Tactical Command Support System	（米海軍）海軍戦術指揮支援システム
NTDR	Near Term Digital Radio	（米）
NTDS	Naval Tactical Data System	（米海軍）海軍戦術データシステム
NTISR	Nontraditional Intelligence Surveillance and Reconnaissance	非伝統型情報収集・監視・偵察
NVG	Night Vision Goggle	暗視ゴーグル
O&M	Operation and Maintenance	運用・整備
OFP	Operational Flight Program	任務プログラム
OIC	Operation Information Center	作戦情報室
ONR	Office of Naval Research	（米海軍）研究部門
OPA	Optionally Piloted Aircraft	有人・無人選択航空機
OPEVAL	Operational Evaluation	（米海軍）運用評価試験
OPV	Optionally Piloted Vehicle	有人・無人選択機
OSD	Office of Secretary of Defense	（米）国防長官官房
OSGCS	One System Ground Control Station	（米）One System地上管制ステーション
OSRVT	One System Remote Video Terminal	（米）One System動画受信端末
OT	Operational Test	運用試験
OT&E	Operational Test and Evaluation	運用試験・評価

OTH	Over-the-Horizon	超水平線（レーダー）
PADIL	Patriot Digital Information Link	（米陸軍）パトリオット用デジタル情報リンク
PAK-FA	Perspektivnyi Aviatsionnyi Kompleks - Frontovoi Aviatsyi	（露）戦術航空機向け先進航空集合体
PAR	Phased Array Radar	フェーズド・アレイ・レーダー （位相配列レーダー）
PAR	Precision Approach Radar	精測進入レーダー
PATRIOT	Phased Array Tracking Radar Intercept on Target	（米陸軍）
PBL	Performance Based Logistics	成果ベースの兵站業務
PCAS	Persistent Close Air Support	（米）常続近接航空支援
PDL NG	Pod de Désignation Laser de Nouvelle Génération	（仏）新世代レーザー目標指示ポッド
PDR	Preliminary Design Review	予備設計審査
PEO STRI	Program Executive Office for Simulation and Training Instrumentation	（米陸軍）シミュレーションならびに訓練・計測計画室
PGK	Precision Guidance Kit	（米陸軍）精密誘導キット
PGPS	Precision 'Global Positioning System	精密汎地球測位システム
PHaSR	Personnel Halting and Stimulation Response	（米）刺激的対応による個人阻止
PHOTINT	Photographic Intelligence	写真情報
PKI	Public Key Infrastructure	公開鍵基盤
PLGR	Precision Lightweight GPS Receiver	（米）精密軽量型GPS受信機
PM	Phase Modulation	位相変調
PNT	Positioning, Navigation and Timing	測位・航法・測時
PNVS	Pilot Night Vision System	（米陸軍）パイロット向け暗視システム
PPS	Precise Positioning System	（米）精密測位システム
PRF	Pulse Repetition Frequency	パルス繰り返し数
PSK	Phase Shift Keying	位相偏位変調
PSYOPS	Psychological Operations	心理戦
PTDS	Persistent Threat Detection System	（米）脅威常続探知システム
PU	Participating Unit	(Link 11) 参加ユニット
RADAR	Radio Detecting And Ranging	無線探知・距離測定
RAID	Rapid Aerostat Initial Deployment	急速気球初期展開
RAM	Rolling Airframe Missile	
RAT	Remote Access Trojan / Remote Access Tool	遠隔操作用トロイの木馬／遠隔操作ツール
RCDL	Radar Common Data Link	（米）レーダー共用データリンク
RCIED	Radio Controlled Improvised Explosive Device	無線遠隔操作式即製爆弾
RCS	Radar Cross Section	レーダー反射断面積
RfI	Request for Information	情報要求
RFID	Radio Frequency Identifier	無線識別タグ
RfP	Request for Proposal	提案要求
RfT	Request for Tender	応札要求
RHIB	Rigid Hull Inflatable Boat	
RIFAN	Réseau IP de la Force Aéronavale	（仏）海空向けIPネットワーク
RMA	Revolution of Military Affairs	軍事における革命
RMP	Radar Modernization Program	レーダー近代化改修
RMS	Remote Minehunting System	（米海軍）機雷遠隔掃討システム

RMV	Remote Minehunting Vehicle	（米海軍）機雷遠隔掃討艇
RNCSS	Royal Navy Command Support System	（英海軍）指揮支援システム
RoE	Rules of Engagement	交戦規則
ROLE	Receive-Only Link-Eleven	（米海軍）Link 11受信専用端末機
ROTHR	Relocatable Over-The-Horizon Radar	（米）移動式超水平線レーダー
ROVER	Remotely Operated Video Enhanced Receiver	（米）遠隔動画受信機
RPG	Rocket Propelled Grenade	ロケット推進擲弾
RPV	Remotely Piloted Vehicle	遠隔操縦式航空機
RSIP	RADAR System Improvement Program	レーダー・システム改良計画
RSS	Relaxed Static Stability	静安定性低減
RSTA	Reconnaissance, Surveillance and Target Acquisition	偵察・監視・目標捕捉
RTOF	Recovereable Tethered Optical Fibre	（米海軍）回収可能・光ファイバー曳航ブイ
RWR	Radar Warning Receiver	レーダー警報受信機
S&RL	Sense and Respond Logistics	（米）検出・対応型兵站業務
SA	Situation Awareness	状況認識
SAASM	Selective Availability Anti-Spoofing Module	（米）選択有効性対欺瞞モジュール
SACLOS	Semi-Automatic Command to Line Of Sight	半自動見通し線指令誘導
SADL	Situational Awareness Datalink	（米）状況認識データリンク
SAGE	Semi-Automatic Ground Environment	（米空軍）半自動式防空管制組織
SALH	Semi-Active Laser Homing	セミアクティブ・レーザー誘導
SANR	Small Airborne Networking Radio	（米）小型航空機向け通信機
SAR	Selected Acquisition Report	（米）選択調達報告
SAR	Synthetic Aperture Radar	合成開口レーダー
SARH	Semi-Active Radar Homing	セミアクティブ・レーダー誘導
SAS	Synthetic Aperture Sonar	合成開口ソナー
SATURN	Self-Organising Adaptive Technology under Resilient Networks	（英）
SBIRS	Space Based Infrared System	（米）宇宙配備赤外線（衛星）システム
SBX	Sea Based X-band Radar	（米）洋上配備型Xバンド・レーダー
SCA	Software Communications Architecture	（米）ソフトウェア通信機器アーキテクチャ
SCDL	Surveillance and Control Data Link	監視・管制データリンク
SCI	Sensitive Compartmented Information	（米海軍）機密・区画化情報
SCORPION	Synergie du COntact Renforcé par la Polyvalence et l'InfovalorisatiON	（仏）協調強化・汎用情報化
SCWDL	Strike Common Weapon Datalink	（米）攻撃用共通武器データリンク
SDB	Small Diameter Bomb	（米）小径爆弾
SDD	System Design and Demonstration	システム設計・実証
SDR	Software Defined Radio	ソフトウェア無線機
SDU	Secure Data Unit	秘話データ通信ユニット
SEAD	Supression of Enemy Air Defence	敵防空網制圧
SEM-E	Standard Electronic Module format-E	E型標準電子機器フォーマット
SEP	System Enhancement Package	（米陸軍）システム拡張パッケージ
SFF	Small Form Fit	（米陸軍）小型版
SHF	Super High Frequency	

SICF	Système d'Information et de Commandement of the Forces	（仏陸軍）軍指揮官向け情報システム
SICPS	Standardized Integrated Command Post System	（米陸軍）標準統合指揮システム
SICRAL	Sistema Italiano per Comunicazioni Riservate ed Allarmi	（伊）イタリア向け秘話通信・警報システム
SICS	Système d'Information et de Commandement Scorpion	（仏陸軍）スコーピオン指揮官向け情報システム
SIGINT	Signal Intelligence	信号情報
SIGNA	Small Integrated GPS Navigation Assembly	（米）小型統合GPS航法アセンブリ
SINCGARS	Single Channel Ground and Airborne Radio System	（米）単チャンネル陸上・航空通信システム
SIPRNet	Secure IP Rounter Network	（米）秘話IP通信網
SIR	System d'Information Regimentarie	（仏陸軍）聯隊情報システム
SIT	Système d'Information Tactique	（仏陸軍）戦術情報システム端末機
SIT COMDÉ	Système d'Information Tactique du Combattant Débarqué	（仏陸軍）戦闘部隊向け戦術情報システム端末機
SITEL	Système d'Information Terminaux Elémentaires	（仏陸軍）地上部隊向け情報システム
SK	Shift Keying	偏位変調
SLAM	Standoff Land Attack Missile	（米海軍）スタンドオフ対地攻撃ミサイル
SLAM-ER	Standoff Land Attack Missile - Expanded Response	（米海軍）スタンドオフ対地攻撃ミサイル・延長版
SLAR	Side Looking Airborne Radar	側視機上レーダー
SLF	Super Low Freqnency	
SLIR	Sideways-Looking Infra-Red	側視赤外線センサー
SMART-T	Secure Mobile Anti-jam Reliable Tactical Terminal	（米空軍）秘話移動体耐妨害戦術通信機
SMCS NG	Submarine Command System New Generation	（英海軍）次世代版潜水艦指揮管制システム
SMET	Squad Multipurpose Equipment Transport	（米陸軍）分隊向け多用途装備輸送車
SMSS	Squad Mission Support System	（米陸軍）分隊任務支援システム
SOC	Sector Operation Center	セクター作戦指揮所／防空指揮所
SOFLAM	Special Operations Forces Laser Marker	特殊作戦部隊向けレーザー目標指示器
SONAR	Sound Navigation Ranging	音響航法・測距装置
SoS	System of Systems	
SOSCOE	System of Systems Common Operating Environment	（米陸軍）
SPAWAR	Space and Naval Warfare Systems Command	（米海軍）宇宙・海洋戦闘軍団
SRR	System Requirements Review	システム要求審査
SRS	Sonobuoy Reference System	ソノブイ参照システム
SRU	Shop Replaceable Unit	ショップ交換ユニット
SRW	Soldier Radio Waveform	（米）個人用通信機向けウェーブフォーム
SSA	Space Situation Awareness	宇宙状況認識
SSA	Supply Support Activity	補給支援部門
SSDS	Ship Self Defense System	（米海軍）自艦防衛システム
STANAG	Standardization Agreement	（NATO）標準化合意
STDL	Satellite Tactical Data Link	（英）衛星戦術データリンク
STIC	Sniper Thermal Imaging Capability	（英）狙撃手向け熱映像装置
STOL	Short Take-Off and Landing	短距離離着陸機
STOVL	Short Take-Off and Vertical Landing	短距離離陸・垂直着陸機
SubLAN	Submarine Local Area Network	（米海軍）潜水艦内LAN
SUGV	Small Unmanned Ground Vehicle	小型無人車両

SUOSAS	Small Unit Operations Situational Awareness System	（米）小部隊向け作戦状況認識システム
SWAN	Shipboard Wide Area Network	（米海軍）艦載広域ネットワーク
SYRACUSE	SYstème de RAdioCommunication Utilisant un SatellitE	（仏）衛星無線通信システム
TAC	Tactical Air Command	（米空軍）戦術航空軍団
TACC	Marine Tactical Air Command Center	（米海兵隊）戦術航空統制センター
TADIL	Tactical Digital Information Link	戦術デジタル情報交換
TADIL-J	Tactical Digital Information Link-J	戦術デジタル情報交換（統合版）
TADIX	Tactical Data Information Exchange	戦術データ情報リンク（LINK 16：JTIDS）
TADS	Target Acquisition and Designation Sight	（米陸軍）目標捕捉・照射サイト
TALIOS	TArgeting Long-range Identification Optronic System	（仏）目標指示/長距離識別光学システム
TAOC	Tactical Air Operations Center	（米海兵隊）戦術航空作戦センター
TAOM	Tactical Air Operations Module	（米海兵隊）戦術航空作戦モジュール
TAS	Target Acquisition System	（米海軍）目標捕捉システム
TBMCS	Tactical Battle Management Core System	（米空軍）戦術戦闘管制中核システム
TBMD	Theater Ballistic Missile Defense	戦域ミサイル防衛
TCAS	Traffic Alert and Collision Avoidance System	航空機衝突防止警報装置
TCDL	Tactical Common Data Link	（米）戦術共通データリンク
TCP/IP	Transmission Control Protocol/Internet Protocol	
TCS	Tactical Control System	（米）戦術（UAV）管制システム
TDC	Theater Distribution Center	戦域配送センター
TDL	Tactical Data Link	戦術データリンク
TDM	Time Division Multiplex	時分割多重
TDMA	Time Division Multiple Access	時分割多元接続
TELINT	Telemetry Intelligence	テレメトリー情報
TERCOM	Terrain Contour Matching	地形等高線照合
TEWS	Tactical Electronic Warfare System	戦術電子戦システム
TFCC	Tactical Flag Command Center	（米海軍）旗艦戦術通信センター
TFLIR	Targeting FLIR	（米海軍）目標指示用FLIR
THAAD	Terminal High Altitude Air Defense	（米）終末高々度防空
THEL	Tactical High Energy Laser	（米陸軍）戦術高出力レーザー
TI	Tactical Internet	（米陸軍）戦術インターネット
TI	Technology Insertion	
TIALD	Thermal-Imageing Airborne Laser Designator	（英）熱線映像式航空機搭載用レーザー目標指示器
TIDLS	Tactical Information Datalink System	戦術情報データリンク
TINS	Thermal Image Navigation System	熱画像航法システム
TJR	Tactical Jamming Receiver	戦術妨害受信機
TMA	Target Motion Analysis	目標運動解析
TOD	Time of Day	時間鍵
TORC2H	Tactical Operational Command and Control Headquarters	（イスラエル）指揮所向け戦術指揮統制システム
ToT	Time on Target	同時着弾砲撃
TOW	Tube-launched, Optically-tracked, Wireless-guided	（米）チューブ発射・光学追尾・有線誘導
TRACER	Tactical Reconnaissance and Counter Concealment Enabled Radar	（米）戦術偵察/対隠蔽レーダー

TRADOC	Army Training and Doctrine Command	（米陸軍）訓練・教義軍団
TSAT	Transformational SATCOM (Satellite Communications)	
TSCE	Total Ship Computing Environment	（米海軍）全艦コンピュータ環境
TTNT	Tactical Targeting Networking Technology	（米）戦術目標捕捉ネットワーク技術
T-UGS	Tactical-Unattended Ground Sensor	（米陸軍）戦術型地上無人センサー
TVS	Target Validation System	目標検証システム
TWS	Track While Scan	走査中（目標）追尾
TWT	Travelling Wave Tube	進行波管
UAI	Universal Armament Interface	（米空軍）汎用兵装インターフェイス
UAV	Unmanned Aerial Vehicle / Unmanned Air Vehicle	無人航空機
UCAS-D	Unmanned Combat Air System Demonstration	（米海軍）無人戦闘用機システム実証
UCAV	Unmanned Combat Air Vehicle	無人戦闘用機
UFO	UHF Follow-On	（米）UHF次世代衛星
UGV	Unmanned Ground Vehicle	無人車両
USCENTCOM	US Central Command	（米）中央軍
USCYBERCOM	US Cyber Command	（米）サイバー軍
USSTRATCOM	US Strategic Command	（米）戦略軍
USTRANSCOM	US Transportation Command	（米）輸送軍
UTA	UAS Tactical Common Data Link Assembly	UAS向け戦術共通データリンク・アセンブリ
VDL	Video Data Link	動画用データリンク
VoIP	Voice over IP	IPネットワーク経由の音声通話
VSR	Volume Search Radar	（米海軍）広域捜索レーダー
VUIT-2	Video from UAS for Interoperability Teaming Level II	（米陸軍）UAVからの動画伝送／相互運用（レベル2）
WECDIS	Warship Electronic Chart Display and Information System	艦艇用電子海図表示/情報システム
WIA	Weapons Impact Assessment	（米海軍）兵装命中評価
WINBMS	Weapon Integrated Battle Management System	（イスラエル）武器統合戦闘管制システム
WIN-T	Warfighter Information Network-Tactical	（米陸軍）戦闘員向け戦術情報網
WNW	Wideband Networking Waveform	（米）広帯域通信機用ウェーブフォーム

註

[1] AirForceLink（2010/5/14）"Leaders conclude successful Sensor Rally"
[2] C4ISRjournal（2010/5/26）"U.S. puts hold on video management upgrade"
[3] JDW（2010/8/25）"BRIEFING : Counter-IED Technology"
[4] https://www.atlas-elektronik.com/what-we-do/maritime-security-systems/cerberus/
[5] http://www.naval-technology.com/contractors/sonar/kongsberg/kongsberg1.html
[6] Automatic Identification Technologies（AIT）（http://www.acq.osd.mil/log/rfid/r_supplier.html、現在は閲覧不可）
[7] JDW（2005/7/27）"BRIEFING : ESSENTIAL COVER - Contractor Support"
[8] IT Pro（NIKKEI BPNet, 2004/8/20）"イラク駐留米軍の在庫の山が消えたワケ"
[9] AirForceLink（2010/4/12）"KC-135 testing aims at fueling efficiency, cost savings"
[10] 日本無線技報No.47 2005 - 2「当社GPS受信機開発の歴史と動向」
[11] CRL News 1987.6 No.135（http://www.nict.go.jp/publication/CRL_News/back_number/135/135.htm）
[12] http://tycho.usno.navy.mil/gpscurr.html
[13] JDW（2004/12/15）"India joins Russian effort to replenish satellites"
[14] JDW（2005/12/24）"India and Russia strengthen defence ties"
[15] http://www.shiploc.jp/
[16] JDW（2004/6/30）"US restructures underwater robot projects"
[17] http://www.janes.com/articles/Janes-Underwater-Warfare-Systems/MRUUV-United-States.html、現在は閲覧不可
[18] Giant Shadow Experiment Tests New SSGN Capabilities（Navy.mil, http://www.navy.mil/search/display.asp?story_id=5559）
[19] International Defence Review（2016/5）"Shouldering the load: militaries look to unmanned beasts of burden"
[20] Lockheed Martin Press Release（2010/5/24）"Lockheed Martin Demonstrates New Ambush-Thwarting Push Vehicle Capability For Automated Convoy Program"
[21] International Defence Review（2016/5）"Shouldering the load: militaries look to unmanned beasts of burden"
[22] General Dynamics Press Release（2010/5/12）"General Dynamics Robotic Systems Completes Successful Autonomous Navigation System Critical Design Review"
[23] http://www.defenseindustrydaily.com/Raytheon-Wins-USAs-GBU-53-Small-Diameter-Bomb-Competition-06510/
[24] JDW（2005/3/23）"Leased Gripens incompatible with missile system"
[25] JDW（2006/6/7）"Czech Gripens upgraded to carry improved Sidewinder"
[26] JDW（2004/7/7）"Czech Republic in rush to arm Gripen fighters"、JDW（2004/10/20）"Czech Republic running out of time to equip Gripens with AMRAAMs"
[27] https://www.whitehouse.gov/issues/foreign-policy/cybersecurity/national-initiative
[28] http://www.nisc.go.jp/
[29] JDW（2010/4/14）"IDF works on interrogation skills"
[30] FederalTimes（2016/6/20）"Hack the Pentagon sparks era of government bug bounties"
[31] JDW（2010/3/31）"NATO urges more co-operation to curb cyber attacks"
[32] @IT NewsInsight「次世代戦闘機で試される大規模コード管理」（http://www.atmarkit.co.jp/

news/200205/21/jsf.html)
33 防衛技術ジャーナル（2010/1）"特集座談会・欧米の軍用通信ネットワークはいま！"
34 JDW（2006/7/5）"NITEworks project completes three-year assessment phase"
35 JDW（2008/2/26）"NITEworks partnership adopts new funding mix"
36 マイクロソフト導入事例・米国海軍（http://www.microsoft.com/japan/showcase/usnavy.mspx。現在は閲覧不可）
37 DefenseSystems（2010/6/14）"Military likely to shun iPhone"
38 'New to the Navy' Mobile App Upgraded（http://www.navy.mil/submit/display.asp?story_id=94529）
39 「まさにNCWであった日本海海戦」（伊藤和雄著・光人社刊）P53〜P59
40 「Xバンド衛星通信中継機能等の整備・運営事業」の実施について（http://jpn.nec.com/press/201301/20130115_02.html）
41 JDW（2004/5/19）"Submarines join the network of warfighters"
42 JDW（2005/6/29）"US to trial new submarine comms buoy"
43 JDW（2007/3/21）"Submarine communicatinos quest nears harbour trials"
44 Northrop Grumman Press Release（2010/3/17）"Northrop Grumman Begins Installing First EHF Satcom Hardware on B-2"
45 http://www.disa.mil/mnis/index.html（現在は閲覧不可）
46 TacNet™ Weapon Data Link（https://www.rockwellcollins.com/Data/Products/Communications_and_Networks/Data_Links/TacNet_Programmable_Data_Link.aspx）
47 Harris Corp. Press Release（2006/2/28）"Harris Corporation Successfully Completes Weapon Data Link Network Technology Demonstration"
48 JDW（2002/7/31）"Mobile phone radar system moves ahead"
49 COMMAND, CONTROL, COMMUNICATIONS, COMPUTERS, AND INTELLIGENCE（C4I）（http://www.navy.mil/navydata/policy/vision/vis99/v99-ch3e.html）
50 http://www.lm-isgs.co.uk/defence/datalinks/link_14.htm（現在は閲覧不可）
51 http://www.lm-isgs.co.uk/defence/datalinks/link_4.htm（現在は閲覧不可）
52 http://www.lm-isgs.co.uk/defence/datalinks/satellite.htm（現在は閲覧不可）
53 http://www.chips.navy.mil/archives/08_jul/web_pages/tactical_datalinks.html
54 DoD Contracts 2013/1/9 契約番号N00039-13-D-0010
55 Common Data Link[CDL]（http://www.globalsecurity.org/intell/systems/cdl.htm）
56 "Bolstering the U.S. Navy's ability to share critical ISR data"（http://www.baesystems.com/en-us/article/bolstering-the-us-navys-ability-to-share-critical-isr-data）
57 https://www.viasat.com/products/handheld-link-16-bats-d
58 HHL16 provides new capabilities to JTACs（http://www.acc.af.mil/News/ArticleDisplay/tabid/5725/Article/711396/hhl16-provides-new-capabilities-to-jtacs.aspx）
59 JDW（2006/5/3）"IP-based airborne networking comes of age"
60 JDW（2006/5/3）"IP-based airborne networking comes of age"
61 DefenseNews（2009/10/8）"Northrop BFT2 Moving Information 45 Times Faster"
62 ArmyLink "Army to upgrade force-tracking system"（https://www.army.mil/article/48138/army-to-upgrade-force-tracking-system/）
63 DefenseSystems（2009/5/6）"Blue Force gets capacity boost"（https://defensesystems.com/Articles/2009/05/06/Tech-Focus-Blue-Force-Tracking.aspx）
64 Joint Army System Boasts Hybrid Network - SIGNAL Connections（http://www.afcea.org/content/?q=node/2174）
65 http://www.defense-update.com/products/f/fbcb2_jcr.html
66 https://systematic.com/defence/products/n/sitaware
67 JDW（2002/10/30）"DARPA finishes testing situational-awareness system"
68 DefenseNews.com "Army On Right Track With Next-Generation Intelligence System"（2016/7/6）
69 DECC（Defense Enterprise Computing Center）が所管する形で、GIG経由でデータにアクセスするテレポートを実現する。（http://www.losangeles.af.mil/library/factsheets/factsheet.asp?id=7853）
70 https://www.disa.mil/Mission-Support/Command-and-Control/GCCS-J

[71] https://www.disa.mil/Mission-Support/Command-and-Control/GCSS-J
[72] JDW（2005/1/26）"BRIEFING : US Network-Centric Warfare - Widening the net"
[73] ロシア兵がウクライナ領内で「自撮り」？写真投稿で論議（AFPBB 2014/8/3）
[74] MoD UK（2010/5/19）"RAF's Reaper logs 10,000 hours over Afghanistan"（http://www.mod.uk/DefenceInternet/DefenceNews/EquipmentAndLogistics/RafsReaperLogs10000HoursOverAfghanistan.htm）
[75] Boeing Press Release（2010/6/21）"Boeing Begins Flight-testing B-1 with New Link 16 Communications"
[76] http://www.lm-isgs.co.uk/defence/datalinks/other_protocols.htm（現在は閲覧不可）
[77] http://www.lm-isgs.co.uk/defence/datalinks/other_protocols.htm（現在は閲覧不可）

井上孝司（いのうえ・こうじ）

テクニカルライター。1966年生まれ。マイクロソフト（株）などを経て、1999年春に独立。当初はIT関連分野で書籍・雑誌記事などの執筆からスタートしたが、さらにIT教育分野やゲームソフトの監修などにも進出。その後、鉄道を初めとする運輸・交通分野や、本書の前作にあたる「戦うコンピュータ」により軍事・安全保障分野にもテリトリーを拡大。それらの分野でも、IT関連の知識・経験を活かして独自の境地を開拓中。

Web URL : http://www.kojii.net/
Twitter : @kojiinet

戦うコンピュータ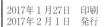3

軍隊を変えた情報・通信テクノロジーの進化

2017年1月27日　印刷
2017年2月1日　発行

著　者　井上孝司
発行者　高城直一
発行所　株式会社　潮書房光人社
　　　　〒102-0073
　　　　東京都千代田区九段北1-9-11
　　　　振替番号／00170-6-54693
　　　　電話番号／03(3265)1864（代）
　　　　http://www.kojinsha.co.jp
装　幀　天野昌樹
印刷製本　図書印刷株式会社

定価はカバーに表示してあります
乱丁，落丁のものはお取り替え致します。本文は中性紙を使用
©2017　Printed in Japan　ISBN978-4-7698-1638-6 C0095

好評既刊

現代ミリタリー・インテリジェンス入門
――軍事情報の集め方・読み方・使い方

井上孝司　最前線の戦闘から外交まで「情報」なし に勝利は約束ない。衛星やスパイからの 情報のみならず、国や軍の公式発表・報道からいか にして必要な情報を集めるか、軍事情報の読み解き方。

現代ミリタリー・ロジスティクス入門
――軍事作戦を支える人・モノ・仕事

井上孝司　戦闘部隊だけでは戦いはできぬ――膨大な 人員の輸送・配置、衛生管理、兵器の整備・調達、物資の輸送に始まり、基地建設などなど……ハイテク軍隊に不可欠な現代の「兵站」を考察する。

最後の紫電改パイロット
――不屈の空の男の空戦記録

笠井智一　墜とすか墜とされるか――究極の大空の戦いに際し、愛機と一体となって縦横無尽に飛翔し、空戦奥義を発揮して敵機をつぎつぎと屠った戦闘機乗りの沈着冷静、開魂あふれる激闘の日々。

海軍水雷戦隊
――駆逐艦、軽巡一体となった肉薄魚雷戦

大熊安之助ほか　一水戦から六水戦まで。旗艦軽巡に率いられて駆逐艦十二隻が一致協力、酸素魚雷に生命を託し、敵艦隊に夜襲突撃せんとした水雷屋たちの心意気。司令から一水兵まで、戦場の実相を描く手記集。

海軍と酒
――帝国海軍糧食史余話

高森直史　将兵たちは艦内、上陸時において、いかに国の海軍の飲酒を嗜んでいたか――世界各国の海軍と対比しながら、日本海軍の飲酒の実態を明らかにする蘊蓄満載エッセイ。海軍式飲酒のマナー。

原爆で死んだ米兵秘史
――被爆米兵捕虜12人の運命

森　重昭　終戦半年前の呉空襲時に捕虜となった米機搭乗員の過酷な運命。自らも被爆者である一研究者が初めて明らかにした真実。オバマ米大統領との抱擁が感動を呼んだ著者の執念の調査研究。